WPS Office

文字+表格+演示+PDF+

WPS AI 五合一

郝智红◎编著

从入门到精通

北京大学出版社
PEKING UNIVERSITY PRESS

内容简介

本书通过精选案例，系统地介绍了WPS Office的相关知识和应用方法。

全书分为5篇，共15章。“第1篇 文字排版篇”主要介绍WPS文字的基本操作、使用表格和图美化文档及长文档的排版等；“第2篇 表格分析篇”主要介绍WPS表格的基本操作、初级数据处理与分析、中级数据处理与分析，以及高级数据处理与分析等；“第3篇 演示设计篇”主要介绍演示文稿的基本设计、演示文稿的视觉呈现和放映幻灯片的操作技巧等；“第4篇 PDF等特色功能篇”主要介绍如何轻松编辑PDF文档、WPS Office其他特色组件的应用及WPS Office实用功能让办公更高效的方法等；“第5篇 WPS AI应用篇”主要介绍WPS AI的办公应用和WPS云办公的操作技巧等。

本书不仅适合WPS Office初、中级用户学习，也适合作为各类院校相关专业学生和计算机培训班学员的教材或辅导用书。

图书在版编目(CIP)数据

WPS Office文字+表格+演示+PDF+WPS AI五合一从入门到精通 / 郝智红编著. -- 北京：北京大学出版社, 2024. 10. -- ISBN 978-7-301-35307-3

Ⅰ. TP317.1

中国国家版本馆CIP数据核字第2024BY1677号

书　　名 WPS Office文字+表格+演示+PDF+WPS AI五合一从入门到精通
WPS Office WENZI + BIAOGE + YANSHI + PDF+WPS AI WUHEYI CONG RUMEN DAO JINGTONG

著作责任者 郝智红　编著

责 任 编 辑 孙金鑫

标 准 书 号 ISBN 978-7-301-35307-3

出 版 发 行 北京大学出版社

地　　址 北京市海淀区成府路205 号　100871

网　　址 http://www.pup.cn　　新浪微博: @ 北京大学出版社

电 子 邮 箱 编辑部 pup7@pup.cn　总编室 zpup@pup.cn

电　　话 邮购部 010-62752015　发行部 010-62750672　编辑部 010-62570390

印　刷　者 北京溢漾印刷有限公司

经　销　者 新华书店

787毫米×1092毫米　16开本　18.75印张　451千字

2024年10月第1版　2024年10月第1次印刷

印　　数 1-4000册

定　　价 79.00元

WPS Office 很神秘吗？

不神秘！

学习 WPS Office 难吗？

不难！

阅读本书能掌握 WPS Office 的使用方法吗？

能！

为什么要阅读本书

WPS Office是日常办公中不可或缺的工具，主要包括文字、表格、演示、PDF、流程图、思维导图及表单等组件，被广泛应用于财务、行政、人事、统计和金融等众多领域，特别是WPS AI技术的融入，使WPS Office更加高效便捷。本书从实用的角度出发，结合应用案例，模拟真实的办公环境，介绍了WPS Office的使用方法与技巧，旨在帮助读者全面、系统地掌握WPS Office在办公中的应用。

本书内容导读

本书分为5篇，共15章，内容如下。

第1篇（第1～3章）为文字排版篇，主要介绍WPS文字的排版技巧。通过对本篇内容的学习，读者可以掌握在WPS文字中进行文字输入、文字调整、图文混排、在文档中添加表格及排版长文档等操作。

第2篇（第4～7章）为表格分析篇，主要介绍WPS表格的制作技巧。通过对本篇内容的学习，读者可以掌握如何在WPS表格中输入内容、编辑工作表、美化工作表，以及对WPS表格的数据进行处理与分析等。

第3篇（第8～10章）为演示设计篇，主要介绍WPS演示的设计技巧。通过对本篇内容的学习，读者可以掌握WPS演示的基本操作、图形和图表的应用、动画和切换效果的应用，以及幻灯片的放映与控制等。

第4篇（第11～13章）为PDF等特色功能篇，主要介绍WPS Office特色功能的使用方法和技巧。通过对本篇内容的学习，读者可以掌握PDF文档的编辑处理，流程图、思维导图、图片设计和表单等特色组件的应用，以及WPS Office中文字、表格及演示文档特色功能的使用方法等。

第5篇（第14～15章）为WPS AI应用篇，主要介绍WPS AI的应用及WPS云办公的操作技巧。通过对本篇内容的学习，读者可以掌握WPS AI对文本、表格及演示文档的高效制作，同时掌握文档云同步、WPS AI在移动端的智能化应用，以及多人实时协作编辑同一个文档的方法等。

选择本书的 *N* 个理由

❶ 简单易学，案例为主

以案例为主线，贯穿知识点，实操性强，与读者的需求紧密结合，模拟真实的工作与学习环境，帮助读者解决工作中遇到的问题。

❷ 高手支招，高效实用

本书的“高手支招”板块提供了大量实用技巧，既能满足读者的阅读需求，也能解决读者在工作、学习中遇到的一些常见问题。

❸ 智能办公，AI助力

随着科技的不断发展，办公方式也在不断变革，本书将人工智能技术与办公结合，介绍了当前较新的办公技术和应用。通过介绍WPS AI的应用方法，可以帮助读者提高工作效率，让办公更加便捷、高效。

❹ 举一反三，巩固提高

本书的“举一反三”板块提供了与本章知识点有关或类型相似的综合案例，可以帮助读者巩固和提高所学内容。

❺ 海量资源，实用至上

赠送大量实用的模板、实用技巧及学习辅助资料等，便于读者结合赠送的资料学习。

超值电子资源

❶ 名师指导视频

教学视频涵盖了本书所有的知识点，详细讲解了每个实例的操作过程和关键点。读者可以更轻松地掌握WPS Office的使用方法和技巧，而且扩展性讲解部分可以使读者获得更多的知识。

❷ 超多、超值资源大奉送

附赠本书同步教学视频、素材结果文件、1000个办公常用模板、函数查询手册、Windows 11操作教学视频等超值资源，方便读者扩展学习。

温馨提示

以上资源，读者可以扫描右侧二维码，关注“博雅读书社”微信公众号，并输入本书第77页资源下载码，根据提示获取。

博雅读书社

读者对象

(1) 没有任何WPS Office应用基础的初学者。

(2) 想学会AI应用技能的读者。

(3) 有一定应用基础，想精通WPS Office应用的人员。

(4) 有一定应用基础，没有实战经验的人员。

(5) 大专院校及培训学校的教师和学生。

创作者说

本书由国家开放大学郝智红编著。如果读者读完本书后惊奇地发现“我已经是WPS Office办公达人了”，就是让编者感到最欣慰的结果。

在本书编写过程中，笔者竭尽所能地为您呈现最好、最全的实用功能，但难免有疏漏和不妥之处，敬请广大读者不吝指正。若您在学习过程中产生疑问或有任何建议，可以通过E-mail与我们联系。

我们的电子邮箱是：pup7@pup.cn。

注意

本书编写时，是基于当时的软件版本截取的图片，但随着软件版本的不断更新，操作界面会有变动，读者根据书中的思路举一反三即可。

目录 CONTENTS

第1篇　文字排版篇

第1章　WPS文字的基本操作——个人年终工作总结

第2章　使用表格和图美化文档——个人求职简历

第3章　长文档的排版——公司内部培训资料

第2篇　表格分析篇

第 4 章　WPS 表格的基本操作——客户联系信息表

第 5 章　初级数据处理与分析——员工销售报表

第 9 章 视觉呈现——市场季度报告演示文稿

第 10 章 放映幻灯片——活动执行方案演示文稿的放映

第4篇　PDF等特色功能篇

第11章　玩转PDF——轻松编辑PDF文档

第12章　WPS Office其他特色组件的应用

第13章　WPS Office实用功能让办公更高效

第5篇　WPS AI应用篇

第 14 章　WPS AI——智能助理，办公从此“开挂”

第 15 章　WPS 云办公——让工作无缝协同更高效

附录　快速上手——WPS Office的安装与设置

第1篇

文字排版篇

第1章

WPS 文字的基本操作——个人年终工作总结

本章导读

使用WPS文字可以方便地记录文本内容，并根据需要设置文字的样式，制作工作总结、租赁合同、请假条、邀请函、思想汇报等各类说明性文档。本章主要介绍输入文本、编辑文本、设置文字格式、设置段落格式及保存文档等内容。

思维导图

1.1 案例概述

个人年终工作总结用于对过去一年的工作进行总结、分析和研究，肯定成绩，找出问题，得出经验教训，并制订未来的工作计划。本章以排版个人年终工作总结为例介绍WPS文字的基本操作。

本节素材结果文件

	素材	素材\ch01\工作总结内容.wps
	结果	结果\ch01\个人年终工作总结.wps

1.1.1 设计思路

制作个人年终工作总结可以按照以下思路进行。

① 制作文档，包含标题、工作内容、成绩与总结等。

② 为相关内容修改字体、字号，添加文字效果等。

③ 设置段落格式、添加项目符号和编号等。

④ 根据需要设计封面，并保存文档。

1.1.2 涉及知识点

本案例主要涉及的知识点如下图所示（思维导图见“素材结果文件\思维导图\1.pos”）。

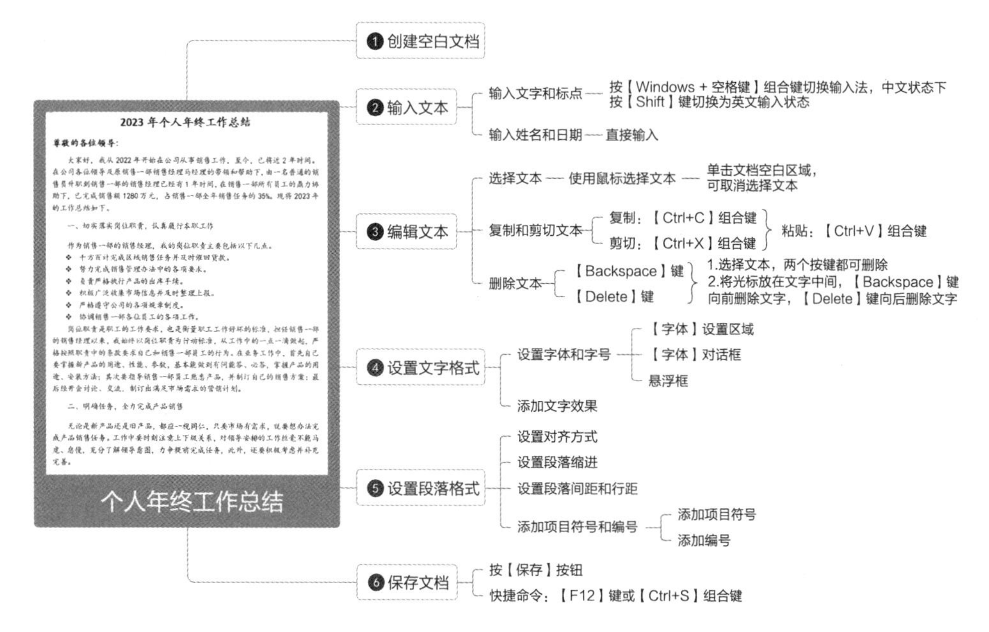

1.2 创建空白文档

在使用WPS Office制作个人年终工作总结文档之前，需要先创建一个空白文档。

第1步 双击桌面上的WPS Office图标，启动软件，单击【新建】按钮，即会弹出【新建】窗格，单击【文字】按钮，如下图所示。

第2步 进入下图所示的界面，单击【空白文档】缩略图。

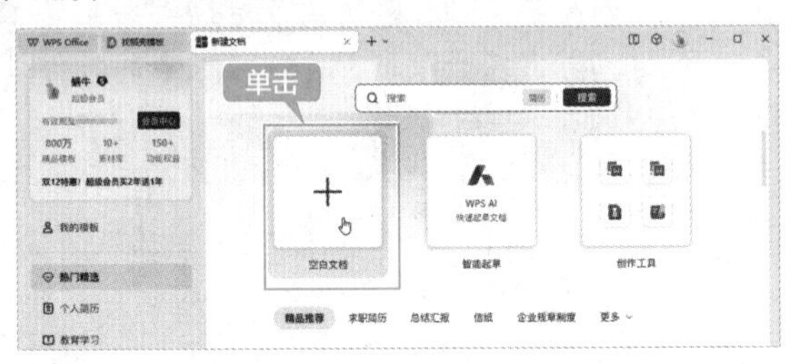

第3步 此时即可新建一个名称为“文字文稿1”的空白文档，如下图所示。

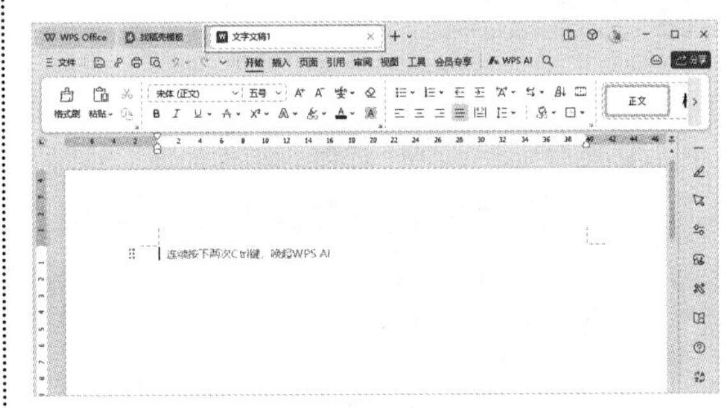

1.3 输入工作总结文本

文本的输入功能非常简便，只要会使用键盘打字，就可以在文档的编辑区域输入文本内容。

1.3.1 输入文字和标点

在WPS Office文字文档中，输入数字时不需要切换中/英文输入法，但输入中文时需要先将英文输入法切换为中文输入法，再进行中文输入。输入中文和标点的具体操作步骤如下。

第1步 在光标位置输入数字“2023”，如下图所示。

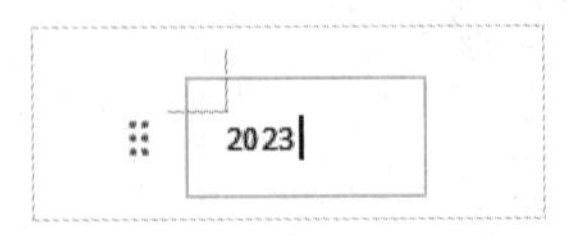

第2步 按【Windows+空格】组合键快速切换输入法，切换至中文输入法，然后在文档中输入中文内容，如下图所示。

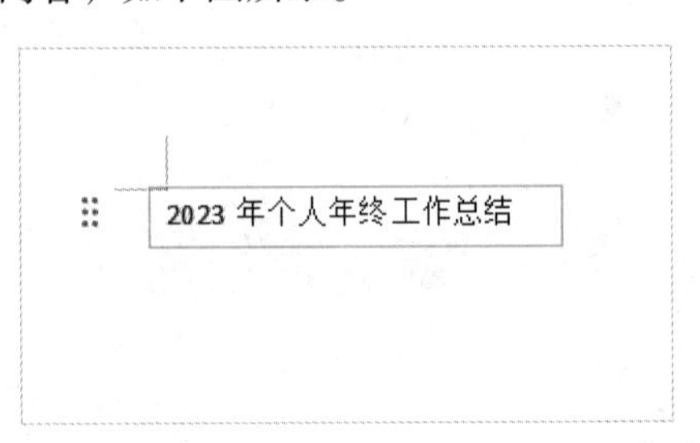

第3步 在输入的过程中，当文字到达一行的最右端时，输入的文本将自动跳转到下一行。在未输入完一行时，如果想要换行输入，则可以按【Enter】键结束一个段落，这样会产生一个段落标记符号“↵”，如下图所示。

提示

用户可单击【开始】选项卡下的【显示/隐藏编辑标记】按钮进行显示或隐藏标记操作。

第4步 输入第2行文本，并将光标定位在第2行文本的句末，按【Shift+;】组合键即可在文档中输入一个中文的全角冒号“：”，如下图所示。

2023 年个人年终工作总结
尊敬的各位领导：

1.3.2 输入姓名和日期

在文档的末尾处可以输入姓名和日期，具体操作步骤如下。

第1步 打开“素材\ch01\工作总结内容.wps”文档，将光标定位在最后一行，按【Enter】键执行换行操作，然后在文档结尾处输入报告人的姓名，如下图所示。

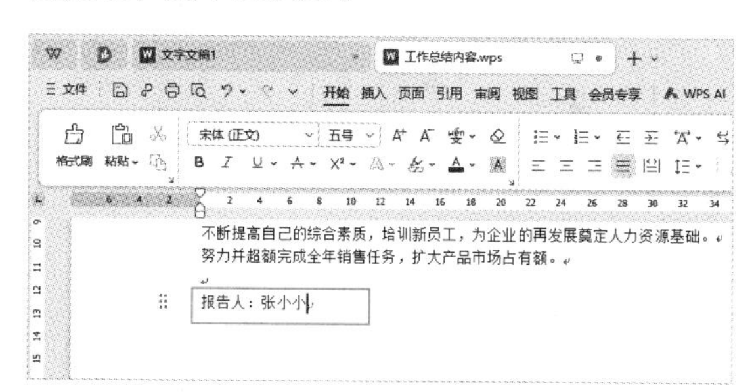

第2步 按【Enter】键另起一行，使用数字键盘并配合中文输入法输入日期，如下图所示。

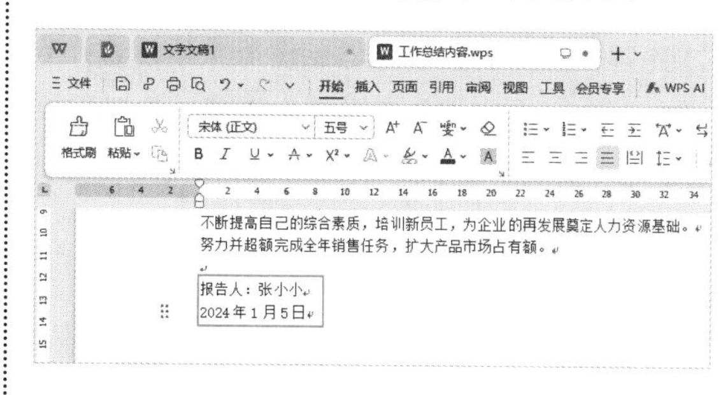

1.4 编辑工作总结文本

用户可以对文档中的内容进行编辑，如选择文本、复制和剪切文本及删除文本等。本节主要介绍编辑文本的基本操作。

1.4.1 选择文本

选择文本时，既可以选择单个字符，也可以选择整个文档内容，而使用鼠标选择文本是一种常见的方法，具体操作步骤如下。

第1步 将光标移动至想要选择的文本之前，如下图所示。

大家好，我从 2022 年开始在公司从事销售工作，至今，已将近 2 年时间。
及原销售一部销售经理马经理的带领和帮助下，由一名普通的销售员升职到
经理已经有 1 年时间，在销售一部所有员工的鼎力协助下，已完成销售额
售一部全年销售任务的 35%。现将 2023 年的工作总结如下。
一、切实落实岗位职责，认真履行本职工作。
作为销售一部的销售经理，我的岗位职责主要包括以下几点。
千方百计完成区域销售任务并及时催回货款。
努力完成销售管理办法中的各项要求。
负责严格执行产品的出库手续。
积极广泛收集市场信息并及时整理上报。

第2步 按住鼠标左键的同时拖曳鼠标，直到选中第一段的全部文本，完成后释放鼠标左键，即可选中文字内容，如下图所示。

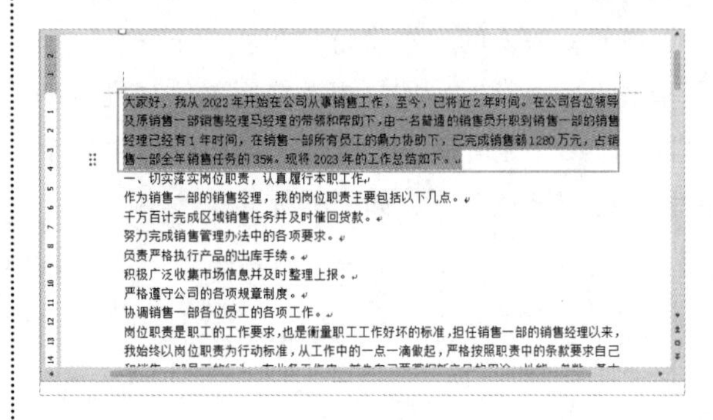

提示

单击文档的空白区域，即可取消对文本的选择。

1.4.2 复制和剪切文本

复制文本和剪切文本的不同之处在于，前者是把文本内容放到剪贴板中以复制出更多文本内容，原来的文本内容还在原来的位置；后者是把文本内容放到剪贴板中以复制出更多文本内容，但原来的文本内容不在原来的位置。

1. 复制文本

当需要多次输入同样的文本时，通过复制文本可以快速完成，这比多次输入同样的文本更为方便，具体操作步骤如下。

第1步 选中文档中第一段文本并右击，在弹出的快捷菜单中单击【复制】按钮，如下图所示。

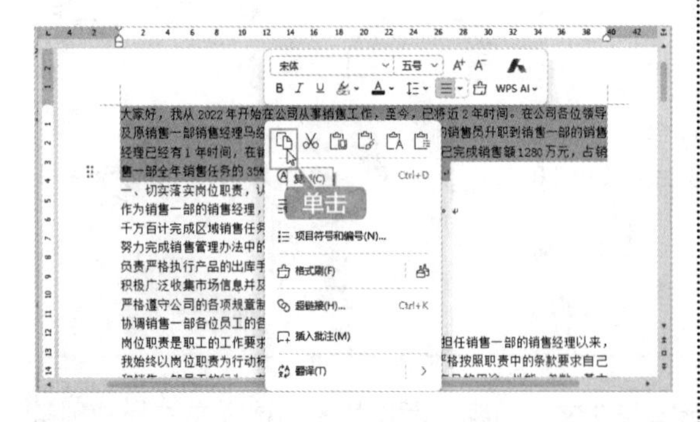

第2步 选择创建的文档“文字文稿 1”，将光标定位至要粘贴的位置，单击【开始】选项卡下的【粘贴】按钮，如下图所示。

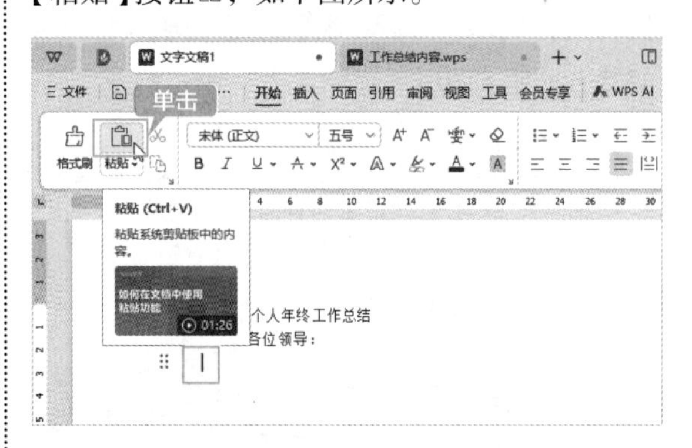

第3步 此时文档中插入了刚刚复制的内容，但原来的文本内容还在原来的位置，如下图所示。

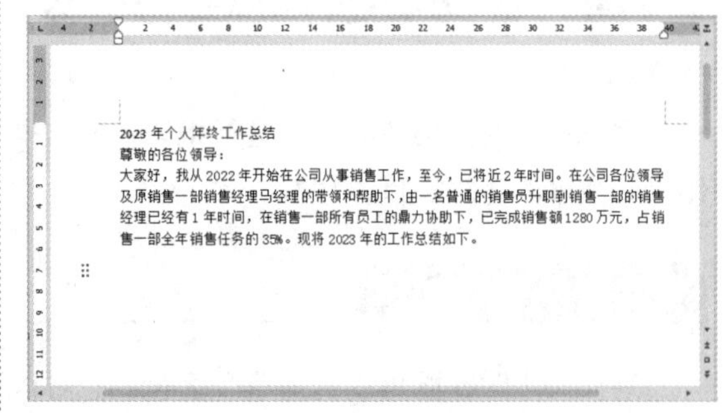

提示

用户可以按【Ctrl+C】组合键复制内容，按【Ctrl+V】组合键粘贴内容。

2. 剪切文本

如果用户需要修改文本的位置，可以使用剪切文本功能来完成，具体操作步骤如下。

第1步 切换至“工作总结内容.wps”文档，按【Ctrl+A】组合键选择所有文本，然后单击【开始】选项卡下的【剪切】按钮✂，如下图所示。

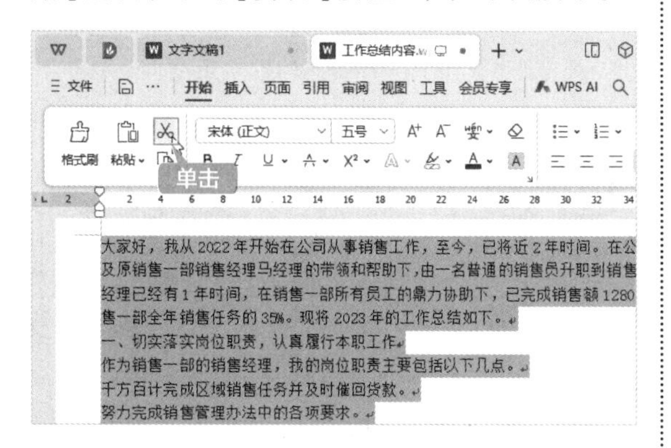

第2步 切换至“文字文稿 1”文档，将光标定位至要粘贴的位置，单击【开始】选项卡下的【粘贴】按钮，如下图所示。

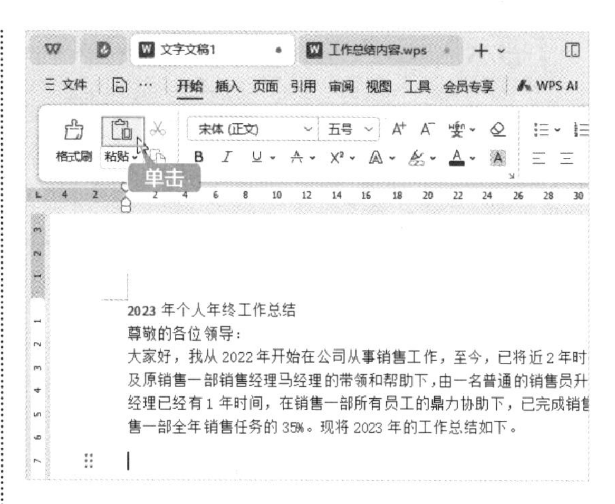

第3步 此时，剪切的内容会被粘贴到目标文档中，如下图所示。原来位置的内容已经不存在。

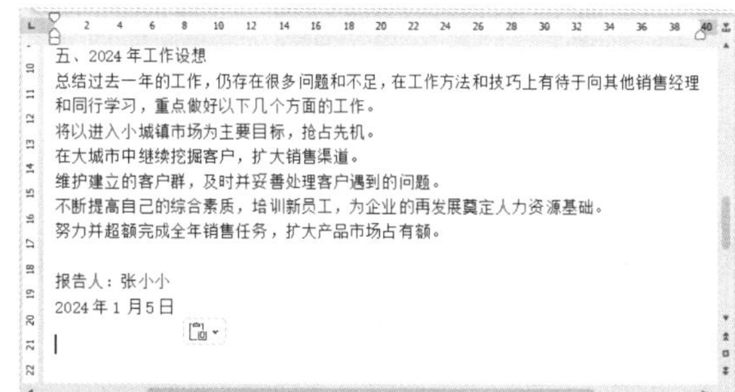

提示

用户可以按【Ctrl+X】组合键剪切内容，按【Ctrl+V】组合键粘贴内容。

1.4.3 删除文本

如果不小心输错了内容，可以删除文本，具体操作步骤如下。

第1步 按住鼠标左键并拖曳鼠标，选择需要删除的文本，如下图所示。

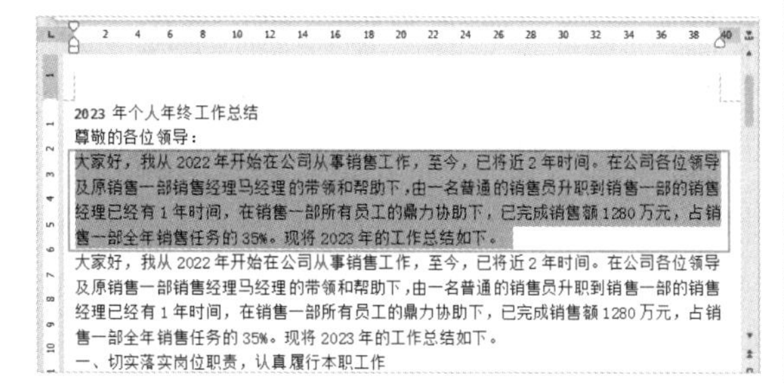

第2步 按【Backspace】键即可将选择的文本删除，如下图所示。

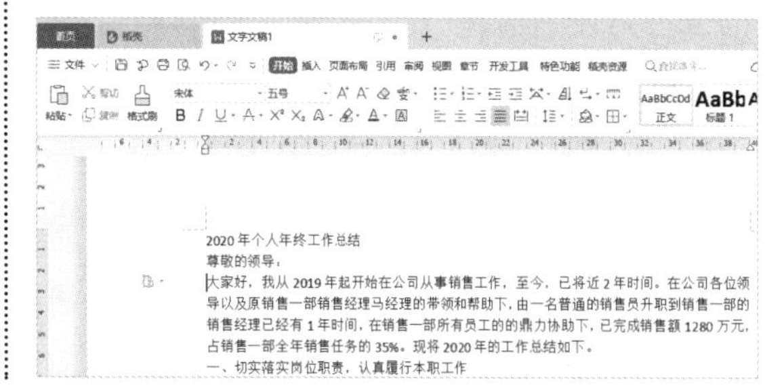

提示

此外，当输入错误的内容时，选择错误的文本，然后按【Delete】键将其删除。将光标定位在要删除的文本内容前面，按【Delete】键即可逐字将错误的文本删除。如果文本删除错误，可按【Ctrl+Z】组合键撤销操作，恢复至上一步。

1.5 设置文字格式

在输入所有内容之后，用户可以设置文档的文字格式，并给文本添加效果，从而使文档看起来层次分明、结构工整。

1.5.1 设置字体和字号

在WPS文字中，文本的字体和字号默认为宋体和五号。用户可以根据需要对字体和字号进行设置，具体操作步骤如下。

第1步 选中文档中的标题，单击【开始】选项卡下的【字体】对话框按钮 ↘，如下图所示。

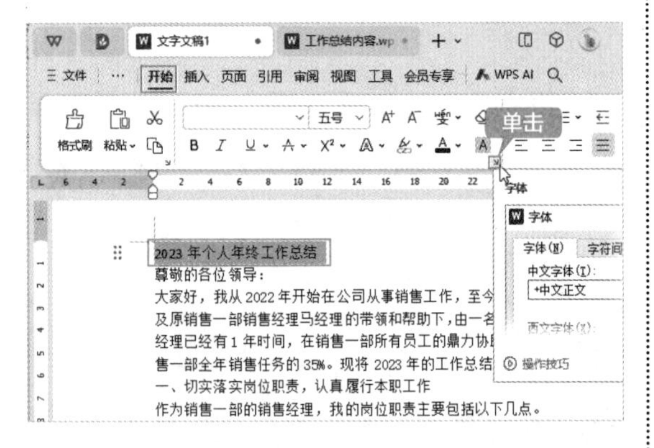

第2步 在弹出的【字体】对话框中选择【字体】选项卡，单击【中文字体】下拉按钮，在弹出的下拉列表中选择“华文楷体”；选择【字形】列表框中的“加粗”；选择【字号】列表框中的“小二”，单击【确定】按钮，如下图所示。

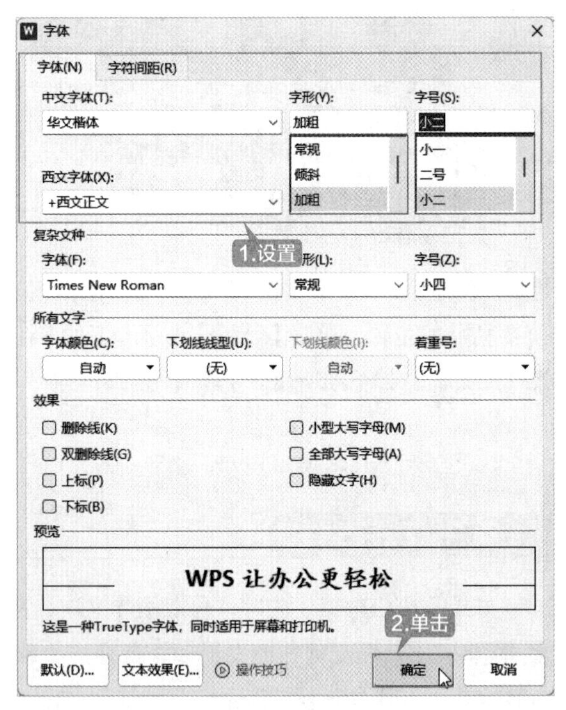

第3步 选择“尊敬的各位领导：”文本，单击【开始】选项卡下的【字体】下拉按钮⌄，在弹出的下拉列表中选择“华文楷体”，如下图所示。

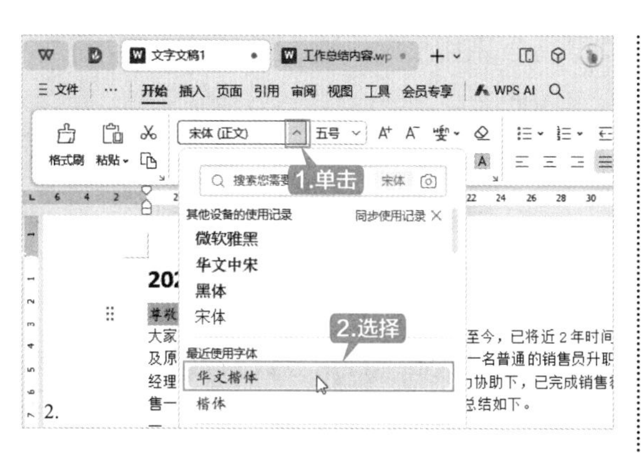

第 4 步 保持文本的选中状态，单击【字号】下拉按钮⌄，在弹出的下拉列表中选择合适的字号，如选择“四号”，如下图所示。

第 5 步 保持文本的选中状态，单击【加粗】按钮 B，设置后的效果如下图所示。

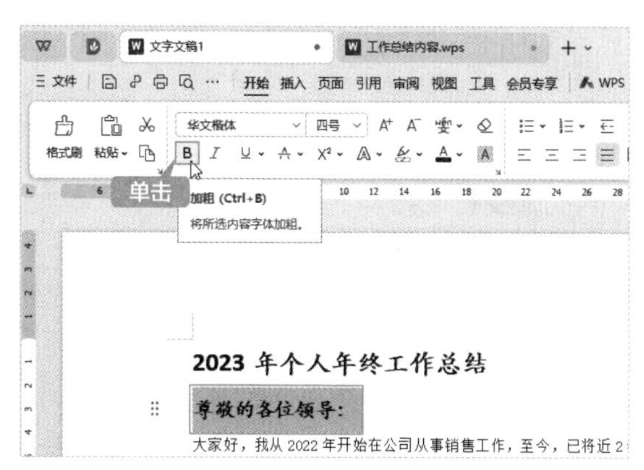

第 6 步 设置正文字体为“楷体”，字号为“小四”，设置完成后的效果如下图所示。

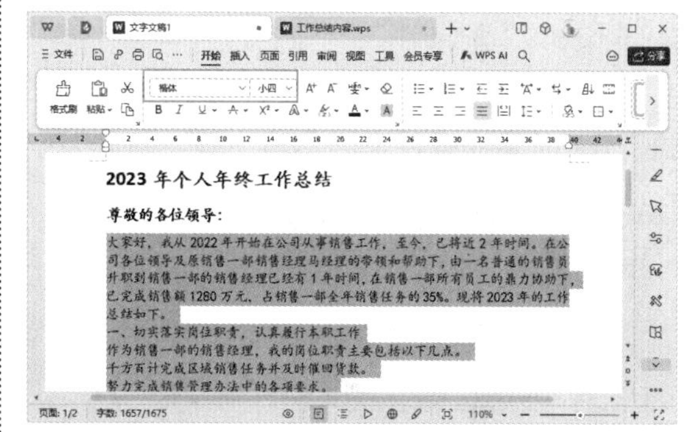

提示

选择要设置文本格式的文本后，选中的文本区域右上角会弹出一个悬浮框，单击相应的按钮即可修改文本格式。

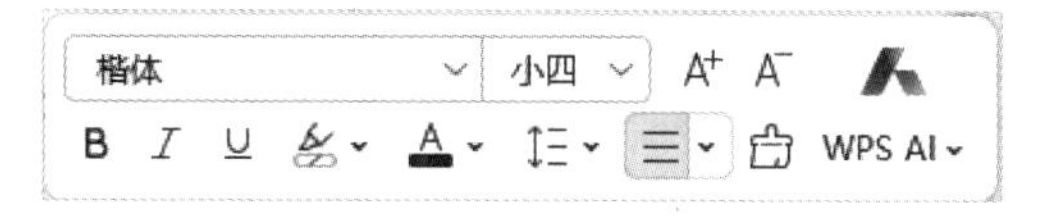

1.5.2 添加文字效果

有时为了突出文档标题，用户可以给文字添加效果，具体操作步骤如下。

第 1 步 选中文档中的标题，单击【开始】选项卡下的【文字效果】按钮 A⌄，在弹出的下拉列表中可以设置艺术字、阴影、倒影、发光等文字效果，这里选择【阴影】→【外部】中的“右下斜偏移”选项，如下图所示。

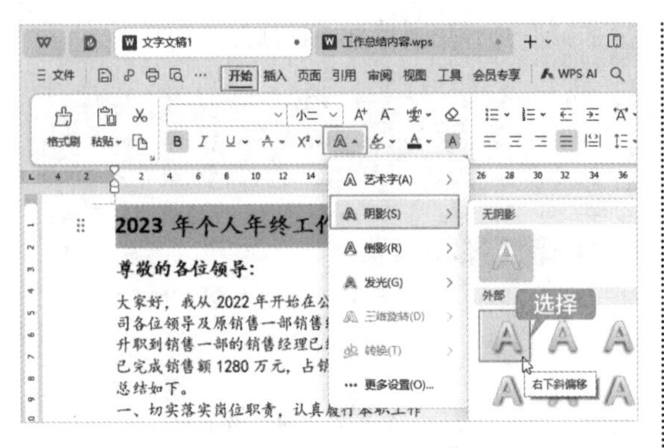

第2步 此时即可看到文档中的标题添加了文字效果，如下图所示。

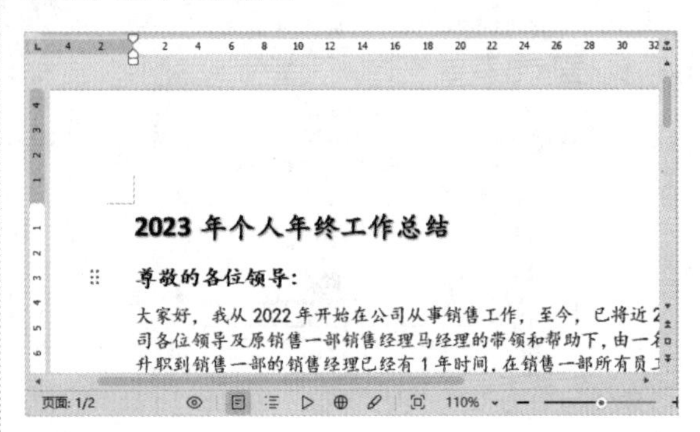

1.6 设置段落格式

段落格式是指以段落为单位的格式设置。设置段落格式主要包括设置段落的对齐方式、段落缩进、段落间距和行距等。

1.6.1 设置对齐方式

对齐方式就是段落中文本的排列方式，整齐的排列效果可以使文档更美观。WPS文字提供了5种常用的对齐方式，分别为左对齐、居中对齐、右对齐、两端对齐和分散对齐。设置段落对齐方式的具体操作步骤如下。

第1步 将光标定位在要设置对齐方式段落中的任意位置，单击【开始】选项卡下的【段落】对话框按钮 ↘，如下图所示。

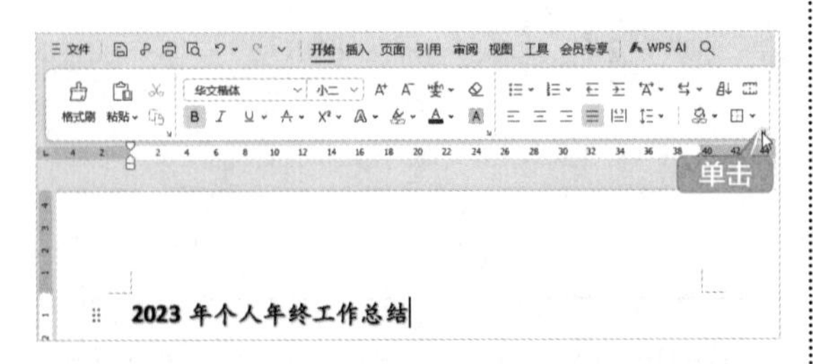

第2步 在弹出的【段落】对话框中选择【缩进和间距】选项卡，在【常规】区域中单击【对齐方式】右侧的下拉按钮，在弹出的下拉列表中选择“居中对齐”选项，单击【确定】按钮，如下图所示。

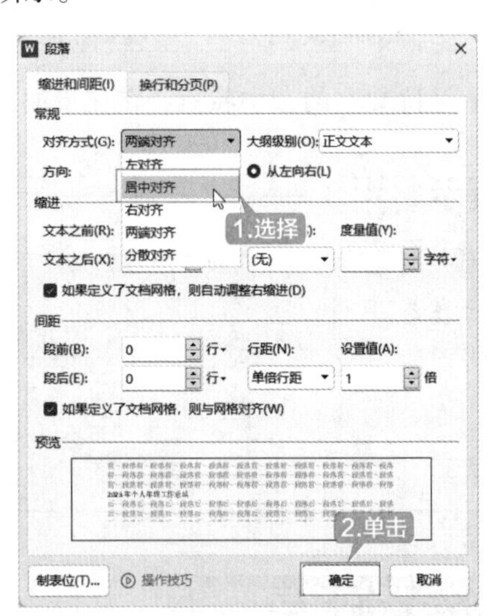

第3步 此时即可将标题设置为居中对齐，效果如下图所示。

2023 年个人年终工作总结
尊敬的各位领导：
大家好，我从 2022 年开始在公司从事销售工作，至今，已将近 2 年时间。在公

第4步 选择文档最后的姓名和时间，单击【右对齐】按钮 ≡，如下图所示。

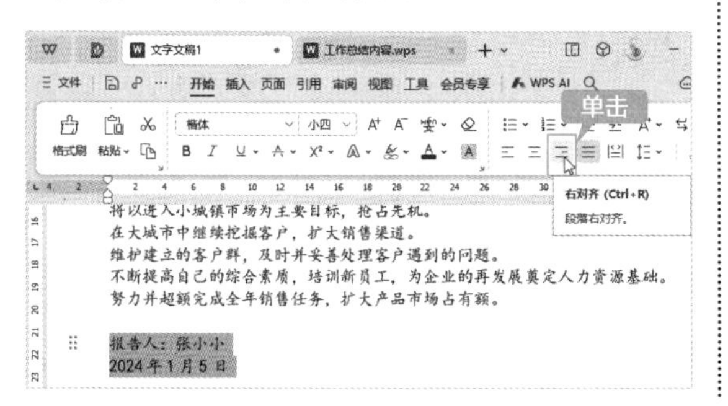

第5步 设置右对齐后，效果如下图所示。

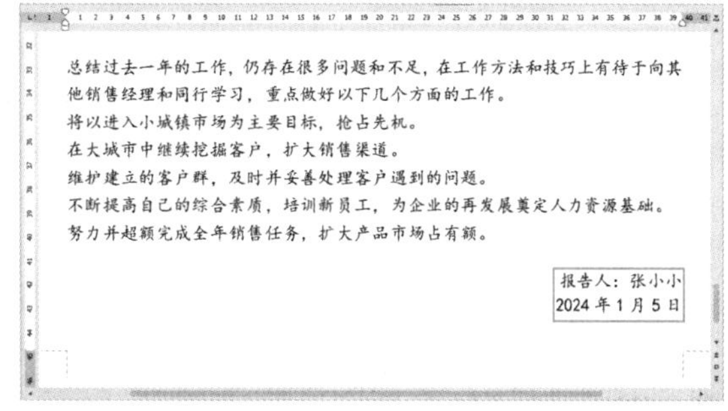

1.6.2 设置段落缩进

段落缩进是指段落到左右页边界的距离。根据中文的书写形式，通常情况下，正文中的每个段落都会首行缩进2个字符。设置段落缩进的具体操作步骤如下。

第1步 选择正文的第一段内容，单击【开始】选项卡下的【段落】对话框按钮 ↘，如下图所示。

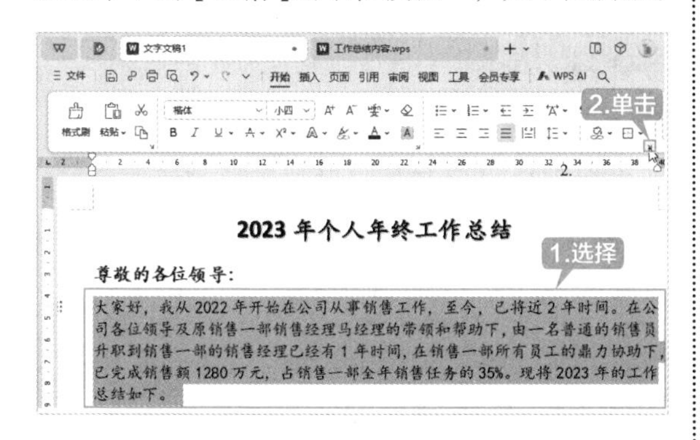

提示

在【开始】选项卡下单击【减少缩进量】按钮 ⇤ 和【增加缩进量】按钮 ⇥ 也可以调整缩进。

第2步 在弹出的【段落】对话框的【缩进和间距】选项卡下，单击【缩进】区域中【特殊格式】下方的下拉按钮，在弹出的下拉列表中选择“首行缩进”选项，在【度量值】文本框中输入“2”，单击【确定】按钮，如下图所示。

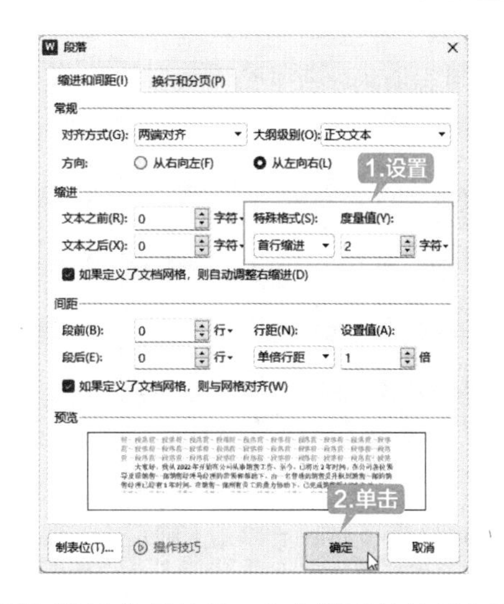

第3步 设置首行缩进2个字符后的效果如下图所示。

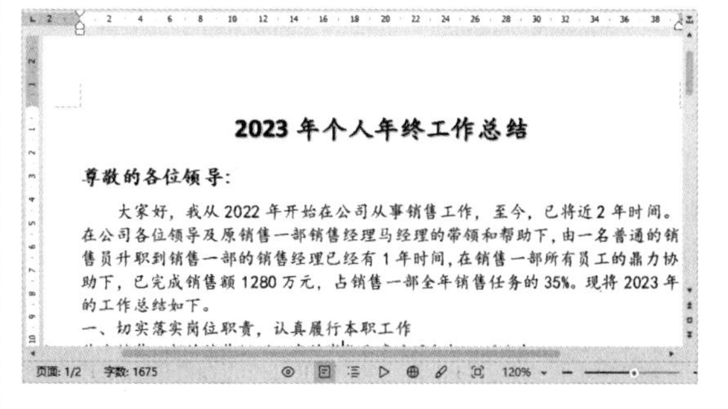

第4步 使用同样的方法，为其他正文内容设置首行缩进2个字符，如下图所示。

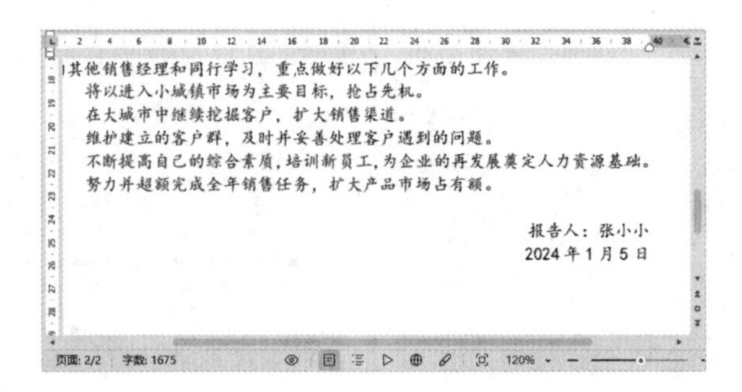

1.6.3 设置段落间距和行距

段落间距是指文档中段落与段落之间的距离，行距是指行与行之间的距离。

第1步 选中要设置段落间距和行距的文本并右击，在弹出的快捷菜单中选择“段落”命令。

第2步 弹出【段落】对话框，选择【缩进和间距】选项卡，在【间距】区域中分别设置【段前】和【段后】为“0.5”，在【行距】下拉列表中选择“1.5倍行距”选项，单击【确定】按钮，如下图所示。

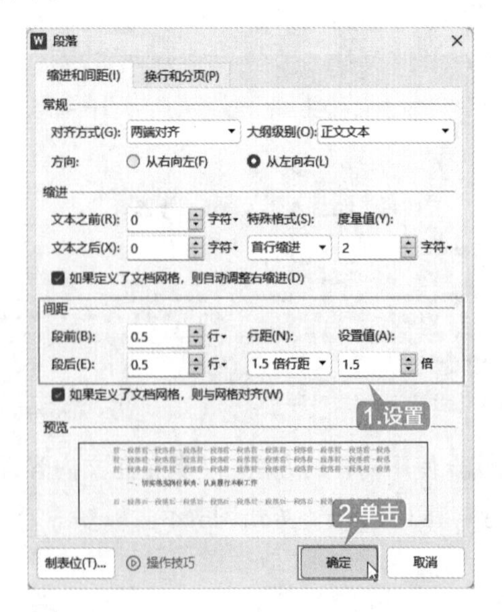

第3步 此时即可看到段落间距及行距设置后的效果，如下图所示。

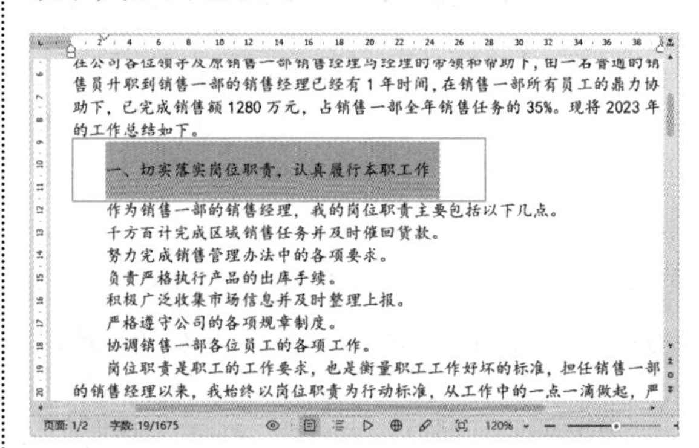

第4步 设置正文内容的行距为“固定值 18磅”，并根据需要设置其他标题的段落间距和行距，效果如下图所示。

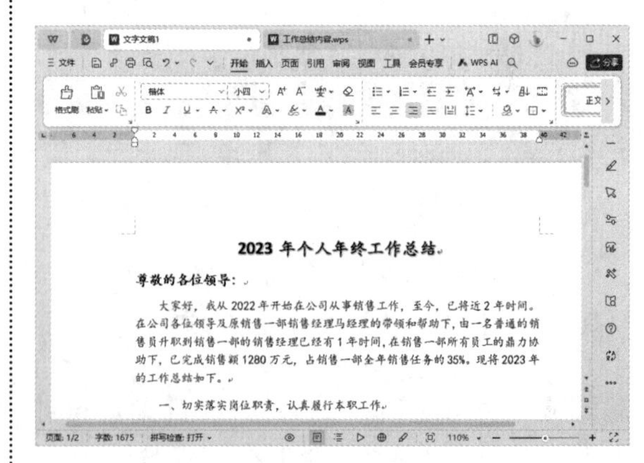

1.6.4 添加项目符号和编号

在文档中使用项目符号和编号，可以使文档中的重点内容突出显示。

1. 添加项目符号

项目符号是指在段落前添加的特殊符号，用于强调或分类文本内容。添加项目符号的具体操作步骤如下。

第1步 选中需要添加项目符号的内容，单击【开始】选项卡下的【项目符号】下拉按钮，在弹出的下拉列表中选择项目符号的样式。

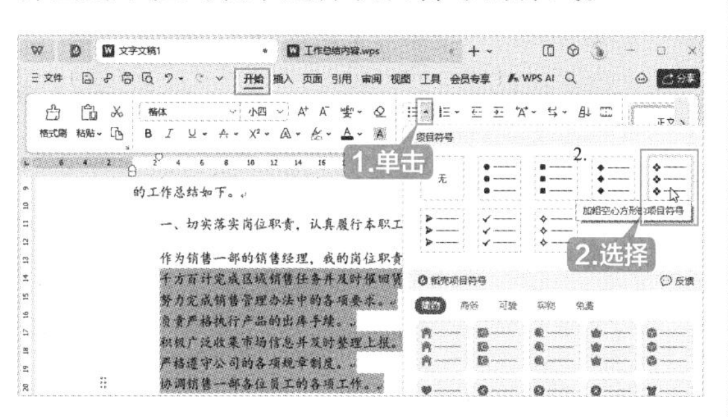

第2步 此时即可为所选内容添加项目符号，根据情况调整段落缩进，效果如下图所示。

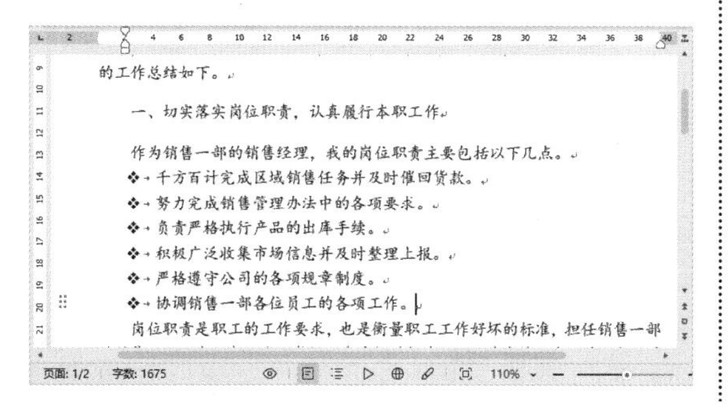

2. 添加编号

文档编号是指按照数字大小顺序为文档中的段落添加编号。在文档中添加编号的具体操作步骤如下。

第1步 选中需要添加编号的段落，单击【开始】选项卡下的【编号】下拉按钮，在弹出的下拉列表中选择一种编号样式，如下图所示。

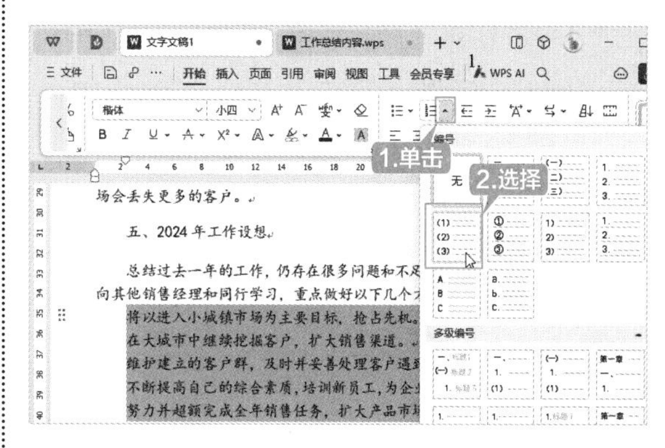

第2步 根据需求调整段落缩进，添加编号后的效果如下图所示。

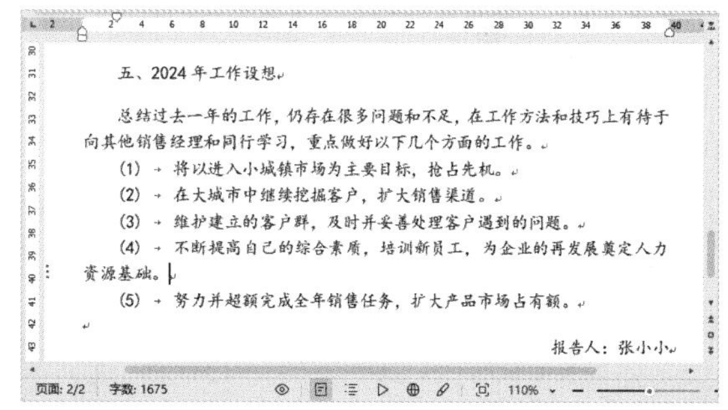

1.7 保存文档

创建或修改好文档后，如果不保存，该文档就不能再次使用，所以用户应养成随时保存文档的好习惯。

第1步 单击快速访问工具栏中的【保存】按钮或按【Ctrl+S】组合键，如下图所示。

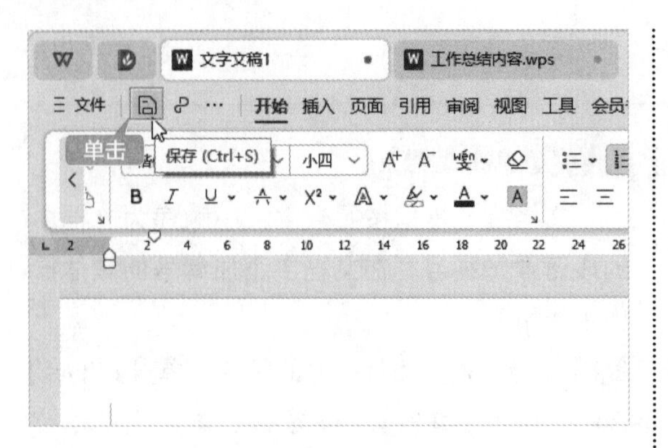

第2步 如果是首次创建的文档，将会弹出【另存为】对话框。在对话框中选择保存文件的位置，在【文件名称】文本框中输入要保存的文档名称，单击【保存】按钮即可完成保存文档的操作，如下图所示。

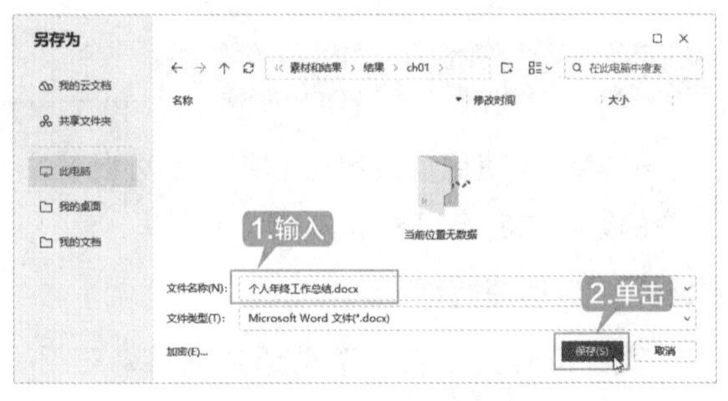

提示

如果对已有文档修改后进行保存，则不会弹出【另存为】对话框，而是自动保存修改后的文档版本。如果要另外保存修改后的文档，则可以按【F12】键，在弹出的【另存为】对话框中进行设置，另存文档。

举一反三

制作公司聘用协议

与个人年终工作总结类似的文档还有公司聘用协议、房屋租赁合同、公司合同、产品转让协议等。制作这类文档时，除了要求内容准确、没有歧义，还要保证条理清晰，最好能以列表的形式表明双方应承担的义务及享有的权利，以方便查看。下面就以制作公司聘用协议为例进行介绍。

本节素材结果文件

	素材	素材\ch01\公司聘用协议.wps
	结果	结果\ch01\公司聘用协议.wps

1. 创建并保存文档

新建空白文档，并将其保存为"公司聘用协议.wps"文档，根据需求输入公司聘用协议的内容，如下图所示。

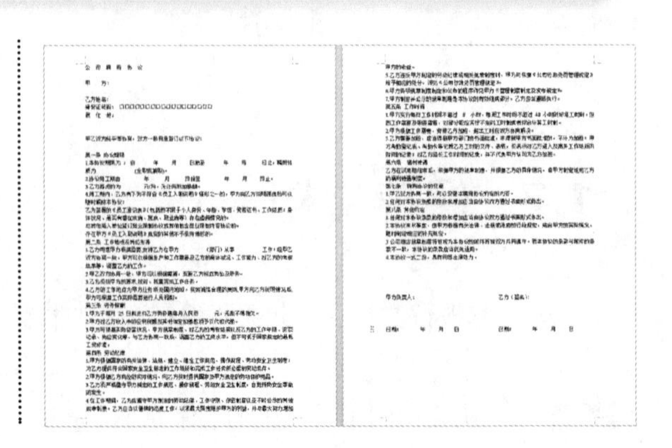
公司聘用协议

甲方：

乙方姓名：

[illegible]

甲方负责人：　　乙方（签名）：

日期：　年　月　日　　日期：　年　月　日

2. 设置文字格式

根据需求修改文档内容的字体和字号，并在需要填写内容的区域添加下划线，如下图所示。

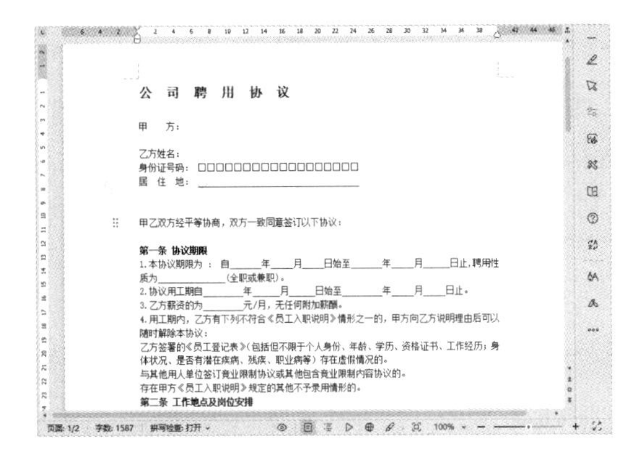

3. 设置段落格式

设置段落对齐方式、段落缩进、行距等格式，并添加编号，如下图所示。

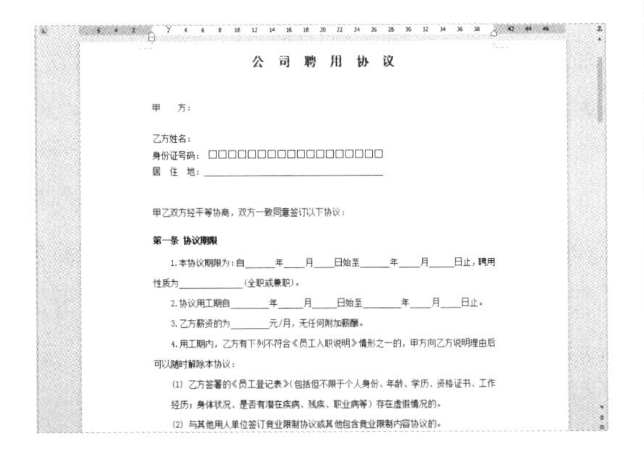

4. 保存文档

确认文档内容无误后，保存文档，如下图所示。

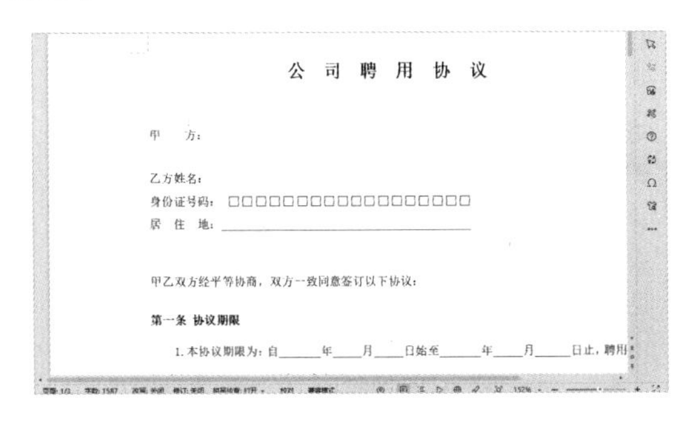

◇ 巧用“排版”功能实现快速排版

WPS Office的“排版”功能是一个强大的文档排版助手，能够帮助用户快速高效地进行排版，使文档更美观、易读，提升文档质量和排版效率。

第1步 打开素材文件，单击【开始】选项卡下的【排版】按钮，在弹出的下拉列表中选择“段落整理”选项，如下图所示。

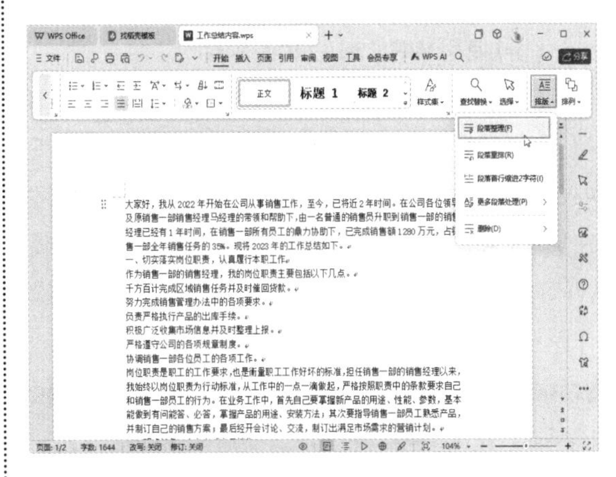

第2步 此时即可快速实现对文档的排版，如下图所示。

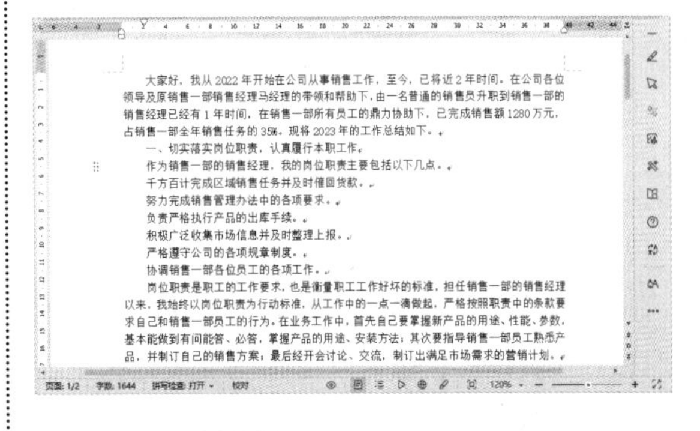

提示

【段落整理】功能能够一键式地对文档进行

排版。它不仅可以自动删除无关紧要的空行、软回车等元素，还可以调整段落开头处的空格和首行缩进，使文档呈现整洁、专业的外观。同时，根据不同文档的需求，用户还可以进行更为细致的段落格式设置，比如将段落首行缩进2个字符，或者将软回车转换为换行符等。此外，也可以进行批量操作，如一次性完成增加空段、统一文字格式、删除空段和空格等烦琐操作，这大大提高了文档排版的效率和质量。

◇ 如何体验并获取WPS AI功能

如果要获取WPS AI功能，可以执行以下操作。

（1）使用WPS AI版本的软件

若用户当前的WPS软件版本中不包含WPS AI功能，建议直接访问WPS官方网站或WPS AI的专属页面，以获取并安装最新版本的软件。在WPS AI官网首页中，将鼠标指针指向【下载WPS体验更多AI】按钮，如下图所示。根据操作系统选择对应版本下载并安装。

（2）获取WPS AI权益

用户初次使用WPS AI时，可以领取WPS AI试用会员体验，也可以在WPS交流社区中申请AI体验权益。在WPS AI官网中，单击【交流社区】超链接，如下图所示。

进入社区之后，可以查看官方置顶的申请方法和入口。

提示

此外，用户也可选择购买并成为WPS大会员或WPS AI会员，以使用WPS AI提供的AI权益与服务。

需要注意的是，上述获取方法可能会发生更改或调整。如果上述方法失效，请关注WPS或WPS AI官方网站，以获取最新的方法。

如果要查看自己账号的WPS AI权益的到期时间，可以在WPS AI官网首页，单击右上角的账户头像，查看AI权益的到期时间，如下图所示。

第2章

使用表格和图美化文档——个人求职简历

本章导读

一个图文并茂的文档，不仅看起来生动形象、充满活力，而且会更显美观。在文档中可以通过插入艺术字、表格、图片、自选图形等来展示文本或数据内容。本章以制作个人求职简历为例，介绍使用表格和图美化文档的操作。

思维导图

2.1 案例概述

制作个人求职简历要求做到格式统一、排版整齐、简洁大方，以便给HR留下深刻的印象，从而赢得面试机会。

本节素材结果文件

	素材	素材\ch02\背景.png、图像.jpg
	结果	结果\ch02\个人求职简历.docx

在制作个人求职简历时，不仅要进行页面设置、使用艺术字美化标题，还要在主体部分插入表格、照片、图标等完善个人信息，制作时需要注意以下几点。

1. 格式要统一

① 相同级别的文本内容要使用相同的字体和字号。

② 段落间距要恰当，避免内容显得拥挤。

2. 图文结合

图形是人类通用的视觉符号，可以吸引观者的注意。如果图片、图形运用得当，则可以为简历增添个性化色彩。

3. 编排简洁

确定简历的页面大小是进行编排的前提。

排版的整体风格要简洁大方，给人一种认真、严肃的感觉，切记不可过于花哨。

2.1.1 设计思路

制作个人求职简历可以按以下思路进行。

① 制作简历页面，设置页边距及页面大小。

② 插入艺术字美化标题。

③ 添加表格，编辑表格内容并美化表格。

④ 插入背景图片和简历照片。

⑤ 插入合适的图标。

2.1.2 涉及知识点

本案例主要涉及的知识点如下图所示（思维导图见“素材结果文件\思维导图\2.pos”）。

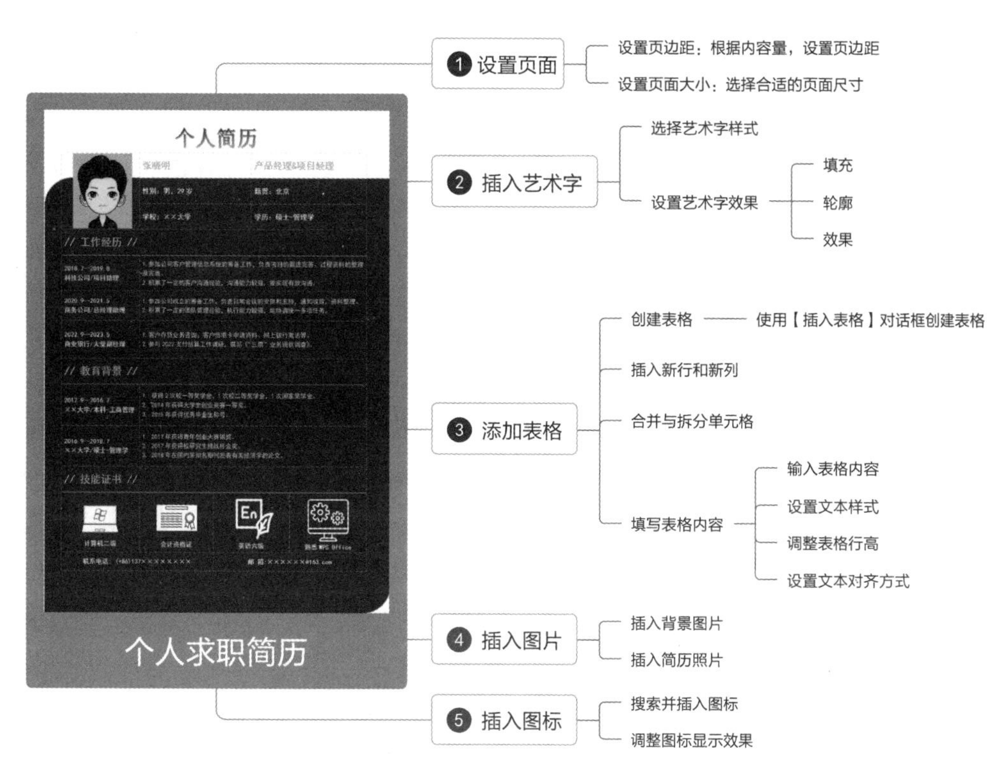

2.2 设置页面

在制作个人求职简历时，用户可以根据需要设置文档的页面，如页边距、页面方向及大小等。

第 1 步 打开WPS Office，新建一个空白文档，并将其保存为“个人求职简历.docx”，如下图所示。

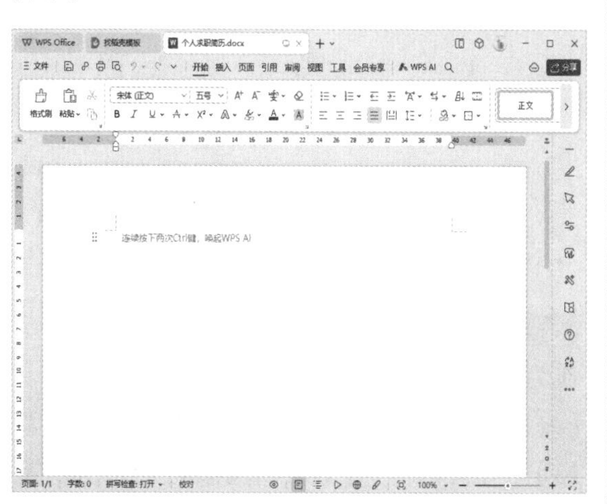

第 2 步 单击【页面】选项卡下的【页边距】按钮，在弹出的下拉列表中选择“自定义页边距”选项，如下图所示。

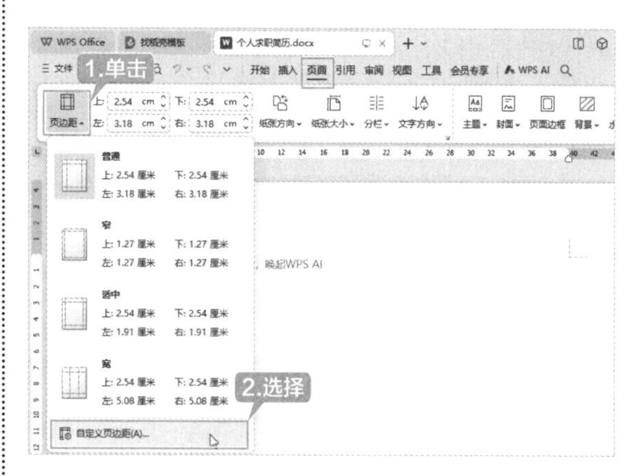

第 3 步 在弹出的【页面设置】对话框中，对上、下、左、右页边距进行自定义设置，然后单击【确定】按钮，如下图所示。

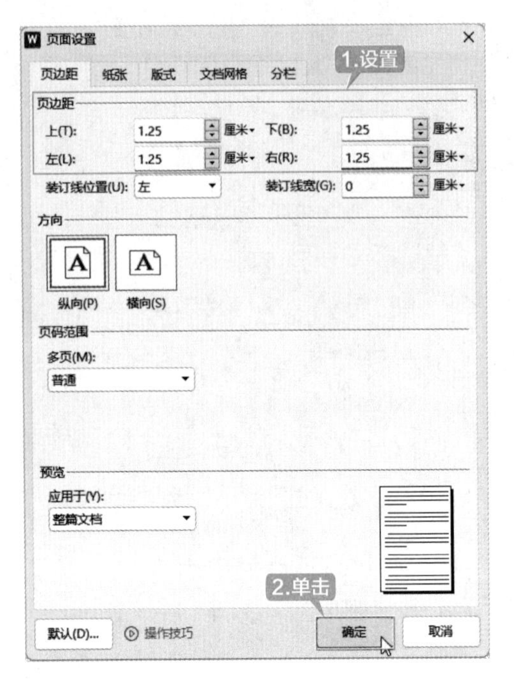

第4步 此时即可完成页边距的设置，效果如下图所示。

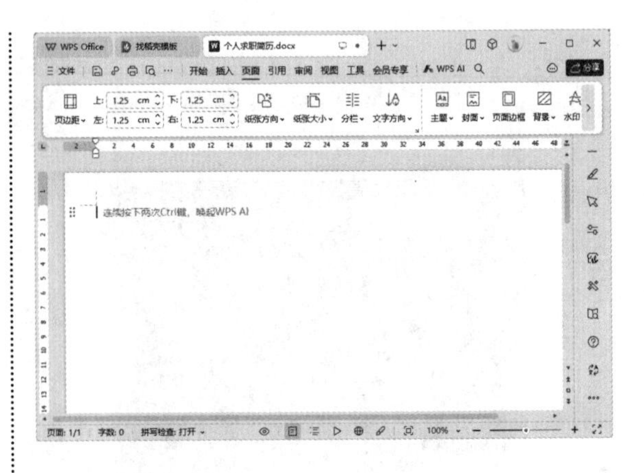

提示

用户可以通过单击【页面】选项卡下的【纸张方向】按钮，设置纸张方向为【横向】或【纵向】，WPS文字默认的纸张方向是【纵向】。单击【纸张大小】按钮，可以选择预设的纸张大小选项，调整页面的大小。

2.3 使用艺术字美化标题

使用WPS文字提供的艺术字功能，可以制作出精美的艺术字，丰富简历的内容，使个人求职简历更加醒目，具体操作步骤如下。

第1步 单击【插入】选项卡下的【艺术字】按钮，在弹出的下拉列表中选择一种艺术字样式，如下图所示。

第2步 文档中即会弹出【请在此放置您的文字】文本框，如下图所示。

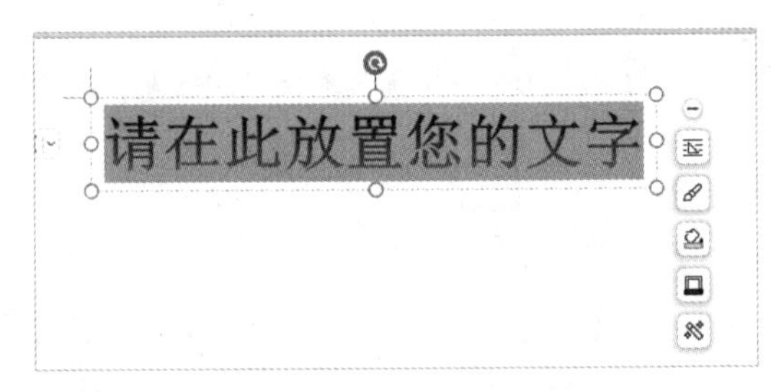

第3步 单击文本框内的文字，输入“个人简历”作为标题内容。单击【文本工具】选项卡下的【效果】按钮，在弹出的下拉列表中选择【阴影】→【外部】→【右下斜偏移】选项，如下图所示。

第4步 选中艺术字，将鼠标指针移至艺术字边框的控制点上，当鼠标指针变为↘形状时拖曳鼠标，即可改变文本框的大小。将艺术字调整到文档的居中位置，如下图所示。

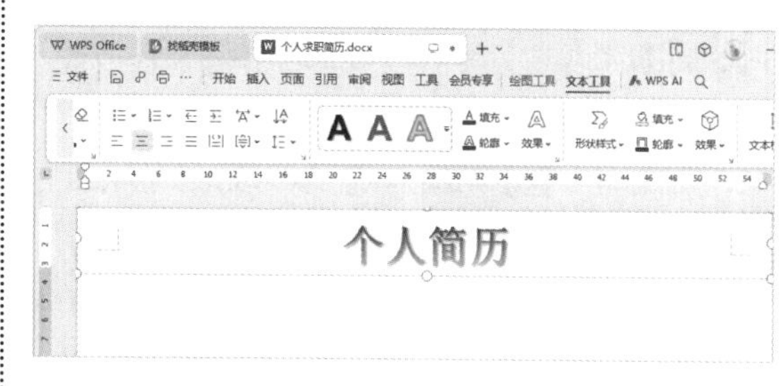

2.4 创建和编辑表格

用户在使用WPS文字制作个人求职简历时，可以使用表格编排简历内容。通过对表格的编辑、美化，可以提高个人求职简历的质量。

2.4.1 创建表格

在个人求职简历中插入表格，具体操作步骤如下。

第1步 将光标定位至需要插入表格的地方，单击【插入】选项卡下的【表格】按钮，在弹出的下拉列表中选择“插入表格”选项，如下图所示。

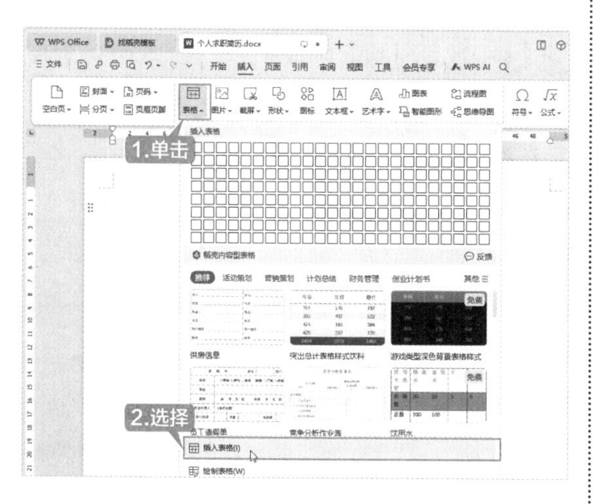

> **提示**
>
> 【表格】下拉列表中内置了多种表格类型，包含活动策划、营销策划、计划总结等，用户可以直接套用。另外，在【插入表格】区域中选择要插入表格的行数和列数，可以创建规则且行数和列数较少的表格，最多可以创建8行24列的表格。

第2步 在弹出的【插入表格】对话框中设置【列数】为“4”，【行数】为“13”，单击【确定】按钮，如下图所示。

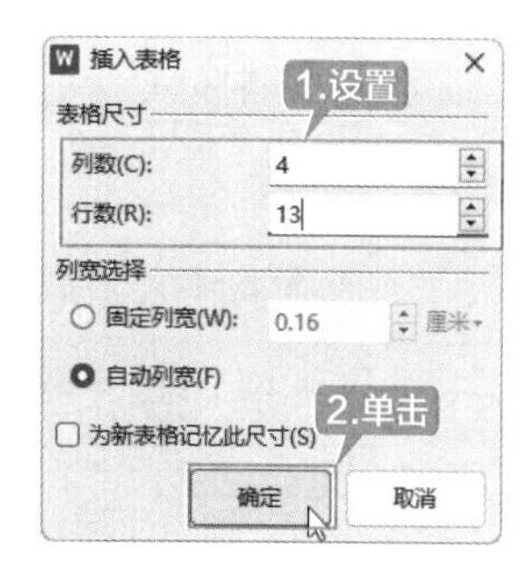

提示

【列宽选择】区域中各选项的含义如下。

【固定列宽】单选按钮：选中后，可设定列宽的具体数值，单位默认为“厘米”。

【自动列宽】单选按钮：选中后，表格将自动在文档中填满整行，并平均分配各列为固定值。

【为新表格记忆此尺寸】复选框：选中该复选框，再次创建表格时会使用该尺寸。

第3步 此时即可插入一个4列13行的表格，效果如下图所示。

2.4.2 插入新行和新列

在文档中插入表格后，有时用户会发现表格少了一行或一列，如何快速插入一行或一列呢？下面以插入新列为例介绍具体的操作步骤。

第1步 选择表格中要插入新列的左侧列的任意一个单元格，单击【表格工具】选项卡下的【插入】按钮，在弹出的下拉列表中选择“在右侧插入列”选项，如下图所示。

第2步 此时即可在右侧插入新的列，如下图所示。

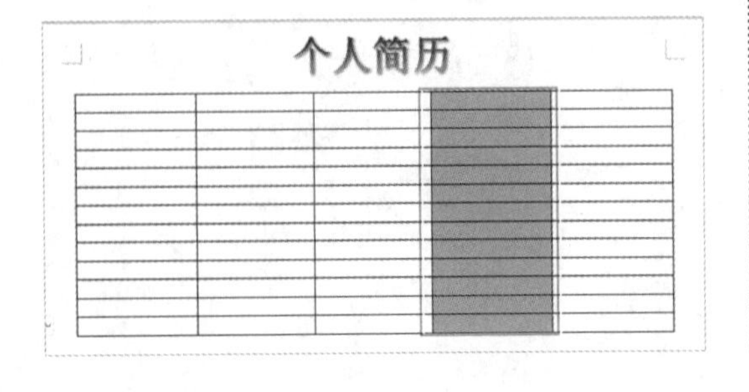

第3步 若要删除列，可以先选中要删除的列并右击，在弹出的快捷菜单中选择“删除列”命令，如下图所示。

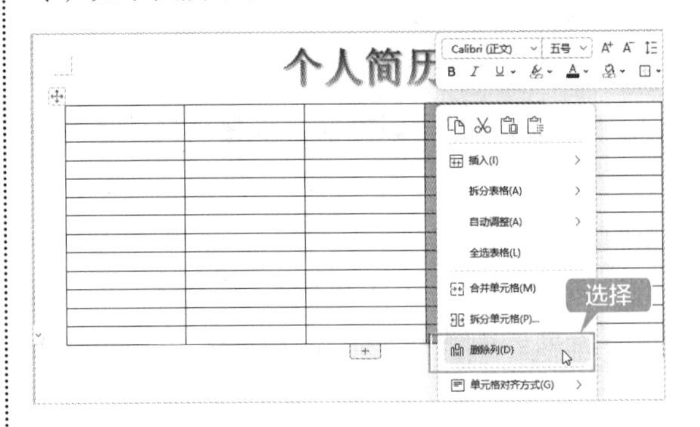

提示

选择要删除的列中的任意一个单元格并右击，在弹出的快捷工具栏中单击【删除】按钮，在弹出的下拉列表中选择“删除列”选项，同样可以删除列，如下图所示。

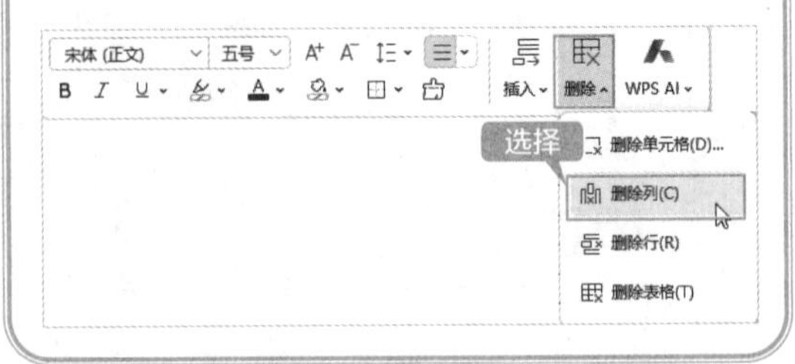

第4步 选中表格，将鼠标指针移至右下角的

图标上，此时鼠标指针变为形状，如下图所示。

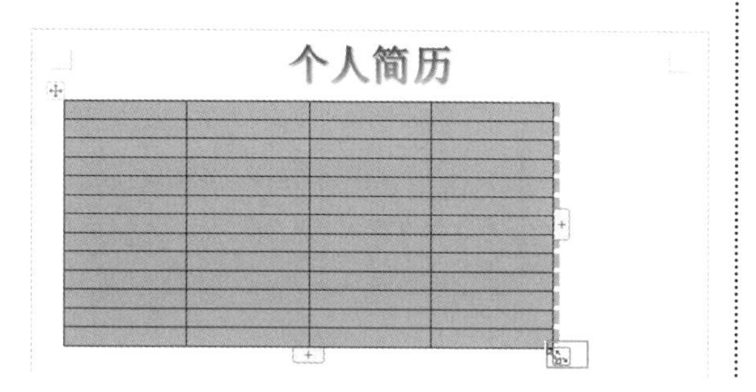

第5步 按住鼠标左键并拖曳图标，即可调整表格的整体宽度，如下图所示。

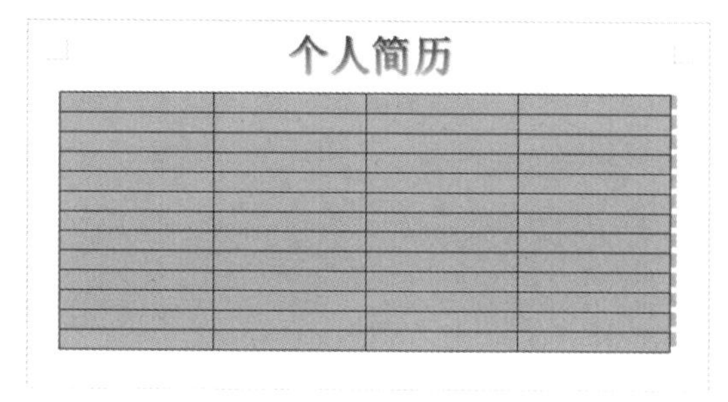

2.4.3 合并与拆分单元格

在输入表格内容之前，可以先根据内容对单元格进行合并或拆分，以调整表格的布局。

第1步 选择要合并的单元格，单击【表格工具】选项卡下的【合并单元格】按钮，如下图所示。

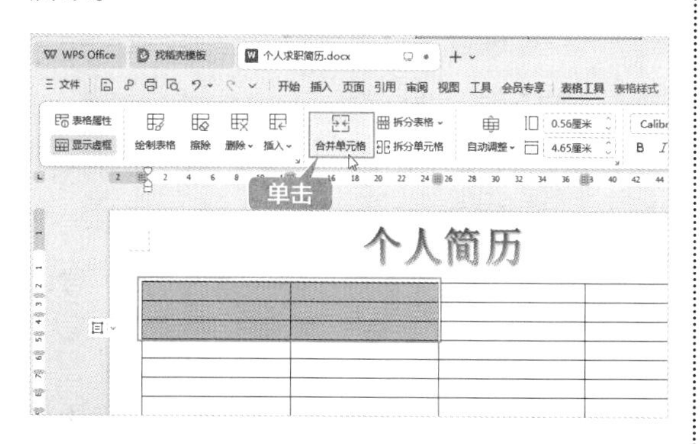

第2步 此时即可将选中的单元格合并，如下图所示。

第3步 若要拆分单元格，可以先选中要拆分的单元格，然后单击【表格工具】选项卡下的【拆分单元格】按钮拆分单元格，如下图所示。

第4步 弹出【拆分单元格】对话框，设置要拆分的【列数】和【行数】，单击【确定】按钮，如下图所示。

第5步 此时即可按指定的行数和列数拆分单元格，如下图所示。

第6步 使用同样的方法，将其他需要调整的单元格进行合并或拆分，最终效果如下图所示。

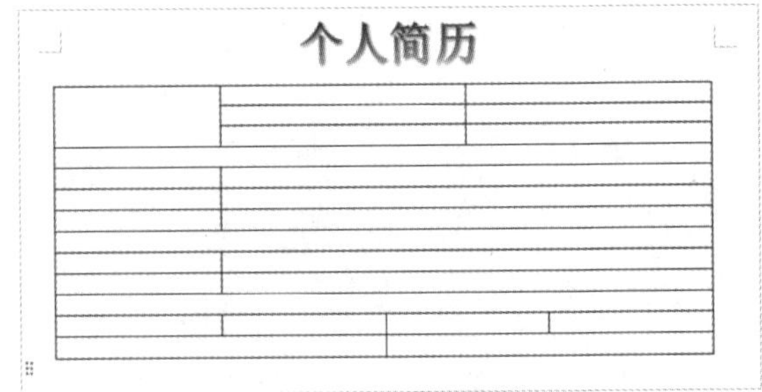

2.4.4 填写表格内容

调整完表格布局后，即可根据个人的实际情况输入简历内容。

第1步 输入简历内容，效果如下图所示。

个人简历

	张晓明	产品经理&项目经理	
	性别：男，29 岁	籍贯：北京	
	学校：××大学	学历：硕士-管理学	
// 工作经历 //			
2018. 7—2019. 8 科技公司/项目助理	1. 参加公司客户管理信息系统的筹备工作，负责项目的跟进完善、过程资料的整理及完善。 2. 积累了一定的客户沟通经验，沟通能力较强，能实现有效沟通。		
2020. 9—2021. 5 商务公司/总经理助理	1. 参加公司成立的筹备工作，负责日常会议的安排和主持，通知收放，资料整理。 2. 积累了一定的团队管理经验，执行能力较强，能协调统一多项任务。		
2022. 9—2023. 5 商业银行/大堂副经理	1. 客户存贷业务咨询；客户信用卡申请资料、网上银行激活等。 2. 参与 2022 支付结算工作调研，撰写《“三票”业务现状调查》。		
// 教育背景 //			
2012. 9—2016. 7 ××大学/本科-工商管理	1. 获得 2 次校一等奖学金，1 次校二等奖学金，1 次国家奖学金。 2. 2014 年获得大学生创业竞赛一等奖。 3. 2015 年获得优秀毕业生称号。		
2016. 9—2018. 7 ××大学/硕士-管理学	1. 2017 年获得青年创业大赛银奖。 2. 2017 年获得校研究生挑战杯金奖。 3. 2018 年在国内某知名期刊发表有关经济学的论文。		
// 技能证书 //			
计算机二级	会计资格证	英语六级	熟悉 WPS Office
联系电话：(+86) 137××××××××		邮 箱：××××××@163. com	

第2步 单击表格左上角的⊞按钮，选中表格中所有内容，单击【开始】选项卡下的【字体】下拉按钮⌄，在弹出的下拉列表中选择“黑体”选项，如下图所示。

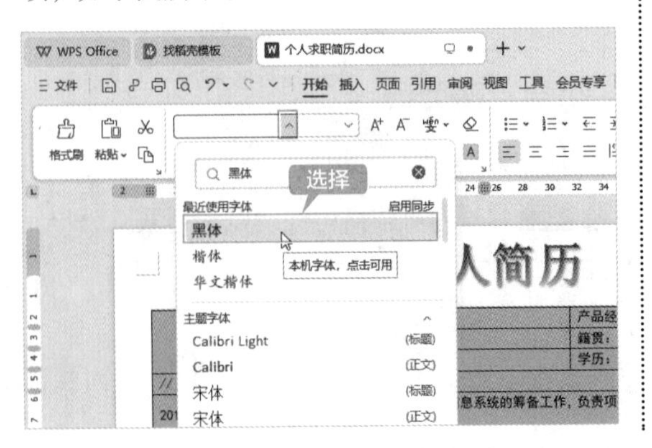

第3步 将“工作经历”“教育背景”“技能证书”3个标题的字号设置为“小二”，并设置“加粗”效果，如下图所示。

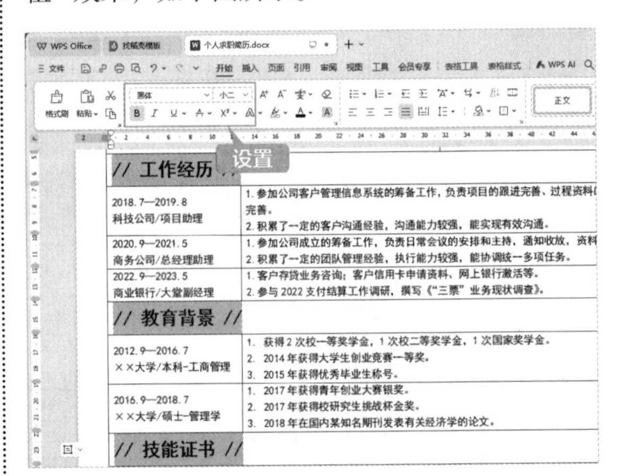

第4步 根据内容设置其他文本的字号，并为部分文本设置“加粗”效果，如下图所示。

	张晓明	**产品经理&项目经理**	
	性别：男，29 岁	**籍贯：北京**	
	学校：××大学	**学历：硕士-管理学**	
// 工作经历 //			
2018. 7—2019. 8 科技公司/项目助理	1. 参加公司客户管理信息系统的筹备工作，负责项目的跟进完善、过程资料的整理及完善。 2. 积累了一定的客户沟通经验，沟通能力较强，能实现有效沟通。		
2020. 9—2021. 5 商务公司/总经理助理	1. 参加公司成立的筹备工作，负责日常会议的安排和主持，通知收放，资料整理。 2. 积累了一定的团队管理经验，执行能力较强，能协调统一多项任务。		
2022. 9—2023. 5 商业银行/大堂副经理	1. 客户存贷业务咨询；客户信用卡申请资料、网上银行激活等。 2. 参与 2022 支付结算工作调研，撰写《“三票”业务现状调查》。		
// 教育背景 //			
2012. 9—2016. 7 ××大学/本科-工商管理	1. 获得 2 次校一等奖学金，1 次校二等奖学金，1 次国家奖学金。 2. 2014 年获得大学生创业竞赛一等奖。 3. 2015 年获得优秀毕业生称号。		
2016. 9—2018. 7 ××大学/硕士-管理学	1. 2017 年获得青年创业大赛银奖。 2. 2017 年获得校研究生挑战杯金奖。 3. 2018 年在国内某知名期刊发表有关经济学的论文。		
// 技能证书 //			
计算机二级	**会计资格证**	**英语六级**	**熟悉 WPS Office**
联系电话：(+86) 137××××××××		**邮 箱：××××××@163. com**	

第5步 调整完文本字号后，可发现表格整体内容看起来比较拥挤，这时可以适当调整表格的行高。选中要调整行高的行，选择【表格工具】选项卡，在【表格行高】文本框中输入行高，或单击文本框右侧的微调按钮调整行高。这里输入“1.5厘米”，按【Enter】键确认，如下图所示。

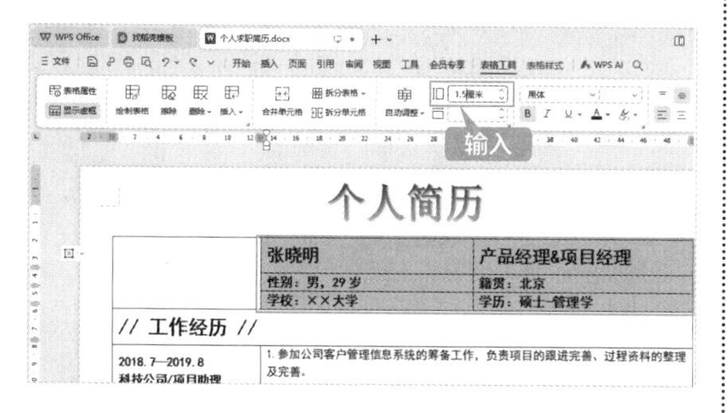

第6步 此时即可调整表格的行高，如下图所示。

个人简历

	张晓明	产品经理&项目经理
	性别：男，29岁	籍贯：北京
	学校：××大学	学历：硕士-管理学

第7步 使用同样的方法，为表格中的其他行调整行高，调整后的效果如下图所示。

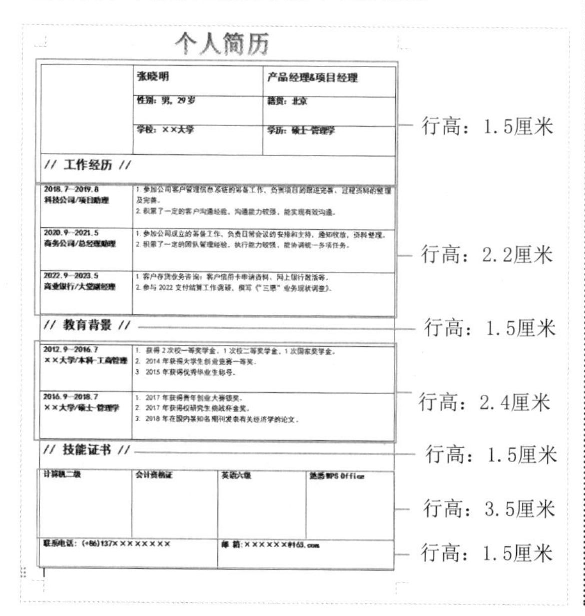

第8步 设置文本内容的对齐方式。选择要设置对齐方式的单元格，单击【表格工具】选项卡下的【垂直居中】按钮，即可将选中的单元格中的内容对齐，如下图所示。

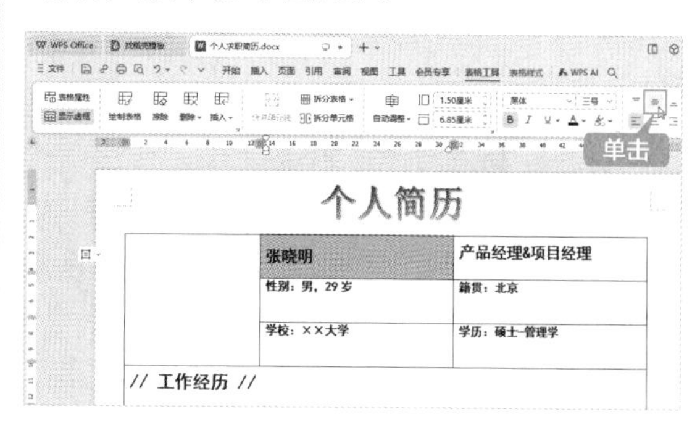

第9步 使用同样的方法，为其他文本内容设置对齐方式，效果如下图所示。

个人简历

	张晓明	产品经理&项目经理	
	性别：男，29岁	籍贯：北京	
	学校：××大学	学历：硕士-管理学	
// 工作经历 //			
2018.7—2019.8 科技公司/项目助理	1. 参加公司客户管理信息系统的筹备工作，负责项目的跟进完善、过程资料的整理及完善。 2. 积累了一定的客户沟通经验，沟通能力较强，能实现有效沟通。		
2020.9—2021.5 商务公司/总经理助理	1. 参加公司成立的筹备工作，负责日常会议的安排和主持，通知收放，资料整理。 2. 积累了一定的团队管理经验，执行能力较强，能协调统一多项任务。		
2022.9—2023.5 商业银行/大堂副经理	1. 客户存贷业务咨询：客户信用卡申请资料、网上银行激活等。 2. 参与 2022 支付结算工作调研，撰写《“三票”业务现状调查》。		
// 教育背景 //			
2012.9—2016.7 ××大学/本科-工商管理	1. 获得 2 次校一等奖学金，1 次校二等奖学金，1 次国家奖学金。 2. 2014 年获得大学生创业竞赛一等奖。 3. 2015 年获得优秀毕业生称号。		
2016.9—2018.7 ××大学/硕士-管理学	1. 2017 年获得青年创业大赛银奖。 2. 2017 年获得校研究生挑战杯金奖。 3. 2018 年在国内某知名期刊发表有关经济学的论文。		
// 技能证书 //			
计算机二级	会计资格证	英语六级	熟悉WPS Office
联系电话：(+86) 137×××××××		邮 箱：××××××@163.com	

2.5 美化表格：在表格中插入图片

本节将介绍如何通过插入背景图片、设置表格的边框类型及插入照片来美化表格，具体操作步骤如下。

2.5.1 插入背景图片

通过插入背景图片美化表格的具体操作步骤如下。

第1步 单击【插入】选项卡下的【图片】按钮，在弹出的下拉列表中选择“本地图片”选项，如下图所示。

第2步 弹出【插入图片】对话框，选择要插入的图片，单击【打开】按钮，如下图所示。

第3步 选中插入的图片，单击【图片工具】选项卡下的【环绕】按钮，在弹出的下拉列表中选择“衬于文字下方”选项，如下图所示。

第4步 调整图片大小，使其覆盖整个表格，然后全选表格，将字体颜色设置为“白色”，效果如下图所示。

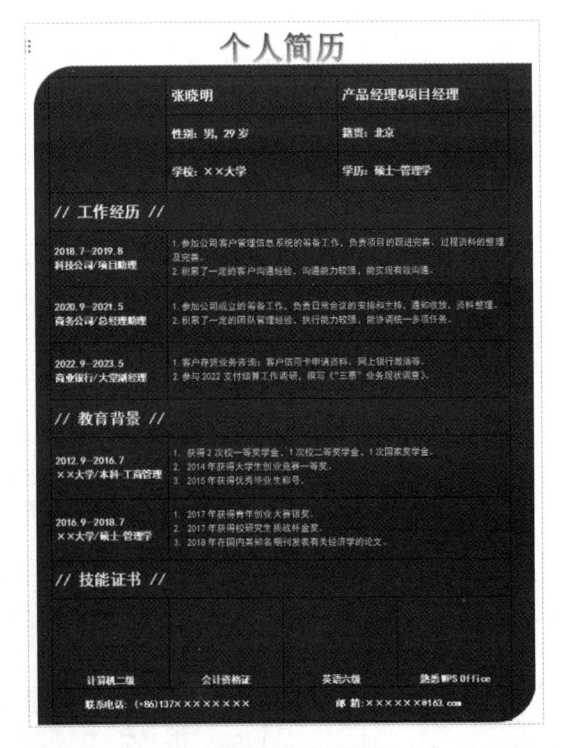

个人简历

	张晓明	产品经理&项目经理
	性别：男，29岁	籍贯：北京
	学校：××大学	学历：硕士-管理学

// 工作经历 //

2018.7—2019.8 科技公司/项目助理	1.参加公司客户管理信息系统的筹备工作，负责项目的跟进完善、过程资料的整理及完善。 2.积累了一定的客户沟通经验，沟通能力较强，能实现有效沟通。
2020.9—2021.5 商务公司/总经理助理	1.参加公司成立的筹备工作，负责日常会议的安排和主持，通知收发，资料整理。 2.积累了一定的团队管理经验，执行能力较强，能协调统一多项任务。
2022.9—2023.5 商业银行/大堂副经理	1.客户存贷业务咨询；客户信用卡申请资料，网上银行激活等。 2.参与2022支付结算工作调研，撰写《“三票”业务现状调查》。

// 教育背景 //

2012.9—2016.7 ××大学/本科-工商管理	1. 获得2次校一等奖学金，1次校二等奖学金，1次国家奖学金。 2. 2014年获得大学生创业竞赛一等奖。 3. 2015年获得优秀毕业生称号。
2016.9—2018.7 ××大学/硕士-管理学	1. 2017年获得青年创业大赛银奖。 2. 2017年获得校研究生挑战杯金奖。 3. 2018年在国内某知名期刊发表有关经济学的论文。

// 技能证书 //

计算机二级	会计资格证	英语六级	熟悉WPS Office
联系电话：(+86)137××××××××		邮箱：××××××@163.com	

第5步 选中“工作经历”“教育背景”“技能证

书”文本所在的单元格，单击【开始】选项卡下的【字体颜色】下拉按钮，在弹出的下拉列表中选择“橙色”，如下图所示。

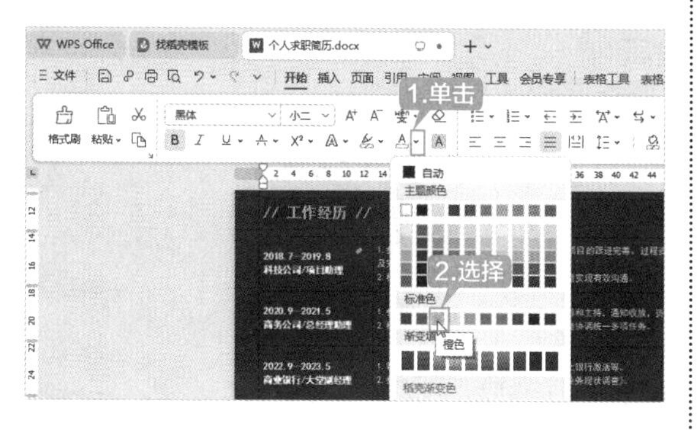

第6步 设置表格第一行文字的颜色为“橙色”，然后调整背景图片的位置，效果如下图所示。

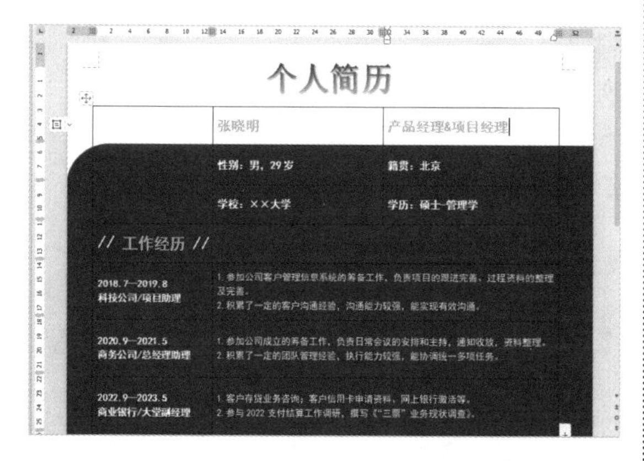

第7步 单击表格左上角的 按钮，选中表格，然后单击【开始】选项卡下的【边框】下拉按钮，在弹出的下拉列表中选择“边框和底纹”选项，如下图所示。

第8步 弹出【边框和底纹】对话框，选择【边框】选项卡，在【设置】区域中选择“全部”选项，在【线型】列表框中选择一种线型，并在【颜色】区域中设置颜色，将【宽度】设置为“0.5 磅”，然后单击【确定】按钮，如下图所示。

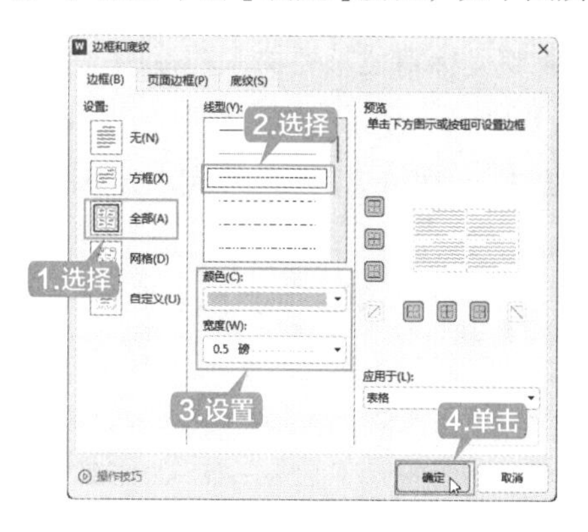

第9步 此时即可看到添加的边框效果，如下图所示。

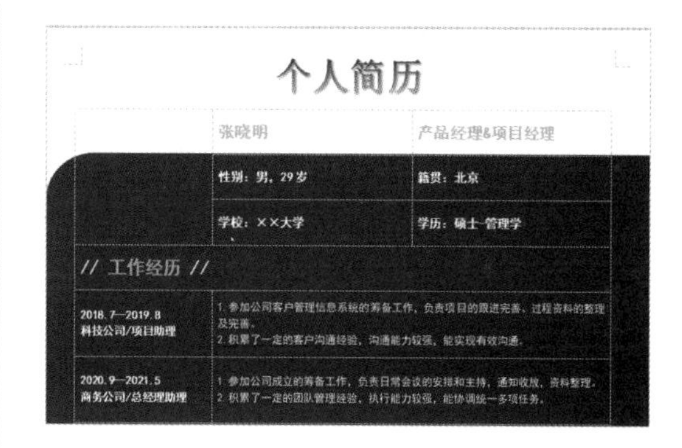

第10步 使用同样的方法，为“工作经历”“教育背景”“技能证书”单元格下边框线使用新的线型，效果如下图所示。

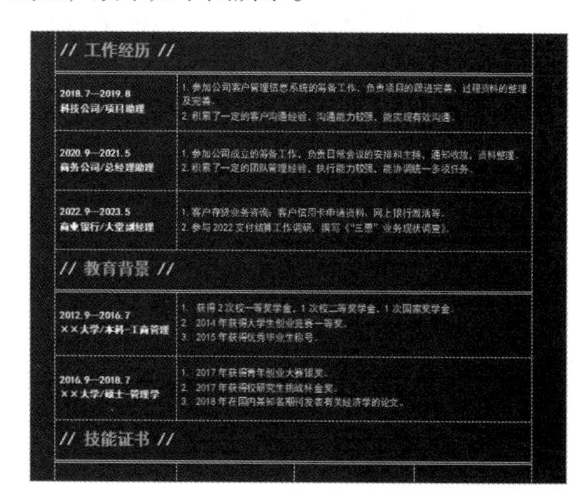

2.5.2 插入简历照片

在个人简历中插入简历照片的具体操作步骤如下。

第1步 将光标定位至要插入照片的位置，单击【插入】选项卡下的【图片】按钮，在弹出的下拉列表中选择“本地图片”选项，如下图所示。

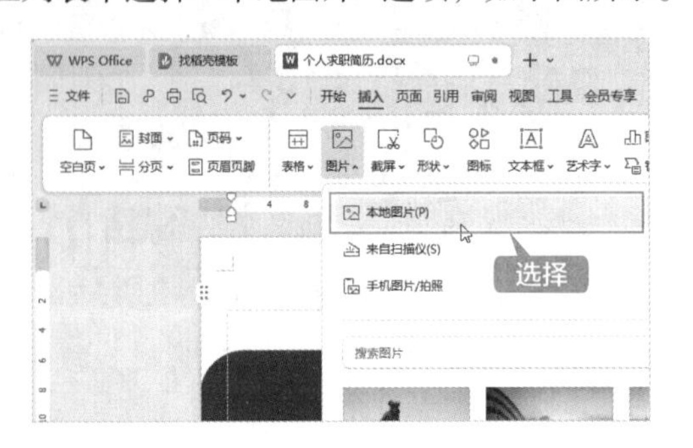

第2步 弹出【插入图片】对话框，选择要插入的图片，单击【打开】按钮，如下图所示。

第3步 此时即可将照片插入简历中，如下图所示。

第4步 将鼠标指针放置在图片4个角的任意一个角上，当鼠标指针变为↗形状时，按住鼠标左键并拖曳，即可缩放图片。然后将图片的环绕方式设置为“浮于文字上方”，效果如下图所示。

2.6 美化表格：插入图标

在制作简历时，可以插入图标，使简历更加美观。下面根据需要在“技能证书”部分插入4个图标，具体操作步骤如下。

第1步 将光标定位至“计算机二级”前，单击【插入】选项卡下的【图标】按钮，在弹出的【图库】对话框的搜索框中输入“计算机”，并单击 按钮，如下图所示。

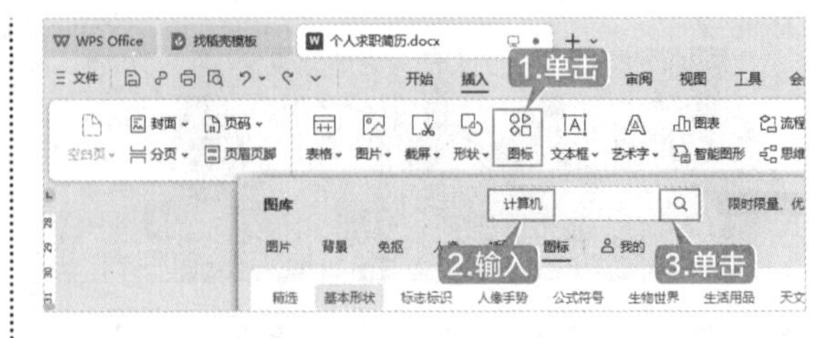

第2步 在搜索结果中，可根据需求设置筛选条件，确认后单击所选图标下方显示的【立即使用】按钮，如下图所示。

第3步 此时即可插入该图标，调整图标的大小，并设置【文字环绕】为“上下型环绕”，如下图所示。

第4步 选中图标，单击【图形工具】选项卡下的【填充】下拉按钮 填充 ，在弹出的下拉列表中，选择颜色为“白色，背景1”，如下图所示。

第5步 设置颜色后的图标效果如下图所示。

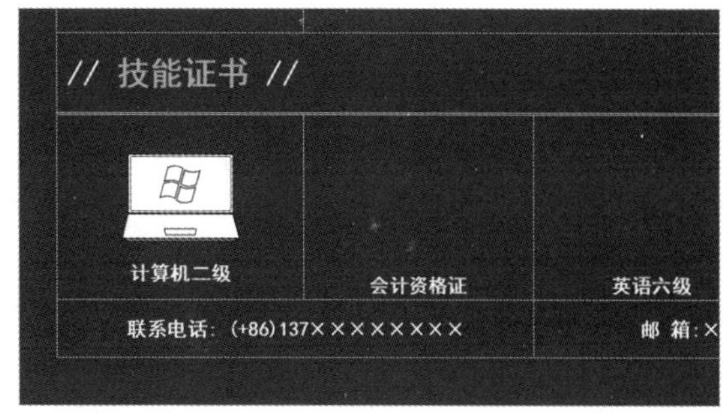

第6步 使用同样的方法插入其他3个图标，并设置图标效果，个人简历的最终效果如下图所示。

制作报价单

与个人求职简历类似的文档还有报价单、企业宣传单、培训资料、产品说明书等。制作这类文档时，要求色彩统一、图文结合、编排简洁，使读者能把握重点并快速获取需要的信息。下面就以制作报价单为例进行介绍。

本节素材结果文件

	素材	无
	结果	结果\ch02\报价单.wps

1. 设置页面

新建空白文档，设置报价单的页面边距、页面大小等，并将文档命名为“报价单”，如下图所示。

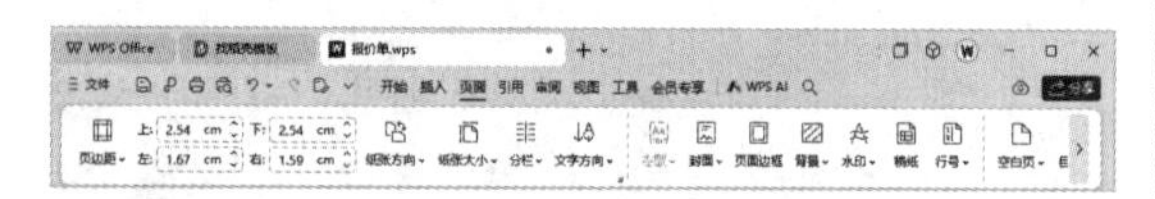

2. 插入表格，合并和拆分单元格

单击【插入】选项卡下的【表格】按钮，在其下拉列表中选择“插入表格”选项，弹出【插入表格】对话框，插入8列31行的表格。根据需要对单元格进行合并和拆分，如下图所示。

3. 输入表格内容，并设置文字格式

输入报价单的内容，并根据需要设置文字格式，调整行高和列宽，如下图所示。

企业 LOGO	公司名称:				报价单		
	公司地址:						
	Tel 固定电话:						
	Fax 传真:						
	E-mail:						
客户名称:				报价单号:			
客户电话:				开单日期:			
联系人:				列印日期:			
客户地址:				更改日期:			
1.报价事项说明							
2.报价事项说明							
3.报价事项说明							
4.报价事项说明							
5.报价事项说明							
序号	物品名称	规格	单位	数量	单价	总价	币别
1	手机	A1586	部	20	4888	97760	RMB
2	笔记本电脑	KU025	台	10	7860	78600	RMB
3	打印机	BO224	台	15	3800	57000	RMB
4	A4 纸	WD102	箱	40	150	6000	RMB
					总价	239360	RMB

4. 美化表格

对表格进行底纹填充等操作，美化表格，如下图所示。

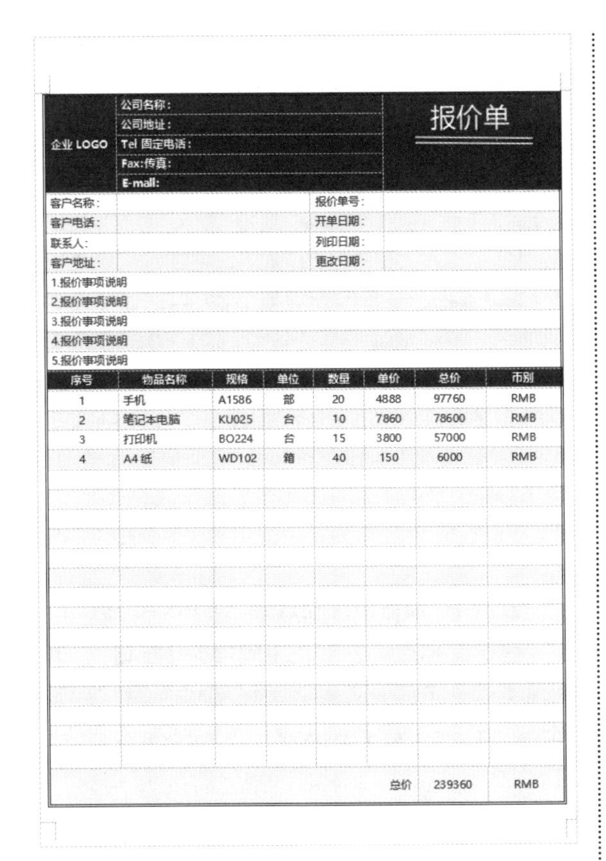

企业LOGO	公司名称： 公司地址： Tel 固定电话： Fax:传真： E-mail:		报价单				
客户名称：			报价单号：				
客户电话：			开单日期：				
联系人：			列印日期：				
客户地址：			更改日期：				
1.报价事项说明							
2.报价事项说明							
3.报价事项说明							
4.报价事项说明							
5.报价事项说明							
序号	物品名称	规格	单位	数量	单价	总价	币别
1	手机	A1586	部	20	4888	97760	RMB
2	笔记本电脑	KU025	台	10	7860	78600	RMB
3	打印机	BO224	台	15	3800	57000	RMB
4	A4纸	WD102	箱	40	150	6000	RMB
					总价	239360	RMB

◇ 给跨页的表格添加表头

如果表格的内容较多，WPS会自动在下一个页面显示表格内容，但是表头不会在下一页显示。对此，我们可以通过设置，使表格自动在下一页添加表头，具体操作步骤如下。

第1步 打开“素材\ch02\跨页表格.wps”文档，选中表格的表头行，单击【表格工具】选项卡下的【重复标题】按钮 重复标题，如下图所示。

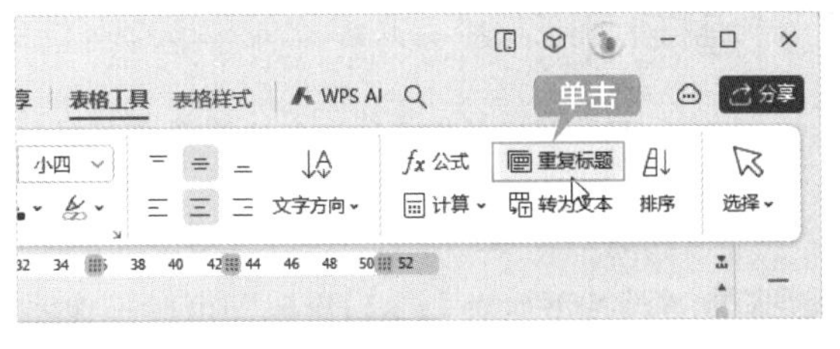

第2步 此时即可看到每页的表格前均添加了表头，如下图所示。

◇ 在WPS文字中，唤起WPS AI的4种方法

在能够正常使用WPS AI的情况下，可以用以下4种方法唤起WPS AI。

方法1：连续按下两次【Ctrl】键

第1步 启动WPS Office，新建“文字文稿1”文档，可以看到文本编辑区域显示的唤起WPS AI的方法，如下图所示。

提示

如果使用的是Mac系统，则连续按下两次【Command】键。

第2步 连续按下两次【Ctrl】键，即可打开WPS AI的指令框，如下图所示。

方法2：单击菜单栏中的【WPS AI】按钮

单击WPS菜单栏中的【WPS AI】按钮，可弹出AI功能选项，如下图所示。

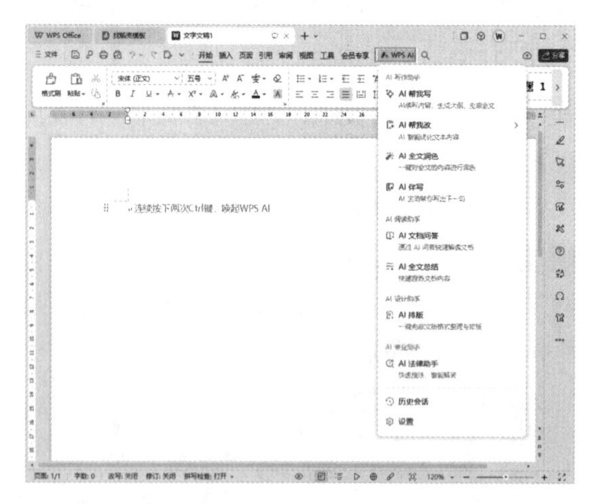

方法3：单击悬浮框中的【WPS AI】按钮

选择一段文字或右击，会弹出悬浮框，单击【WPS AI】下拉按钮，可以使用下拉列表中的AI功能，如下图所示。

方法4：通过段落柄选择“WPS AI”选项

单击文档页面左侧的【段落柄】按钮，可弹出下图所示的悬浮框，选择“WPS AI”选项，即可打开WPS AI的指令框。

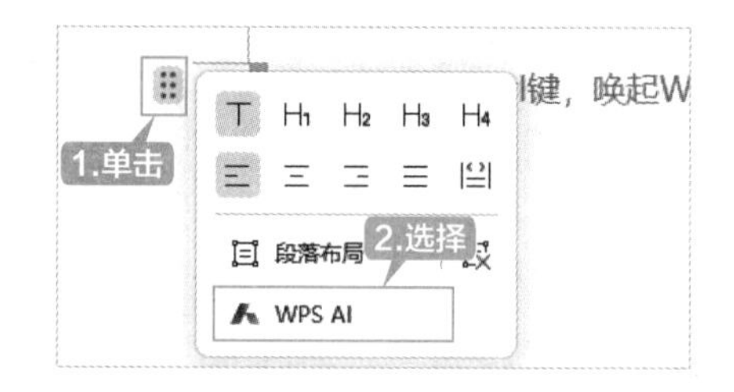

第3章

长文档的排版——公司内部培训资料

本章导读

在工作与学习中，我们经常会遇到包含大量文字的长文档，如毕业论文、个人合同、公司合同、企业管理制度、公司内部培训资料、产品说明书等。使用WPS文字提供的创建和更改样式、插入页眉和页脚、创建目录等功能，可以方便地对长文档进行排版。本章以排版公司内部培训资料为例，介绍长文档的排版技巧。

思维导图

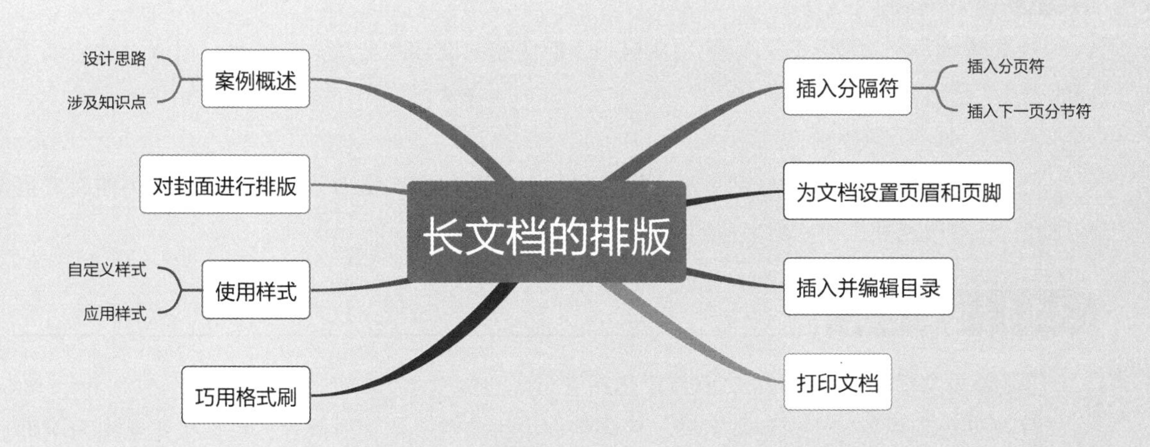

3.1 案例概述

制作一份格式统一、工整的公司内部培训资料，不仅能使培训资料更美观，还方便阅读，使阅读者可以把握培训重点并快速掌握培训内容，起到事半功倍的作用。

本节素材结果文件

	素材	素材\ch03\公司内部培训资料.wps
	结果	结果\ch03\公司内部培训资料.wps

公司内部培训资料的排版需要注意以下几点。

1. 格式统一

① 公司内部培训资料的内容分为若干等级，相同等级的标题要使用相同的文字格式（包括字体、字号、颜色等），不同等级标题的文字样式要有明显的区别，通常按照等级高低将字号由大到小设置。

② 需要统一所有正文的样式且正文字号最小，否则文档将显得杂乱。

2. 结构层次区分明显

① 可以根据需要设置标题的段落格式，为不同标题设置不同的段落间距和行距，使不同标题等级之间或标题和正文之间结构区分更明显，便于阅读。

② 使用分页符将公司内部培训资料中需要单独显示的页面另起一页。

3. 便于阅读

① 添加页眉和页脚不仅可以美化文档，还能快速向阅读者传递文档信息。可以设置奇偶页不同的页眉和页脚。

② 插入页码方便检索。

③ 根据标题等级设置对应的大纲级别是提取目录的前提，提取目录后可以根据需要设置目录的样式，使目录格式工整、层次分明。

3.1.1 设计思路

排版公司内部培训资料时可以按以下思路进行。

① 制作公司内部培训资料的封面，包含培训项目名称、培训时间等，可以根据需要对封面进行美化。

② 根据需要设计培训资料的标题及正文样式，包括文字格式及段落格式等，并根据需要设置标题的大纲级别。

③ 使用分页符或分节符，将重要内容另起一页显示。

④ 插入页眉和页脚并提取目录。

3.1.2 涉及知识点

本案例主要涉及的知识点如下图所示（思维导图见“素材结果文件\思维导图\3.pos”）。

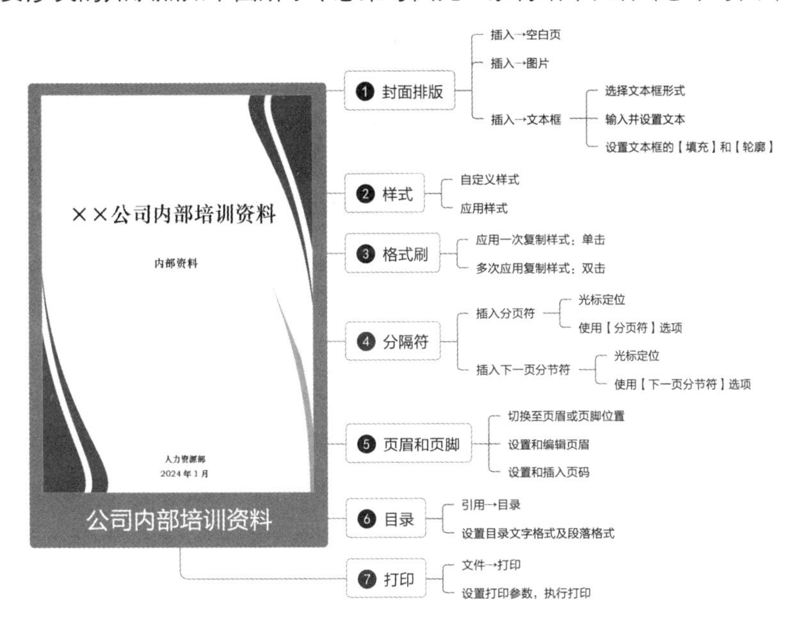

3.2 对封面进行排版

首先为公司内部培训资料添加封面，具体操作步骤如下。

第1步 打开素材文件，将光标定位至文档开始位置，单击【插入】选项卡下的【空白页】按钮，如下图所示。

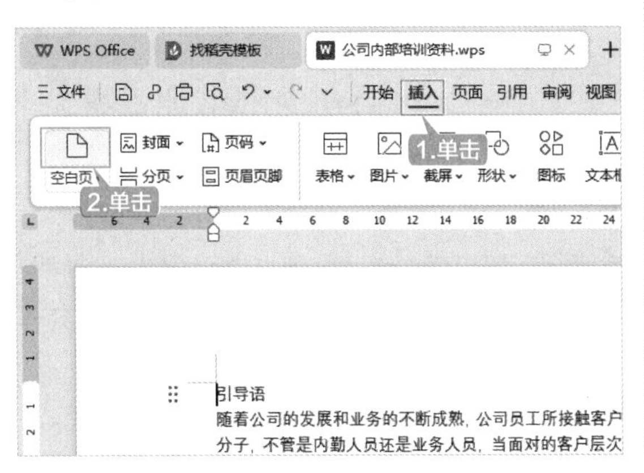

第2步 此时即可在文档中插入一个空白页面，将光标定位于空白页面的开始位置，如下图所示。

第3步 单击【插入】选项卡下的【图片】按钮，在弹出的下拉列表中选择“来自文件”选项，如下图所示。

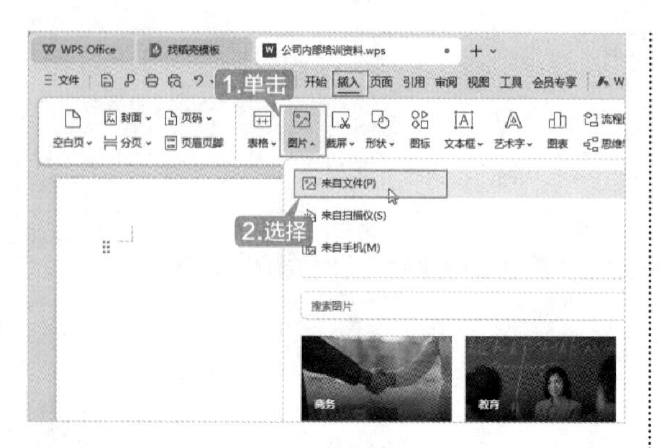

第4步 弹出【插入图片】对话框，选择“素材\ch03\背景.png”文件，并单击【打开】按钮，如下图所示。

第5步 将图片的环绕方式设置为“衬于文字下方”，然后调整图片大小，使其铺满空白页，如下图所示。

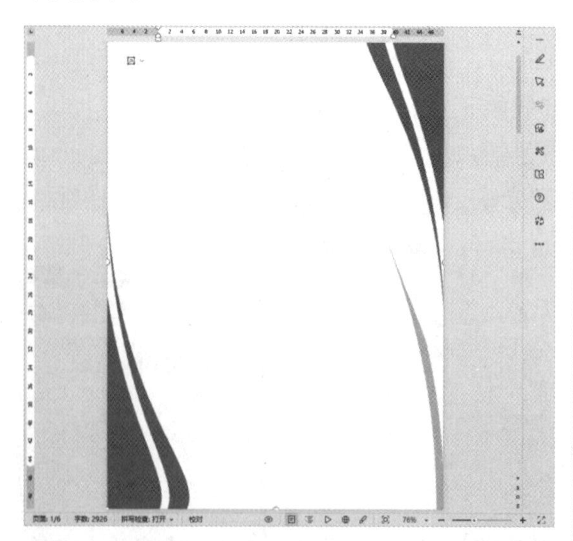

第6步 单击【插入】选项卡下的【文本框】下拉按钮，在弹出的下拉列表中选择“横向”选项，如下图所示。

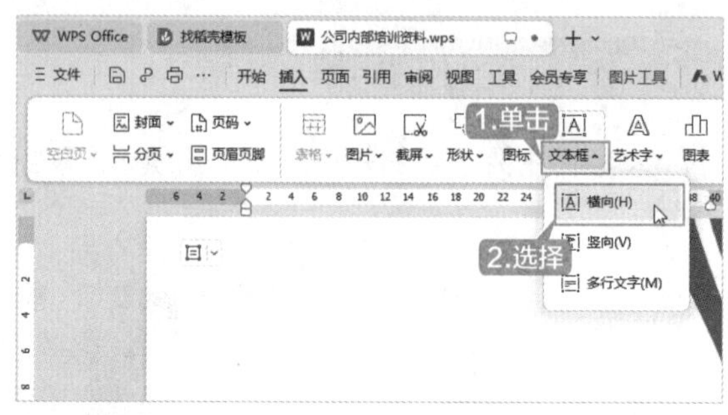

第7步 拖曳鼠标在封面页面中绘制一个矩形框，如下图所示。

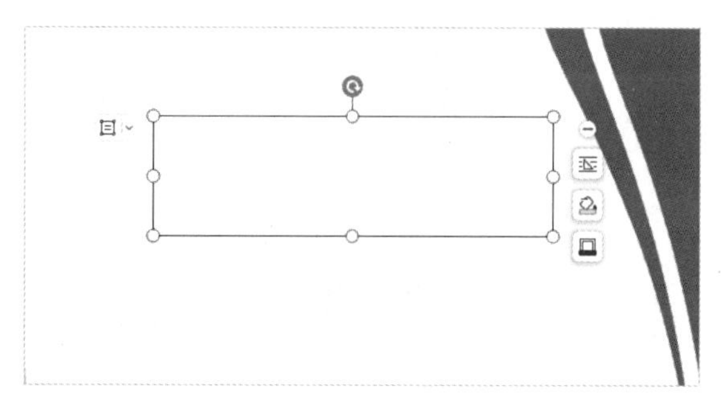

第8步 在文本框中输入“××公司内部培训资料”文本，设置字体为“华文中宋”，字号为“45”，并调整文本框的位置，效果如下图所示。

第9步 选中文本框，选择【绘图工具】选项卡，分别单击【填充】和【轮廓】下拉按钮，并分别设置为“无填充颜色”和“无边框颜色”，将文本框设置为透明效果，如下图所示。

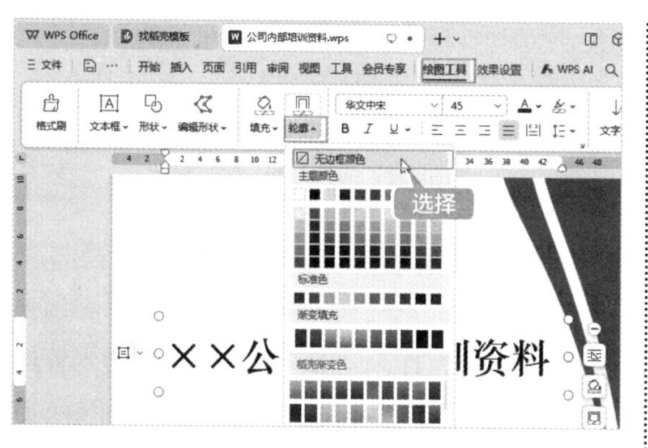

第10步 选中文本框，按住【Ctrl】键并向下拖曳鼠标，即可复制一个文本框。输入“内部资料”文本，设置合适的字体和字号，并调整文本框的位置。使用同样的方法设置封面其他文字，最终效果如下图所示。

3.3 使用样式

样式是文字格式和段落格式的集合。对长文档进行排版时，用户可以对相同级别的文本套用特定样式，以提高排版效率。

3.3.1 自定义样式

对公司内部培训资料这类长文档进行排版时，相同级别的文本一般会使用统一的样式，具体操作步骤如下。

第1步 在【开始】选项卡下的“标题1”样式上右击，在弹出的快捷菜单中选择“修改样式”命令，如下图所示。

第2步 弹出【修改样式】对话框，设置【样式基于】为“(无样式)”，在【格式】区域中设置字体为“等线”，字号为“三号”，并设置“加粗”效果，如下图所示。

第3步 单击【格式】按钮，在弹出的下拉列表中选择“段落”选项，如下图所示。

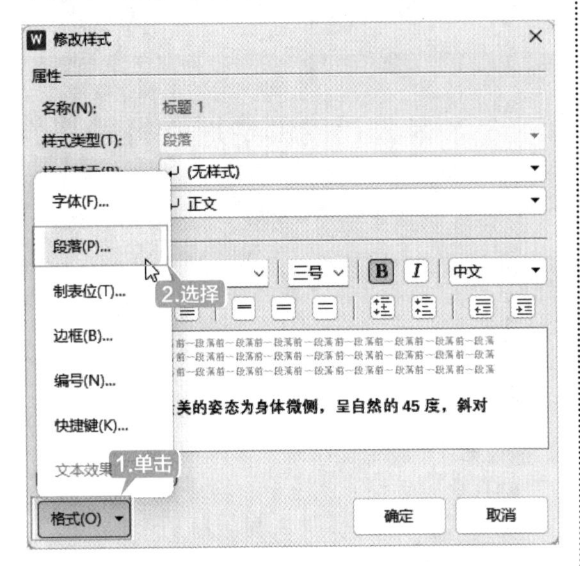

第4步 弹出【段落】对话框，设置【段前】为“0.5”，【段后】为“1”，【行距】为“1.5 倍行距”，单击【确定】按钮，如下图所示。

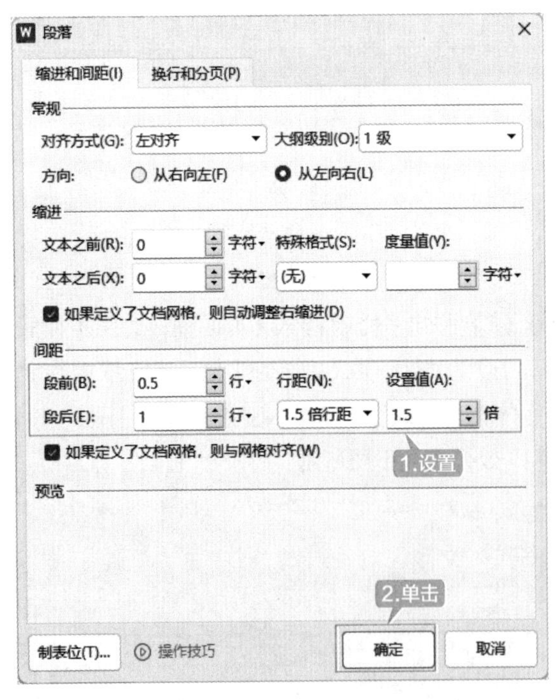

第5步 返回【修改样式】对话框，单击【确定】按钮，完成对“标题1”样式的修改。

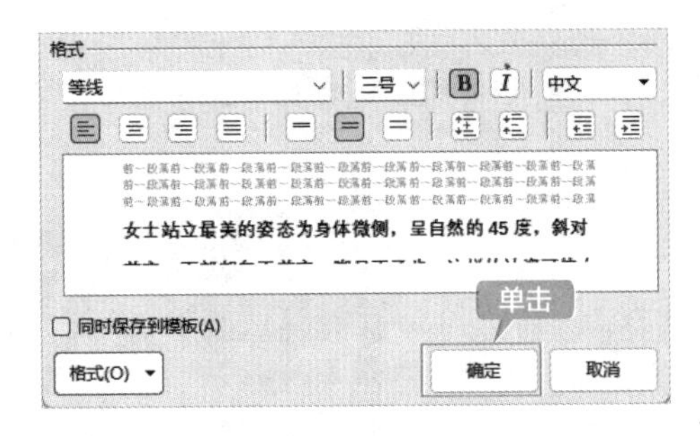

第6步 使用同样的方法，修改“标题2”的样式，设置【样式基于】为“(无样式)”，字体为“等线”，字号为“小三”，并设置“加粗”效果；设置【段前】为“0.5”，【段后】为“0.5”，【行距】为“多倍行距”，【设置值】为“1.2”，如下图所示。

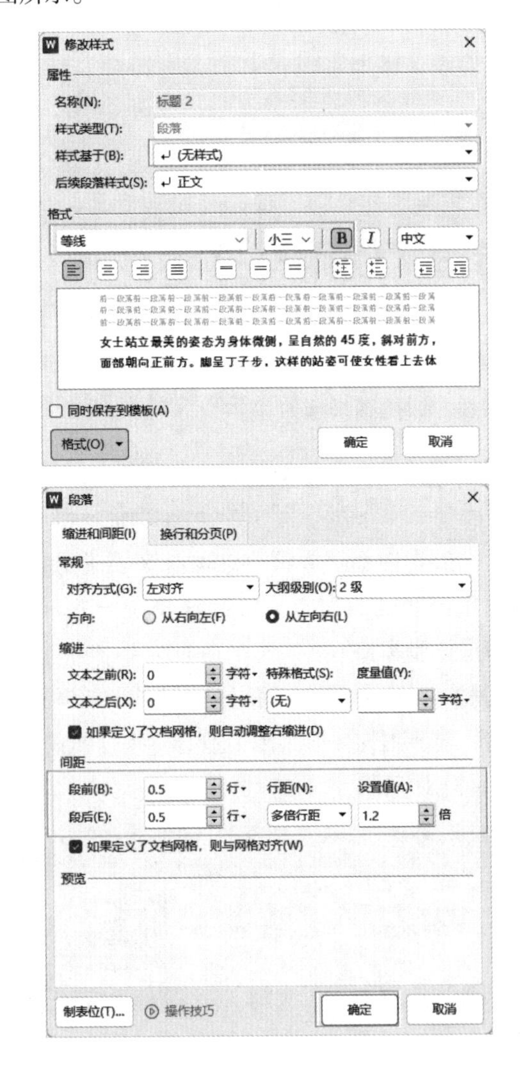

第7步 修改“正文”样式，设置字体为“微软雅黑”，字号为“小四”；设置【缩进】区域的【特殊格式】为“首行缩进”，【度量值】为“2”；设置【间距】区域的【行距】为“多倍行距”，【设置值】为“1.2”，如下图所示。

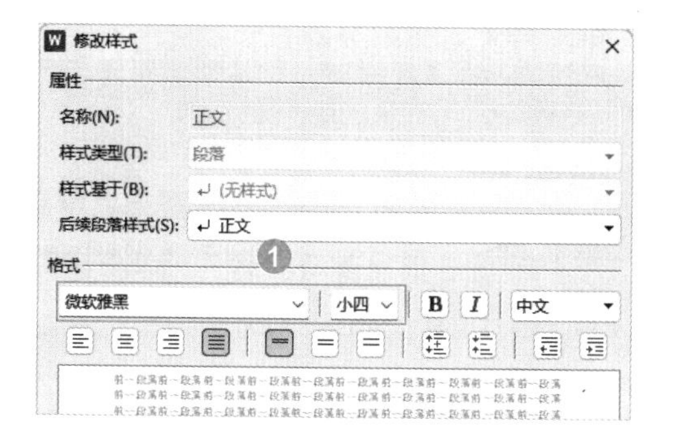

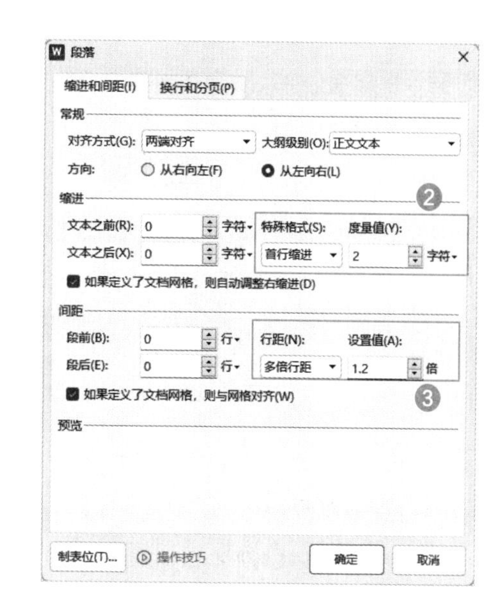

3.3.2 应用样式

定义好样式后可以对需要设置相同样式的文本套用样式。

第1步 选择“引导语”文本所在段落，单击【开始】选项卡下的【标题1】按钮，应用“标题1”样式，效果如下图所示。

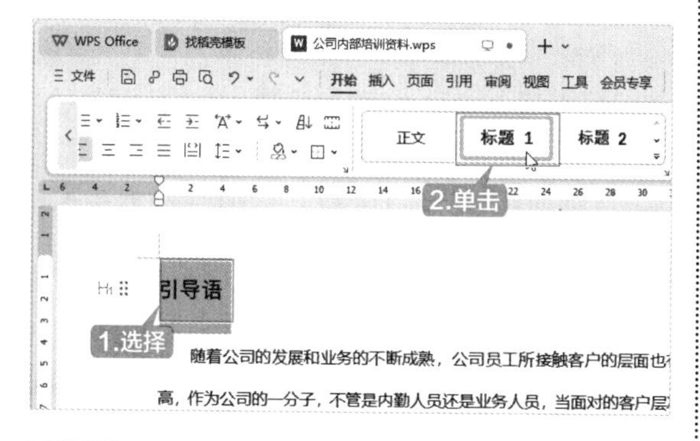

第2步 使用同样的方法，为其他相同级别的段落应用“标题1”样式，效果如下图所示。

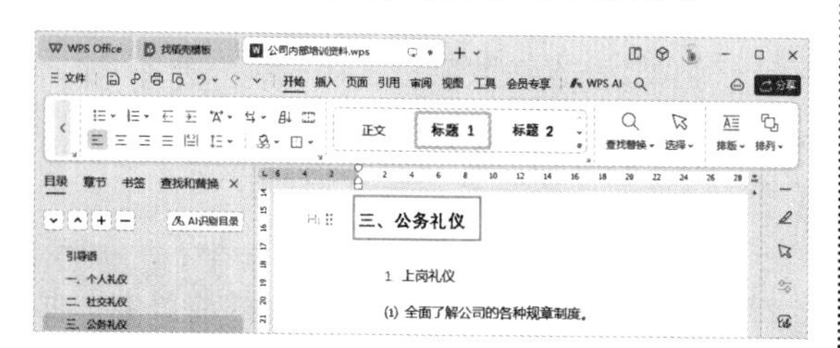

提示

用户可以单击【视图】选项卡下的【导航窗格】按钮，打开导航窗格，查看文档的大纲级别。

第3步 选择“1. 面容仪表”文本所在段落，单击【开始】选项卡下的【标题2】按钮，应用“标题2”样式，效果如下图所示。

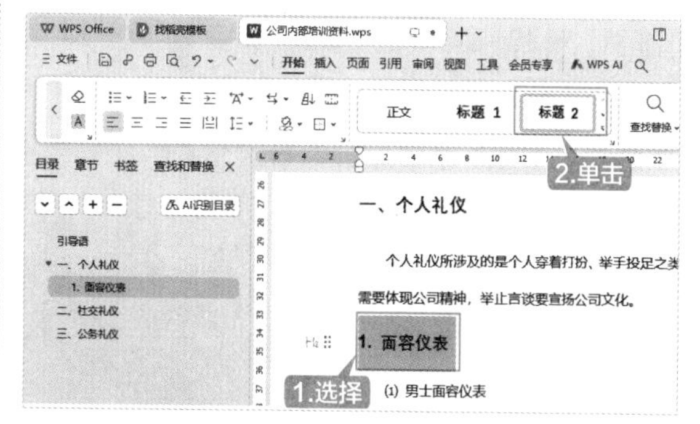

第4步 使用同样的方法，为其他相同级别的段落应用“标题2”样式，效果如下图所示。

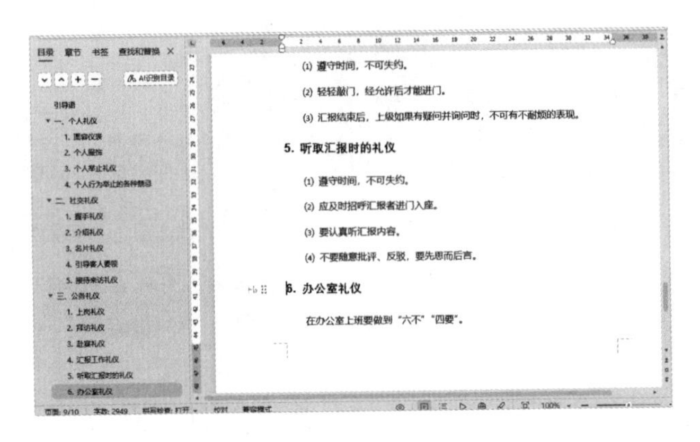

提示

由于本案例中直接修改了“正文”样式，文档中所有正文样式都已经修改，因此无须再次设置“正文”样式。如果想修改某级别文本的样式，可以直接修改对应级别的样式，这样整个文档中应用该样式的所有文本都将被修改。

3.4 巧用格式刷

除了对文本应用样式，还可以使用格式刷工具对相同级别的文本进行格式的设置。使用格式刷的具体操作步骤如下。

第1步 选择“(1)男士面容仪表”文本，单击【开始】选项卡下的【加粗】按钮，为文本应用“加粗”效果，如下图所示。

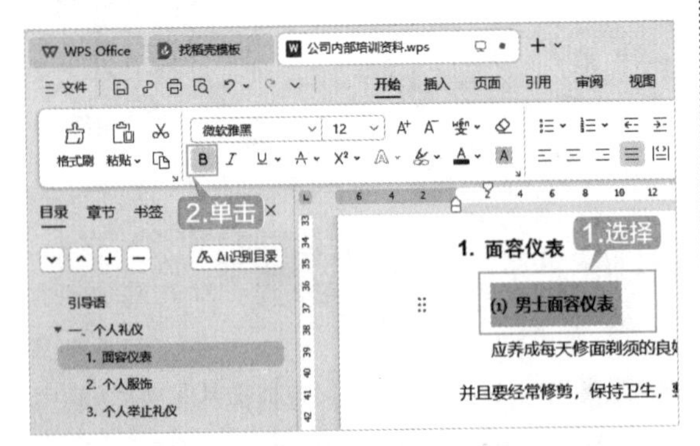

第2步 将光标定位在“(1)男士面容仪表”段落内，双击【开始】选项卡下的【格式刷】按钮，鼠标指针会变为刷子形状，如下图所示。

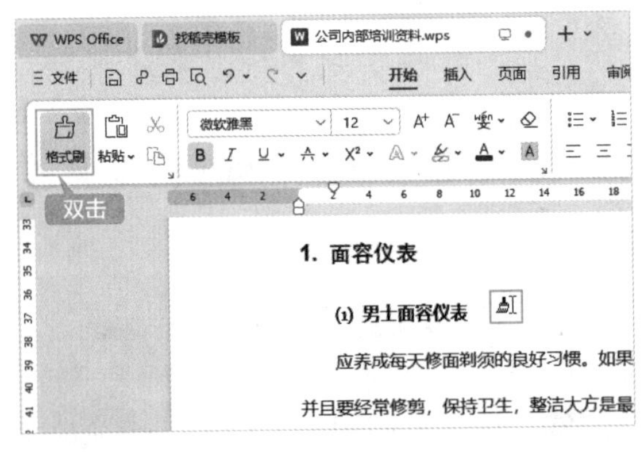

提示

单击【格式刷】按钮，仅可应用一次复制的样式；双击【格式刷】按钮，可多次应用复制的样式，直至按【Esc】键结束。

第3步 在其他要应用该样式的段落前单击，即

可将复制的样式应用到所选段落，效果如下图所示。

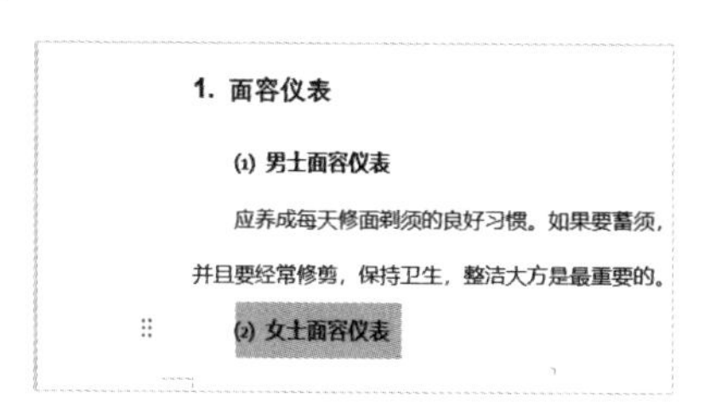

第4步 重复第3步操作，将复制的样式通过格式刷应用至所有需要应用该样式的段落后，按【Esc】键结束格式刷命令，效果如下图所示。

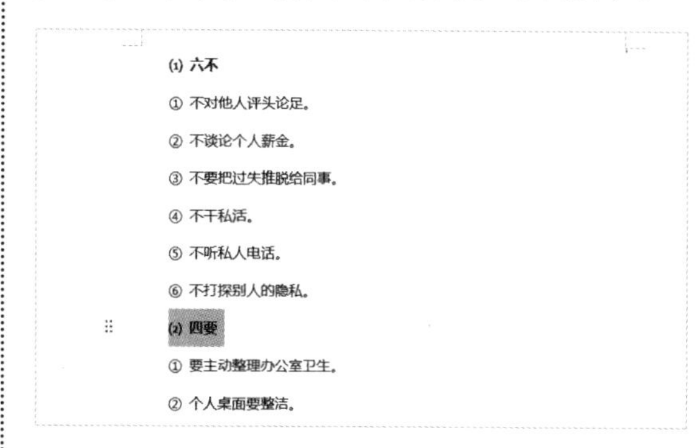

3.5 插入分隔符

WPS文字提供了分页符、分栏符、换行符、下一页分节符、连续分节符、偶数页分节符、奇数页分节符7种分隔符。排版长文档时，如果需要另起一页显示后面的内容，且希望页眉、页脚等格式不变时，可以插入分页符；如果要设置不同的页眉、页脚，可以通过分节符来控制。

3.5.1 插入分页符

本例需要将引导语的内容单独在一页显示，且引导语和后面的培训内容需要有相同的页眉和页脚，此时可以通过插入分页符来实现。插入分页符的具体操作步骤如下。

第1步 将光标定位至要分页显示的文本前，这里将光标定位在“一、个人礼仪”文本前，单击【页面】选项卡下的【分隔符】按钮，在弹出的下拉列表中选择“分页符”选项，如下图所示。

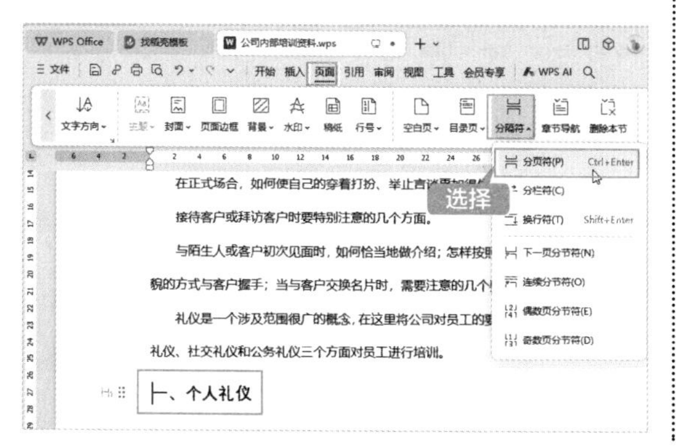

> **提示**
>
> 也可以直接按【Ctrl+Enter】组合键实现分页操作，或通过单击【插入】选项卡下的【分页】下拉按钮，选择“分页符”进行操作。

第2步 此时即可在光标所在位置的上方插入分页符，分页后的效果如下图所示。

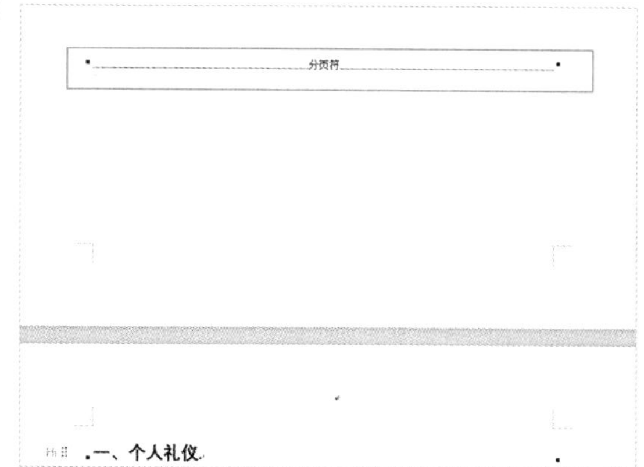

3.5.2 插入下一页分节符

本例需要在引导语上方预留显示目录（插入目录的操作将在3.7节进行介绍）的页面，这里首先需要插入一个空白页。由于该长文档的目录页面不需要显示页眉和页脚，即前后内容要有不同的页眉和页脚，因此这里需要通过分节符来实现，具体操作步骤如下。

第1步 将光标定位在“引导语”文本所在段落前，单击【页面】选项卡下的【分隔符】按钮，在弹出的下拉列表中选择“下一页分节符”选项，如下图所示。

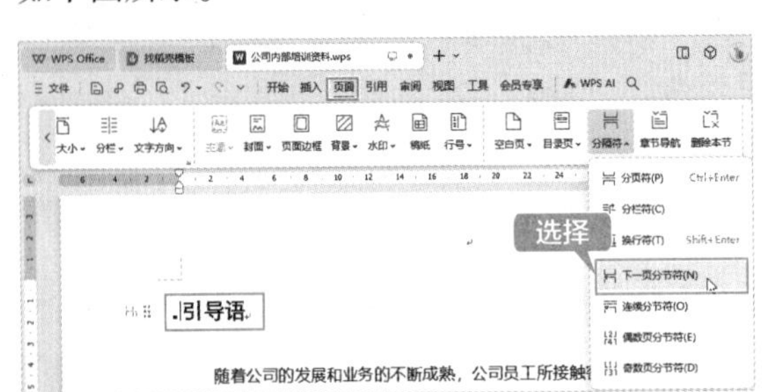

第2步 在引导语页面上方将会插入一个空白页面，效果如下图所示。

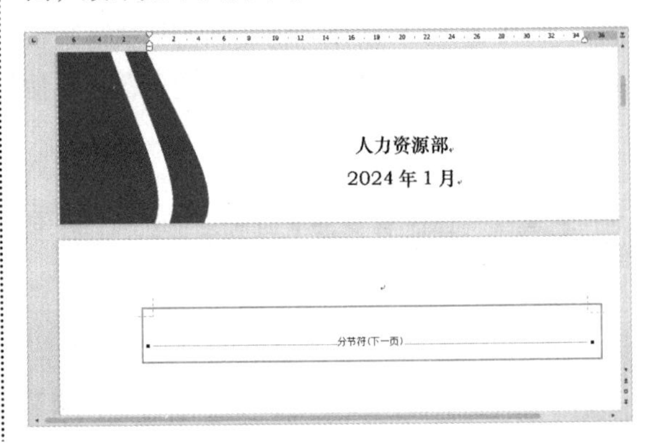

3.6 为文档设置页眉和页脚

上一节为文档插入了分隔符，用于实现插入不同效果的页眉和页脚。封面页和目录页中不显示页眉和页脚，引导语页面和培训正文内容页面使用相同的页眉和页脚。在设置页眉前，要先取消分节符下方内容的“同前节”功能，这样才能为后面的页面单独设置页眉和页脚，否则会延续前一节的页眉和页脚。为文档设置页眉和页脚的具体操作步骤如下。

第1步 将光标定位在引导语页面，单击【插入】选项卡下的【页眉页脚】按钮，如下图所示。

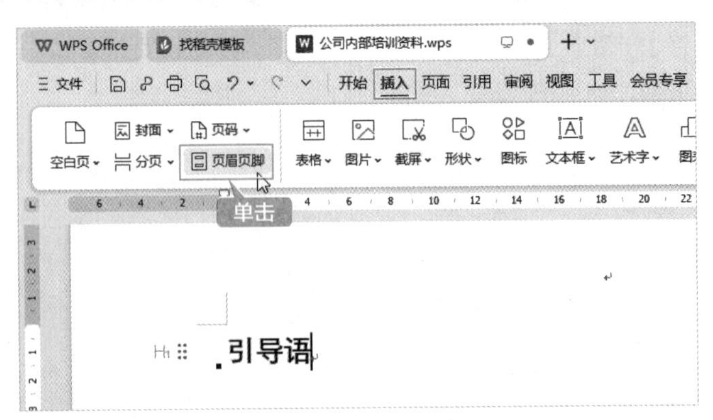

第2步 光标会自动显示在引导语页面的页眉位置，与此同时，【页眉页脚】选项卡下【同前节】按钮的背景颜色显示为灰色，并在页眉右下方显示“与上一节相同”的提示，如下图所示。

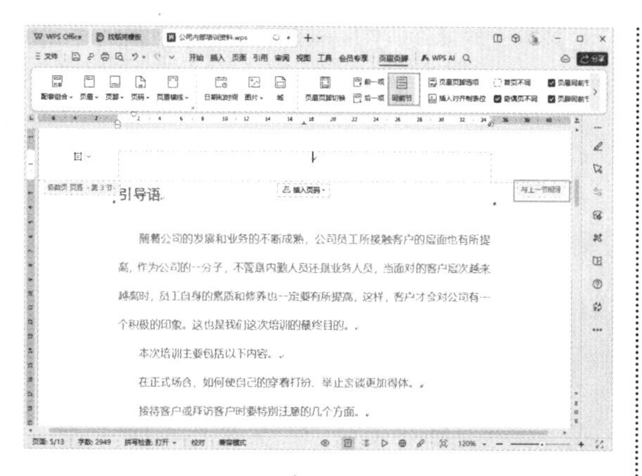

第3步 单击【页眉页脚】选项卡下的【同前节】按钮，当按钮背景显示为白色时，表示已关闭“同前节”功能，页眉右下方“与上一节相同”的提示消失，如下图所示。

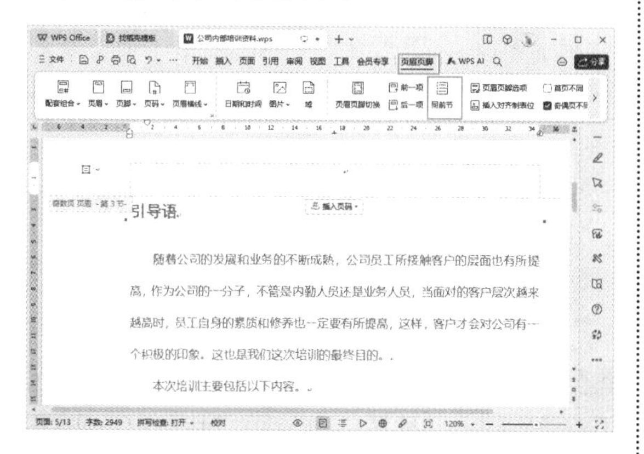

第4步 单击【页眉页脚】选项卡下的【页眉页脚切换】按钮，切换至页脚位置，单击【同前节】按钮，取消页脚与上一节的关联，如下图所示。

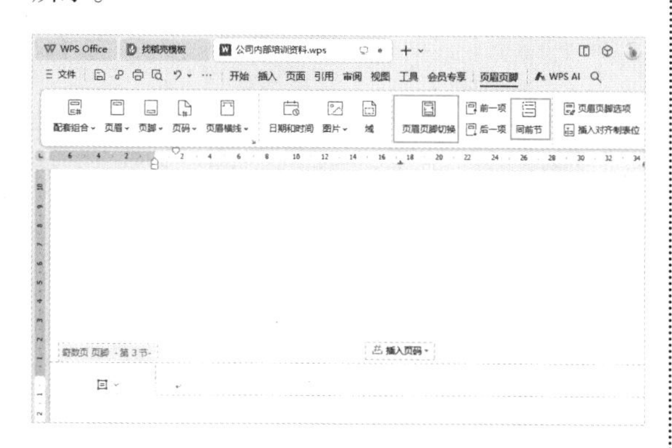

第5步 返回引导语页面的页眉位置，单击【页眉页脚】选项卡下的【页眉页脚选项】按钮，如下图所示。

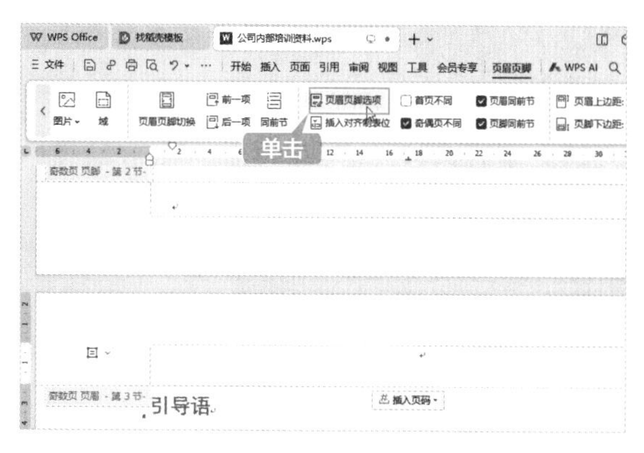

第6步 弹出【页眉/页脚设置】对话框，仅选中【奇偶页不同】复选框，单击【确定】按钮，如下图所示。

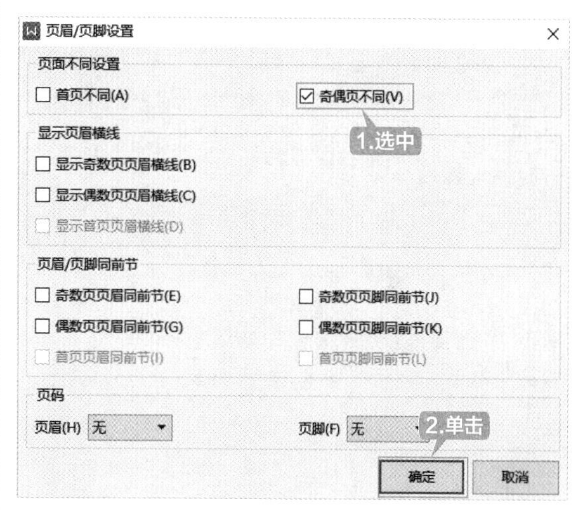

第7步 在引导语页面的页眉位置输入“××咨询公司”，并根据需要设置文字格式，效果如下图所示。

第8步 在奇数页的页眉输入“公司内部培训资料”，并根据需要设置文字格式，效果如下图所示。

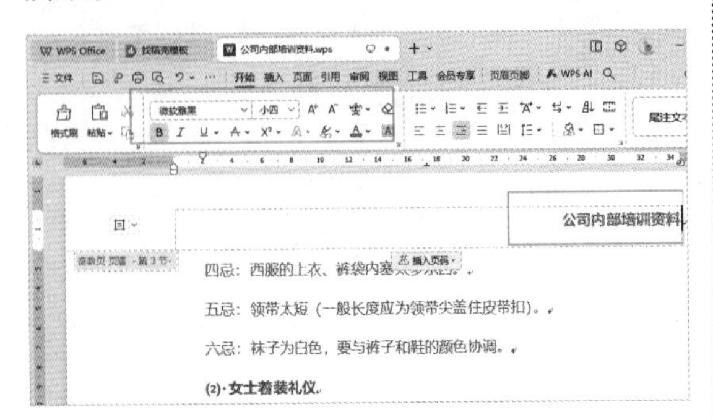

第9步 将光标定位在引导语页面的页脚位置，单击【页眉页脚】选项卡下的【页码】下拉按钮，在弹出的下拉列表中选择“页脚中间”选项，如下图所示。

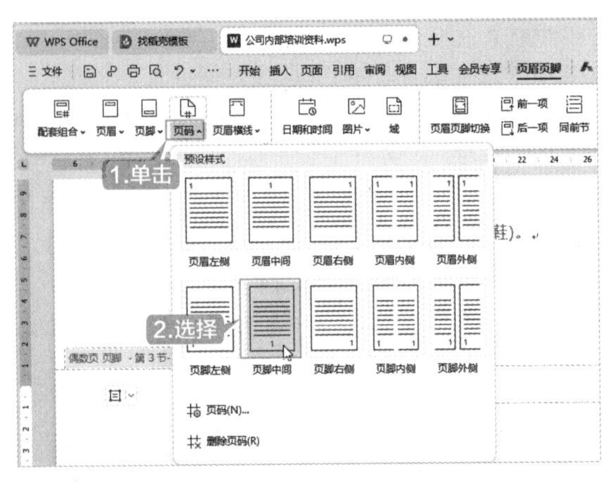

第10步 此时即可在页脚的中间位置插入页码，如下图所示。

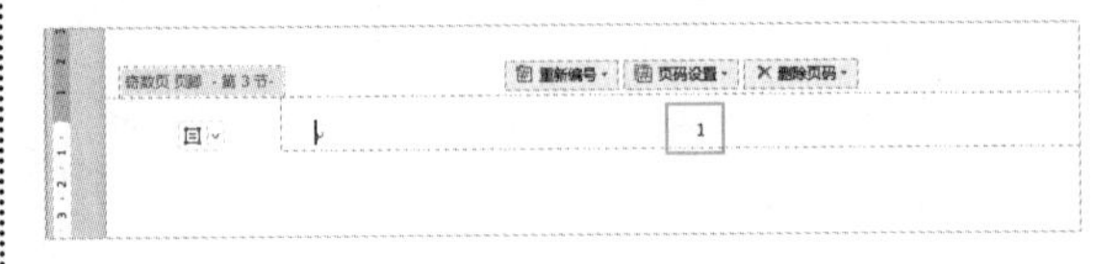

提示

用户可以单击【重新编号】按钮，自定义页码编号的起始数字；也可以单击【页码设置】按钮，设置页码格式。

第11步 用户可以检查插入的页码是否正确。比如在目录页面的页脚位置插入了多余的页码“1”，用户可以单击【删除页码】按钮，并在弹出的下拉列表中选择“本页”选项，如下图所示。这样做可以删除该页面插入的页码信息。

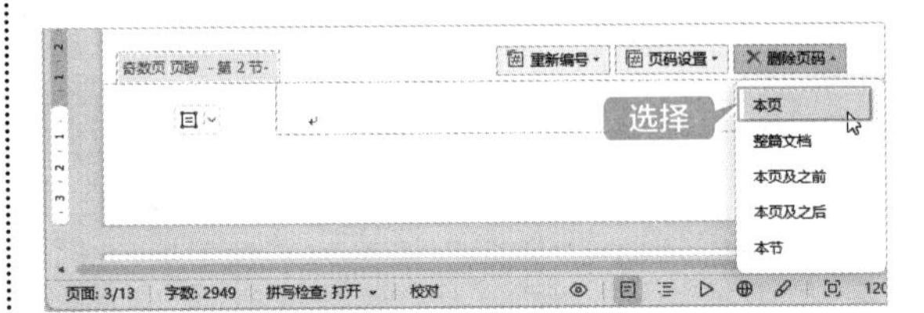

第12步 在完成页眉和页码的设置后，只需单击【页眉页脚】选项卡下的【关闭】按钮，或是在页面任意位置单击，即可退出页眉页脚的编辑并完成设置。最终效果如下图所示。

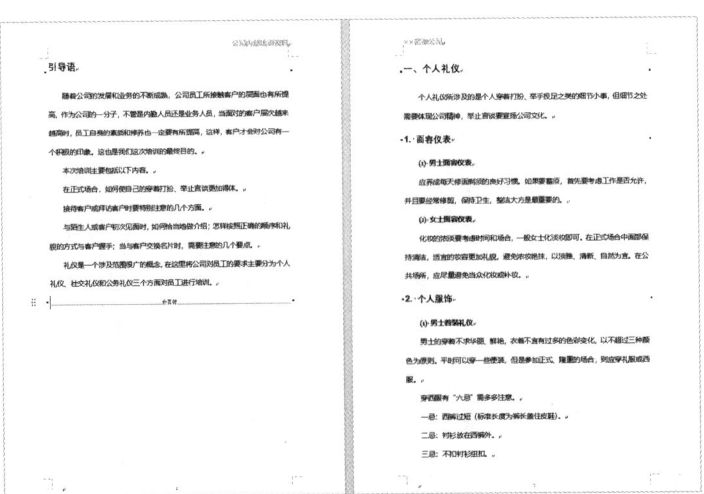

3.7 插入并编辑目录

目录是公司内部培训资料的重要组成部分，可以帮助阅读者更快地找到自己想要阅读的内容。插入并编辑目录的具体操作步骤如下。

第1步 选择目录页面，在“分节符（下一页）”前按【Enter】键，新增一行，并清除当前格式，输入“目录”文本，并根据需要设置文本样式，效果如下图所示。

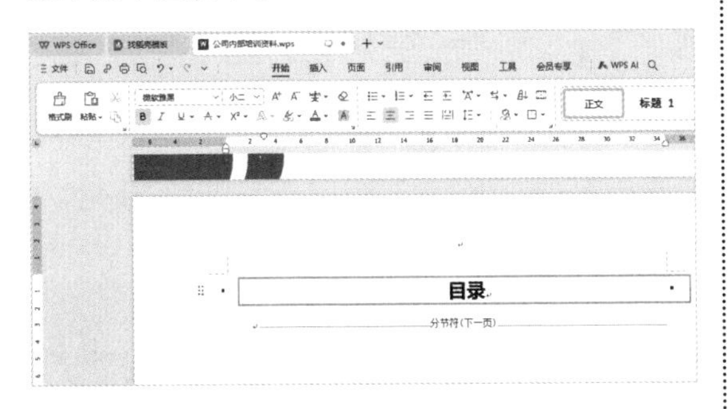

第2步 将光标定位在“目录”文本下一行，并清除当前格式。单击【引用】选项卡下的【目录】按钮，在弹出的下拉列表中选择“自定义目录”选项，如下图所示。

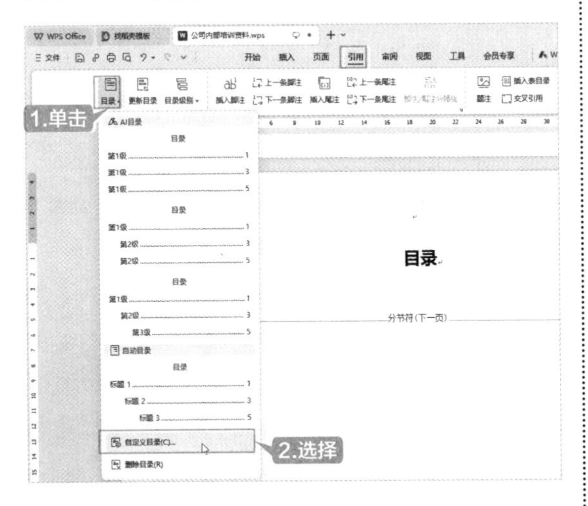

第3步 弹出【目录】对话框，设置【显示级别】为“2”，其他设置不变，单击【确定】按钮，如下图所示。

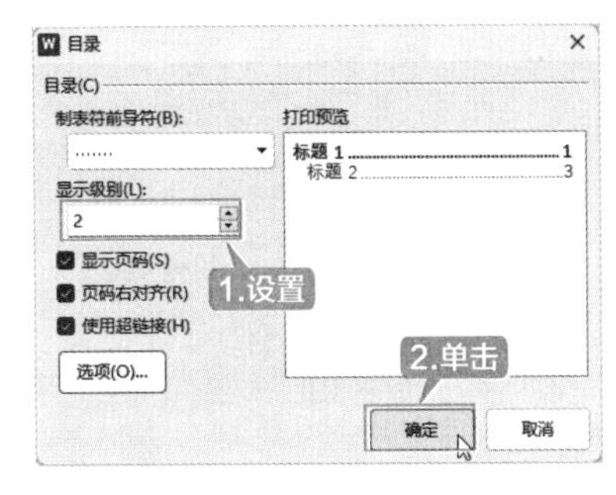

第4步 完成提取目录的操作，效果如下图所示。

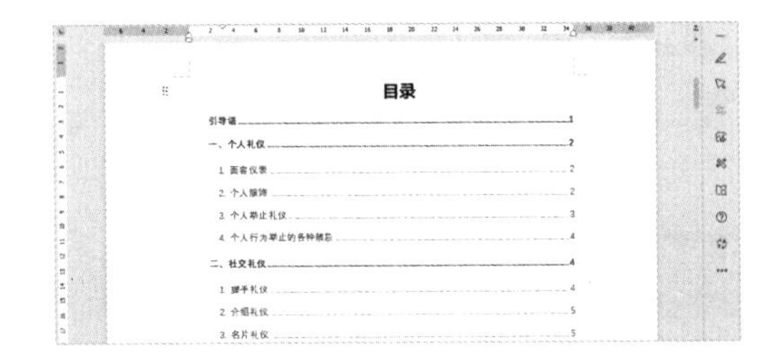

> **提示**
>
> 按住【Ctrl】键的同时单击目录中的标题，可快速定位至该标题所在的位置。

第5步 根据需要调整目录的文字格式和段落格式，完成插入并编辑目录的操作，最终效果如下图所示。

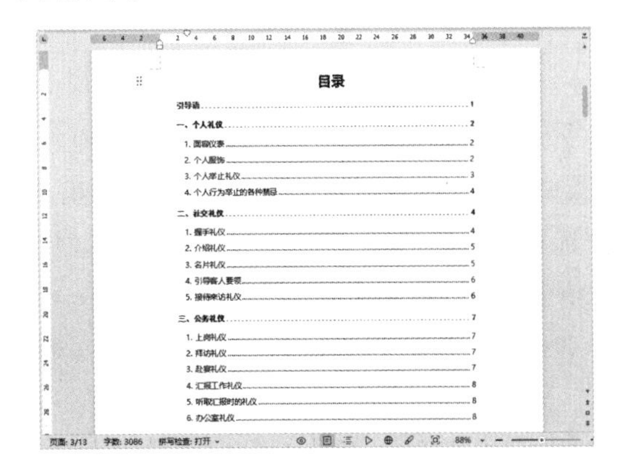

提示

如果修改了文档内容，导致标题位置发生了改变，需要更新目录。在目录上右击，在弹出的快捷菜单中选择“更新域”命令，弹出【更新目录】对话框，选中【更新整个目录】单选按钮，然后单击【确定】按钮，完成目录的更新操作，如下图所示。

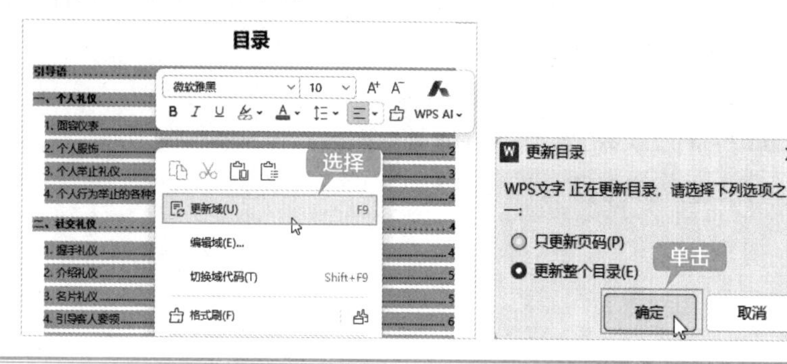

3.8 打印文档

排版完公司内部培训资料后，就可以预览或将资料打印出来发给员工。预览及打印公司内部培训资料的具体操作步骤如下。

第1步 选择【文件】→【打印】→【打印】命令，如下图所示。

第2步 弹出【打印】对话框，在【打印机】下方选择合适的打印机。在【页码范围】区域可以设置需要打印的页码范围，比如选择【全部】单选按钮来打印全部页面，或者自定义页码范围。如果需要打印多份，可以在【副本】区域设置【份数】的数量，如输入“25”。设置完成后，单击【确定】按钮，即可开始打印公司内部培训资料，如下图所示。

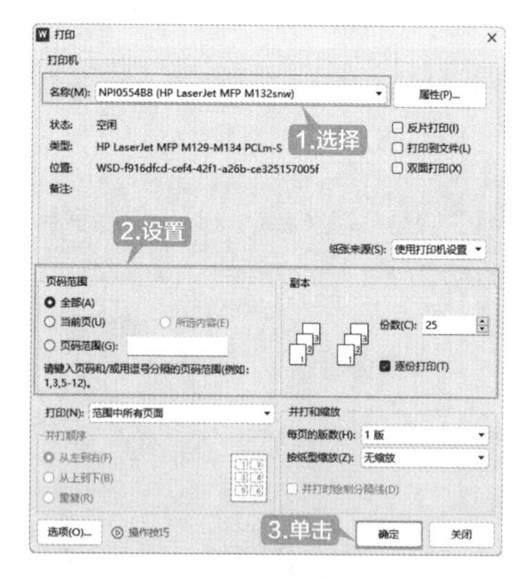

提示

如果要采用双面打印，可以在【打印】对话框中选中【双面打印】复选框。

排版毕业论文时需要注意的是，文档中同一类别的文本的格式要统一，层次要有明显的区分，要对同一级别的段落设置相同的格式，还要将需要单独显示的页面单独显示。

毕业论文主要由首页、目录、正文等组成，因此，在排版毕业论文时，先设计好首页，然后根据论文要求设置正文的文字格式和段落格式，最后提取目录。

本节素材结果文件		
	素材	素材\ch04\毕业论文.wps
	结果	结果\ch04\毕业论文.wps

1. 设计毕业论文的首页

第1步 打开素材文件，将光标定位至文档最前面的位置，按【Ctrl+Enter】组合键插入空白页。在新插入的空白页中输入学校信息、毕业论文题目、个人信息和指导教师信息等，如下图所示。

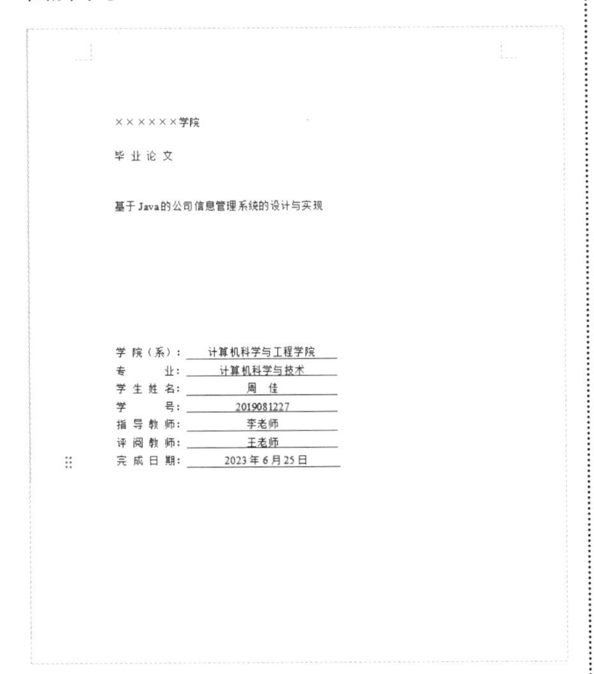
××××××学院

毕 业 论 文

基于 Java的公司信息管理系统的设计与实现

学 院（系）：计算机科学与工程学院
专　　业：计算机科学与技术
学 生 姓 名：周 佳
学　　号：2019081227
指 导 教 师：李老师
评 阅 教 师：王老师
完 成 日 期：2023 年 6 月 25 日

第2步 根据需要为不同的文本设置不同的样式，如下图所示。

××××××学院

毕 业 论 文

基于 Java 的公司信息管理系统的设计与实现

学 院（系）：计算机科学与工程学院
专　　业：计算机科学与技术
学 生 姓 名：周 佳
学　　号：2019081227
指 导 教 师：李老师
评 阅 教 师：王老师
完 成 日 期：2023 年 6 月 25 日

2. 设计毕业论文的标题及正文样式

在撰写毕业论文时，学校会对毕业论文的格式有统一的要求，学生需要根据规定设置样式。对于一些特殊的格式，如表注、图注等，可以根据学校的要求单独创建新样式。

第1步 在【开始】选项卡下的“正文”样式上

右击，在弹出的快捷菜单中选择“修改样式”命令，在弹出的【修改样式】对话框中设置字体为“宋体”，字号为“小四”，如下图所示。

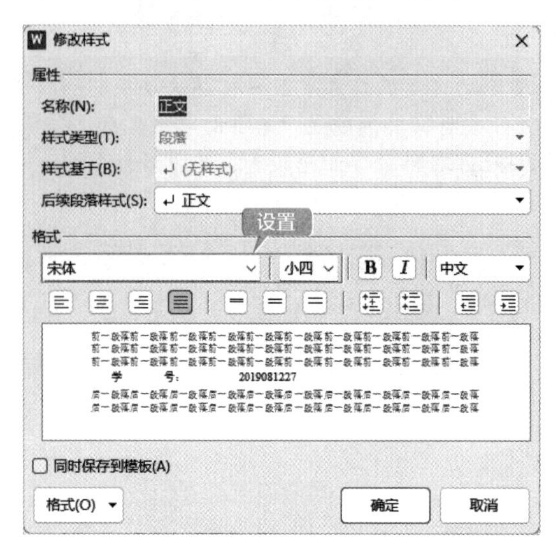

第2步 单击【格式】按钮，选择“段落”选项，在弹出的【段落】对话框中设置【特殊格式】为“首行缩进”，【度量值】为“2”，【行距】为“多倍行距”，【设置值】为“1.25”，单击【确定】按钮，如下图所示。返回【修改样式】对话框，单击【确定】按钮完成设置。

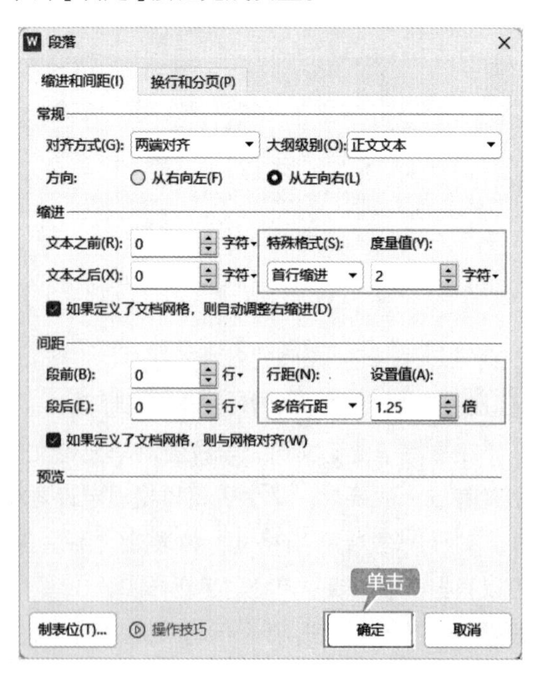

第3步 在“标题1”样式上右击，选择“修改样式”命令，在【修改样式】对话框中设置【样式基于】为“(无样式)”，字体为“黑体”，字号为“小三”，对齐方式为“居中”。单击【格式】按钮，选择“段落”选项，在【段落】对话框中设置【特殊格式】为“(无)”，【段前】为“0.5”，【段后】为“1”，【行距】为“1.5 倍行距”，如下图所示。

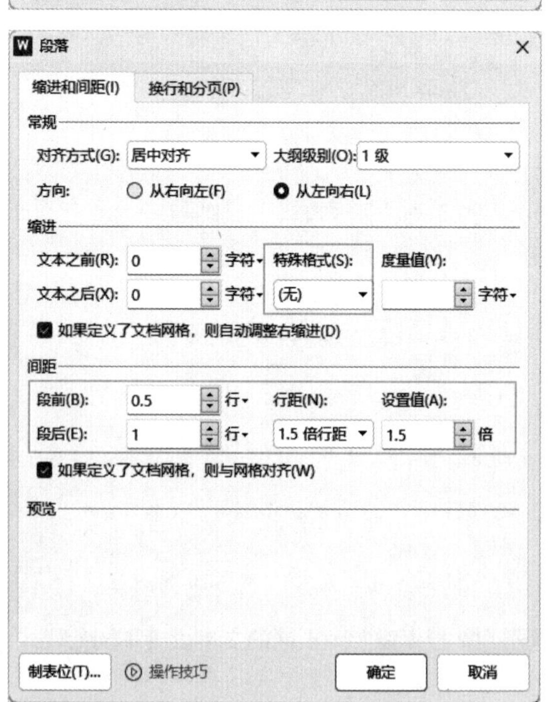

第4步 使用同样的方法设置“标题2”的样式。在【修改样式】对话框中设置【样式基于】为“(无样式)”，字体为“黑体”，字号为“四号”；在【段落】对话框中设置【特殊格式】为“(无)”，【段前】为“0.5”，【段后】为“0.5”，【行距】为“1.5倍行距”，如下图所示。

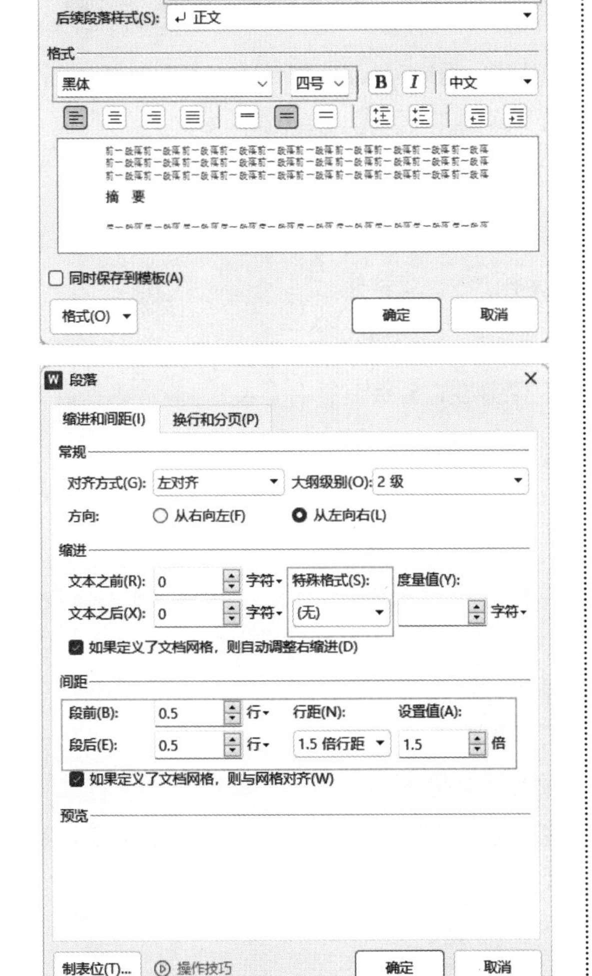

第5步 修改“标题3”的样式。在【修改样式】对话框中设置【样式基于】为“(无样式)”，字体为“黑体”，字号为“小四”；在【段落】对话框中设置【特殊格式】为“(无)”，【段前】为“0.5”，【段后】为“0”，【行距】为“1.5倍行距”，如下图所示。

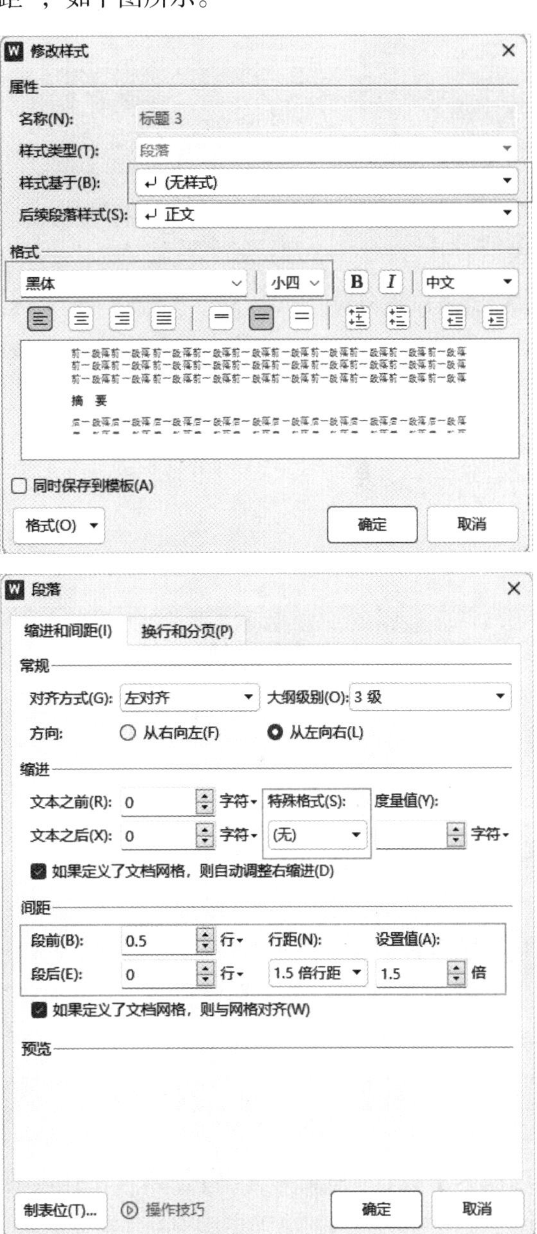

3. 应用论文标题及正文样式

设置标题及正文样式后，可逐个应用相应样式至标题及正文段落。应用样式后的毕业论文效果如下图所示。

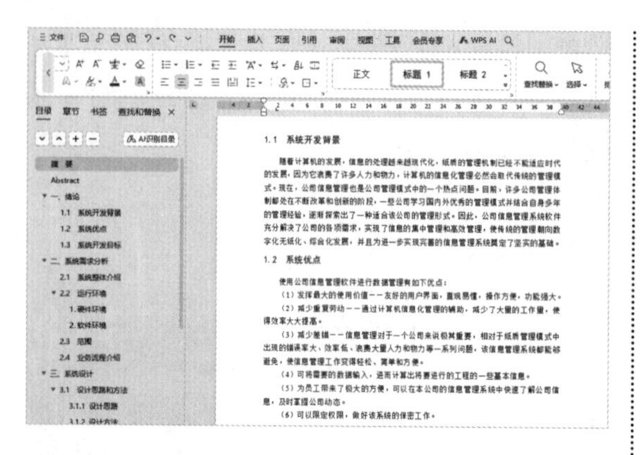

4. 设置分页

在毕业论文中，中英文摘要、结论、参考文献、致谢等内容需要在单独的页面显示，可以按【Ctrl+Enter】组合键插入分页符来设置，效果如下图所示。

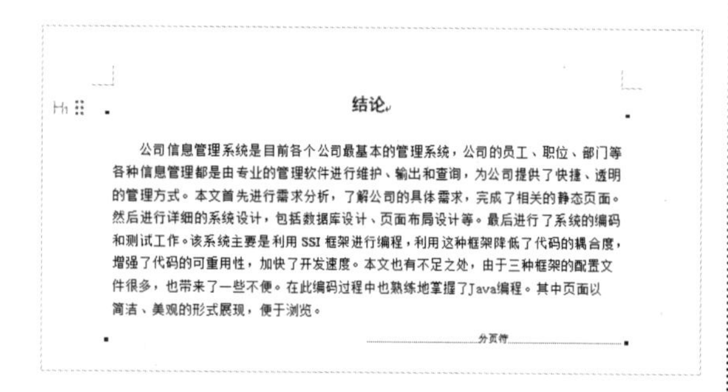

结论

公司信息管理系统是目前各个公司最基本的管理系统，公司的员工、职位、部门等各种信息管理都是由专业的管理软件进行维护、输出和查询，为公司提供了快捷、透明的管理方式。本文首先进行需求分析，了解公司的具体需求，完成了相关的静态页面。然后进行详细的系统设计，包括数据库设计、页面布局设计等。最后进行了系统的编码和测试工作。该系统主要是利用 SSI 框架进行编程，利用这种框架降低了代码的耦合度，增强了代码的可重用性，加快了开发速度。本文也有不足之处，由于三种框架的配置文件很多，也带来了一些不便。在此编码过程中也熟练地掌握了Java编程。其中页面以简洁、美观的形式展现，便于浏览。

分页符

5. 设置页眉并插入页码

毕业论文中需要根据学校的要求插入页眉，且页眉通常设置为奇偶页不同：奇数页页眉显示学校名称，偶数页页眉则显示毕业论文名称。另外，在页脚中还需要插入页码。

第1步 单击【插入】选项卡下的【页眉页脚】按钮，进入页眉页脚编辑状态。单击【页眉页脚】选项卡下的【页眉页脚选项】按钮，在弹出的【页眉/页脚设置】对话框中选中【奇偶页不同】复选框，单击【确定】按钮，如下图所示。

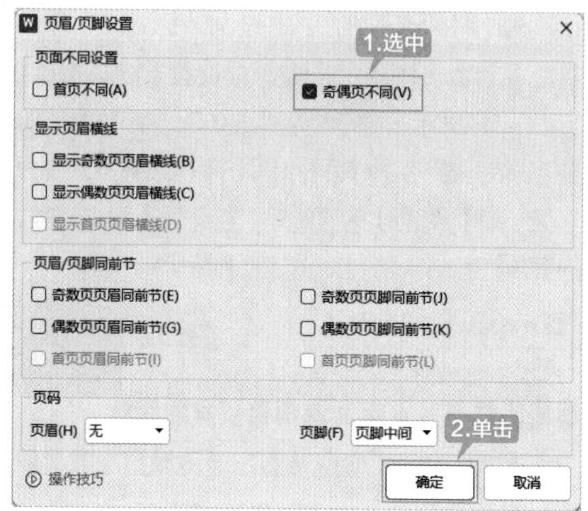

第2步 在摘要页面的页脚位置插入页码，并设置页码从“1”开始，如下图所示。

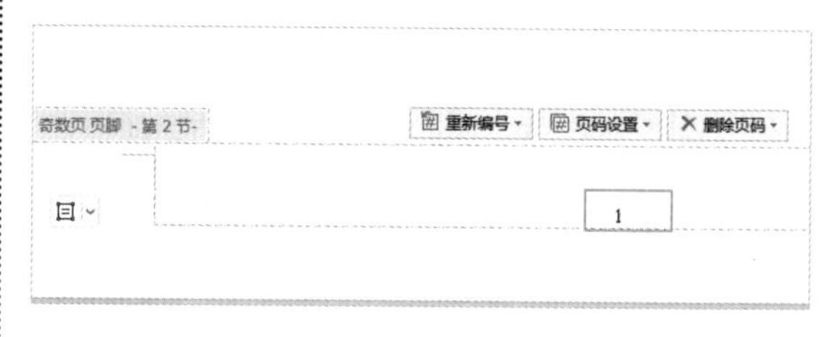

第3步 在奇数页页眉中输入文本，并根据需要设置文字格式，如下图所示。

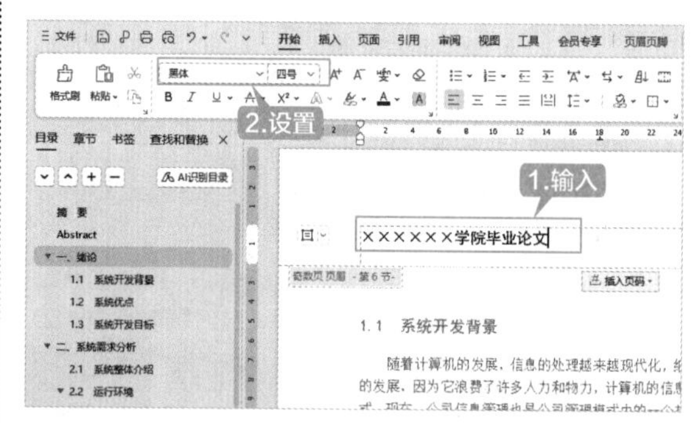

第4步 在偶数页页眉输入文本，并设置文字格式，如下图所示。

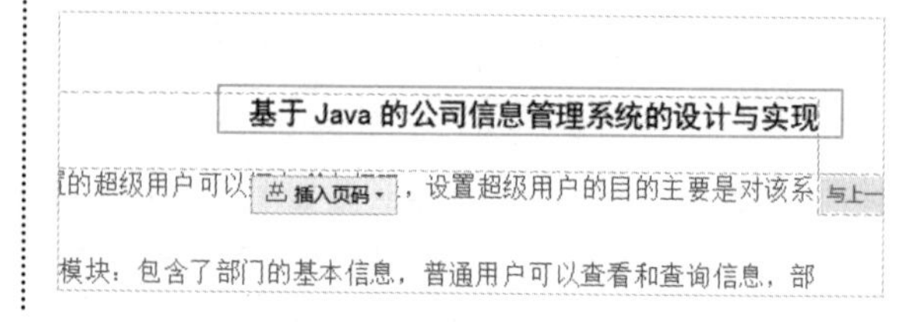

6. 提取目录

第1步 将光标定位至绪论文本前方，新建空白页并输入“目录”文本，设置其【大纲级别】为“1级”。单击【引用】选项卡下的【目录】按钮，在弹出的下拉列表中选择“自定义目录”选项，如下图所示。

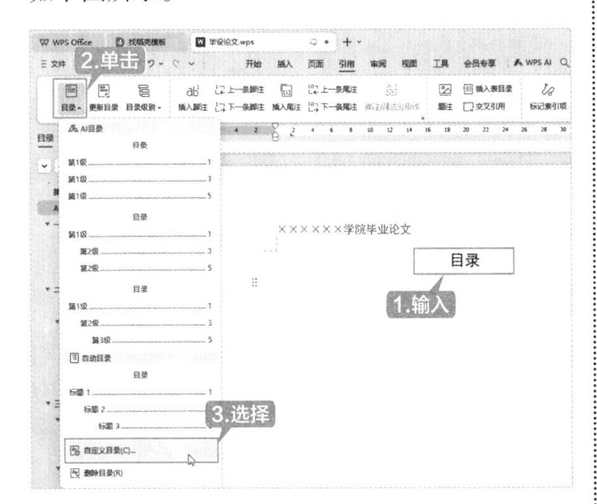

第2步 弹出【目录】对话框，在【显示级别】微调框中输入“3”，在【打印预览】区域中可以看到设置后的效果，单击【确定】按钮，如下图所示。

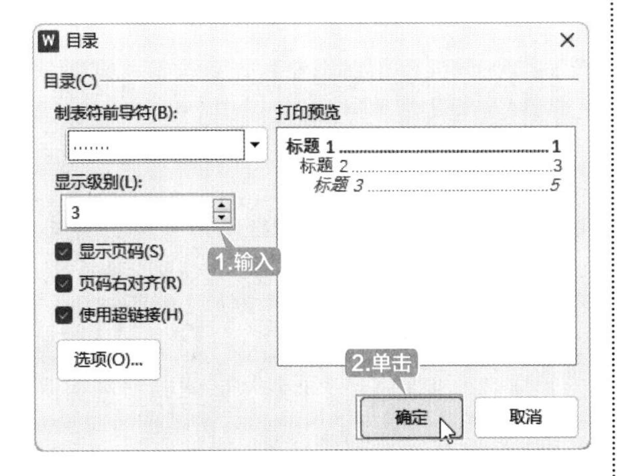

第3步 根据需要设置目录的字体、字号和段落间距等，至此就完成了毕业论文的排版，如下图所示。

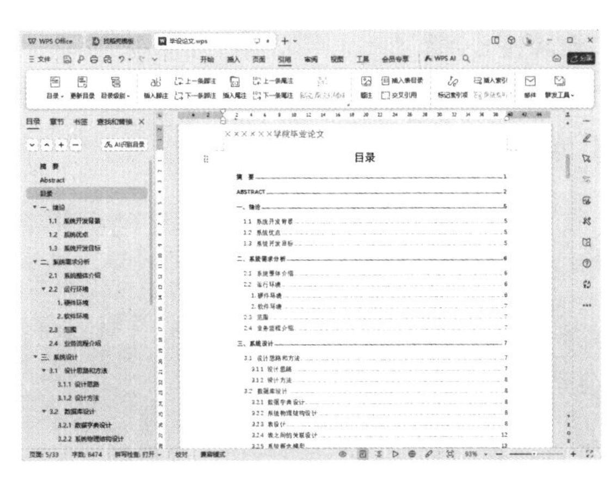

◇ 删除页眉中的横线

在编辑文档的页眉时会发现，即使页眉中没有内容，有时页眉位置也会自带横线。根据需求，用户可以删除页眉中的横线。

在有页眉横线的文档中，双击页眉处，进入页眉编辑状态。接着单击【页眉页脚】选项卡下的【页眉横线】按钮，在弹出的下拉列表中选择“无线型”选项，如下图所示。这样就可以删除页眉中的横线了。

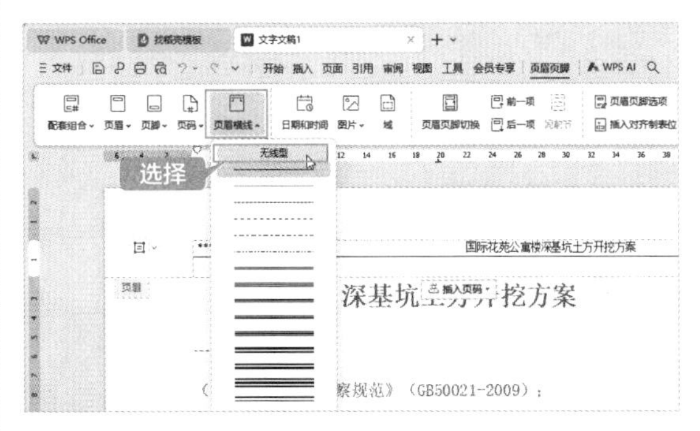

另外，进入页眉编辑状态，并将光标置于页眉处，单击【开始】选项卡下的“正文”样式，或在【开始】选项卡下的样式下拉列表中选择

"清除格式"选项，也可以删除页眉中的横线，但同时会改变页眉文字的样式，需要重新设置样式。

◇ 智能识别目录：高效提取文档结构

WPS的AI功能能够快速准确地识别文档中的标题、子标题及相关内容，自动生成完整的目录。无论是学术论文、报告还是商业计划书，都能帮助用户轻松整理文档，提高工作效率。

第1步 打开素材文件，单击【视图】选项卡下的【导航窗格】按钮，打开导航窗格，单击【创建目录导航】按钮，如下图所示。

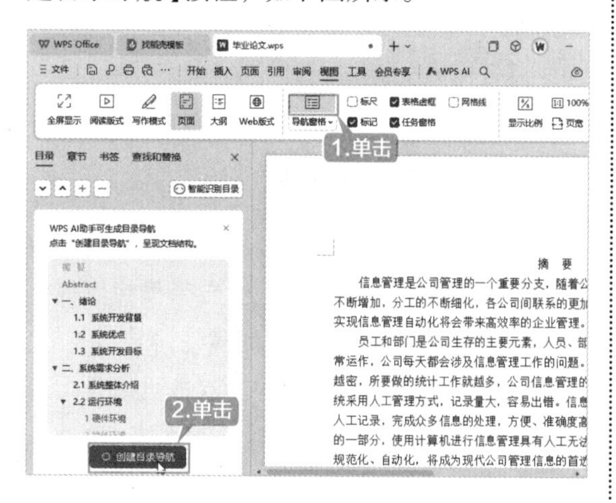

第2步 此时WPS AI助手即可将目录更新到导航窗格中，如下图所示。

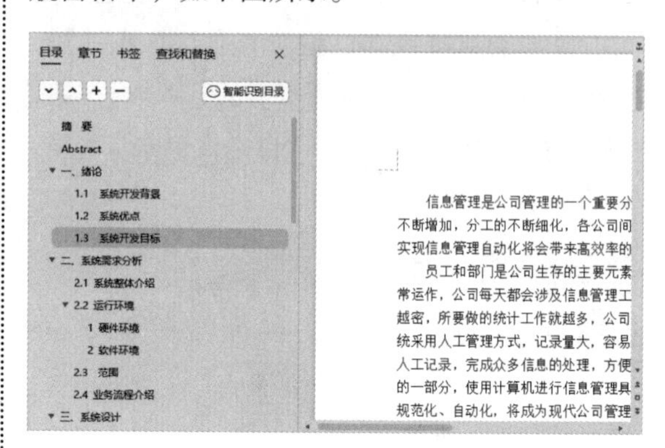

提示

AI识别生成的目录不会改变文档内容的段落格式，只是智能提取标题内容，方便用户了解文档的结构。

第2篇

表格分析篇

第 4 章

WPS 表格的基本操作——客户联系信息表

本章导读

WPS表格提供了创建工作簿和工作表、输入和编辑数据、插入行与列、设置文本格式、页面设置等基础功能，可以方便用户记录和管理数据。本章以制作客户联系信息表为例，介绍WPS表格的基本操作。

思维导图

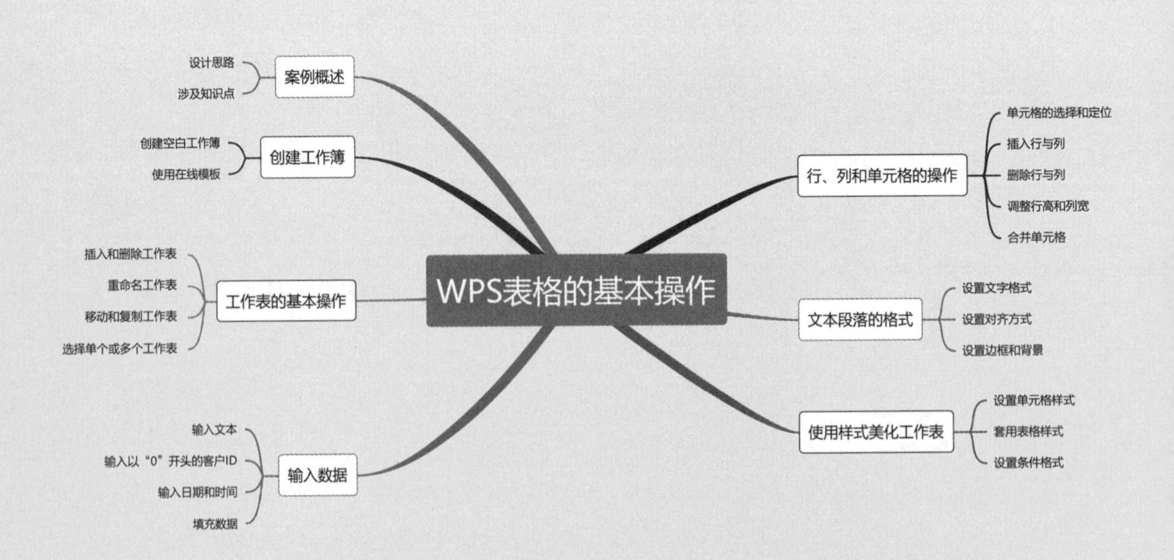

4.1 案例概述

制作客户联系信息表要做到数据记录准确、层次分明、重点突出，便于公司快速统计客户信息。

本节素材结果文件

	素材	素材\ch04\客户联系信息表.et
	结果	结果\ch04\客户联系信息表.et

客户联系信息表记录了客户ID、公司名称、联系人姓名、性别、城市、邮政编码、通信地址、电话号码等数据，制作时需要注意以下几点。

1. 数据准确

① 选择单元格时要准确，合并单元格时要安排好合并的位置，插入的行和列要定位准确，以确保客户联系信息表中数据的准确性。

② WPS表格中的数据分为数字型、文本型、日期型、时间型、逻辑型等，要分清客户联系信息表中数据的类型。

2. 重点突出

① 用不同的边框和背景区分表中数据，方便阅读者快速查找自己需要的信息。

② 使用条件格式将职务高的联系人突出显示，可以使客户联系信息表更加完善。

3. 分类简洁

① 确定客户联系信息表的布局，减少多余数据。

② 合并需要合并的单元格，为单元格内容保留合适的位置。

③ 字号不宜过大，表格的标题行可以适当加大、加粗字体，以快速传达表格的内容。

4.1.1 设计思路

制作客户联系信息表时可以按照以下思路进行。

① 创建空白工作簿，并将工作簿命名和保存。

② 合并单元格，并调整行高和列宽。

③ 在工作簿中输入文本与数据，并设置文本格式。

④ 设置单元格样式。

⑤ 设置条件格式。

⑥ 保存工作簿。

4.1.2 涉及知识点

本案例主要涉及的知识点如下图所示（思维导图见“素材结果文件\思维导图\4.pos”）。

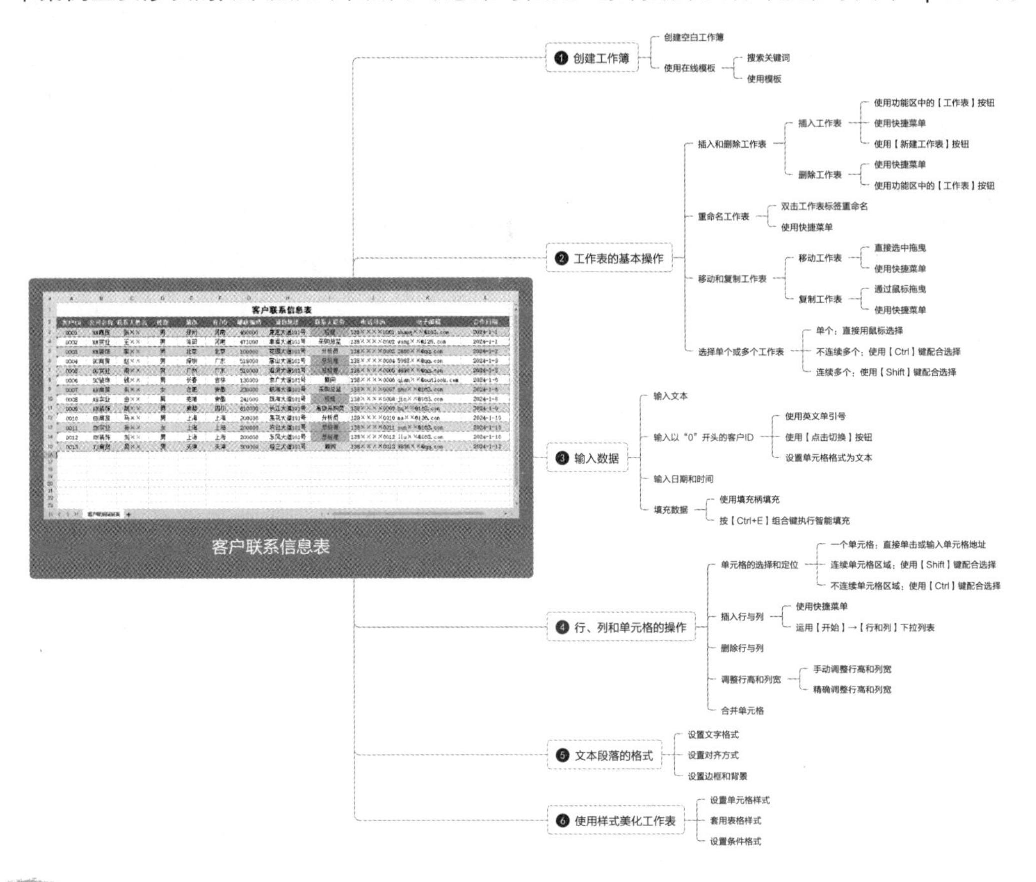

4.2 创建工作簿

在制作客户联系信息表时，首先要创建空白工作簿，并对创建的工作簿进行命名与保存。

4.2.1 创建空白工作簿

工作簿是WPS表格中用来存储并处理数据的文件，通常所说的WPS表格文件指的就是工作簿。在使用WPS表格时，首先需要创建一个工作簿，具体操作步骤如下。

第1步 打开WPS Office，执行新建表格命令，单击【空白表格】，如下图所示。

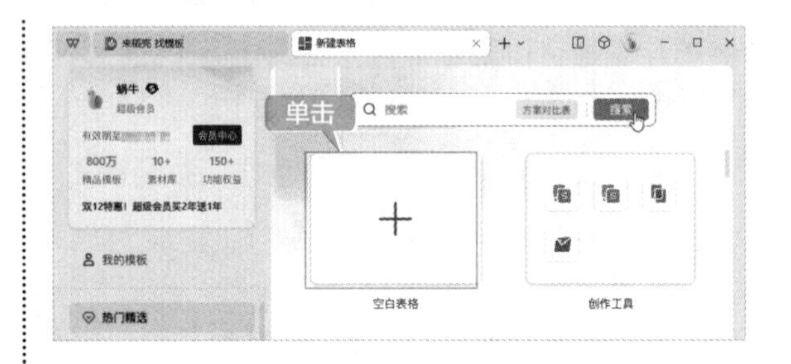

第2步 系统会自动创建一个名称为“工作簿1”的工作簿，如下图所示。

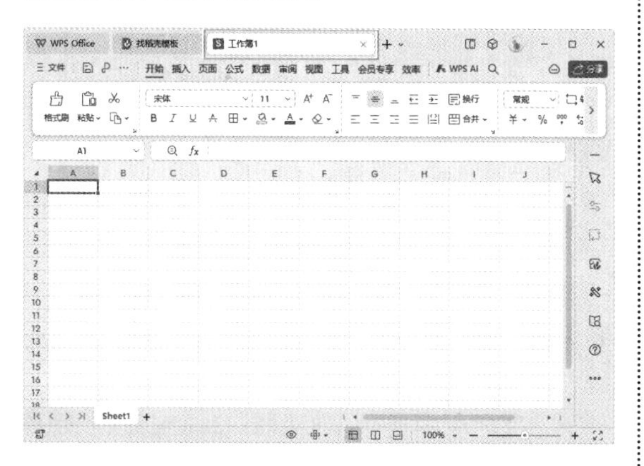

第3步 按【Ctrl+S】组合键，在弹出的【另存为】对话框中选择文件要保存的位置，并在【文件名称】文本框中输入“客户联系信息表”，设置文件类型为“WPS表格 文件（*.et）”，单击【保存】按钮即可保存工作簿，如下图所示。

第4步 工作簿被保存为“客户联系信息表.et”，如下图所示。

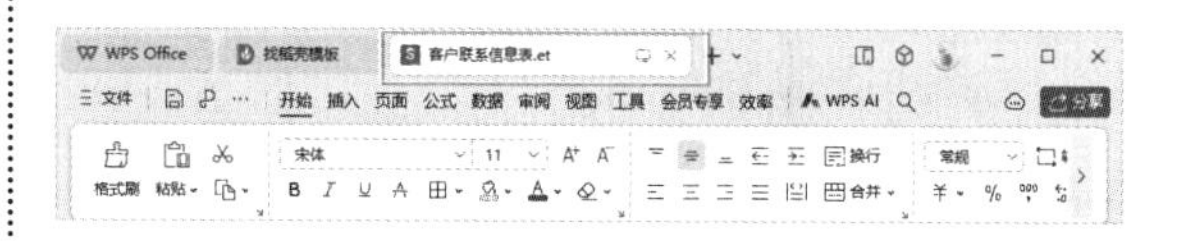

4.2.2 使用在线模板

WPS Office提供了丰富、优质的原创素材模板，用户可以根据需求下载模板，以提高工作效率。下面介绍使用在线模板的方法。

第1步 在【新建表格】窗口的搜索框中输入“客户联系信息表”，单击【搜索】按钮，如下图所示。

第2步 此时即可搜索相关的工作簿模板。用户可以通过预览缩略图，选择需要的模板，然后单击缩略图中显示的【立即使用】按钮，如下图所示。

第3步 此时即可创建对应模板的工作簿，如下图所示。

4.3 工作表的基本操作

工作表是显示在工作簿中的表格。WPS表格的工作簿中，默认只有一个工作表，用户可以根据需要添加工作表。本节主要介绍对客户联系信息表的基本操作。

4.3.1 插入和删除工作表

除了新建工作簿，用户还可以插入新的工作表来满足使用多表的需求。下面介绍插入和删除工作表的方法。

1. 插入工作表

方法1：使用功能区

第1步 在打开的工作簿中，单击【开始】选项卡下的【工作表】按钮，在弹出的下拉列表中选择“插入工作表”选项，如下图所示。

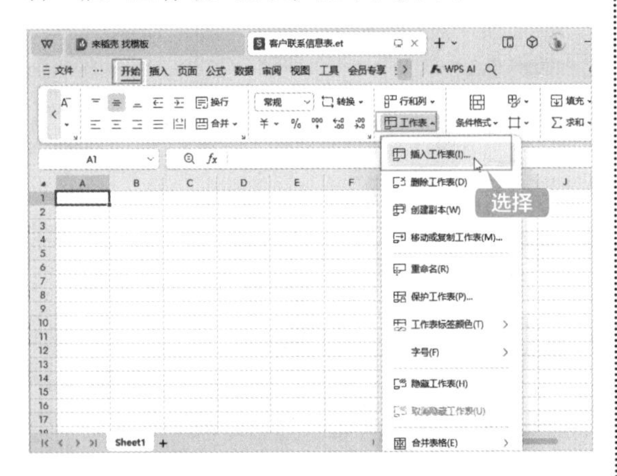

第2步 弹出【插入工作表】对话框，设置插入的数目及位置，并单击【确定】按钮，如下图所示。

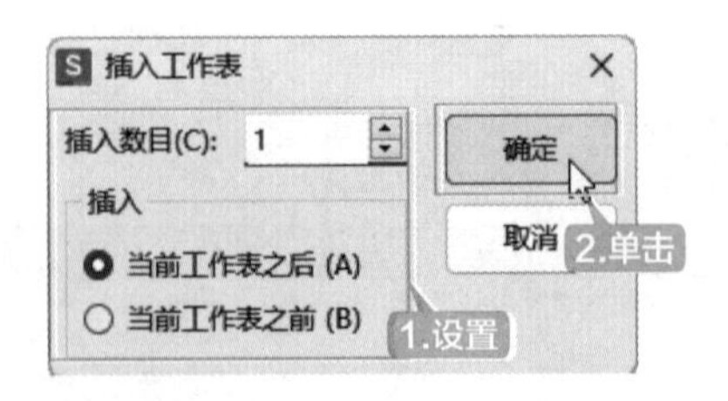

第3步 此时即可在当前工作表的后面插入一个新的工作表“Sheet2”，如下图所示。

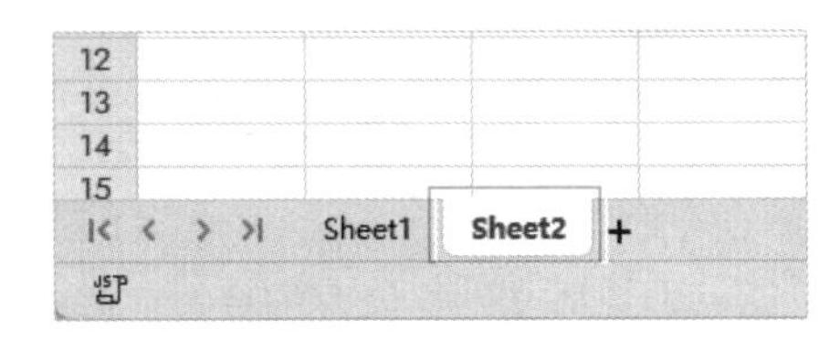

方法2：使用快捷菜单

第1步 在工作表标签上右击，在弹出的快捷菜单中选择“插入工作表”命令，如下图所示。

第2步 弹出【插入工作表】对话框，设置插入的数目及位置，并单击【确定】按钮，如下图所示。

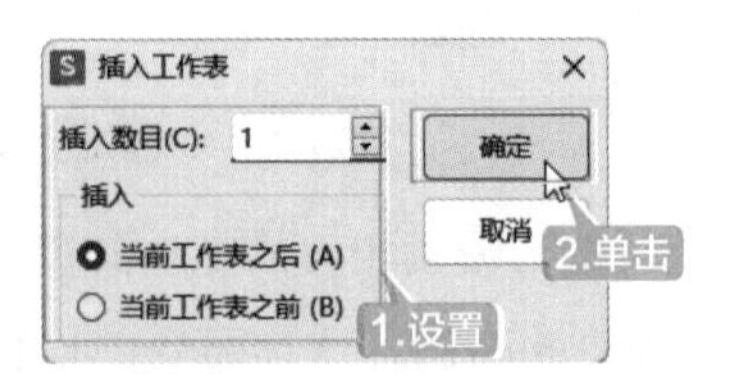

第3步 此时即可在“Sheet2”工作表后插入一个名为“Sheet3”的新工作表，如下图所示。

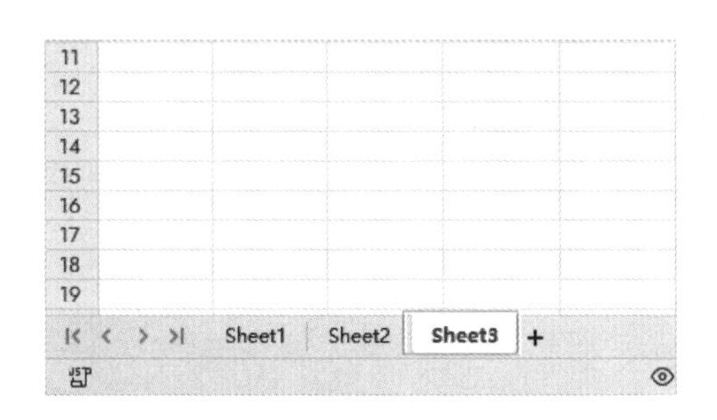

方法3：使用【新建工作表】按钮

第1步 单击工作表标签右侧的【新建工作表】按钮＋，如下图所示。

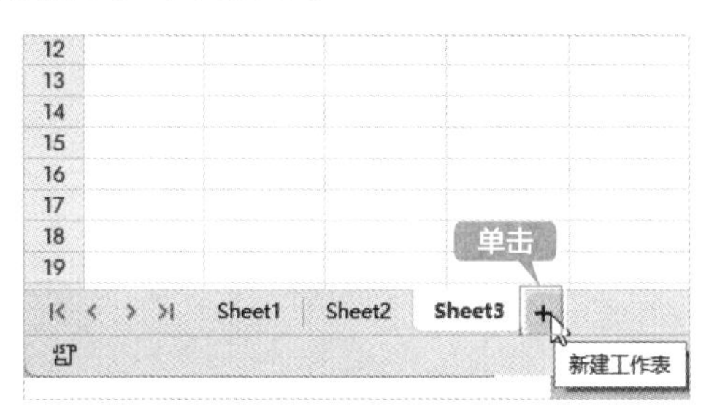

第2步 此时即可在“Sheet3”工作表后插入新工作表“Sheet4”，如下图所示。

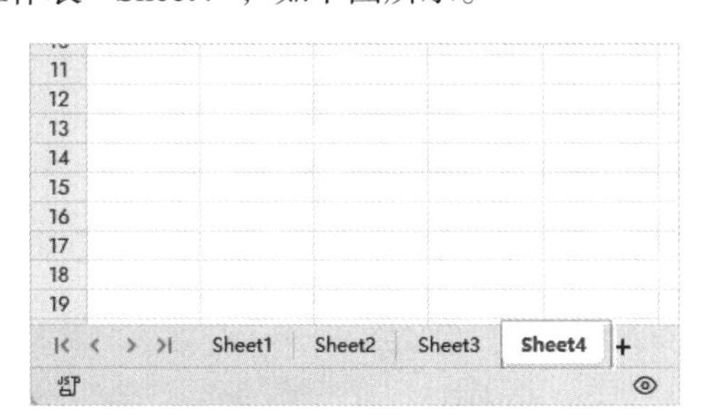

2. 删除工作表

方法1：使用快捷菜单

第1步 在要删除的工作表标签上右击，在弹出的快捷菜单中选择“删除”命令，如下图所示。

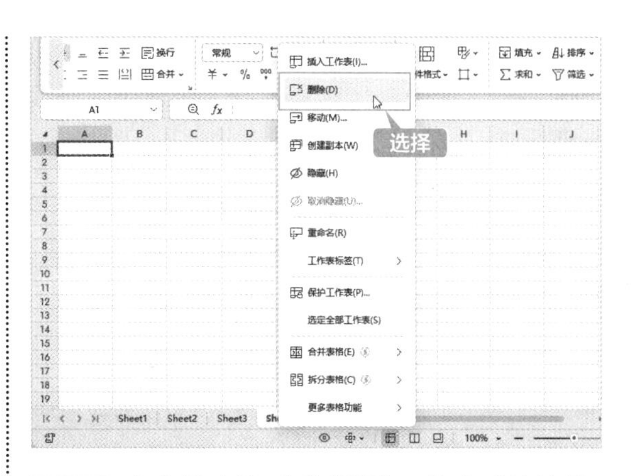

第2步 在文档中即可看到删除工作表后的效果，如下图所示。

方法2：使用功能区

选择要删除的工作表，单击【开始】选项卡下的【工作表】按钮，在弹出的下拉列表中选择“删除工作表”选项，如下图所示。此时即可将选择的工作表删除。

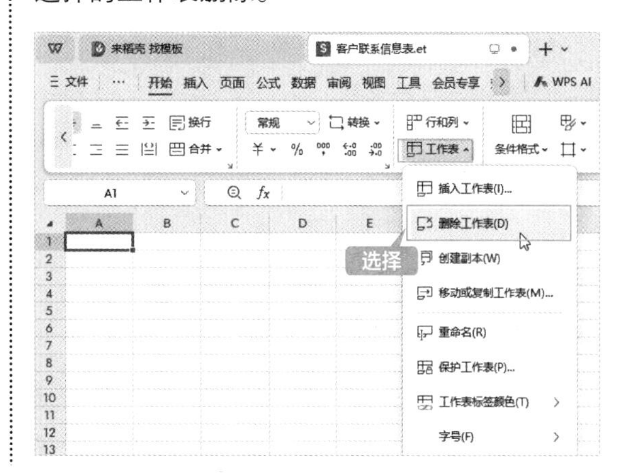

4.3.2 重命名工作表

每个工作表都有自己的名称，WPS表格默认以Sheet1、Sheet2、Sheet3……命名工作表。用户可以对工作表进行重命名操作，以便更好地管理。

第1步 双击要重命名的工作表标签，如“Sheet1”，此时标签将进入可编辑状态，如下图所示。

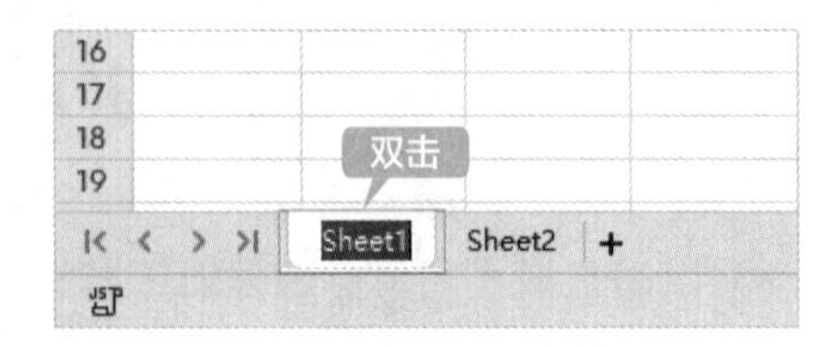

第2步 输入新的标签名，按【Enter】键，即可完成对该工作表的重命名操作，如下图所示。

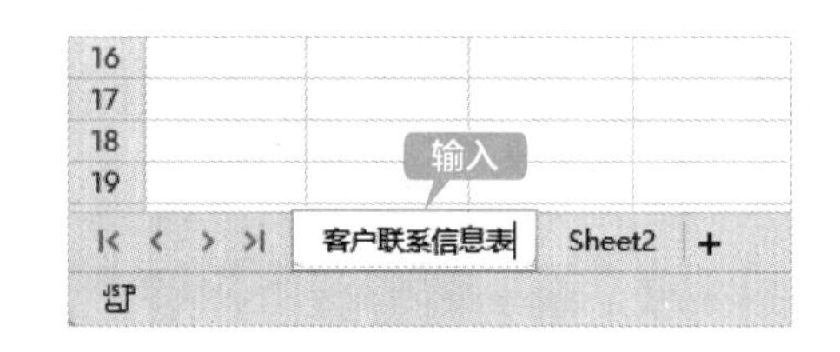

提示

另外，也可以在工作表标签上右击，在弹出的快捷菜单中选择“重命名”命令，即可对工作表的名称进行编辑。

4.3.3 移动和复制工作表

在WPS表格中插入多个工作表后，可以移动和复制工作表。

1. 移动工作表

移动工作表较简单的方法是使用鼠标操作。在同一个工作簿中移动工作表的方法有以下两种。

方法1：直接选中拖曳

第1步 选择要移动的工作表标签，按住鼠标左键的同时将工作表标签拖曳到新位置（黑色倒三角形表示移动的目标位置），如下图所示。

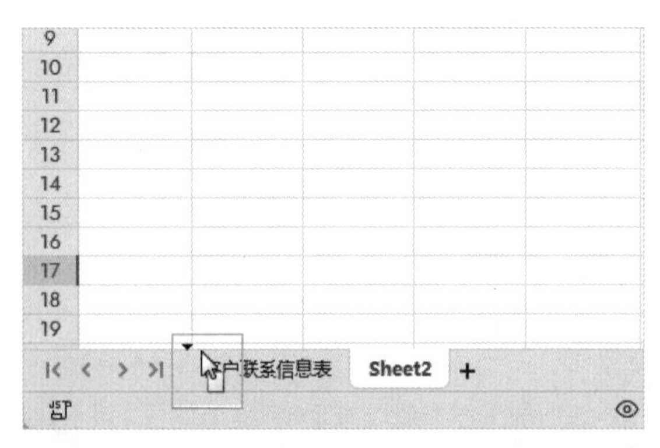

第2步 释放鼠标左键，工作表即可被移动到新的位置，如下图所示。

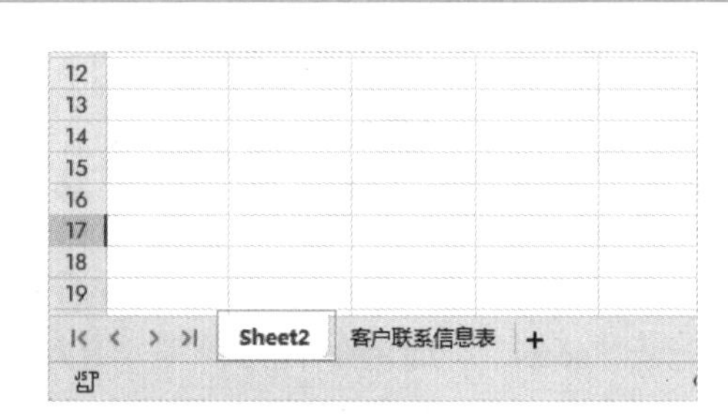

方法2：使用快捷菜单

第1步 在要移动的工作表标签上右击，在弹出的快捷菜单中选择“移动”命令，如下图所示。

第2步 在弹出的【移动或复制工作表】对话框中，选择要插入的位置，单击【确定】按钮，如下图所示。

第3步 此时即可将当前工作表移动到指定的位置，如下图所示。

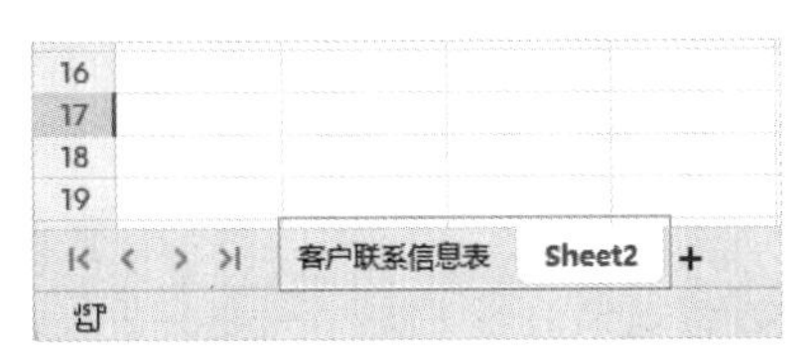

提示

工作表不但可以在同一个工作簿中移动，还可以在不同的工作簿中移动。若要在不同的工作簿中移动工作表，则要求这些工作簿必须处于打开状态。调出【移动或复制工作表】对话框，在【工作簿】下拉列表中选择要移动到的工作簿，然后在【下列选定工作表之前】列表框中选择要移动的目标位置，单击【确定】按钮即可将当前工作表移动到指定的位置。

2. 复制工作表

用户可以在工作簿中复制工作表，主要有以下两种方法。

方法1：通过鼠标拖曳

通过鼠标拖曳复制工作表的步骤与移动工作表的步骤相似，在拖曳的同时按住【Ctrl】键即可。

第1步 选择要复制的工作表，按住【Ctrl】键的同时按住鼠标左键拖曳选中的工作表至新位置（黑色倒三角形表示移动的目标位置），如下图所示。

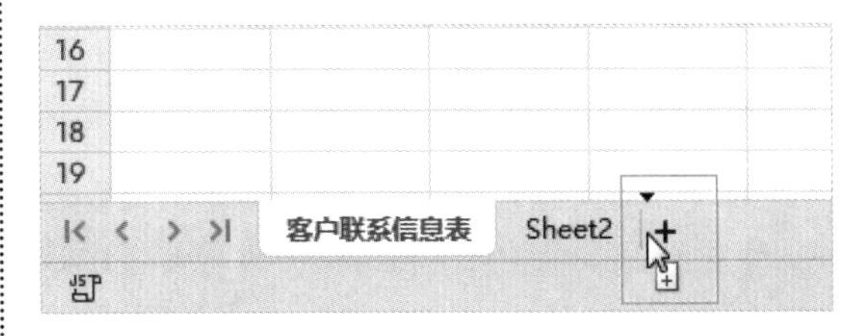

第2步 释放鼠标左键，工作表即被复制到新的位置，如下图所示。

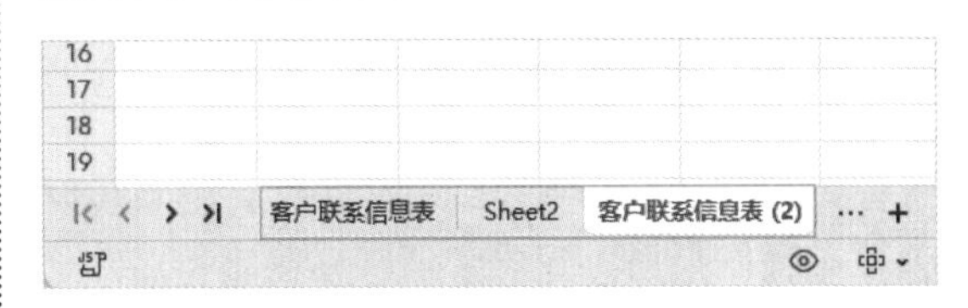

方法2：使用快捷菜单

第1步 选择要复制的工作表，在工作表标签上右击，在弹出的快捷菜单中选择“创建副本”命令，如下图所示。

第2步 在该工作簿中即可复制工作表，如下图所示。

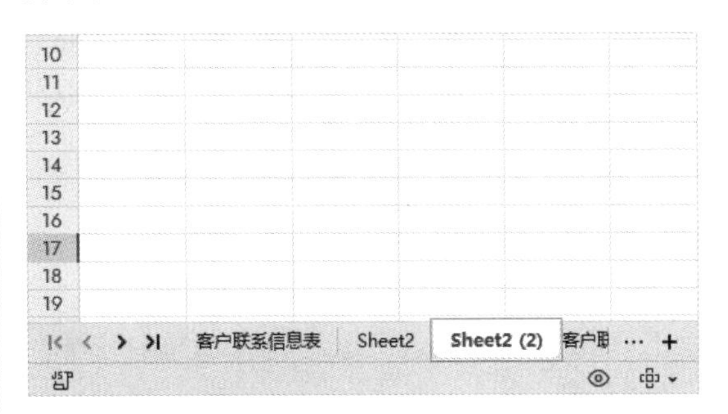

提示

如果要将选中的工作表复制到其他工作簿中，可以调出【移动或复制工作表】对话框，在【工作簿】下拉列表中选择要移动到的工作簿，然后在【下列选定工作表之前】列表框中选择要移动的目标位置，并选中【建立副本】复选框，单击【确定】按钮，即可将当前工作表复制到所选工作簿的指定位置，具体设置如右图所示。

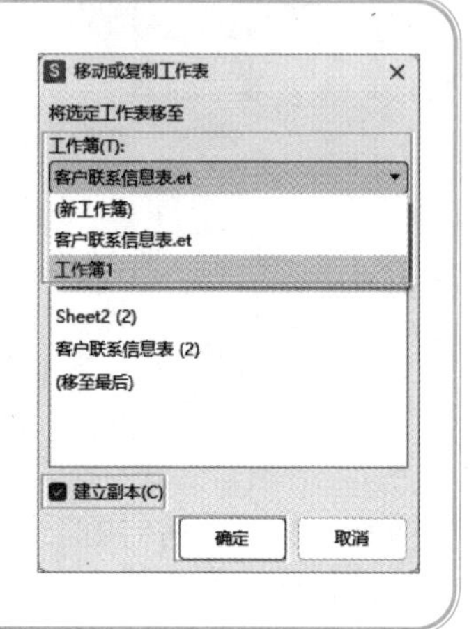

4.3.4 选择单个或多个工作表

在编辑工作表之前首先要选择工作表，选择工作表有多种方法。

1. 选择单个工作表

选择单个工作表时，只需要在要选择的工作表标签上单击即可。例如，在“Sheet2”工作表标签上单击，即可选择“Sheet2”工作表，如下图所示。

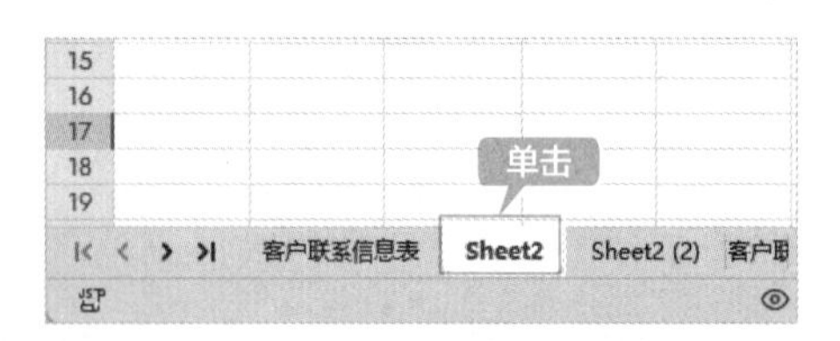

如果工作表太多，标签显示不完整，则可以使用下面的方法快速选择工作表。

第1步 单击工作表标签左侧的切换按钮进行选择，包含“第一个”、“前一个”、“后一个”、“最后一个”4个按钮，用户可以任意切换。

提示

按住【Ctrl】键的同时按【Page UP】或【Page Down】键，可以快速切换工作表。

第2步 如果工作表较多，则会显示【切换工作表】按钮…，单击该按钮，如下图所示。

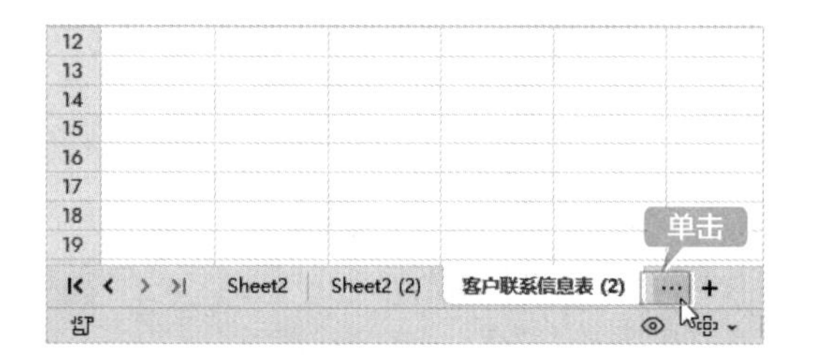

第3步 在弹出的列表中，不仅可以在【活动文档】文本框中输入关键词检索，还可以在列表中直接选择要切换的工作表，如下图所示。

2. 选择不连续的多个工作表

如果要同时选择多个不连续的工作表，可以在按住【Ctrl】键的同时单击要选择的多个不连续的工作表，释放【Ctrl】键，即可完成对多个不连续工作表的选择，如下图所示。工作簿标题中将显示“工作组”字样。

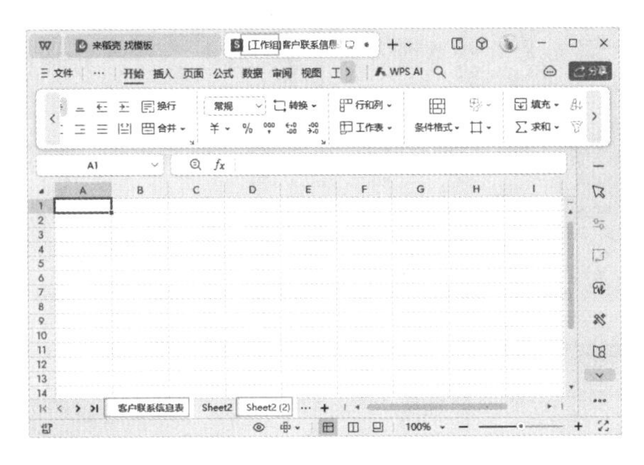

3. 选择连续的多个工作表

在按住【Shift】键的同时，单击要选择的多个连续工作表的第一个工作表和最后一个工作表，释放【Shift】键，即可完成对多个连续工作表的选择。

为了方便后面内容的讲解，这里将多余的工作表删除，只保留“客户联系信息表”工作表。

4.4 输入数据

在单元格中输入数据时，WPS 表格会自动根据数据的特征进行处理并显示。本节将介绍在客户联系信息表中输入数据的方法。

4.4.1 输入文本

单元格中的文本可以为汉字、英文、数字和符号等字符类型。在WPS表格中，输入的内容会根据其性质被自动分类处理。如果只输入文字，WPS表格就会将文字作为文本处理；如果只输入数字，WPS表格就会将数字作为数值处理。

第1步 选择要输入文本的单元格，输入文本后按【Enter】键，WPS表格会自动识别文本类型。单元格的对齐方式默认为“左对齐”。如果单元格的列宽无法容纳文本，多余内容会在相邻的单元格中显示；若相邻的单元格中已有数据，则会截断显示，如下图所示。

L1　fx 合作日期

	A	B	C	D	E	F	G	H	I	J	K	L
1	客户ID	公司名称	联系人姓	性别	城市	省/市	邮政编码	通信地址	联系人职	电话号码	电子邮箱	合作日期
2												
3												
4												

第2步 在客户联系信息表中输入数据，如下图所示。

客户ID	公司名称	联系人姓名	性别	城市	省/市	邮政编码	通信地址	联系人职务	电话号码	电子邮箱	合作日期
	HN商贸	张××	男	郑州	河南	450000	康庄大道101号	经理	138××××0001	zhang××@163.com	
	HN实业	王××	男	洛阳	河南	471000	幸福大道101号	采购总监	138××××0002	wang××@126.com	
	HN装饰	李××	男	北京	北京	100000	花园大道101号	分析员	138××××0003	2860××@qq.com	
	SC商贸	赵××	男	深圳	广东	518000	嵩山大道101号	总经理	138××××0004	5963××@qq.com	
	SC实业	周××	男	广州	广东	510000	淮河大道101号	总经理	138××××0005	4890××@qq.com	
	SC装饰	钱××	男	长春	吉林	130000	京广大道101号	顾问	138××××0006	qian××@outlook.com	
	AH商贸	朱××	女	合肥	安徽	230000	航海大道101号	采购总监	138××××0007	zhu××@163.com	
	AH实业	金××	男	芜湖	安徽	241000	陇海大道101号	经理	138××××0008	jin××@163.com	
	AH装饰	胡××	男	成都	四川	610000	长江大道101号	高级采购员	138××××0009	hu××@163.com	
	SH商贸	马××	男	上海	上海	200000	莲花大道101号	分析员	138××××0010	ma××@126.com	
	SH实业	孙××	女	上海	上海	200000	农业大道101号	总经理	138××××0011	sun××@163.com	
	SH装饰	刘××	男	上海	上海	200000	东风大道101号	总经理	138××××0012	liu××@163.com	
	TJ商贸	吴××	男	天津	天津	300000	经三大道101号	顾问	138××××0013	9836××@qq.com	

提示

如果在一个单元格中输入多行数据，在需要换行处按【Alt+Enter】组合键，可以实现换行。换行后，一个单元格中将显示多行文本，行高也会自动增大。

4.4.2 输入以“0”开头的客户ID

在客户联系信息表中，输入以“0”开头的客户ID，可以对客户联系信息表进行规范管理。输入以“0”开头的数字有以下3种方法。

1. 使用英文单引号

第1步 输入以“0”开头的数字串，WPS表格将自动省略“0”。如果要保持输入的内容不变，可以先输入英文单引号“'”，再输入以“0”开头的数字，如下图所示。

客户ID	公司名称	联系人姓名	性别
'0001	HN商贸	张××	男
	HN实业	王××	男
	HN装饰	李××	男
	SC商贸	赵××	男

第2步 按【Enter】键，即可确定输入的数字内容，如下图所示。

客户ID	公司名称	联系人姓名	性别
0001	HN商贸	张××	男
	HN实业	王××	男
	HN装饰	李××	男
	SC商贸	赵××	男
	SC实业	周××	男
	SC装饰	钱××	男
	AH商贸	朱××	女

2. 使用【点击切换】按钮

第1步 在A3单元格中输入“0002”，单击A3单元格以外的单元格后，“0002”自动省略0，变为“2”，此时A3单元格右侧会显示【点击切换】按钮，单击该按钮，如下图所示。

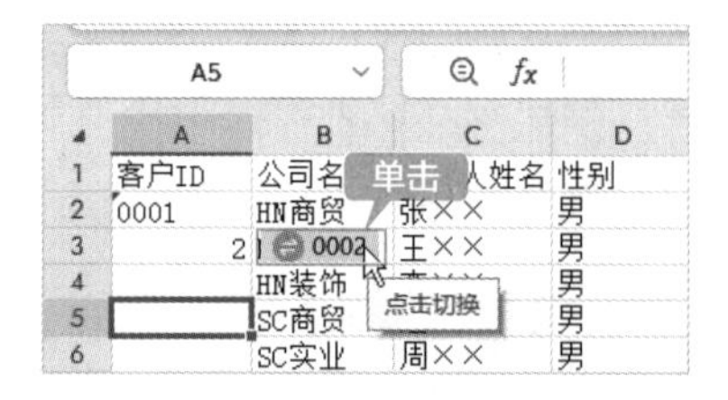

第2步 此时即可切换为“0002”，如下图所示。

客户ID	公司名称	联系人姓名	性别	城市
0001	HN商贸	张××	男	郑州
0002	HN实业	王××	男	洛阳
	HN装饰	李××	男	北京
	SC商贸	赵××	男	深圳
	SC实业	周××	男	广州

3. 设置单元格格式为文本

第1步 选中A4单元格，单击【开始】选项卡下的【数字格式】下拉按钮，在弹出的下拉列表中选择“文本”选项，如下图所示。

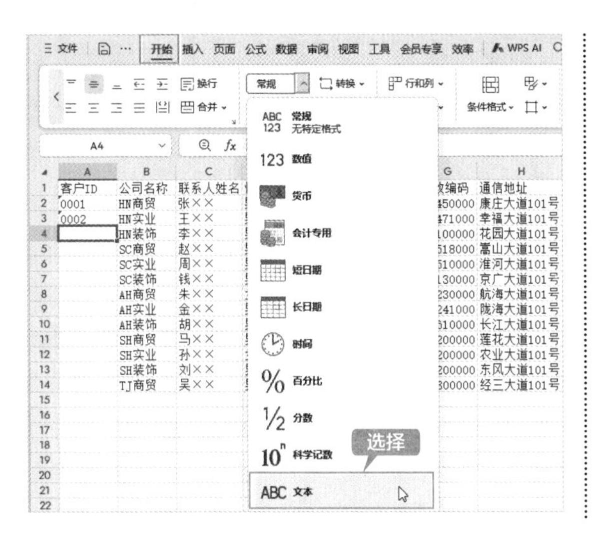

第2步 输入数值“0003”，按【Enter】键确认输入数据后，数值前的“0”并没有消失，如下图所示。

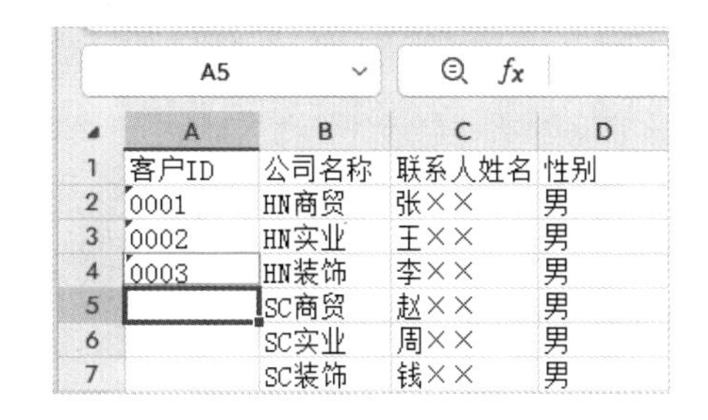

	A	B	C	D
1	客户ID	公司名称	联系人姓名	性别
2	0001	HN商贸	张××	男
3	0002	HN实业	王××	男
4	0003	HN装饰	李××	男
5		SC商贸	赵××	男
6		SC实业	周××	男
7		SC装饰	钱××	男

4.4.3 输入日期和时间

在客户联系信息表中输入日期或时间时，需要使用特定的单元格格式。WPS表格内置了一些日期与时间的格式，当输入的数据与这些格式相匹配时，会自动将它们识别为日期或时间数据。

1. 输入日期

在客户联系信息表中输入合作日期，有助于归档管理客户联系信息表。在输入日期时，可以用短横线分隔年、月、日。例如，将输入的“2024年1月1日”变为“2024-1-1”，具体操作步骤如下。

第1步 将光标定位至要输入日期的单元格，输入“2024年1月1日”，如下图所示。

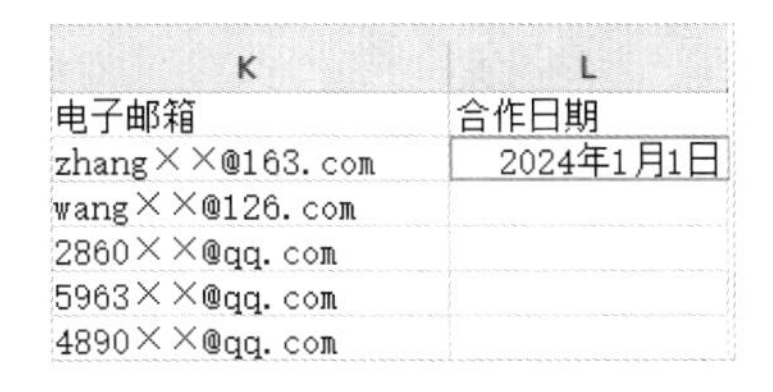

K	L
电子邮箱	合作日期
zhang××@163.com	2024年1月1日
wang××@126.com	
2860××@qq.com	
5963××@qq.com	
4890××@qq.com	

第2步 如果要更改日期类型，可以按【Ctrl+1】组合键，在弹出的【单元格格式】对话框中选择【数字】选项卡下的“日期”选项，并在右侧的【类型】列表框中选择日期类型，单击【确定】按钮，如下图所示。

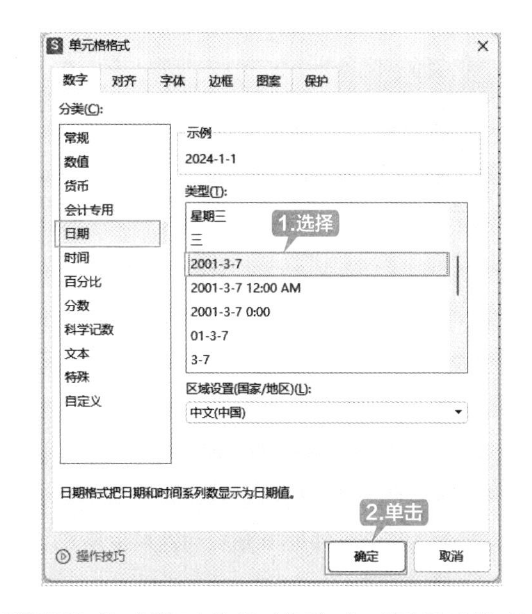

第3步 此时即可看到日期变为下图所示类型，然后在L3:L14单元格区域输入相应日期。

	H	I	J	K	L
1	通信地址	联系人职务	电话号码	电子邮箱地址	合作日期
2	康庄大道101号	经理	138××××0001	zhang××@163.com	2024-1-1
3	幸福大道101号	采购总监	138××××0002	wang××@126.com	2024-1-1
4	花园大道101号	分析员	138××××0003	2860××@qq.com	2024-1-2
5	嵩山大道101号	总经理	138××××0004	5963××@qq.com	2024-1-3
6	淮河大道101号	总经理	138××××0005	4890××@qq.com	2024-1-3
7	京广大道101号	顾问	138××××0006	qian××@outlook.com	2024-1-6
8	航海大道101号	采购总监	138××××0007	zhu××@163.com	2024-1-6
9	陇海大道101号	经理	138××××0008	jin××@163.com	2024-1-8
10	长江大道101号	高级采购员	138××××0009	hu××@163.com	2024-1-9
11	莲花大道101号	分析员	138××××0010	ma××@126.com	2024-1-10
12	农业大道101号	总经理	138××××0011	sun××@163.com	2024-1-10
13	东风大道101号	总经理	138××××0012	liu××@163.com	2024-1-10
14	经三大道101号	顾问	138××××0013	9836××@qq.com	2024-1-12
15					
16					

客户联系信息表

2. 输入时间

输入时间的方法如下。

第1步 在输入时间时，小时、分、秒之间用冒号（:）作为分隔符，可快速地输入时间。例如，输入“8:40”，输入栏会自动识别并转换为时间，如下图所示。

第2步 如果按12小时制输入时间，就需要在时间的后面空一格再输入字母AM（上午）或PM（下午）。例如，输入“5:00 PM”，按【Enter】键确认，如下图所示。

第3步 要输入当前的时间，按【Ctrl+Shift+;】组合键即可，如下图所示。

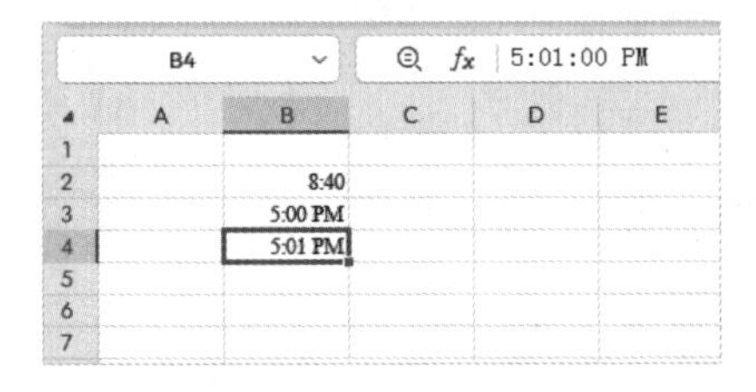

第4步 如果要更改时间类型，可以按【Ctrl+1】组合键，在弹出的【单元格格式】对话框中选择【数字】选项卡下的“时间”选项，并在右侧的【类型】列表框中更改时间类型，如下图所示。

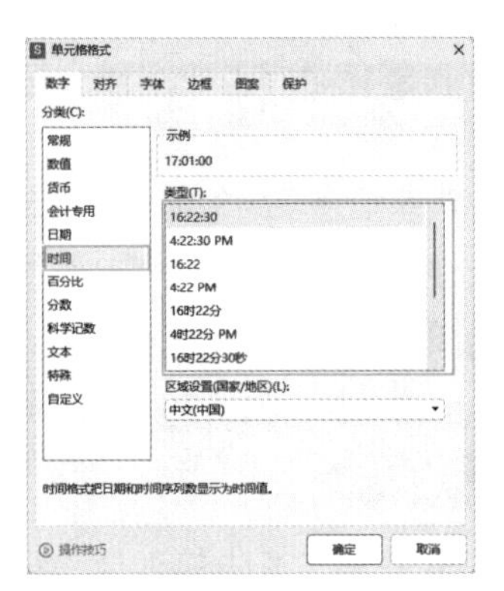

4.4.4 填充数据

在客户联系信息表中，用WPS表格的自动填充功能可以方便快捷地输入有规律的数据。有规律的数据是指等差、等比、系统预定义的数据填充序列和用户自定义的序列。

表4-1汇总了序列填充示例，可以帮助读者理解和扩展相关知识。

表4-1　填充数据的初始选择和扩展序列

初始选择	扩展序列
1，2，3	4，5，6，...
9:00	10:00，11:00，12:00，...
周一	周二，周三，周四，...
星期一	星期二，星期三，星期四，...
1月	2月，3月，4月，...
1月，3月	5月，7月，9月，...

续表

初始选择	扩展序列
2024年1月，2024年4月	2024年7月，2024年10月，2025年1月，...
1月15日，4月15日	7月15日，10月15日，...
2024，2025	2026，2027，2028，...
1月1日，3月1日	5月1日，7月1日，9月1日，...
文本1，文本A	文本2，文本A，文本3，文本A，...
第1期	第2期，第3期，第4期，...
项目1	项目2，项目3，项目4，...

（1）提取功能

使用填充功能可以提取单元格中的信息，如出生日期，也可以提取字符串中的姓名、手机号等。

提取出生日期如下图所示。

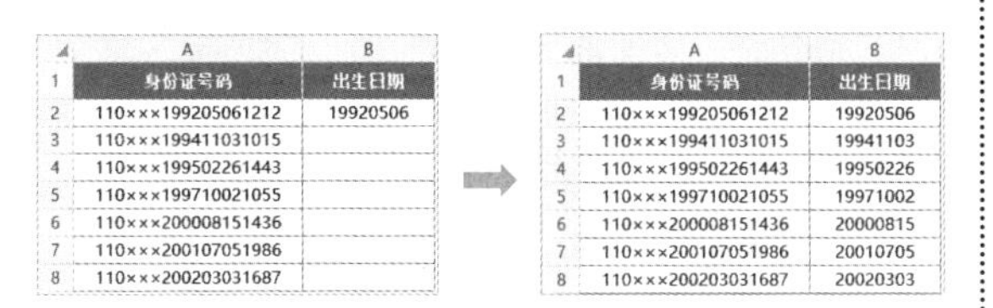

身份证号码	出生日期
110××199205061212	19920506
110××199411031015	
110××199502261443	
110××199710021055	
110××200008151436	
110××200107051986	
110××200203031687	

身份证号码	出生日期
110××199205061212	19920506
110××199411031015	19941103
110××199502261443	19950226
110××199710021055	19971002
110××200008151436	20000815
110××200107051986	20010705
110××200203031687	20020303

提取姓名及手机号如下图所示。

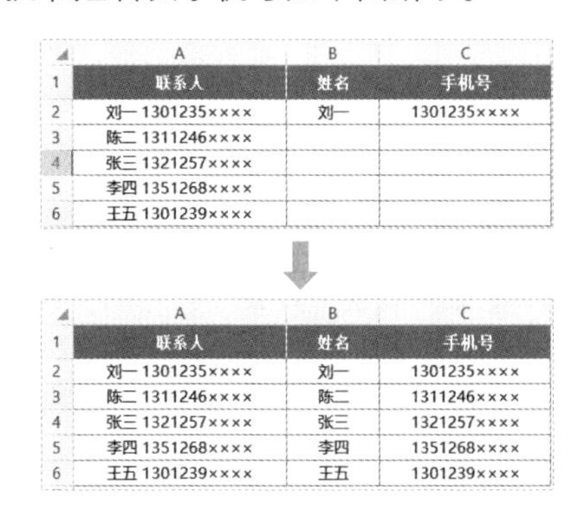

联系人	姓名	手机号
刘一 1301235××××	刘一	1301235××××
陈二 1311246××××		
张三 1321257××××		
李四 1351268××××		
王五 1301239××××		

联系人	姓名	手机号
刘一 1301235××××	刘一	1301235××××
陈二 1311246××××	陈二	1311246××××
张三 1321257××××	张三	1321257××××
李四 1351268××××	李四	1351268××××
王五 1301239××××	王五	1301239××××

（2）信息合并功能

姓	名	名字
刘	一	刘一
陈	二	
张	三	
李	四	
王	五	

姓	名	名字
刘	一	刘一
陈	二	陈二
张	三	张三
李	四	李四
王	五	王五

（3）插入功能

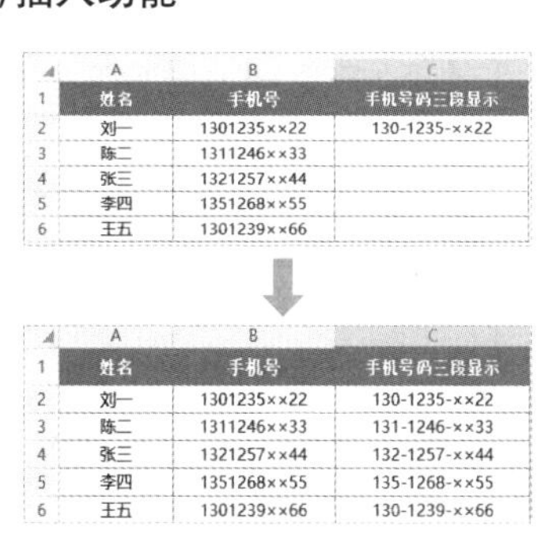

姓名	手机号	手机号码三段显示
刘一	1301235××22	130-1235-××22
陈二	1311246××33	
张三	1321257××44	
李四	1351268××55	
王五	1301239××66	

姓名	手机号	手机号码三段显示
刘一	1301235××22	130-1235-××22
陈二	1311246××33	131-1246-××33
张三	1321257××44	132-1257-××44
李四	1351268××55	135-1268-××55
王五	1301239××66	130-1239-××66

（4）加密功能

姓名	手机号	手机号码三段显示
刘一	1301235××22	130-****-××22
陈二	1311246××33	
张三	1321257××44	
李四	1351268××55	
王五	1301239××66	

姓名	手机号	手机号码三段显示
刘一	1301235××22	130-****-××22
陈二	1311246××33	131-****-××33
张三	1321257××44	132-****-××44
李四	1351268××55	135-****-××55
王五	1301239××66	130-****-××66

（5）位置互换功能

序号	参会名单	参会名单
1	小刘市场部	市场部小刘
2	小陈人力部	
3	小张技术部	
4	小李行政部	
5	小王网络部	

序号	参会名单	参会名单
1	小刘市场部	市场部小刘
2	小陈人力部	人力部小陈
3	小张技术部	技术部小张
4	小李行政部	行政部小李
5	小王网络部	网络部小王

除了上面列举的功能，填充功能还可以在很多场景中应用，在此不再一一列举。对于有

规律的序列，都可以尝试使用填充功能，以提高工作效率。

使用填充柄可以快速填充客户ID，具体操作步骤如下。

第1步 选中A2:A4单元格区域，将鼠标指针移至A4单元格的右下角，可以看到鼠标指针变为✚形状，如下图所示。

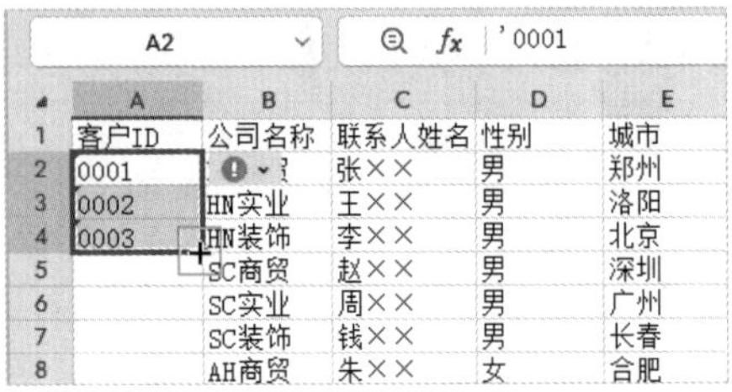

A2 | fx | '0001

	A	B	C	D	E
1	客户ID	公司名称	联系人姓名	性别	城市
2	0001		张××	男	郑州
3	0002	HN实业	王××	男	洛阳
4	0003	HN装饰	李××	男	北京
5		SC商贸	赵××	男	深圳
6		SC实业	周××	男	广州
7		SC装饰	钱××	男	长春
8		AH商贸	朱××	女	合肥

第2步 按住鼠标左键并向下填充至A14单元格，效果如下图所示。

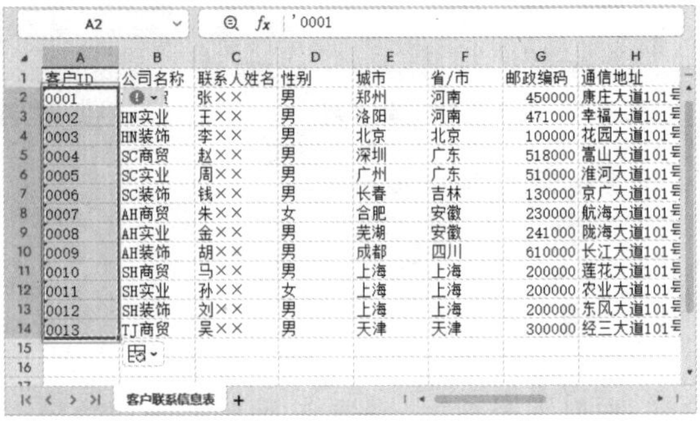

A2 | fx | '0001

	A	B	C	D	E	F	G	H
1	客户ID	公司名称	联系人姓名	性别	城市	省/市	邮政编码	通信地址
2	0001		张××	男	郑州	河南	450000	康庄大道101
3	0002	HN实业	王××	男	洛阳	河南	471000	幸福大道101
4	0003	HN装饰	李××	男	北京	北京	100000	花园大道101
5	0004	SC商贸	赵××	男	深圳	广东	518000	嵩山大道101
6	0005	SC实业	周××	男	广州	广东	510000	淮河大道101
7	0006	SC装饰	钱××	男	长春	吉林	130000	京广大道101
8	0007	AH商贸	朱××	女	合肥	安徽	230000	航海大道101
9	0008	AH实业	金××	男	芜湖	安徽	241000	陇海大道101
10	0009	AH装饰	胡××	男	成都	四川	610000	长江大道101
11	0010	SH商贸	马××	男	上海	上海	200000	莲花大道101
12	0011	SH实业	孙××	女	上海	上海	200000	农业大道101
13	0012	SH装饰	刘××	男	上海	上海	200000	东风大道101
14	0013	TJ商贸	吴××	男	天津	天津	300000	经三大道101
15								
16								

客户联系信息表

提示

另外，选中A2:A14单元格区域，按【Ctrl+E】组合键，执行智能填充，也可以填充空白单元格区域。

4.5 行、列和单元格的操作

单元格是工作表中行和列的交叉处，它可以保存数值、文字和声音等数据。在WPS表格中，单元格是编辑数据的基本元素。下面介绍客户联系信息表中关于行、列、单元格的基本操作。

4.5.1 单元格的选择和定位

对客户联系信息表中的单元格进行编辑时，首先要选择单元格或单元格区域。创建新的工作表时，A1单元格处于自动选定状态。

1. 选择一个单元格

单击某个单元格，若单元格的边框线变成绿色粗线，则表示此单元格处于选定状态。在名称框中输入目标单元格的地址，如“B15”，按【Enter】键即可选定B15单元格。与此同时，工作表的表格区域内鼠标指针会呈✚形状，如下图所示。

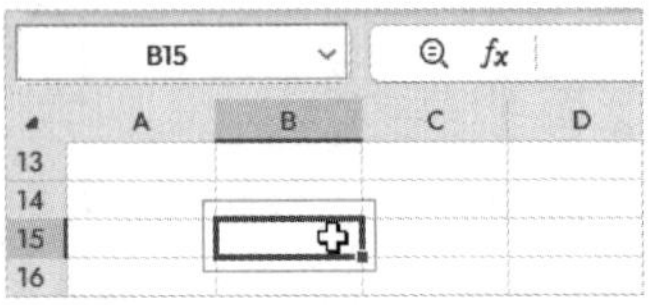

B15 | fx

	A	B	C	D
13				
14				
15				
16				

提示

另外，使用键盘上的上、下、左、右4个方向键也可以选定单元格。

2. 选择连续的单元格区域

在客户联系信息表中，若要对多个单元格进行相同的操作，可以先选择单元格区域。

单击A2单元格，按住【Shift】键的同时单击C6单元格，可以选定A2:C6单元格区域，效果如下图所示。

A2　fx　'0001

	A	B	C	D	E
1	客户ID	公司名称	联系人姓名	性别	城市
2	0001	HN商贸	张××		郑州
3	0002	HN实业	王××	男	洛阳
4	0003	HN装饰	李××	男	北京
5	0004	SC商贸	赵××	男	深圳
6	0005	SC实业	周××	男	广州
7	0006	SC装饰	钱××	男	长春
8	0007	AH商贸	朱××	女	合肥

提示

将鼠标指针移到目标区域左上角的A2单元格上，按住鼠标左键并向该区域右下角的C6单元格拖曳，或在名称框中输入单元格区域名称“A2:C6”并按【Enter】键确认，均可选定A2:C6单元格区域。

3. 选择不连续的单元格区域

选择不连续的单元格区域也就是选择不相邻的单元格或单元格区域，具体操作步骤如下。

第1步 选择第1个单元格区域A2:C3，如下图所示。

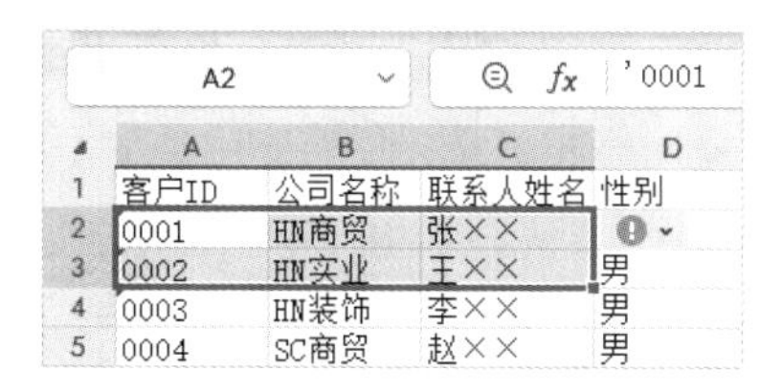

A2　fx　'0001

	A	B	C	D
1	客户ID	公司名称	联系人姓名	性别
2	0001	HN商贸	张××	
3	0002	HN实业	王××	男
4	0003	HN装饰	李××	男
5	0004	SC商贸	赵××	男

第2步 按住【Ctrl】键并拖曳鼠标选择第2个单元格区域C6:E8，如下图所示。

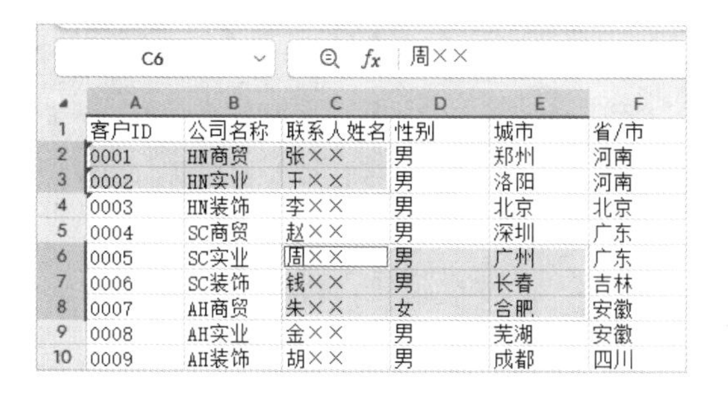

C6　fx　周××

	A	B	C	D	E	F
1	客户ID	公司名称	联系人姓名	性别	城市	省/市
2	0001	HN商贸	张××	男	郑州	河南
3	0002	HN实业	王××	男	洛阳	河南
4	0003	HN装饰	李××	男	北京	北京
5	0004	SC商贸	赵××	男	深圳	广东
6	0005	SC实业	周××	男	广州	广东
7	0006	SC装饰	钱××	男	长春	吉林
8	0007	AH商贸	朱××	女	合肥	安徽
9	0008	AH实业	金××	男	芜湖	安徽
10	0009	AH装饰	胡××	男	成都	四川

第3步 使用同样的方法可以选择多个不连续的单元格区域，如下图所示。

A11　fx　0010

	A	B	C	D	E	F	G	H
1	客户ID	公司名称	联系人姓名	性别	城市	省/市	邮政编码	通信地址
2	0001	HN商贸	张××	男	郑州	河南	450000	康庄大道101号
3	0002	HN实业	王××	男	洛阳	河南	471000	幸福大道101号
4	0003	HN装饰	李××	男	北京	北京	100000	花园大道101号
5	0004	SC商贸	赵××	男	深圳	广东	518000	嵩山大道101号
6	0005	SC实业	周××	男	广州	广东	510000	淮河大道101号
7	0006	SC装饰	钱××	男	长春	吉林	130000	京广大道101号
8	0007	AH商贸	朱××	女	合肥	安徽	230000	航海大道101号
9	0008	AH实业	金××	男	芜湖	安徽	241000	陇海大道101号
10	0009	AH装饰	胡××	男	成都	四川	610000	长江大道101号
11	0010	SH商贸	马××	男	上海	上海	200000	莲花大道101号
12	0011	SH实业	孙××	女	上海	上海	200000	农业大道101号
13	0012	SH装饰	刘××	男	上海	上海	200000	东风大道101号
14	0013	TJ商贸	吴××	男	天津	天津	300000	经三大道101号
15								
16								

4. 选择所有单元格

选择所有单元格（即整个工作表）的方法有以下两种。

方法1：使用三角形图标

单击工作表左上角行号与列标相交处的三角形图标◢，即可选择整个工作表，如下图所示。

	A	B	C	D	E	F	G
1	客户ID	公司名称	联系人姓名	性别	城市	省/市	邮政编码
2	0001	HN商贸	张××	男	郑州	河南	450000
3	0002	HN实业	王××	男	洛阳	河南	471000
4	0003	HN装饰	李××	男	北京	北京	100000
5	0004	SC商贸	赵××	男	深圳	广东	518000
6	0005	SC实业	周××	男	广州	广东	510000
7	0006	SC装饰	钱××	男	长春	吉林	130000
8	0007	AH商贸	朱××	女	合肥	安徽	230000
9	0008	AH实业	金××	男	芜湖	安徽	241000
10	0009	AH装饰	胡××	男	成都	四川	610000
11	0010	SH商贸	马××	男	上海	上海	200000
12	0011	SH实业	孙××	女	上海	上海	200000
13	0012	SH装饰	刘××	男	上海	上海	200000
14	0013	TJ商贸	吴××	男	天津	天津	300000
15							

客户联系信息表

方法2：使用快捷键

按【Ctrl+A】组合键也可以选择整个工作表。

提示

选择空白区域中的任意一个单元格，按【Ctrl+A】组合键将选中整个工作表；选择数据区域中的任意一个单元格，按【Ctrl+A】组合键将选中所有含有数据的连续单元格区域。

4.5.2 插入行与列

在客户联系信息表中可以根据需要插入行与列。下面以在第1行上方插入标题行为例，介绍具体的操作方法。

第1步 选中A1单元格并右击，在弹出的快捷菜单中选择“插入”命令，在其子菜单的【在上方插入行】右侧的微调框中输入要插入的行数，如“1”，然后单击✓按钮，如下图所示。

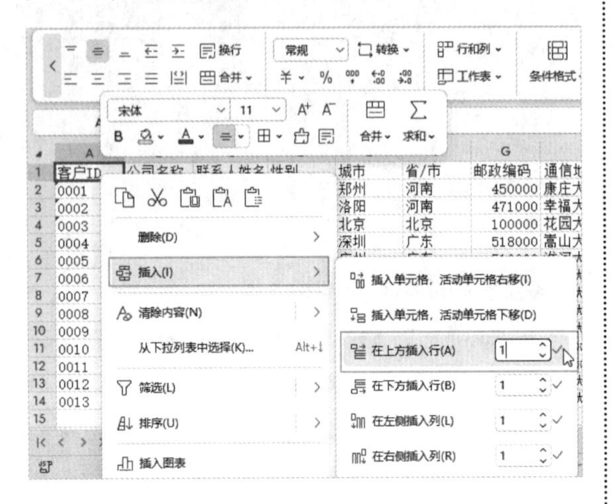

第2步 此时即可在A1单元格的上方插入一行，如下图所示。

	A	B	C	D	E
1					
2	客户ID	公司名称	联系人姓名	性别	城市
3	0001	HN商贸	张××	男	郑州
4	0002	HN实业	王××	男	洛阳
5	0003	HN装饰	李××	男	北京
6	0004	SC商贸	赵××	男	深圳
7	0005	SC实业	周××	男	广州
8	0006	SC装饰	钱××	男	长春
9	0007	AH商贸	朱××	女	合肥
10	0008	AH实业	金××	男	芜湖
11	0009	AH装饰	胡××	男	成都

提示

用户也可以通过功能区中的【行和列】按钮 行和列 进行插入操作。选中目标单元格，单击【开始】→【行和列】→【插入单元格】选项，在【在上方插入行】右侧的微调框中输入需要的数字，然后单击✓按钮，即可执行插入操作。

4.5.3 删除行与列

删除多余的行与列可以使客户联系信息表更加美观、准确。删除行或列的具体操作步骤如下。

第1步 选中要删除的行或列，这里选择第2行并右击，在弹出的快捷菜单中选择“删除”命令，如下图所示。

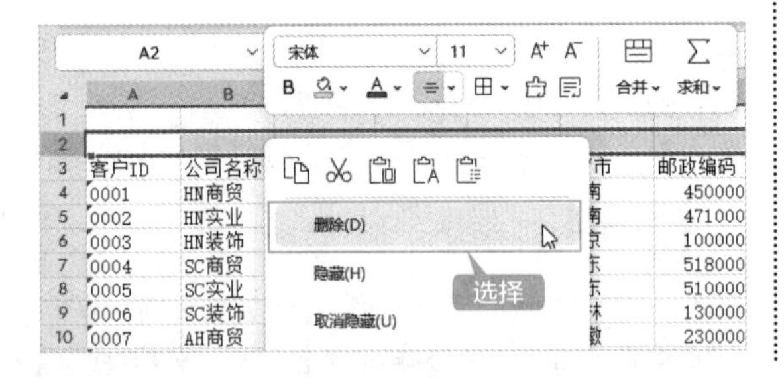

第2步 此时即可将选择的行删除，如下图所示。

	A	B	C	D	E	F	G	
1								
2	客户ID	公司名称	联系人姓名	性别	城市	省/市	邮政编码	通信地
3	0001	HN商贸	张××	男	郑州	河南	450000	康庄大
4	0002	HN实业	王××	男	洛阳	河南	471000	幸福大
5	0003	HN装饰	李××	男	北京	北京	100000	花园大
6	0004	SC商贸	赵××	男	深圳	广东	518000	嵩山大
7	0005	SC实业	周××	男	广州	广东	510000	淮河大
8	0006	SC装饰	钱××	男	长春	吉林	130000	京广大
9	0007	AH商贸	朱××	女	合肥	安徽	230000	航海大
10	0008	AH实业	金××	男	芜湖	安徽	241000	陇海大
11	0009	AH装饰	胡××	男	成都	四川	610000	长江大
12	0010	SH商贸	马××	男	上海	上海	200000	莲花大
13	0011	SH实业	孙××	女	上海	上海	200000	农业大
14	0012	SH装饰	刘××	男	上海	上海	200000	东风大
15	0013	TJ商贸	吴××	男	天津	天津	300000	经三大

客户联系信息表

4.5.4 调整行高和列宽

在客户联系信息表中，当单元格的高度或宽度不足时，会导致数据显示不完整。这时就需要调整行高或列宽，使客户联系信息表的布局更加合理、美观，具体操作步骤如下。

1. 手动调整行高和列宽

如果要调整行高，可以将鼠标指针移动到两行的行号之间，当鼠标指针变成 ✛ 形状时，按住鼠标左键向上拖曳可使行变窄，向下拖曳可使行变宽。如果要调整列宽，可以将鼠标指针移动到两列的列标之间，当鼠标指针变成 ✛ 形状时，按住鼠标左键向左拖曳可使列变窄，向右拖曳可使列变宽，如下图所示。

行高: 22.50 (0.79 厘米)

	A	B	C	D	E
1					
2	客户ID	公司名称	联系人姓名	性别	城市
3	0001	HN商贸	张××	男	郑州
4	0003	HN装饰	李××	男	北京
5	0004	SC商贸	赵××	男	深圳
6	0005	SC实业	周××	男	广州
7	0006	SC装饰	钱××	男	长春

列宽: 10.50 (2.35 厘米)

	A	B	C	D	E
1					
2	客户ID	公司名称	联系人姓名	性别	城市
3	0001	HN商贸	张××	男	郑州
4	0002	HN实业	王××	男	洛阳
5	0003	HN装饰	李××	男	北京
6	0004	SC商贸	赵××	男	深圳
7	0005	SC实业	周××	男	广州
8	0006	SC装饰	钱××	男	长春

2. 精确调整行高和列宽

使用鼠标可以快速调整行高或列宽，但是精确度不高。如果需要调整行高或列宽为固定值，可以使用【行高】或【列宽】命令。

第1步 选择第1行，在该行上右击，在弹出的快捷菜单中选择“行高”命令，如下图所示。

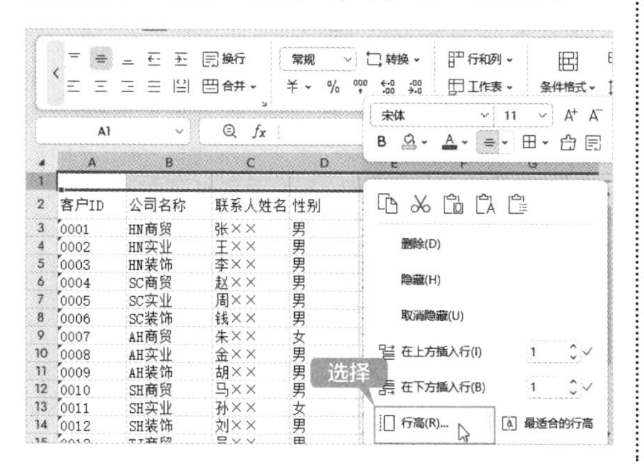

提示

【最适合的行高】是一种自动调整表格行高的功能，它可以根据所选表格行列的字体大小和间距，计算并设置最佳行高，使表格更加规整、美观。

第2步 弹出【行高】对话框，在【行高】微调框中输入“28”，单击【确定】按钮，如下图所示。

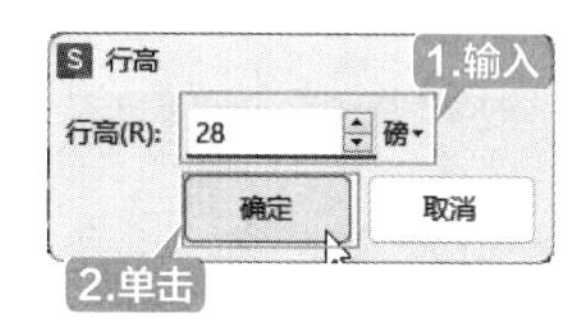

提示

单击【磅】按钮 磅▾，在弹出的下拉列表中可以选择其他单位，如英寸、厘米、毫米。

第3步 第1行的行高被精确调整为28磅，效果如下图所示。

	A	B	C	D	E	F
1						
2	客户ID	公司名称	联系人姓名	性别	城市	省/市
3	0001	HN商贸	张××	男	郑州	河南
4	0002	HN实业	王××	男	洛阳	河南
5	0003	HN装饰	李××	男	北京	北京
6	0004	SC商贸	赵××	男	深圳	广东
7	0005	SC实业	周××	男	广州	广东
8	0006	SC装饰	钱××	男	长春	吉林

第4步 使用同样的方法，设置第2行的【行高】为“20”磅，第3～15行的【行高】为“18”磅，然后设置A～G列的【列宽】为“9”磅，H、J和L列的【列宽】为“15”磅，I列的【列宽】为“12”磅，K列的【列宽】为“22”磅，效果如下图所示。

	A	B	C	D	E	F	G	H	I	J	K	L
1												
2	客户ID	公司名称	联系人姓名	性别	城市	省/市	邮政编码	通信地址	联系人职务	电话号码	电子邮箱地址	合作日期
3	0001	HN商贸	张××	男	郑州	河南	450000	康庄大道101号	经理	138×××0001	zhang××@163.com	2024-1-1
4	0002	HN实业	王××	男	洛阳	河南	471000	幸福大道101号	采购总监	138×××0002	wang××@126.com	2024-1-1
5	0003	HN装饰	李××	男	北京	北京	100000	花园大道101号	分析员	138×××0003	2860××@qq.com	2024-1-2
6	0004	SC商贸	赵××	男	深圳	广东	518000	嵩山大道101号	总经理	138×××0004	5963××@qq.com	2024-1-3
7	0005	SC实业	周××	男	广州	广东	510000	淮河大道101号	总经理	138×××0005	4890××@qq.com	2024-1-3
8	0006	SC装饰	钱××	男	长春	吉林	130000	京广大道101号	顾问	138×××0006	qian××@outlook.com	2024-1-6
9	0007	AH商贸	朱××	女	合肥	安徽	230000	航海大道101号	采购总监	138×××0007	zhu××@163.com	2024-1-6
10	0008	AH实业	金××	男	芜湖	安徽	241000	陇海大道101号	经理	138×××0008	jin××@163.com	2024-1-8
11	0009	AH装饰	胡××	男	成都	四川	610000	长江大道101号	高级采购员	138×××0009	hu××@163.com	2024-1-9
12	0010	SH商贸	马××	男	上海	上海	200000	莲花大道101号	分析员	138×××0010	ma××@126.com	2024-1-10
13	0011	SH实业	孙××	女	上海	上海	200000	农业大道101号	总经理	138×××0011	sun××@163.com	2024-1-10
14	0012	SH装饰	刘××	男	上海	上海	200000	东风大道101号	总经理	138×××0012	liu××@163.com	2024-1-10
15	0013	TJ商贸	吴××	男	天津	天津	300000	经三大道101号	顾问	138×××0013	9836××@qq.com	2024-1-12

4.5.5 合并单元格

合并单元格是常用的单元格操作。将两个或多个选定的相邻单元格合并为一个单元格，不仅可以满足用户编辑表格中数据的需求，也可以使整体工作表更加美观。

第1步 在A1单元格中输入“客户联系信息表”，然后选择A1:L1单元格区域，单击【开始】选项卡下的【合并】下拉按钮，在弹出的下拉列表中选择“合并居中”选项，如下图所示。

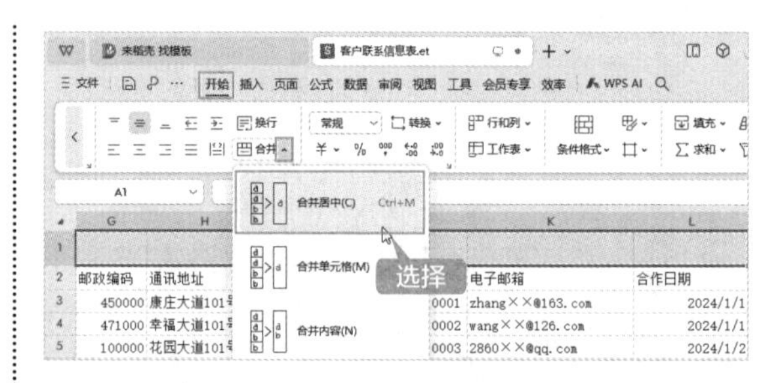

第2步 将选择的单元格区域合并为一个单元格，且单元格内的文本居中对齐显示，如下图所示。

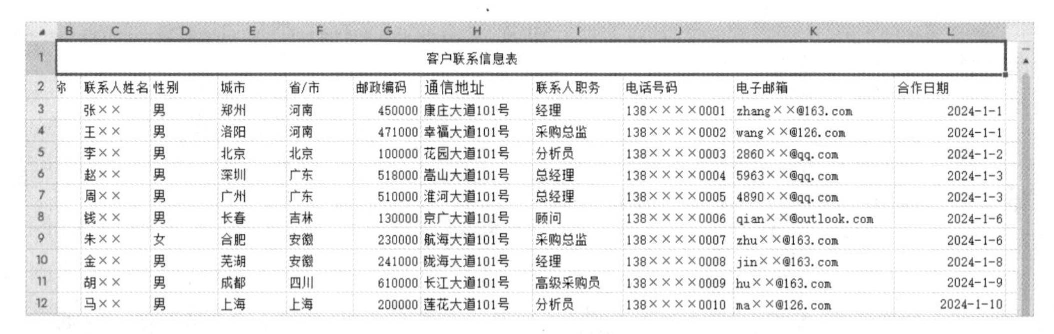

	B	C	D	E	F	G	H	I	J	K	L
1	客户联系信息表										
2	称	联系人姓名	性别	城市	省/市	邮政编码	通信地址	联系人职务	电话号码	电子邮箱	合作日期
3		张××	男	郑州	河南	450000	康庄大道101号	经理	138×××0001	zhang××@163.com	2024-1-1
4		王××	男	洛阳	河南	471000	幸福大道101号	采购总监	138×××0002	wang××@126.com	2024-1-1
5		李××	男	北京	北京	100000	花园大道101号	分析员	138×××0003	2860××@qq.com	2024-1-2
6		赵××	男	深圳	广东	518000	嵩山大道101号	总经理	138×××0004	5963××@qq.com	2024-1-3
7		周××	男	广州	广东	510000	淮河大道101号	总经理	138×××0005	4890××@qq.com	2024-1-3
8		钱××	男	长春	吉林	130000	京广大道101号	顾问	138×××0006	qian××@outlook.com	2024-1-6
9		朱××	女	合肥	安徽	230000	航海大道101号	采购总监	138×××0007	zhu××@163.com	2024-1-6
10		金××	男	芜湖	安徽	241000	陇海大道101号	经理	138×××0008	jin××@163.com	2024-1-8
11		胡××	男	成都	四川	610000	长江大道101号	高级采购员	138×××0009	hu××@163.com	2024-1-9
12		马××	男	上海	上海	200000	莲花大道101号	分析员	138×××0010	ma××@126.com	2024-1-10

如果要取消合并的单元格，可选择合并后的单元格，单击【合并】按钮 合并 ，该单元格取消合并，恢复成合并前的单元格。

4.6 文本段落的格式

在WPS表格中，设置文字格式、对齐方式，以及边框和背景等，可以美化客户联系信息表的内容。

4.6.1 设置文字格式

客户联系信息表制作完成后，可以对文字进行字体、字号、加粗等设置，使客户联系信息表看起来更加美观，具体操作步骤如下。

第1步 选择A1单元格，单击【开始】选项卡下的【字体】下拉按钮，在弹出的下拉列表中选择“黑体”，如下图所示。

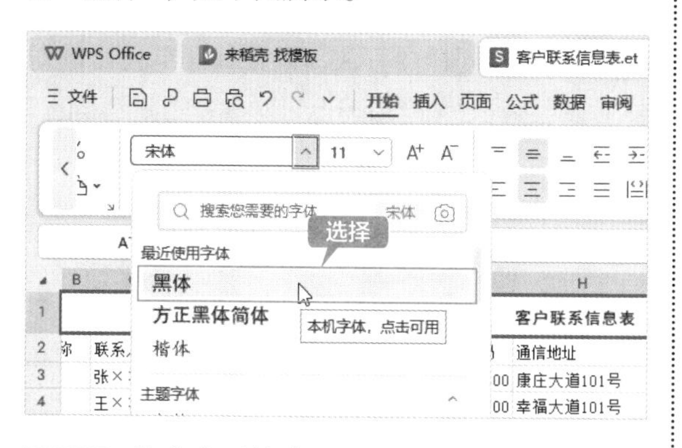

第2步 单击【开始】选项卡下的【字号】下拉按钮，在弹出的下拉列表中选择“16”，如下图所示。

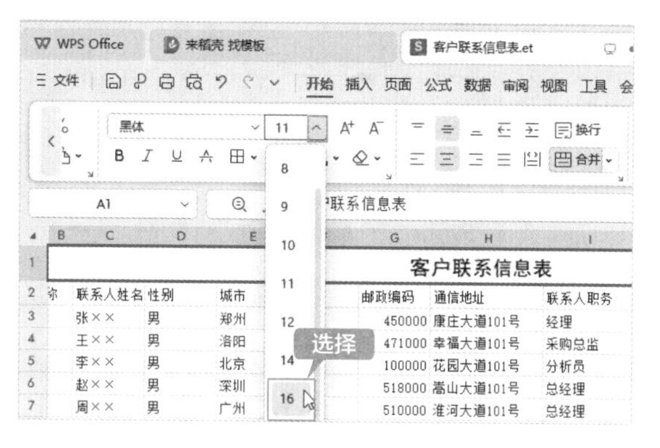

第3步 单击【开始】选项卡下的【加粗】按钮 B，可将字体设置为“加粗”效果，如下图所示。

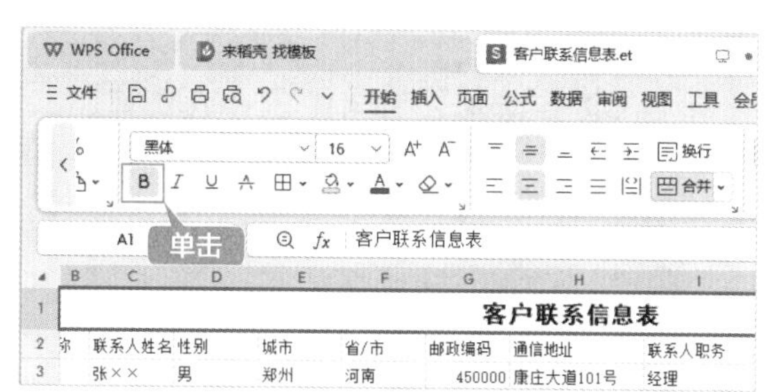

第4步 使用同样的方法，选择A2:L2单元格区域，设置字体为“黑体”，字号为“12”；选择A3:L15单元格区域，设置字体为“仿宋”，字号为“11”，设置完成后的效果如下图所示。

客户联系信息表

客户ID	公司名称	联系人姓名	性别	城市	省/市	邮政编码	通信地址	联系人职务	电话号码	电子邮箱
0001	HN商贸	张××	男	郑州	河南	450000	康庄大道101号	经理	138××××0001	zhang××@1
0002	HN实业	王××	男	洛阳	河南	471000	幸福大道101号	采购总监	138××××0002	wang××@12
0003	HN装饰	李××	男	北京	北京	100000	花园大道101号	分析员	138××××0003	2860××@qq
0004	SC商贸	赵××	男	深圳	广东	518000	嵩山大道101号	总经理	138××××0004	5963××@qq
0005	SC实业	周××	男	广州	广东	510000	淮河大道101号	总经理	138××××0005	4890××@qq
0006	SC装饰	钱××	男	长春	吉林	130000	京广大道101号	顾问	138××××0006	qian××@ou
0007	AH商贸	朱××	女	合肥	安徽	230000	航海大道101号	采购总监	138××××0007	zhu××@163
0008	AH实业	金××	男	芜湖	安徽	241000	陇海大道101号	经理	138××××0008	jin××@163
0009	AH装饰	胡××	男	成都	四川	610000	长江大道101号	高级采购员	138××××0009	hu××@163.
0010	SH商贸	马××	男	上海	上海	200000	莲花大道101号	分析员	138××××0010	ma××@126.
0011	SH实业	孙××	女	上海	上海	200000	农业大道101号	总经理	138××××0011	sun××@163
0012	SH装饰	刘××	男	上海	上海	200000	东风大道101号	总经理	138××××0012	liu××@163
0013	TJ商贸	吴××	男	天津	天津	300000	经三大道101号	顾问	138××××0013	9836××@qq

4.6.2 设置对齐方式

在WPS表格中可以为单元格数据设置的对齐方式有左对齐、右对齐和水平居中等。

【开始】选项卡中对齐按钮的分布及名称如下图所示，单击对应按钮可执行相应设置。

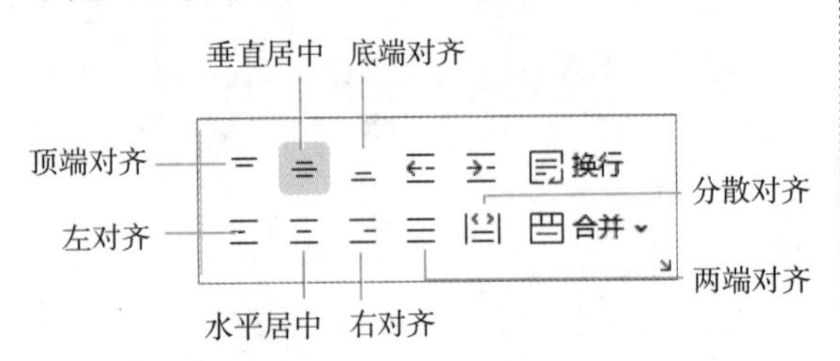

下面设置居中对齐，具体操作步骤如下。

第1步 选择A1单元格，单击【开始】选项卡下的【垂直居中】按钮 ≡ 和【水平居中】按钮 ≡，文本内容将垂直并水平居中对齐，如下图所示。

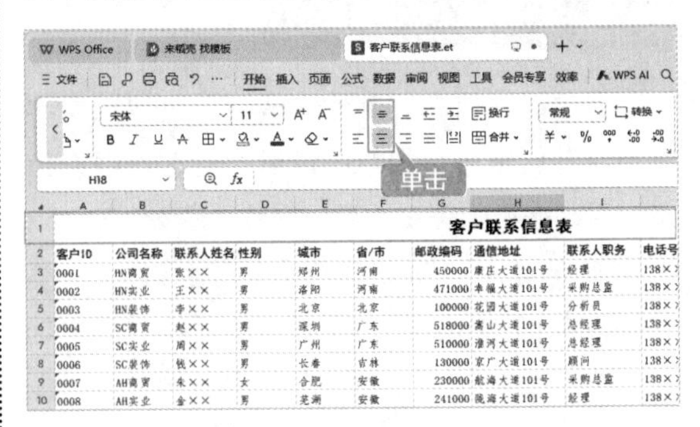

第2步 使用同样的方法，设置其他单元格的对齐方式，效果如下图所示。

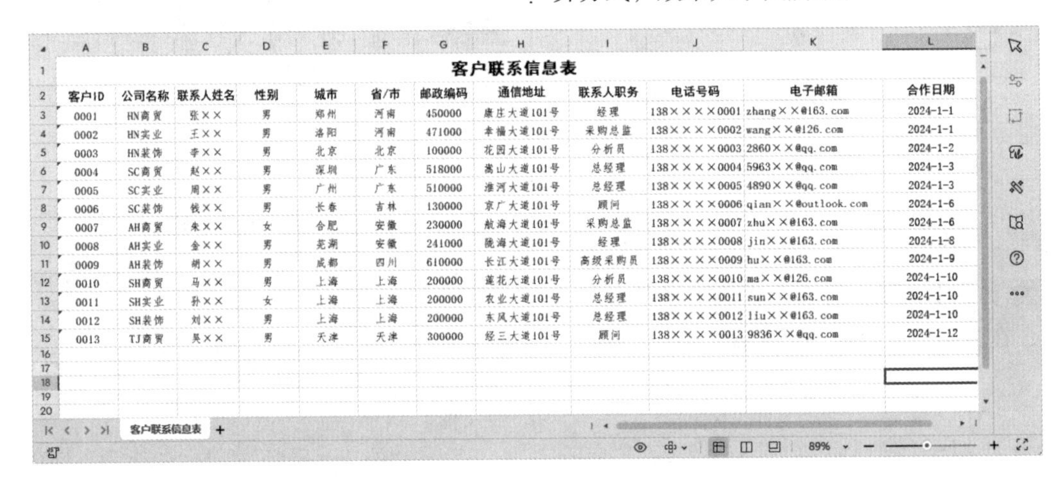

客户联系信息表

客户ID	公司名称	联系人姓名	性别	城市	省/市	邮政编码	通信地址	联系人职务	电话号码	电子邮箱	合作日期
0001	HN商贸	张××	男	郑州	河南	450000	康庄大道101号	经理	138××××0001	zhang××@163.com	2024-1-1
0002	HN实业	王××	男	洛阳	河南	471000	幸福大道101号	采购总监	138××××0002	wang××@126.com	2024-1-1
0003	HN装饰	李××	男	北京	北京	100000	花园大道101号	分析员	138××××0003	2860××@qq.com	2024-1-2
0004	SC商贸	赵××	男	深圳	广东	518000	嵩山大道101号	总经理	138××××0004	5963××@qq.com	2024-1-3
0005	SC实业	周××	男	广州	广东	510000	淮河大道101号	总经理	138××××0005	4890××@qq.com	2024-1-3
0006	SC装饰	钱××	男	长春	吉林	130000	京广大道101号	顾问	138××××0006	qian××@outlook.com	2024-1-6
0007	AH商贸	朱××	女	合肥	安徽	230000	航海大道101号	采购总监	138××××0007	zhu××@163.com	2024-1-6
0008	AH实业	金××	男	芜湖	安徽	241000	陇海大道101号	经理	138××××0008	jin××@163.com	2024-1-8
0009	AH装饰	胡××	男	成都	四川	610000	长江大道101号	高级采购员	138××××0009	hu××@163.com	2024-1-9
0010	SH商贸	马××	男	上海	上海	200000	莲花大道101号	分析员	138××××0010	ma××@126.com	2024-1-10
0011	SH实业	孙××	女	上海	上海	200000	农业大道101号	总经理	138××××0011	sun××@163.com	2024-1-10
0012	SH装饰	刘××	男	上海	上海	200000	东风大道101号	总经理	138××××0012	liu××@163.com	2024-1-10
0013	TJ商贸	吴××	男	天津	天津	300000	经三大道101号	顾问	138××××0013	9836××@qq.com	2024-1-12

4.6.3 设置边框和背景

在WPS表格中，单元格四周的灰色网格线默认打印时不显示。为了使客户联系信息表更加规范、美观，可以为表格设置边框和背景。

第1步 选择A2:L15单元格区域，按【Ctrl+1】组合键，弹出【单元格格式】对话框，选择【边框】选项卡，在【样式】列表框中选择一种边框样式，然后在【颜色】下拉列表中选择“绿色”，在【预置】区域中单击【外边框】按钮，此时在预览区域中可以看到设置的外边框的边框样式，如下图所示。

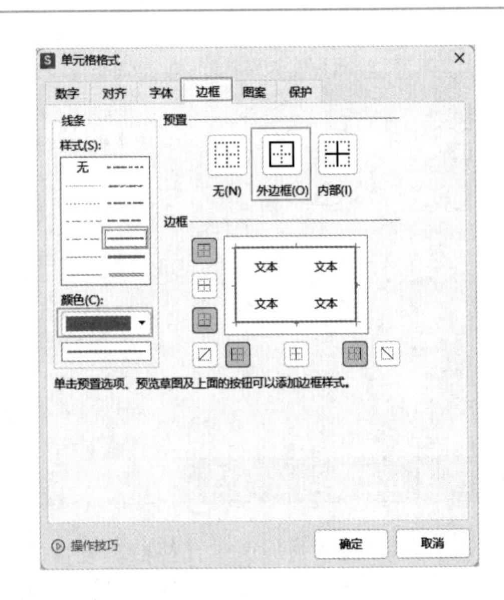

第2步 在【样式】列表框中选择另一种边框样式，然后在【预置】区域中单击【内部】按钮，此时在预览区域中可以看到设置的内部边框样式，单击【确定】按钮，如下图所示。

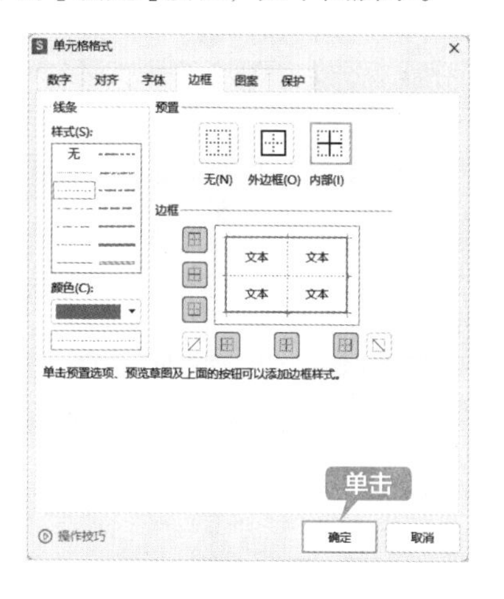

第3步 此时即可看到设置的边框效果，然后选择A2:L2单元格区域，单击【开始】选项卡下的【填充颜色】下拉按钮，在弹出的颜色列表中选择“绿色”选项，如下图所示。

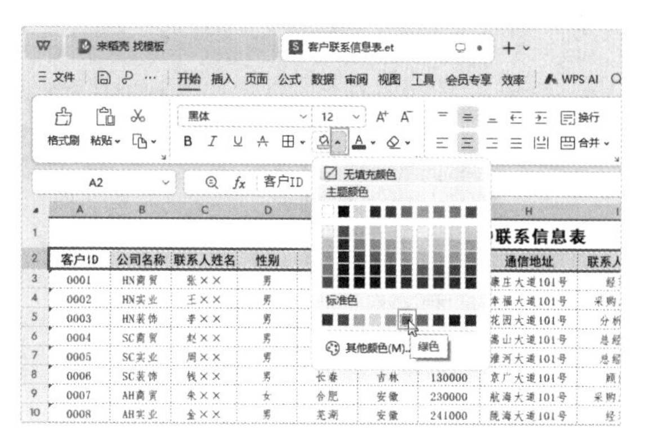

第4步 此时即可将该单元格区域填充为绿色，然后将字体颜色设置为“白色”，如下图所示。

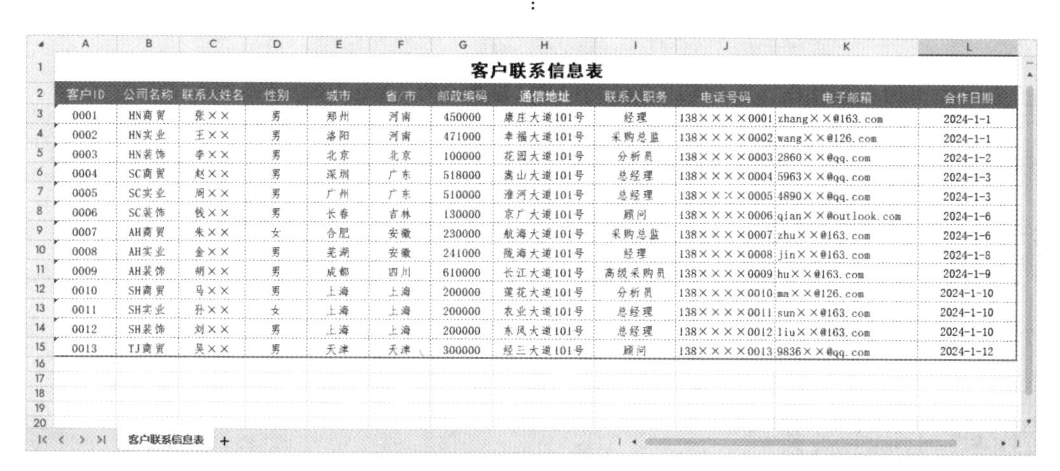

4.7 使用样式美化工作表

WPS表格中内置了多种单元格样式及表格样式，以满足用户对工作表的美化需求。另外，还可以设置条件格式，突出显示重点关注的信息。

4.7.1 设置单元格样式

单元格样式是一组已定义的格式特征，使用WPS表格内置的单元格样式可以快速更改文本样式、标题样式、背景样式和数字样式等。在客户联系信息表中设置单元格样式的具体操作步骤如下。

第1步 选择要设置单元格样式的区域，这里选择A3:L15单元格区域，单击【开始】选项卡下的【单元格样式】按钮口，在弹出的下拉列表中选择“20%-强调文字颜色4”选项，如下图所示。

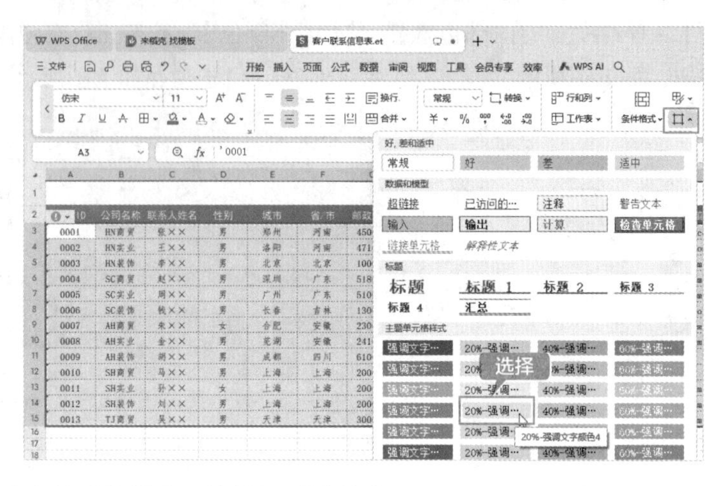

第2步 此时即可改变单元格样式，效果如下图所示。

客户联系信息表

客户ID	公司名称	联系人姓名	性别	城市	省/市	邮政编码	通信地址	联系人职务	电话号码
0001	HN商贸	张××	男	郑州	河南	450000	康庄大道101号	经理	138××××0001
0002	HN实业	王××	男	洛阳	河南	471000	幸福大道101号	采购总监	138××××0002
0003	HN装饰	李××	男	北京	北京	100000	花园大道101号	分析员	138××××0003
0004	SC商贸	赵××	男	深圳	广东	518000	嵩山大道101号	总经理	138××××0004
0005	SC实业	周××	男	广州	广东	510000	淮河大道101号	总经理	138××××0005
0006	SC装饰	钱××	男	长春	吉林	130000	京广大道101号	顾问	138××××0006
0007	AH商贸	朱××	女	合肥	安徽	230000	航海大道101号	采购总监	138××××0007
0008	AH实业	金××	男	芜湖	安徽	241000	陇海大道101号	经理	138××××0008
0009	AH装饰	胡××	男	成都	四川	610000	长江大道101号	高级采购员	138××××0009
0010	SH商贸	马××	男	上海	上海	200000	莲花大道101号	分析员	138××××0010
0011	SH实业	孙××	女	上海	上海	200000	农业大道101号	总经理	138××××0011
0012	SH装饰	刘××	男	上海	上海	200000	东风大道101号	总经理	138××××0012
0013	TJ商贸	吴××	男	天津	天津	300000	经三大道101号	顾问	138××××0013

客户联系信息表

4.7.2 套用表格样式

WPS表格中内置了多种表格样式，可以满足用户多样化的需求。用户可以一键套用内置的表格样式，方便快捷，使工作表更加赏心悦目。套用表格样式的具体操作步骤如下。

第1步 选择A2:L15单元格区域，单击【开始】选项卡下的【套用表格样式】按钮，在弹出的下拉列表中选择一种主题颜色，然后选择一种表格样式，这里选择橙色系中的“表样式3”，如下图所示。

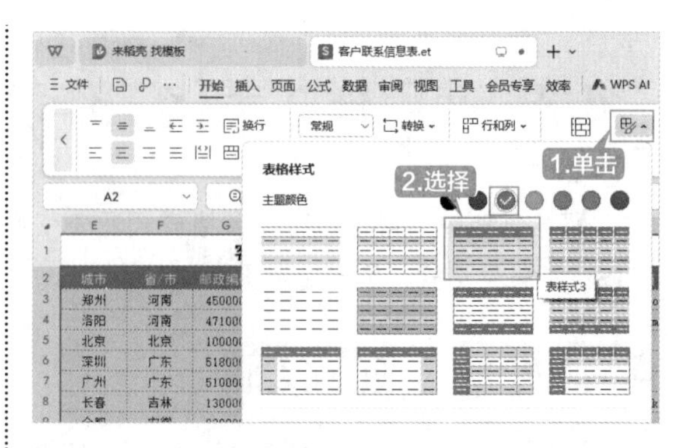

第2步 弹出【套用表格样式】对话框，单击【确定】按钮，如下图所示。

提示

在【套用表格样式】对话框中，【仅套用表格样式】适用于美化已经存在的表格，但不会改变表格的结构。而【转换成表格，并套用表格样式】则适用于将文本数据转换成真正的表格，它不仅会改变表格的视觉效果，还会根据文本数据的内容自动转换成标题行或列。此外，通过这个操作还可以增加或删除行或列，从而修改表格的结构。

第3步 此时即可为表格套用此样式，如下图所示。

客户联系信息表

客户ID	公司名称	联系人姓名	性别	城市	省/市	邮政编码	通信地址	联系人职务	电话号码	电子邮箱	合作日期
0001	HN商贸	张××	男	郑州	河南	450000	康庄大道101号	经理	138××××0001	zhang××@163.com	2024-1-1
0002	HN实业	王××	男	洛阳	河南	471000	幸福大道101号	采购总监	138××××0002	wang××@126.com	2024-1-1
0003	HN装饰	李××	男	北京	北京	100000	花园大道101号	分析员	138××××0003	2860××@qq.com	2024-1-2
0004	SC商贸	赵××	男	深圳	广东	518000	嵩山大道101号	总经理	138××××0004	5963××@qq.com	2024-1-3
0005	SC实业	周××	男	广州	广东	510000	淮河大道101号	总经理	138××××0005	4890××@qq.com	2024-1-3
0006	SC装饰	钱××	男	长春	吉林	130000	京广大道101号	顾问	138××××0006	qian××@outlook.com	2024-1-6
0007	AH商贸	朱××	女	合肥	安徽	230000	航海大道101号	采购总监	138××××0007	zhu××@163.com	2024-1-6
0008	AH实业	金××	男	芜湖	安徽	241000	陇海大道101号	经理	138××××0008	jin××@163.com	2024-1-8
0009	AH装饰	胡××	男	成都	四川	610000	长江大道101号	高级采购员	138××××0009	hu××@163.com	2024-1-9
0010	SH商贸	马××	男	上海	上海	200000	莲花大道101号	分析员	138××××0010	ma××@126.com	2024-1-10
0011	SH实业	孙××	女	上海	上海	200000	农业大道101号	总经理	138××××0011	sun××@163.com	2024-1-10
0012	SH装饰	刘××	男	上海	上海	200000	东风大道101号	总经理	138××××0012	liu××@163.com	2024-1-10
0013	TJ商贸	吴××	男	天津	天津	300000	经三大道101号	顾问	138××××0013	9836××@qq.com	2024-1-12

4.7.3 设置条件格式

在WPS表格中可以设置条件格式，将符合条件的数据突出显示。为单元格区域设置条件格式的具体操作步骤如下。

第1步 选择要设置条件格式的区域，这里选择I3:I15单元格区域，单击【开始】选项卡下的【条件格式】按钮，在弹出的下拉列表中选择【突出显示单元格规则】→【文本包含】选项，如下图所示。

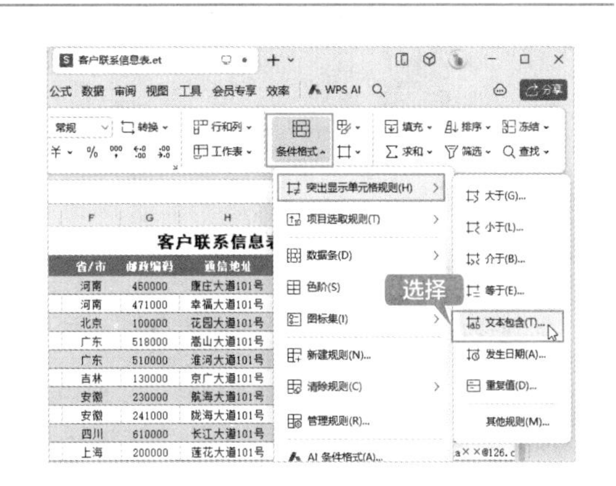

资源下载码：wuheyijt

第2步 弹出【文本中包含】对话框，在文本框中输入“总经理”，在【设置为】下拉列表中选择“浅红填充色深红色文本”选项，单击【确定】按钮，如下图所示。

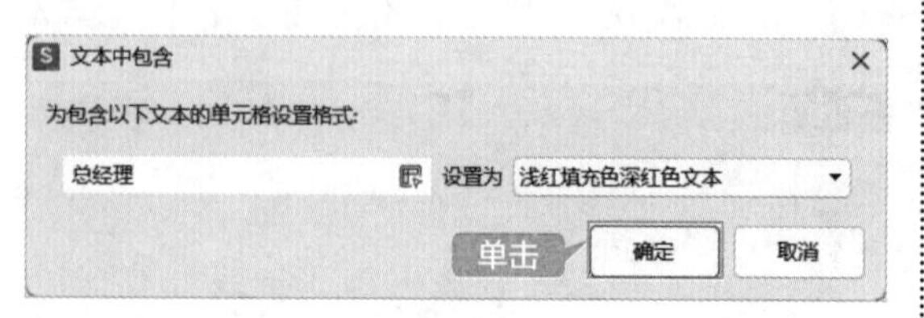

第3步 设置条件格式后的效果如下图所示。

客户联系信息表

联系人姓名	性别	城市	省/市	邮政编码	通信地址	联系人职务	电话号码	电子邮
张××	男	郑州	河南	450000	康庄大道101号	经理	138××××0001	zhang××@163.
王××	男	洛阳	河南	471000	幸福大道101号	采购总监	138××××0002	wang××@126.
李××	男	北京	北京	100000	花园大道101号	分析员	138××××0003	2860××@qq.c
赵××	男	深圳	广东	518000	嵩山大道101号	总经理	138××××0004	5963××@qq.c
周××	男	广州	广东	510000	淮河大道101号	总经理	138××××0005	4690××@qq.c
钱××	男	长春	吉林	130000	京广大道101号	顾问	138××××0006	qian××@outl
朱××	女	合肥	安徽	230000	航海大道101号	采购总监	138××××0007	zhu××@163.c
金××	男	芜湖	安徽	241000	陇海大道101号	经理	138××××0008	jin××@163.c
胡××	男	成都	四川	610000	长江大道101号	高级采购员	138××××0009	hu××@163.cor
马××	男	上海	上海	200000	莲花大道101号	分析员	138××××0010	ma××@126.cor
孙××	女	上海	上海	200000	农业大道101号	总经理	138××××0011	sun××@163.c
刘××	男	上海	上海	200000	东风大道101号	总经理	138××××0012	liu××@163.c
吴××	男	天津	天津	300000	经三大道101号	顾问	138××××0013	9836××@qq.c

客户联系信息表

设置条件格式后，可以管理和清除设置的条件格式。

选择设置条件格式的区域，单击【开始】选项卡下的【条件格式】按钮，在弹出的下拉列表中选择【清除规则】→【清除所选单元格的规则】选项，即可清除选择区域中的条件格式，如下图所示。

至此，客户联系信息表制作完成，按【Ctrl+S】组合键保存当前工作簿。

制作员工信息表

与客户联系信息表类似的文档还有员工信息表、包装材料采购明细表、成绩表等。制作这类表格时，要做到数据准确、重点突出、分类简洁，阅读者能够快速获取表格中的信息。下面以制作员工信息表为例进行介绍。

本节素材结果文件

	素材	素材\ch04\员工信息表.et
	结果	结果\ch04\员工信息表.et

1. 创建空白工作簿

新建空白工作簿，并重命名工作表，如下图所示。

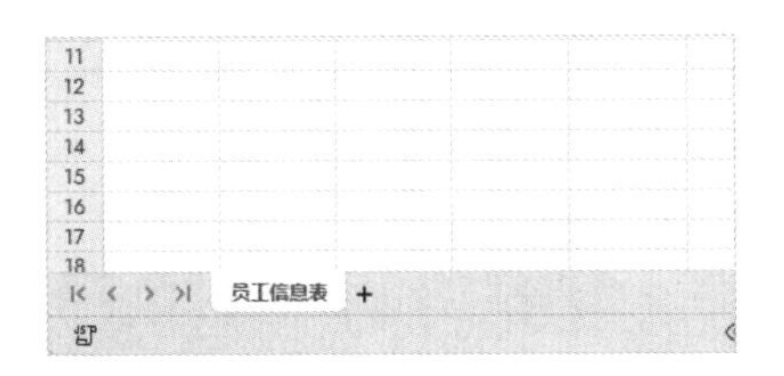

2. 输入数据

输入员工信息表中的各项数据，对数据列进行填充，并调整行高与列宽，如下图所示。

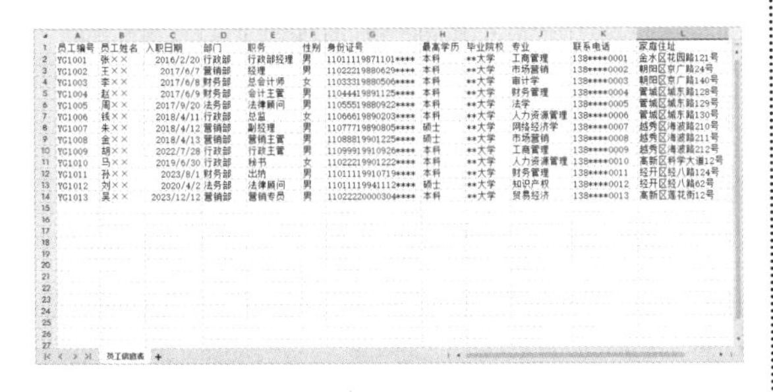

3. 设置文本和段落格式

设置工作簿中文本的字体、字号和对齐方式，如下图所示。

员工编号	员工姓名	入职日期	部门	职务	性别	身份证号	最高学历	毕业院校	专业	联系电话	家庭住址
YG1001	张××	2016/2/20	行政部	行政部经理	男	11011119871101****	本科	**大学	工商管理	138****0001	金水区花园路121号
YG1002	王××	2017/6/7	营销部	经理	男	11022219880629****	本科	**大学	市场营销	136****0002	朝阳区京广路24号
YG1003	李××	2017/6/8	财务部	总会计师	女	11033319880506****	本科	**大学	审计学	138****0003	朝阳区京广路140号
YG1004	赵××	2017/6/9	财务部	会计主管	男	11044419891125****	本科	**大学	财务管理	138****0004	管城区城东路128号
YG1005	周××	2017/9/20	法务部	法律顾问	男	11055519880922****	本科	**大学	法学	138****0005	管城区城东路129号
YG1006	钱××	2018/4/11	行政部	总监	女	11066619890203****	本科	**大学	人力资源管理	138****0006	管城区城东路130号
YG1007	朱××	2018/4/12	营销部	副经理	男	11077719890805****	硕士	**大学	网络经济学	139****0007	越秀区海波路210号
YG1008	金××	2018/4/13	营销部	营销主管	男	11088819901225****	硕士	**大学	市场营销	138****0008	越秀区海波路211号
YG1009	胡××	2022/7/28	行政部	行政主管	男	11099919910926****	本科	**大学	工商管理	138****0009	越秀区海波路212号
YG1010	马××	2019/6/30	行政部	秘书	女	11022219901222****	本科	**大学	人力资源管理	138****0010	高新区科学大道12号
YG1011	孙××	2023/8/1	财务部	出纳	男	11011119910719****	本科	**大学	财务管理	138****0011	经开区经八路124号
YG1012	刘××	2020/4/2	法务部	法律顾问	男	11011119941112****	硕士	**大学	知识产权	139****0012	经开区经八路62号
YG1013	吴××	2023/12/12	营销部	营销专员	男	11022220000304****	本科	**大学	贸易经济	138****0013	高新区莲花街12号

4. 设置表格的样式

为表格添加样式，美化表格，效果如下图所示。

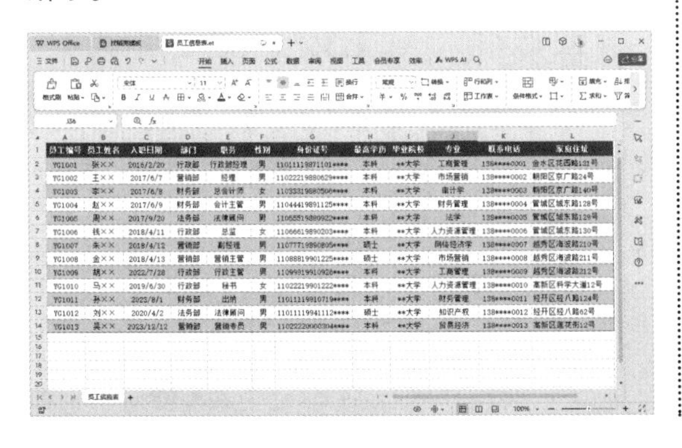

◇ 使用【Ctrl+Enter】组合键批量输入相同数据

在WPS表格中，如果要输入大量相同的数据，为了提高输入效率，除了使用填充功能，还可以使用【Ctrl+Enter】组合键，一键快速录入多个单元格数据。

第1步 在工作表中，选择要输入数据的单元格，并在选择的任意一个单元格中输入数据，如下图所示。

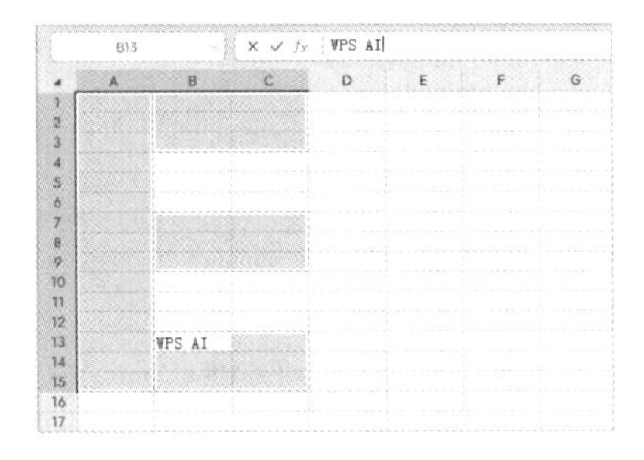

第2步 按【Ctrl+Enter】组合键，即可在所选单元格中输入同一数据，如下图所示。

	A	B	C	D	E	F
1	WPS AI	WPS AI	WPS AI			
2	WPS AI	WPS AI	WPS AI			
3	WPS AI	WPS AI	WPS AI			
4	WPS AI					
5	WPS AI					
6	WPS AI					
7	WPS AI	WPS AI	WPS AI			
8	WPS AI	WPS AI	WPS AI			
9	WPS AI	WPS AI	WPS AI			
10	WPS AI					
11	WPS AI					
12	WPS AI					
13	WPS AI	WPS AI	WPS AI			
14	WPS AI	WPS AI	WPS AI			
15	WPS AI	WPS AI	WPS AI			
16						

◇ 使用AI快速制作下拉列表

在WPS表格中，为了提高数据录入的效率和准确率，可以利用下拉列表的形式快速选择所需填入的数据。例如，在员工信息表的“部门”列中，为了高效且准确地录入部门信息，预先将所有部门信息以下拉列表的形式进行设置。在录入时，员工只需单击对应的单元格，便能从中选择相应的部门，这不仅能够提升录入效率，还能够有效避免输入错误。

下面通过WPS AI快速制作下拉列表，具体操作步骤如下。

第1步 打开“素材\ch04\添加下拉列表.et”文档，单击菜单栏中的【WPS AI】按钮，在弹出的列表中选择“AI操作表格”选项，如下图所示。

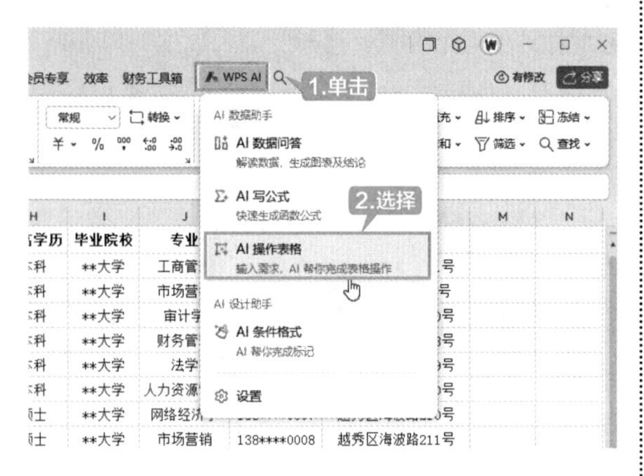

第2步 此时即会在右侧打开【AI操作表格】窗格，单击指令框上方列表中的“快捷操作”选项，如下图所示。

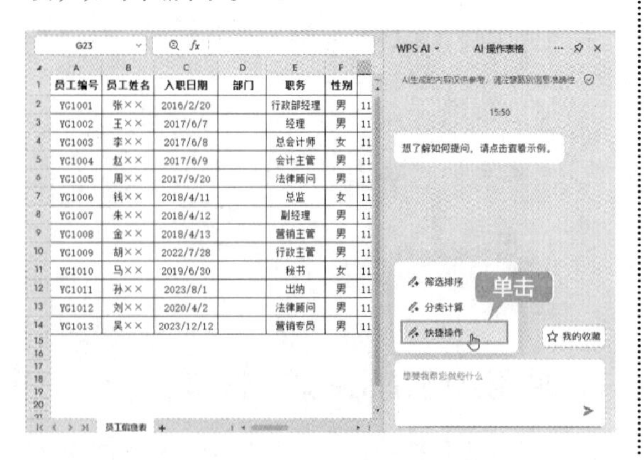

第3步 在指令框中输入指令，然后单击 **>** 按钮，如下图所示。

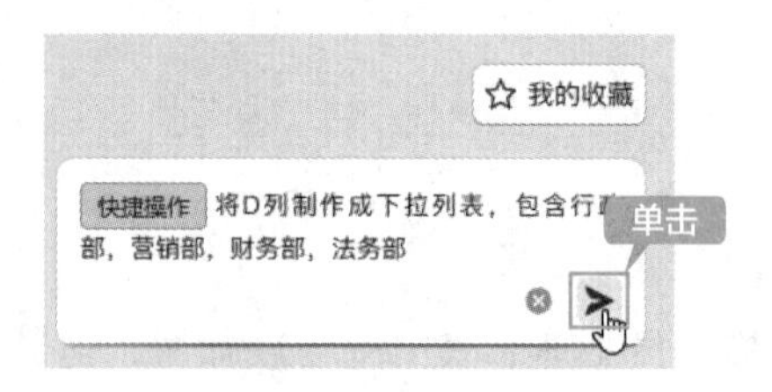

第4步 当完成设置后，单击窗格中的【完成】按钮，确认操作，如下图所示。

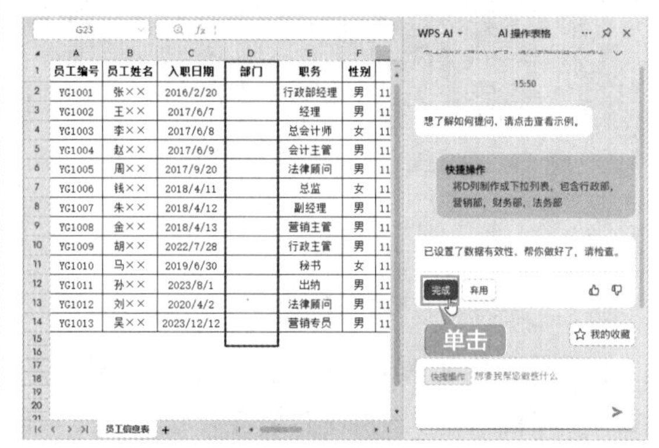

第5步 当单击D列的单元格时，即会弹出数据下拉列表，如下图所示。

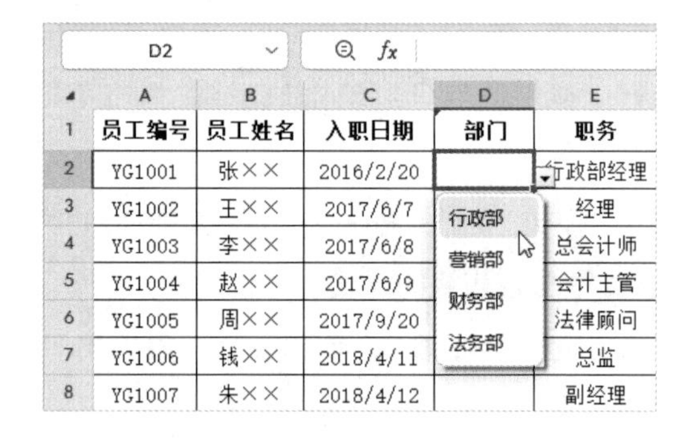

提示

本书编写时，是基于当时的软件版本截取的图片，但随着软件版本的不断更新，操作界面会有变动，读者根据书中的思路举一反三即可。

第5章

初级数据处理与分析——员工销售报表

本章导读

在工作中，我们经常需要对各种类型的数据进行统计和分析。WPS表格具有处理各种数据的功能：设置数据的有效性可以防止输入错误数据，使用排序功能可以将表格中的内容按照特定的规则排序，使用筛选功能可以将满足条件的数据单独显示，使用条件格式功能可以直观地突出显示重要值，使用分类汇总功能可以对数据进行分类汇总。本章以处理员工销售报表为例，介绍如何使用WPS表格对数据进行处理和分析。

思维导图

5.1 案例概述

员工销售报表是记录员工销售情况的统计表。员工销售报表中的商品种类较多，手动统计不仅费时费力，而且容易出错。使用WPS表格则可以快速对这类工作表进行分析统计，得出详细而准确的数据。

本节素材结果文件

	素材	素材\ch05\员工销售报表.et
	结果	结果\ch05\员工销售报表.et

5.1.1 设计思路

对员工销售报表的处理和分析可以按照以下思路进行。

① 设置员工编号和商品分类的数据验证。

② 通过对销售数量排序进行数据分析处理。

③ 通过筛选对关注的员工的销售情况进行分析。

④ 通过分类汇总对商品销售情况进行分析。

⑤ 通过合并计算将两个工作表中的数据进行合并。

5.1.2 涉及知识点

本案例主要涉及的知识点如下图所示（思维导图见“素材结果文件\思维导图\5.pos”）。

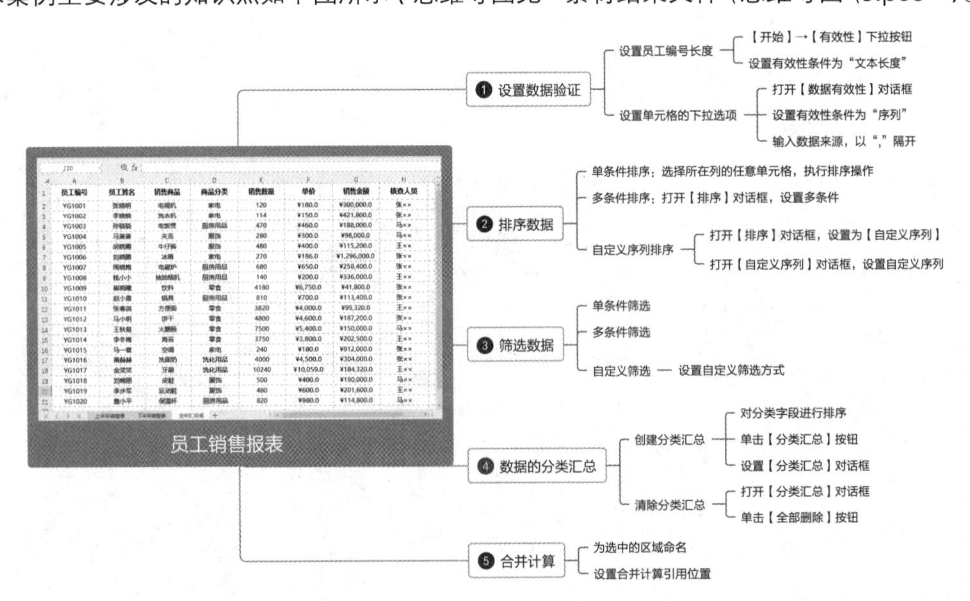

5.2 设置数据验证

在员工销售报表中，数据的类型和格式都有严格的要求。因此，需要在输入数据时对数据的有效性进行验证。

5.2.1 设置员工编号长度

在员工销售报表中需要输入员工编号，以便更好地进行统计。员工编号的长度是固定的，因此需要对输入数据的长度进行限制，以避免输入错误数据，具体操作步骤如下。

第1步 打开素材文件，选中“上半年销售表”工作表中的A2:A21单元格区域，单击【数据】选项卡下的【有效性】下拉按钮，在弹出的下拉列表中选择“有效性”选项，如下图所示。

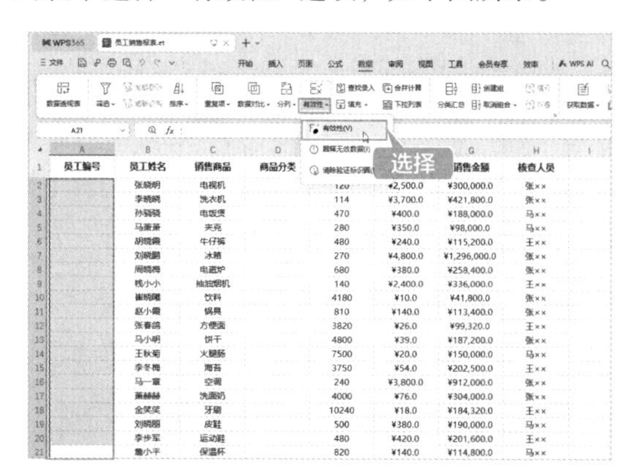

第2步 弹出【数据有效性】对话框，选择【设置】选项卡，单击【有效性条件】区域中的【允许】下拉按钮，在弹出的下拉列表中选择“文本长度”选项，如下图所示。

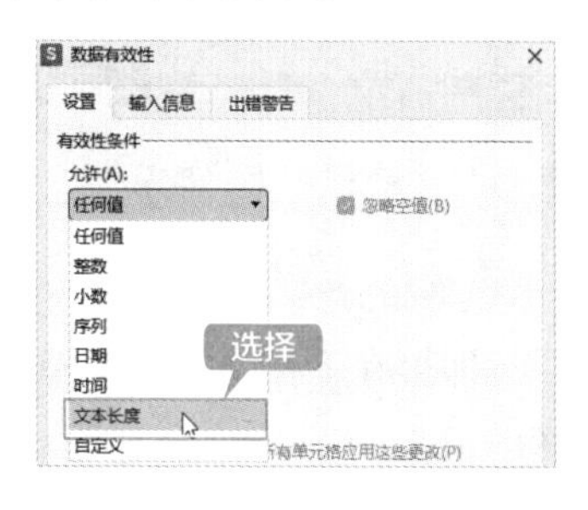

第3步 【数据】文本框变为可编辑状态，单击【数据】下拉按钮，在弹出的下拉列表中选择“等于”选项，在【数值】文本框内输入“6”，选中【忽略空值】复选框，单击【确定】按钮，如下图所示。

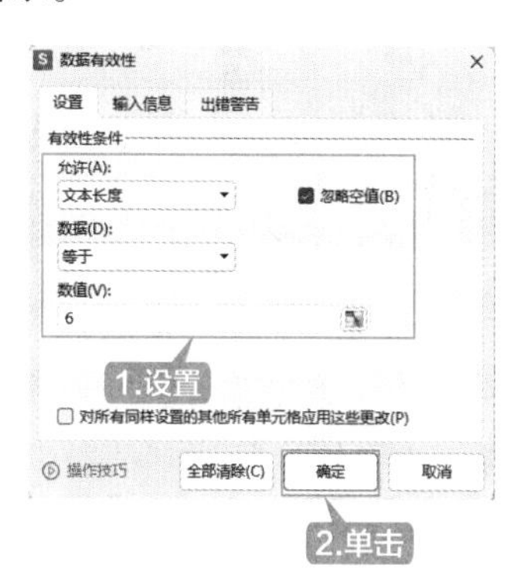

第4步 切换至【输入信息】选项卡，在【标题】文本框内输入“输入员工编号”，在【输入信息】文本框内输入“请输入6位员工编号”，单击【确定】按钮，如下图所示。

第5步 返回工作表，选中设置了提示信息的单元格时，可显示提示信息，如下图所示。

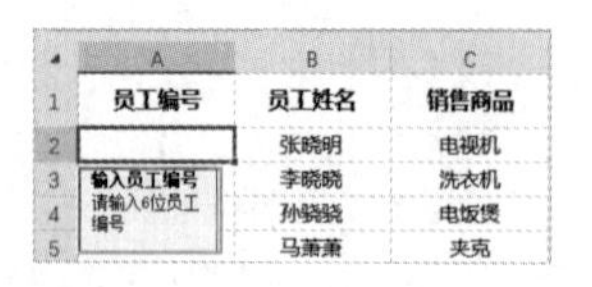

第6步 当输入的文本长度不是6时，则会弹出“错误提示”信息，如下图所示。

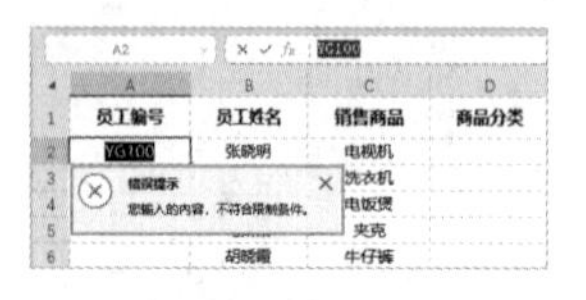

第7步 在A2单元格内输入“YG1001”，按【Enter】键确认，可完成输入，如下图所示。

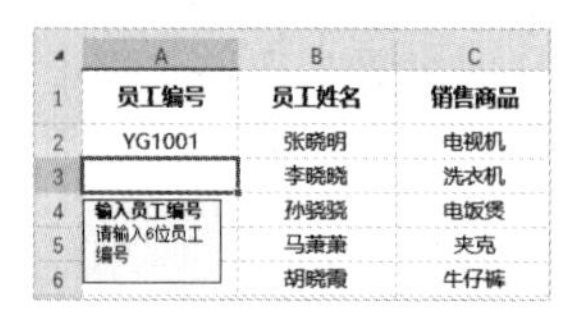

第8步 使用快速填充功能填充A3:A21单元格区域，效果如下图所示。

	A	B	C	D	E
1	员工编号	员工姓名	销售商品	商品分类	销售数量
2	YG1001	张晓明	电视机		120
3	YG1002	李晓晓	洗衣机		114
4	YG1003	孙晓晓	电饭煲		470
5	YG1004	马萧萧	夹克		280
6	YG1005	胡晓霞	牛仔裤		480
7	YG1006	刘晓鹏	冰箱		270
8	YG1007	周晓梅	电磁炉		680
9	YG1008	钱小小	抽油烟机		140
10	YG1009	崔晓曦	饮料		4180
11	YG1010	赵小霞	锅具		810
12	YG1011	张春鸽	方便面		3820
13	YG1012	马小明	饼干		4800
14	YG1013	王秋菊	火腿肠		7500
15	YG1014	李冬梅	海苔		3750
16	YG1015	马一章	空调		240
17	YG1016	萧赫赫	洗面奶		4000
18	YG1017	金笑笑	牙刷		10240
19	YG1018	刘晓丽	皮鞋		500
20	YG1019	李步军	运动鞋		480
21	YG1020	詹小平	保温杯		820

5.2.2 设置单元格的下拉选项

在单元格中需要输入特定的字符时，如输入商品分类，为了方便输入，可以设置下拉选项，具体操作步骤如下。

第1步 选中D2:D21单元格区域，单击【数据】选项卡下的【有效性】下拉按钮，在弹出的下拉列表中选择“有效性”选项，如下图所示。

第2步 弹出【数据有效性】对话框，选择【设置】选项卡，单击【有效性条件】区域中的【允许】下拉按钮，在弹出的下拉列表中选择“序列”选项，在【来源】文本框中输入“家电,厨房用品,服饰,零食,洗化用品”（用英文输入法状态下的逗号隔开），同时选中【忽略空值】和【提供下拉箭头】复选框，单击【确定】按钮，如下图所示。

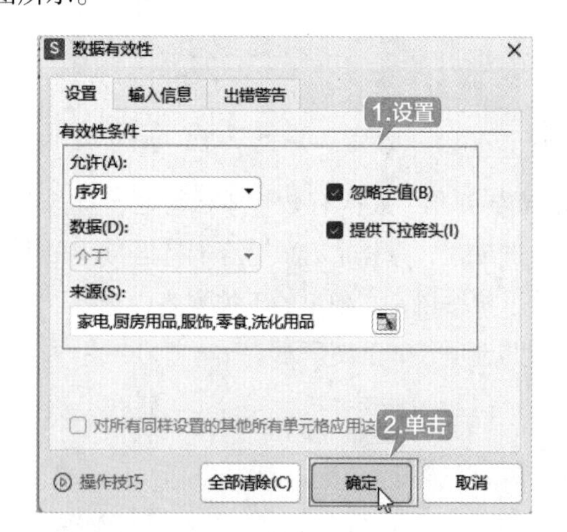

第3步 单击“商品分类”列单元格右侧显示的下拉按钮，即可在下拉列表中选择商品分类，效果如下图所示。

	A	B	C	D
1	员工编号	员工姓名	销售商品	商品分类
2	YG1001	张晓明	电视机	
3	YG1002	李晓晓	洗衣机	
4	YG1003	孙骁骁	电饭煲	
5	YG1004	马萧萧	夹克	
6	YG1005	胡晓霞	牛仔裤	
7	YG1006	刘晓鹏	冰箱	
8	YG1007	周晓梅	电磁炉	
9	YG1008	钱小小	抽油烟机	
10	YG1009	崔晓曦	饮料	
11	YG1010	赵小霞	锅具	

家电
单击
厨房用品
服饰
零食
洗化用品

第4步 使用同样的方法在D3:D21单元格区域中选择商品分类，如下图所示。

	A	B	C	D	E
1	员工编号	员工姓名	销售商品	商品分类	销售数量
2	YG1001	张晓明	电视机	家电	120
3	YG1002	李晓晓	洗衣机	家电	114
4	YG1003	孙骁骁	电饭煲	厨房用品	470
5	YG1004	马萧萧	夹克	服饰	280
6	YG1005	胡晓霞	牛仔裤	服饰	480
7	YG1006	刘晓鹏	冰箱	家电	270
8	YG1007	周晓梅	电磁炉	厨房用品	680
9	YG1008	钱小小	抽油烟机	厨房用品	140
10	YG1009	崔晓曦	饮料	零食	4180
11	YG1010	赵小霞	锅具	厨房用品	810
12	YG1011	张春鸽	方便面	零食	3820
13	YG1012	马小明	饼干	零食	4800
14	YG1013	王秋菊	火腿肠	零食	7500
15	YG1014	李冬梅	海苔	零食	3750
16	YG1015	马一章	空调	家电	240
17	YG1016	萧赫赫	洗面奶	洗化用品	4000
18	YG1017	金笑笑	牙刷	洗化用品	10240
19	YG1018	刘晓丽	皮鞋	服饰	500
20	YG1019	李步军	运动鞋	服饰	480
21	YG1020	詹小平	保温杯	厨房用品	820
22					

5.3 排序数据

对员工销售报表中的数据进行统计时，需要对数据进行排序，以更好地对数据进行分析和处理。

5.3.1 单条件排序

WPS表格可以根据某个条件对数据进行排序，如在员工销售报表中对销售数量进行排序，具体操作步骤如下。

第1步 选中E列中的任意单元格，单击【数据】选项卡下的【排序】下拉按钮，在弹出的下拉列表中选择“降序”选项，如下图所示。

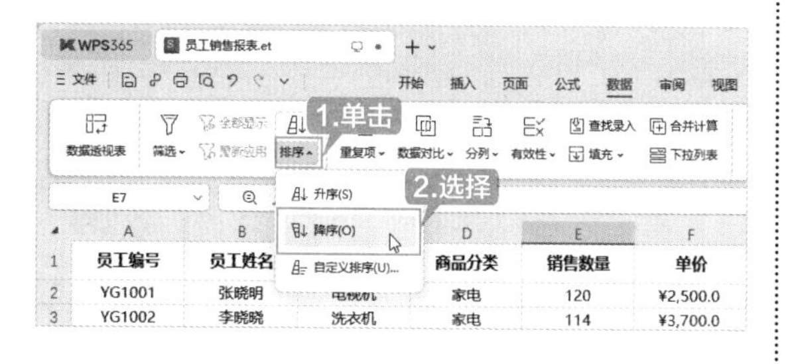

第2步 此时即可将数据以“销售数量”为依据从大到小排序，效果如下图所示。

	A	B	C	D	E	F	G	H
1	员工编号	员工姓名	销售商品	商品分类	销售数量	单价	销售金额	核查人员
2	YG1017	金笑笑	牙刷	洗化用品	10240	¥18.0	¥184,320.0	王××
3	YG1013	王秋菊	火腿肠	零食	7500	¥20.0	¥150,000.0	马××
4	YG1012	马小明	饼干	零食	4800	¥39.0	¥187,200.0	张××
5	YG1009	崔晓曦	饮料	零食	4180	¥10.0	¥41,800.0	张××
6	YG1016	萧赫赫	洗面奶	洗化用品	4000	¥76.0	¥304,000.0	张××
7	YG1011	张春鸽	方便面	零食	3820	¥26.0	¥99,320.0	王××
8	YG1014	李冬梅	海苔	零食	3750	¥54.0	¥202,500.0	王××
9	YG1020	詹小平	保温杯	厨房用品	820	¥140.0	¥114,800.0	马××
10	YG1010	赵小霞	锅具	厨房用品	810	¥140.0	¥113,400.0	张××
11	YG1007	周晓梅	电磁炉	厨房用品	680	¥380.0	¥258,400.0	张××
12	YG1018	刘晓丽	皮鞋	服饰	500	¥380.0	¥190,000.0	马××
13	YG1005	胡晓霞	牛仔裤	服饰	480	¥240.0	¥115,200.0	王××
14	YG1019	李步军	运动鞋	服饰	480	¥420.0	¥201,600.0	王××
15	YG1003	孙骁骁	电饭煲	厨房用品	470	¥400.0	¥188,000.0	马××
16	YG1004	马萧萧	夹克	服饰	280	¥350.0	¥98,000.0	马××
17	YG1006	刘晓鹏	冰箱	家电	270	¥4,800.0	¥1,296,000.0	张××
18	YG1015	马一章	空调	家电	240	¥3,800.0	¥912,000.0	张××
19	YG1008	钱小小	抽油烟机	厨房用品	140	¥2,400.0	¥336,000.0	王××
20	YG1001	张晓明	电视机	家电	120	¥2,500.0	¥300,000.0	张××
21	YG1002	李晓晓	洗衣机	家电	114	¥3,700.0	¥421,800.0	张××

5.3.2 多条件排序

如果需要对同一商品分类的销售金额进行排序，可以使用多条件排序，具体操作步骤如下。

第1步 选中数据区域中的任意单元格，单击【数据】选项卡下的【排序】下拉按钮，在弹出的下拉列表中选择“自定义排序”选项，如下图所示。

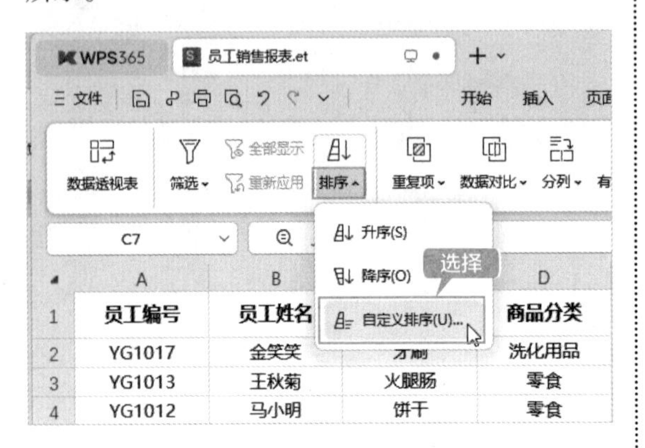

第2步 弹出【排序】对话框，设置【主要关键字】为“商品分类”，【排序依据】为“数值”，【次序】为“升序”，如下图所示。

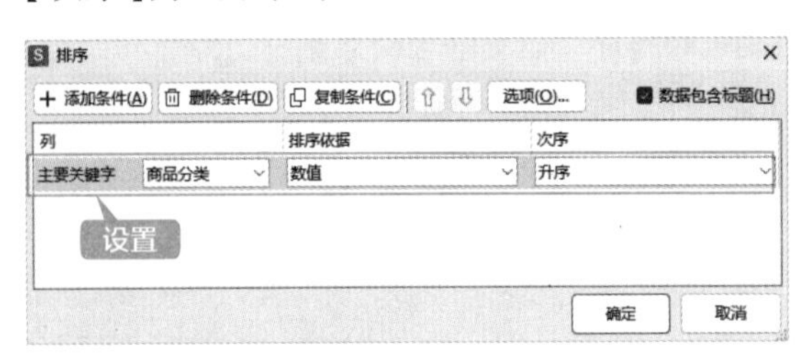

第3步 单击【添加条件】按钮，设置【次要关键字】为“销售金额”，【排序依据】为“数值”，【次序】为“降序”，单击【确定】按钮，如下图所示。

第4步 此时即可对工作表进行排序，效果如下图所示。

员工编号	员工姓名	销售商品	商品分类	销售数量	单价	销售金额	核查人员
YG1008	钱小小	抽油烟机	厨房用品	140	¥2,400.0	¥336,000.0	王××
YG1007	周晓梅	电磁炉	厨房用品	680	¥380.0	¥258,400.0	张××
YG1003	孙晓骁	电饭煲	厨房用品	470	¥400.0	¥188,000.0	马××
YG1020	詹小平	保温杯	厨房用品	820	¥140.0	¥114,800.0	马××
YG1010	赵小霞	锅具	厨房用品	810	¥140.0	¥113,400.0	张××
YG1006	刘晓鹏	冰箱	家电	270	¥4,800.0	¥1,296,000.0	张××
YG1015	马一章	空调	家电	240	¥3,800.0	¥912,000.0	张××
YG1002	李晓晓	洗衣机	家电	114	¥3,700.0	¥421,800.0	张××
YG1001	张晓明	电视机	家电	120	¥2,500.0	¥300,000.0	张××
YG1019	李步军	运动鞋	服饰	480	¥420.0	¥201,600.0	王××
YG1018	刘晓丽	皮鞋	服饰	500	¥380.0	¥190,000.0	马××
YG1005	胡晓霞	牛仔裤	服饰	480	¥240.0	¥115,200.0	王××
YG1004	马蕾蕾	夹克	服饰	280	¥350.0	¥98,000.0	马××
YG1016	萧赫赫	洗面奶	洗化用品	4000	¥76.0	¥304,000.0	张××
YG1017	金笑笑	牙刷	洗化用品	10240	¥18.0	¥184,320.0	王××
YG1014	李冬梅	海苔	零食	3750	¥54.0	¥202,500.0	王××
YG1012	马小明	饼干	零食	4800	¥39.0	¥187,200.0	张××
YG1013	王秋菊	火腿肠	零食	7500	¥20.0	¥150,000.0	马××
YG1011	张春鸽	方便面	零食	3820	¥26.0	¥99,320.0	王××
YG1009	崔晓曦	饮料	零食	4180	¥10.0	¥41,800.0	张××

在多条件排序中，数据区域按主要关键字排列，主要关键字相同的按次要关键字排列。如果次要关键字也相同，则按第三关键字排列。

5.3.3 自定义序列排序

按某一序列排列员工销售报表，如将商品分类自定义为序列排序，具体操作步骤如下。

第1步 选中数据区域的任意单元格，单击【数据】选项卡下的【排序】下拉按钮，在弹出的下拉列表中选择“自定义排序”选项，弹出【排序】对话框，删除原有的条件。设置【主要关键字】为“商品分类”，在【次序】下拉列表中选择“自定义序列”选项，如下图所示。

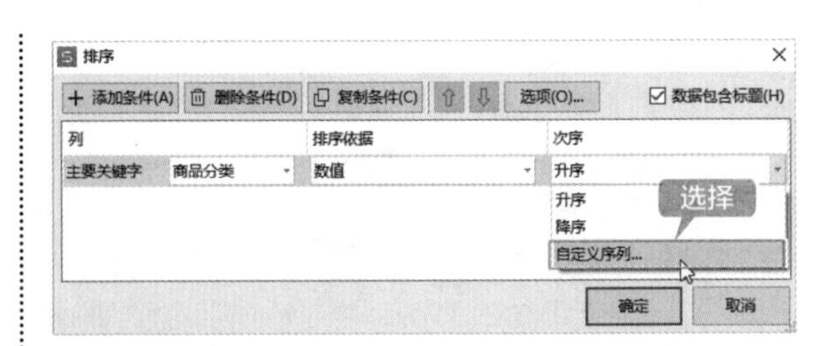

第2步 弹出【自定义序列】对话框，在【输入序列】文本框内输入“家电”“服饰”“零食”“洗化用品”“厨房用品”，单击【确定】按钮，如下图所示。

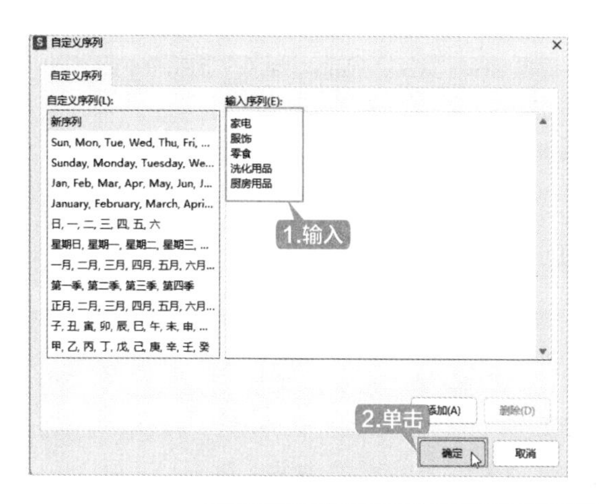

第3步 返回【排序】对话框，可看到自定义的次序，单击【确定】按钮，如下图所示。

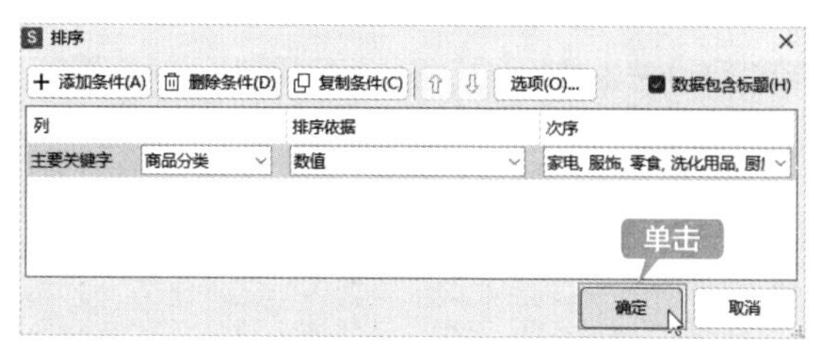

第4步 此时即可将数据按照自定义的序列进行排序，效果如下图所示。

	A	B	C	D	E	F	G	H
1	员工编号	员工姓名	销售商品	商品分类	销售数量	单价	销售金额	核查人员
2	YG1006	刘晓鹏	冰箱	家电	270	¥4,800.0	¥1,296,000.0	张××
3	YG1015	马一章	空调	家电	240	¥3,800.0	¥912,000.0	张××
4	YG1002	李晓晓	洗衣机	家电	114	¥3,700.0	¥421,800.0	张××
5	YG1001	张晓明	电视机	家电	120	¥2,500.0	¥300,000.0	张××
6	YG1019	李步军	运动鞋	服饰	480	¥420.0	¥201,600.0	王××
7	YG1018	刘晓丽	皮鞋	服饰	500	¥380.0	¥190,000.0	马××
8	YG1005	胡晓霞	牛仔裤	服饰	480	¥240.0	¥115,200.0	王××
9	YG1004	马萧萧	夹克	服饰	280	¥350.0	¥98,000.0	马××
10	YG1014	李冬梅	海苔	零食	3750	¥54.0	¥202,500.0	王××
11	YG1012	马小明	饼干	零食	4800	¥39.0	¥187,200.0	张××
12	YG1013	王秋菊	火腿肠	零食	7500	¥20.0	¥150,000.0	马××
13	YG1011	张春鸽	方便面	零食	3820	¥26.0	¥99,320.0	王××
14	YG1009	崔晓曦	饮料	零食	4180	¥10.0	¥41,800.0	张××
15	YG1016	萧赫赫	洗面奶	洗化用品	4000	¥76.0	¥304,000.0	张××
16	YG1017	金笑笑	牙刷	洗化用品	10240	¥18.0	¥184,320.0	王××
17	YG1008	钱小小	抽油烟机	厨房用品	140	¥2,400.0	¥336,000.0	王××
18	YG1007	周晓梅	电磁炉	厨房用品	680	¥380.0	¥258,400.0	张××
19	YG1003	孙晓骁	电饭煲	厨房用品	470	¥400.0	¥188,000.0	马××
20	YG1020	詹小平	保温杯	厨房用品	820	¥140.0	¥114,800.0	马××
21	YG1010	赵小霞	锅具	厨房用品	810	¥140.0	¥113,400.0	张××

上半年销售表 下半年销售表 全年汇总表

5.4 筛选数据

对员工销售报表的数据进行处理时，如果需要查看一些特定的数据，可以使用数据筛选功能筛选出需要的数据。

5.4.1 单条件筛选

单条件筛选就是将符合一种条件的数据筛选出来。例如，筛选出员工销售报表中商品分类为“家电”的商品，具体操作步骤如下。

第1步 选中数据区域中的任意单元格，单击【数据】选项卡下的【筛选】按钮，如下图所示。

第2步 工作表进入筛选状态，每列表头的右下角都会出现一个下拉按钮▾，如下图所示。

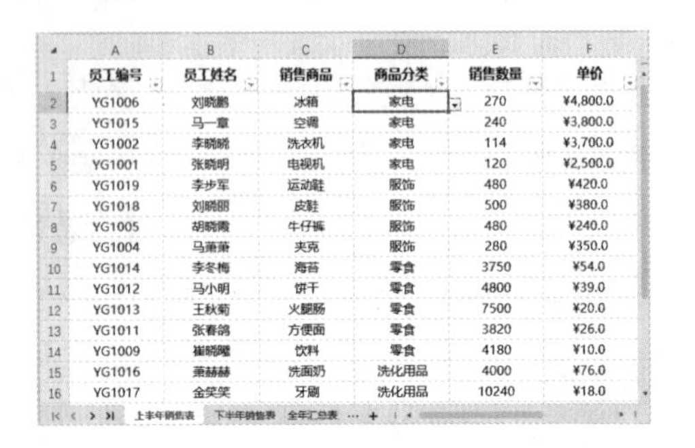

第3步 单击D1单元格的下拉按钮，在弹出的下拉列表中取消选中【全选|反选】复选框，然后选中【家电】复选框，单击【确定】按钮，如下图所示。

第4步 此时即可将商品分类为“家电”的商品筛选出来，效果如下图所示。

	A	B	C	D	E
1	员工编号	员工姓名	销售商品	商品分类	销售数量
2	YG1006	刘晓鹏	冰箱	家电	270
3	YG1015	马一章	空调	家电	240
4	YG1002	李晓晓	洗衣机	家电	114
5	YG1001	张晓明	电视机	家电	120
22					

5.4.2 多条件筛选

多条件筛选就是将符合多个条件的数据筛选出来。例如，将员工销售报表中“崔晓曦”“李晓晓”“金笑笑”的销售情况筛选出来，具体操作步骤如下。

第1步 按【Ctrl+Z】组合键撤销对“家电”分类的筛选，然后单击B1单元格的下拉按钮，在弹出的下拉列表中取消选中【全选|反选】复选框并选中【崔晓曦】【李晓晓】【金笑笑】复选框，单击【确定】按钮，如下图所示。

第2步 此时即可筛选出符合设置条件的数据，且“员工姓名”右下角显示了▼按钮，将鼠标移至该按钮，可看到筛选条件，效果如下图所示。

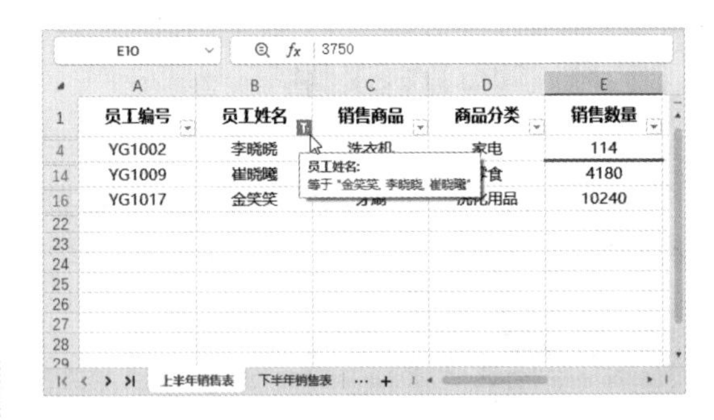

5.4.3 自定义筛选

除了根据需要执行单条件筛选和多条件筛选，WPS表格还提供了自定义筛选功能，用于帮助用户快速筛选出满足需求的数据。自定义筛选的具体操作步骤如下。

第1步 按【Ctrl+Z】组合键撤销上一小节的筛选，单击【销售数量】下拉按钮，在弹出的下拉列表中选择【数字筛选】→【介于】选项，如下图所示。

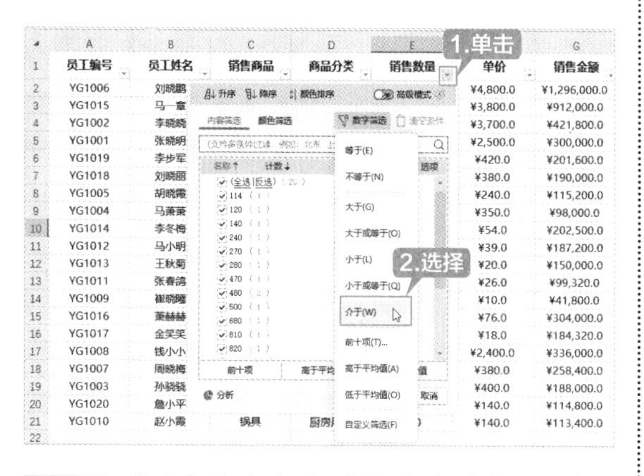

第2步 弹出【自定义自动筛选方式】对话框，在【显示行】区域设置“大于或等于”“100”及“小于或等于”“500”，选中【与】单选按钮，单击【确定】按钮，如下图所示。

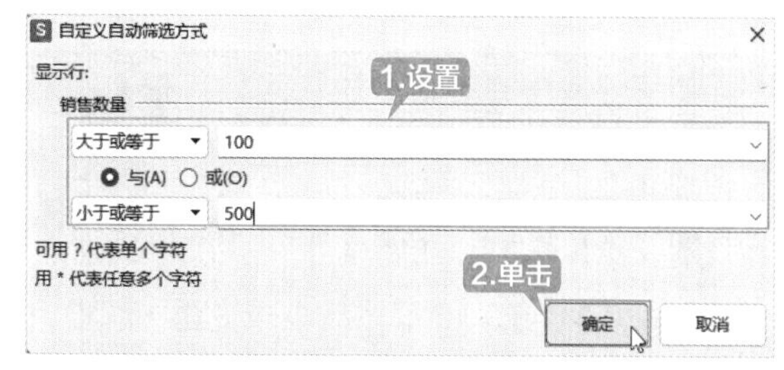

第3步 此时即可将销售数量介于100～500的商品筛选出来，效果如下图所示。

	A	B	C	D	E	F	G
1	员工编号	员工姓名	销售商品	商品分类	销售数量	单价	销售金额
2	YG1006	刘晓鹏	冰箱	家电	270	¥4,800.0	¥1,296,000.0
3	YG1015	马一章	空调	家电	240	¥3,800.0	¥912,000.0
4	YG1002	李晓晓	洗衣机	家电	114	¥3,700.0	¥421,800.0
5	YG1001	张晓明	电视机	家电	120	¥2,500.0	¥300,000.0
6	YG1019	李步军	运动鞋	服饰	480	¥420.0	¥201,600.0
7	YG1018	刘晓丽	皮鞋	服饰	500	¥380.0	¥190,000.0
8	YG1005	胡晓霞	牛仔裤	服饰	480	¥240.0	¥115,200.0
9	YG1004	马萧萧	夹克	服饰	280	¥350.0	¥98,000.0
17	YG1008	钱小小	抽油烟机	厨房用品	140	¥2,400.0	¥336,000.0
19	YG1003	孙晓晓	电饭煲	厨房用品	470	¥400.0	¥188,000.0

5.5 数据的分类汇总

在员工销售报表中，我们需要对不同分类的商品进行分类汇总，以便使工作表更有条理。

5.5.1 创建分类汇总

将员工销售报表按“商品分类”对“销售金额”进行分类汇总，具体操作步骤如下。

第1步 撤销上一节的筛选，然后选中“商品分类”列中的任意单元格。单击【数据】选项卡下的【排序】下拉按钮，在弹出的下拉列表中选择“升序”选项，如下图所示。

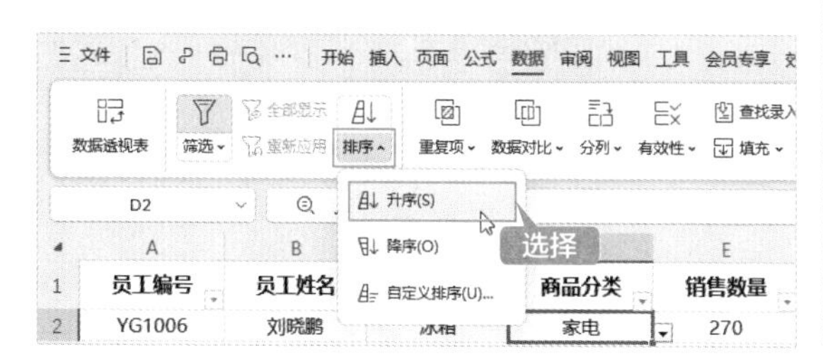

第2步 此时即可将数据按“商品分类”进行升序排列，效果如下图所示。

	A	B	C	D	E
1	员工编号	员工姓名	销售商品	商品分类	销售数量
2	YG1008	钱小小	抽油烟机	厨房用品	140
3	YG1007	周晓梅	电磁炉	厨房用品	680
4	YG1003	孙晓晓	电饭煲	厨房用品	470
5	YG1020	詹小平	保温杯	厨房用品	820
6	YG1010	赵小霞	锅具	厨房用品	810
7	YG1006	刘晓鹏	冰箱	家电	270
8	YG1015	马一章	空调	家电	240
9	YG1002	李晓晓	洗衣机	家电	114
10	YG1001	张晓明	电视机	家电	120

第3步 单击【数据】选项卡下的【分类汇总】按钮，如下图所示。

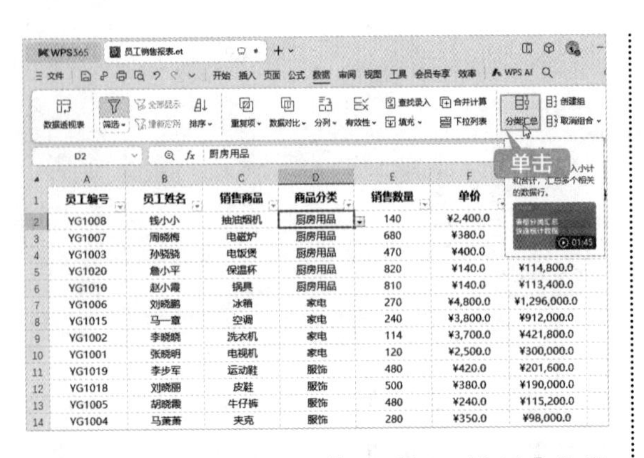

第 4 步 弹出【分类汇总】对话框，设置【分类字段】为“商品分类”，【汇总方式】为“求和”，在【选定汇总项】列表框中选中【销售金额】复选框，单击【确定】按钮，如下图所示。

第 5 步 此时即可将工作表按“商品分类”对“销售金额”进行分类汇总，效果如下图所示。

提示

在进行分类汇总之前，需要对分类字段进行排序，使其符合分类汇总的条件，这样才能达到最佳的效果。

第 6 步 单击左侧的分级按钮，可分级显示数据。若单击按钮 1 ，则显示一级数据，即汇总项的总和；若单击按钮 2 ，则显示二级数据，即总计和商品分类汇总；若单击按钮 3 ，则显示所有的汇总信息。下图所示为二级数据。

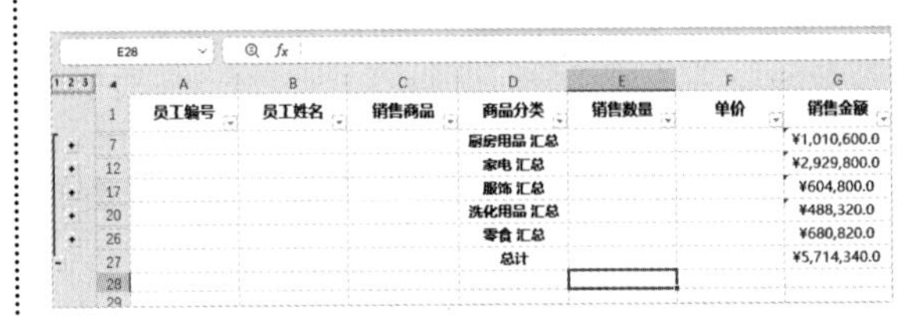

5.5.2 清除分类汇总

如果不需要对数据进行分类汇总，那么可以清除分类汇总，具体操作步骤如下。

第 1 步 接上一小节操作，选中数据区域中的任意单元格，单击【数据】选项卡下的【分类汇总】按钮，在弹出的【分类汇总】对话框中单击【全部删除】按钮，如下图所示。

第 2 步 此时即可将分类汇总全部删除，然后按照“员工编号”对数据进行“升序”排列，效果如下图所示。

	A	B	C	D	E	F	G	
1	员工编号	员工姓名	销售商品	商品分类	销售数量	单价	销售金额	核查
2	YG1001	张晓明	电视机	家电	120	¥2,500.0	¥300,000.0	张
3	输入员工编号 请输入6位员工编号	李晓晓	洗衣机	家电	114	¥3,700.0	¥421,800.0	张
4		孙骁骁	电饭煲	厨房用品	470	¥400.0	¥188,000.0	马
5		马萧萧	夹克	服饰	280	¥350.0	¥98,000.0	马
6	YG1005	胡晓霞	牛仔裤	服饰	480	¥240.0	¥115,200.0	王
7	YG1006	刘晓鹏	冰箱	家电	270	¥4,800.0	¥1,296,000.0	张
8	YG1007	周晓梅	电磁炉	厨房用品	680	¥380.0	¥258,400.0	张
9	YG1008	钱小小	抽油烟机	厨房用品	140	¥2,400.0	¥336,000.0	王
10	YG1009	崔晓曦	饮料	零食	4180	¥10.0	¥41,800.0	张
11	YG1010	赵小霞	锅具	厨房用品	810	¥140.0	¥113,400.0	张
12	YG1011	张春鸽	方便面	零食	3820	¥26.0	¥99,320.0	王
13	YG1012	马小明	饼干	零食	4800	¥39.0	¥187,200.0	张
14	YG1013	王秋菊	火腿肠	零食	7500	¥20.0	¥150,000.0	马
15	YG1014	李冬梅	海苔	零食	3750	¥54.0	¥202,500.0	王
16	YG1015	马一章	空调	家电	240	¥3,800.0	¥912,000.0	张
17	YG1016	蒋赫赫	洗面奶	洗化用品	4000	¥76.0	¥304,000.0	张
18	YG1017	金笑笑	牙刷	洗化用品	10240	¥18.0	¥184,320.0	王
19	YG1018	刘晓丽	皮鞋	服饰	500	¥380.0	¥190,000.0	马

上半年销售表　下半年销售表　全年汇总表

5.6 合并计算

合并计算可以将多个工作表中的数据合并在一个工作表中，以便对数据进行更新和汇总。员工销售报表中，“上半年销售表”和“下半年销售表”的内容可以汇总在一个工作表中，具体操作步骤如下。

第 1 步 单击【公式】选项卡下的【名称管理器】按钮，如下图所示。

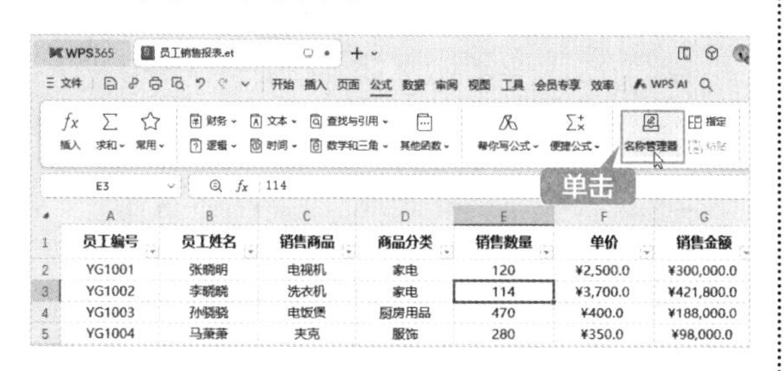

第 2 步 弹出【名称管理器】对话框，单击【新建】按钮，如下图所示。

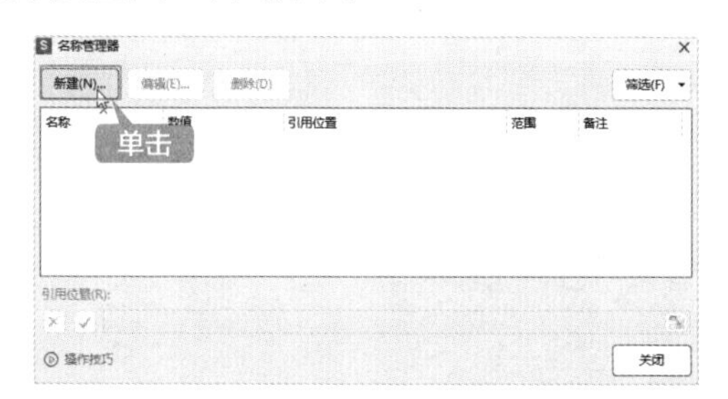

第 3 步 弹出【新建名称】对话框，在【名称】文本框内输入“上半年销售数量”，在【引用位置】选择“上半年销售表”工作表中的E1:E21单元格区域，单击【确定】按钮，如下图所示。

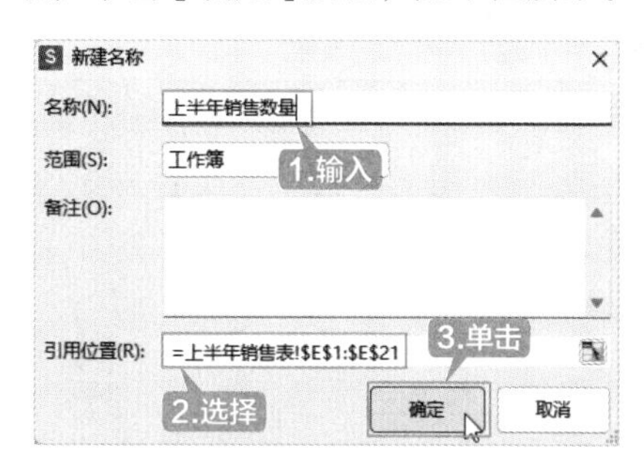

第 4 步 返回【名称管理器】对话框，单击【新建】按钮，如下图所示。

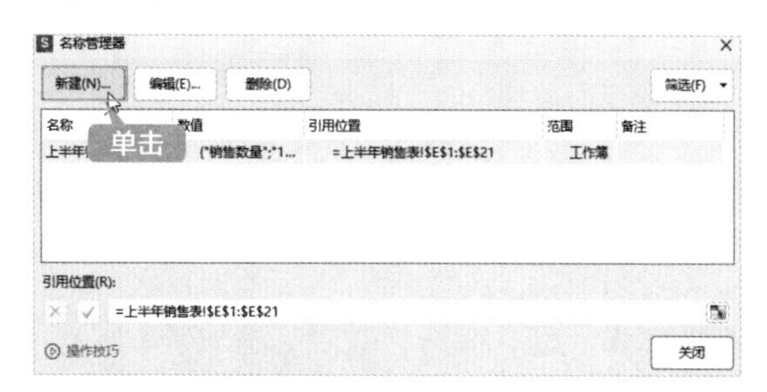

第 5 步 弹出【新建名称】对话框，将【名称】设

置为“下半年销售数量”，在【引用位置】选择“下半年销售表”工作表中的E1:E21单元格区域，单击【确定】按钮，如下图所示。

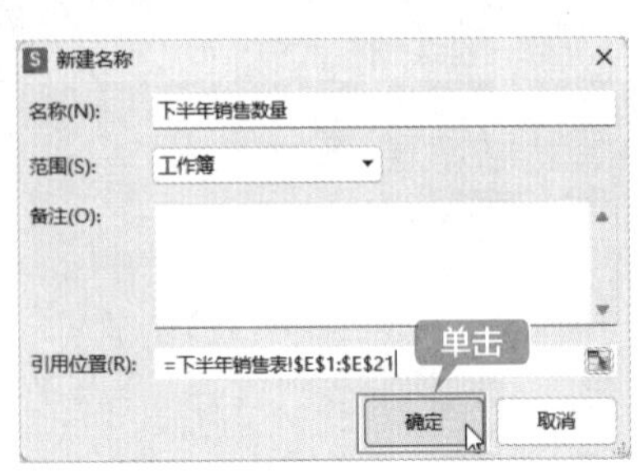

第6步 返回【名称管理器】对话框，单击【关闭】按钮，关闭该对话框。然后在“全年汇总表”工作表中选中E2单元格，单击【数据】选项卡下的【合并计算】按钮，如下图所示。

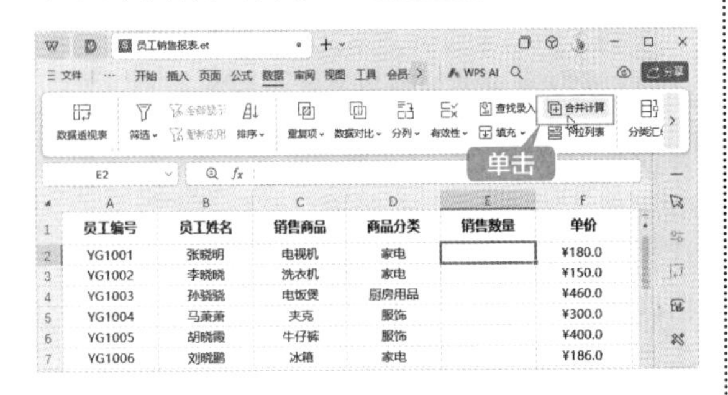

	A	B	C	D	E	F
1	员工编号	员工姓名	销售商品	商品分类	销售数量	单价
2	YG1001	张晓明	电视机	家电		¥180.0
3	YG1002	李晓晓	洗衣机	家电		¥150.0
4	YG1003	孙晓晓	电饭煲	厨房用品		¥460.0
5	YG1004	马萧萧	夹克	服饰		¥300.0
6	YG1005	胡晓霞	牛仔裤	服饰		¥400.0
7	YG1006	刘晓鹏	冰箱	家电		¥186.0

第7步 弹出【合并计算】对话框，在【函数】下拉列表中选择“求和”选项，在【引用位置】文本框内输入“上半年销售数量”，单击【添加】按钮，如下图所示。

第8步 将“上半年销售数量”添加至【所有引用位置】列表中。使用同样的方法添加“下半年销售数量”，并选中【首行】复选框，单击【确定】按钮，如下图所示。

第9步 此时即可将“上半年销售数量”和“下半年销售数量”合并在“全年汇总表”工作表内，效果如下图所示。

	A	B	C	D	E	F	G
1	员工编号	员工姓名	销售商品	商品分类	销售数量	单价	销售金额
2	YG1001	张晓明	电视机	家电	300	¥2,500.0	
3	YG1002	李晓晓	洗衣机	家电	264	¥3,700.0	
4	YG1003	孙晓晓	电饭煲	厨房用品	930	¥400.0	
5	YG1004	马萧萧	夹克	服饰	580	¥350.0	
6	YG1005	胡晓霞	牛仔裤	服饰	880	¥240.0	
7	YG1006	刘晓鹏	冰箱	家电	456	¥4,800.0	
8	YG1007	周晓梅	电磁炉	厨房用品	1330	¥380.0	
9	YG1008	钱小小	抽油烟机	厨房用品	340	¥2,400.0	
10	YG1009	崔晓曦	饮料	零食	10930	¥10.0	
11	YG1010	赵小霞	锅具	厨房用品	1510	¥140.0	
12	YG1011	张春鸽	方便面	零食	7820	¥26.0	
13	YG1012	马小明	饼干	零食	9400	¥39.0	
14	YG1013	王秋菊	火腿肠	零食	12900	¥20.0	
15	YG1014	李冬梅	海苔	零食	7550	¥54.0	
16	YG1015	马一章	空调	家电	420	¥3,800.0	
17	YG1016	萧赫赫	洗面奶	洗化用品	8500	¥76.0	
18	YG1017	金笑笑	牙刷	洗化用品	20299	¥18.0	
19	YG1018	刘晓丽	皮鞋	服饰	900	¥380.0	
20	YG1019	李步军	运动鞋	服饰	1080	¥420.0	

第10步 使用同样的方法合并“上半年销售表”和“下半年销售表”工作表中的“销售金额”，最终效果如下图所示，完成后保存即可。

	A	B	C	D	E	F	G	H
1	员工编号	员工姓名	销售商品	商品分类	销售数量	单价	销售金额	核查人员
2	YG1001	张晓明	电视机	家电	300	¥2,500.0	¥750,000.0	张××
3	YG1002	李晓晓	洗衣机	家电	264	¥3,700.0	¥976,800.0	张××
4	YG1003	孙晓晓	电饭煲	厨房用品	930	¥400.0	¥372,000.0	马××
5	YG1004	马萧萧	夹克	服饰	580	¥350.0	¥203,000.0	马××
6	YG1005	胡晓霞	牛仔裤	服饰	880	¥240.0	¥211,200.0	王××
7	YG1006	刘晓鹏	冰箱	家电	456	¥4,800.0	¥2,188,800.0	张××
8	YG1007	周晓梅	电磁炉	厨房用品	1330	¥380.0	¥505,400.0	张××
9	YG1008	钱小小	抽油烟机	厨房用品	340	¥2,400.0	¥816,000.0	王××
10	YG1009	崔晓曦	饮料	零食	10930	¥10.0	¥109,300.0	张××
11	YG1010	赵小霞	锅具	厨房用品	1510	¥140.0	¥211,400.0	张××
12	YG1011	张春鸽	方便面	零食	7820	¥26.0	¥203,320.0	王××
13	YG1012	马小明	饼干	零食	9400	¥39.0	¥366,600.0	张××
14	YG1013	王秋菊	火腿肠	零食	12900	¥20.0	¥258,000.0	马××
15	YG1014	李冬梅	海苔	零食	7550	¥54.0	¥407,700.0	王××
16	YG1015	马一章	空调	家电	420	¥3,800.0	¥1,596,000.0	张××
17	YG1016	萧赫赫	洗面奶	洗化用品	8500	¥76.0	¥646,000.0	张××
18	YG1017	金笑笑	牙刷	洗化用品	20299	¥18.0	¥365,382.0	王××
19	YG1018	刘晓丽	皮鞋	服饰	900	¥380.0	¥342,000.0	马××
20	YG1019	李步军	运动鞋	服饰	1080	¥420.0	¥453,600.0	王××
21	YG1020	詹小平	保温杯	厨房用品	1800	¥140.0	¥252,000.0	马××

上半年销售表 下半年销售表 全年汇总表

分析与汇总超市库存明细表

超市库存明细表是超市进出商品的详细统计清单，记录着一段时间内商品的消耗和剩余情况，对下一阶段相应商品的采购和使用计划有很重要的参考价值。分析与汇总超市库存明细表的思路如下。

本节素材结果文件		
	素材	素材\ch05\超市库存明细表.et
	结果	结果\ch05\超市库存明细表.et

1. 设置数据验证

设置“物品编号”和“物品类别”的数据验证，并完成编号和类别的输入，如下图所示。

	A	B	C	D	E	F
1	序号	物品编号	物品名称	物品类别	上月剩余	本月入库
2	1001	WP0001	方便面	方便食品	300	1000
3	1002	请输入物品编号	圆珠笔	书写工具	85	20
4	1003	物品编号为6位，请正确输入！	汽水	饮品	400	200
5	1004		火腿肠	方便食品	200	170
6	1005	WP0005	笔记本	书写工具	52	20
7	1006	WP0006	手帕纸	生活用品	206	100
8	1007	WP0007	面包	方便食品	180	150
9	1008	WP0008	醋	调味品	70	50
10	1009	WP0009	盐	调味品	80	65
11	1010	WP0010	乒乓球	体育用品	40	30
12	1011	WP0011	羽毛球	体育用品	50	20
13	1012	WP0012	拖把	生活用品	20	20
14	1013	WP0013	饼干	方便食品	160	160

超市库存明细表

2. 排序数据

对相同的“物品类别”按“本月结余”进行降序排列，如下图所示。

	A	B	C	D	E	F	G	H	I	J
1	序号	物品编号	物品名称	物品类别	上月剩余	本月入库	本月出库	本月结余	销售区域	审核人
2	1003	WP0003	汽水	饮品	400	200	580	20	食品区	刘××
3	1015	WP0015	雪糕	零食	80	360	408	32	食品区	李××
4	1009	WP0009	盐	调味品	80	65	102	43	食品区	张××
5	1008	WP0008	醋	调味品	70	50	100	20	食品区	王××
6	1019	WP0019	衣架	生活用品	60	80	68	72	日用品区	王××
7	1006	WP0006	手帕纸	生活用品	206	100	280	26	日用品区	张××
8	1012	WP0012	拖把	生活用品	20	20	28	12	日用品区	张××
9	1016	WP0016	洗衣粉	洗涤用品	60	160	203	17	日用品区	张××
10	1001	WP0001	方便面	方便食品	300	1000	980	320	食品区	张××
11	1004	WP0004	火腿肠	方便食品	200	170	208	162	食品区	刘××
12	1007	WP0007	面包	方便食品	180	150	170	160	食品区	张××
13	1013	WP0013	饼干	方便食品	160	160	200	120	食品区	王××
14	1011	WP0011	羽毛球	体育用品	50	20	35	35	体育用品区	王××
15	1010	WP0010	乒乓球	体育用品	40	30	50	20	体育用品区	赵××
16	1014	WP0014	牛奶	乳制品	112	210	298	24	食品区	王××
17	1002	WP0002	圆珠笔	书写工具	85	20	60	45	学生用品区	赵××
18	1020	WP0020	铅笔	书写工具	40	40	56	24	学生用品区	王××
19	1005	WP0005	笔记本	书写工具	52	20	60	12	学生用品区	王××
20	1018	WP0018	洗发水	个护健康	60	40	82	18	日用品区	李××
21	1017	WP0017	香皂	个护健康	50	60	98	12	日用品区	王××

3. 筛选数据

筛选出审核人“李××”审核的物品信息，如下图所示。

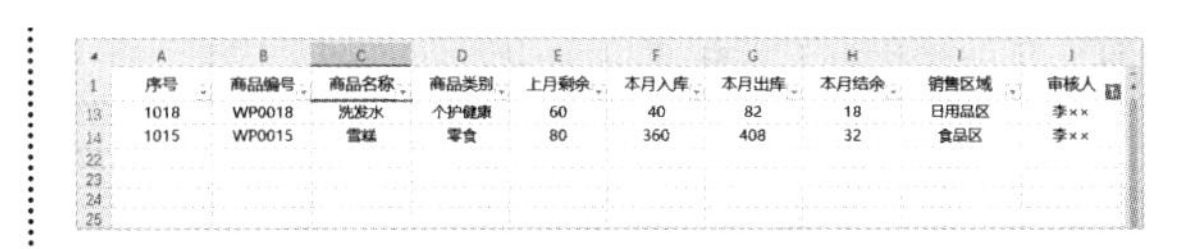

	A	B	C	D	E	F	G	H	I	J
1	序号	商品编号	商品名称	商品类别	上月剩余	本月入库	本月出库	本月结余	销售区域	审核人
13	1018	WP0018	洗发水	个护健康	60	40	82	18	日用品区	李××
14	1015	WP0015	雪糕	零食	80	360	408	32	食品区	李××

4. 对数据进行分类汇总

取消前面的筛选，对“销售区域”进行升序排列，按“销售区域”对“本月结余”进行分类汇总，如下图所示。

	A	B	C	D	E	F	G	H	I
1	序号	物品编号	物品名称	物品类别	上月剩余	本月入库	本月出库	本月结余	销售区域
2	1006	WP0006	手帕纸	生活用品	206	100	280	26	日用品区
3	1012	WP0012	拖把	生活用品	20	20	28	12	日用品区
4	1016	WP0016	洗衣粉	洗涤用品	60	160	203	17	日用品区
5	1017	WP0017	香皂	个护健康	50	60	98	12	日用品区
6	1018	WP0018	洗发水	个护健康	60	40	82	18	日用品区
7	1019	WP0019	衣架	生活用品	60	80	68	72	日用品区
8								157	日用品区 汇总
9	1001	WP0001	方便面	方便食品	300	1000	980	320	食品区
10	1003	WP0003	汽水	饮品	400	200	580	20	食品区
11	1004	WP0004	火腿肠	方便食品	200	170	208	162	食品区
12	1007	WP0007	面包	方便食品	180	150	170	160	食品区
13	1008	WP0008	醋	调味品	70	50	100	20	食品区
14	1009	WP0009	盐	调味品	80	65	102	43	食品区
15	1013	WP0013	饼干	方便食品	160	160	200	120	食品区
16	1014	WP0014	牛奶	乳制品	112	210	298	24	食品区
17	1015	WP0015	雪糕	零食	80	360	408	32	食品区
18								901	食品区 汇总
19	1010	WP0010	乒乓球	体育用品	40	30	50	20	体育用品区
20	1011	WP0011	羽毛球	体育用品	50	20	35	35	体育用品区
21								55	体育用品区 汇总
22	1002	WP0002	圆珠笔	书写工具	85	20	60	45	学生用品区
23	1005	WP0005	笔记本	书写工具	52	20	60	12	学生用品区

◇ 让表中序号不参与排序

对数据进行排序的过程中，某些情况下并不需要对序号进行排序，这时可以使用下面的方法，让表中序号不参与排序。

第1步 打开“素材\ch05\技巧1.et”文档，选中B1:C13单元格区域，选择【数据】→【排序】→【自定义排序】选项，如下图所示。

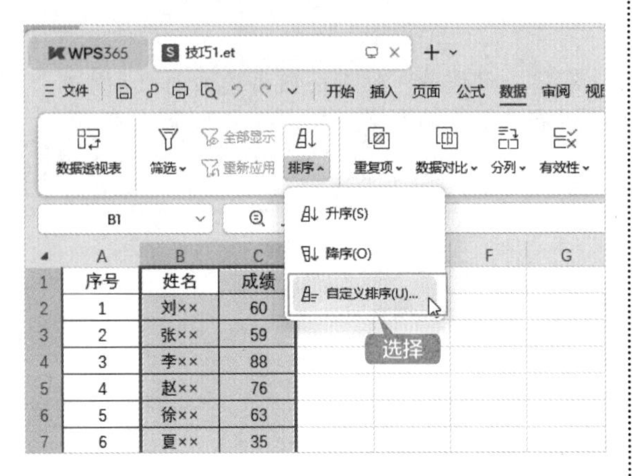

第2步 弹出【排序】对话框，将【主要关键字】设置为“成绩”，【排序依据】设置为“数值”，【次序】设置为“降序”，单击【确定】按钮，如下图所示。

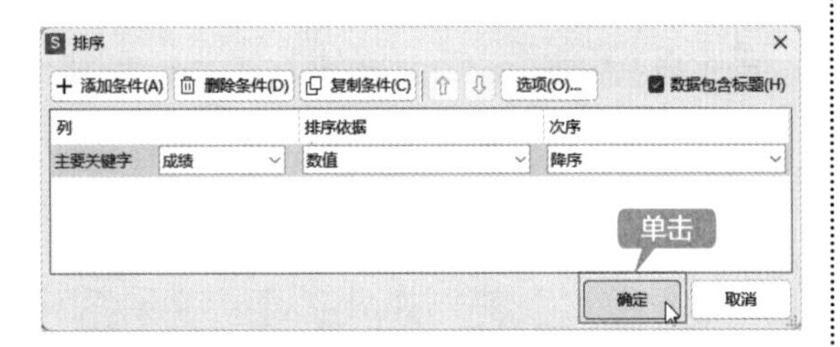

第3步 排序后的效果如下图所示。

序号	姓名	成绩
1	孙××	92
2	马××	90
3	李××	88
4	翟××	77
5	赵××	76
6	钱××	72
7	林××	68
8	郑××	65
9	徐××	63
10	刘××	60
11	张××	59
12	夏××	35

培训成绩表

◇ 提升AI表格操作准确性的提问技巧

在使用WPS AI进行表格操作时，如果遇到无法达到满意效果的问题或无法操作，提问的技巧就显得尤为重要。下面整理一些提问的技巧，可以帮助你更好地与WPS AI进行交流，并获得更好的操作效果。

（1）参考示例

在提问之前，可以单击AI窗格中的【查看示例】超链接，查看WPS AI的提问示例，了解如何正确地提问，如下图所示。

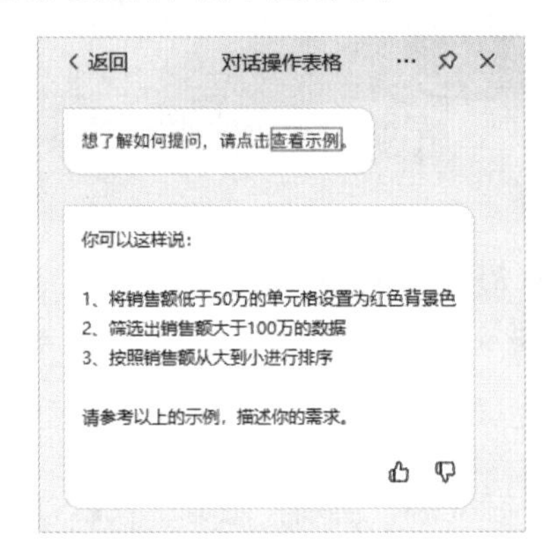

（2）使用结构化的语言

尽量使用结构化的语言来描述你的需求。例如，你正在操作一个表格，可以使用“第一行第二列的数据”这样的描述，而不是“那个东西”。

又如，原提问为“把这个表格变好看一点”，可以改为“调整第一行第二列的字体颜色为红色，并将整个表格的背景色改为浅灰色”。

（3）关键词匹配

在提问中使用与要实现的操作相关的关键词，有助于AI更好地理解你的意图并提供准确的回答。例如，想使用AI进行排序，可以使用“单元格区域”“第几行/列”“排序”等关键词。

示例：请对F列和G列的数据进行高级排序，首先按照F列的值从高到低排序，如果F列的值相同，则按照G列的值从低到高排序。

（4）逐步解决问题，分阶段提问

在遇到复杂的问题时，可以将其拆分为若干个阶段性任务。每个阶段的清晰目标和具体

任务有助于AI更好地理解你的需求，并提供准确的操作。

例如，对一个大型销售数据表格进行数据分析。

阶段一：数据清洗和预处理。

A. 筛选出销售额大于1000的数据行。

B. 将日期列的数据转换为标准日期格式。

C. 删除重复的行。

D. ……

阶段二：数据分析。

A. 分类计算。

B. 找出销售额最高的前3个产品。

C. 按月份统计销售额的变化趋势。

D. ……

阶段三：……

第 6 章

中级数据处理与分析——商品销售统计分析图表

本章导读

在WPS表格中使用图表不仅能使数据的统计结果更直观、形象，还能清晰地反映数据的变化规律和发展趋势。使用图表可以制作产品统计分析表、预算分析表、工资分析表、成绩分析表等。本章以制作商品销售统计分析图表为例，介绍图表的创建、编辑和美化等操作。

思维导图

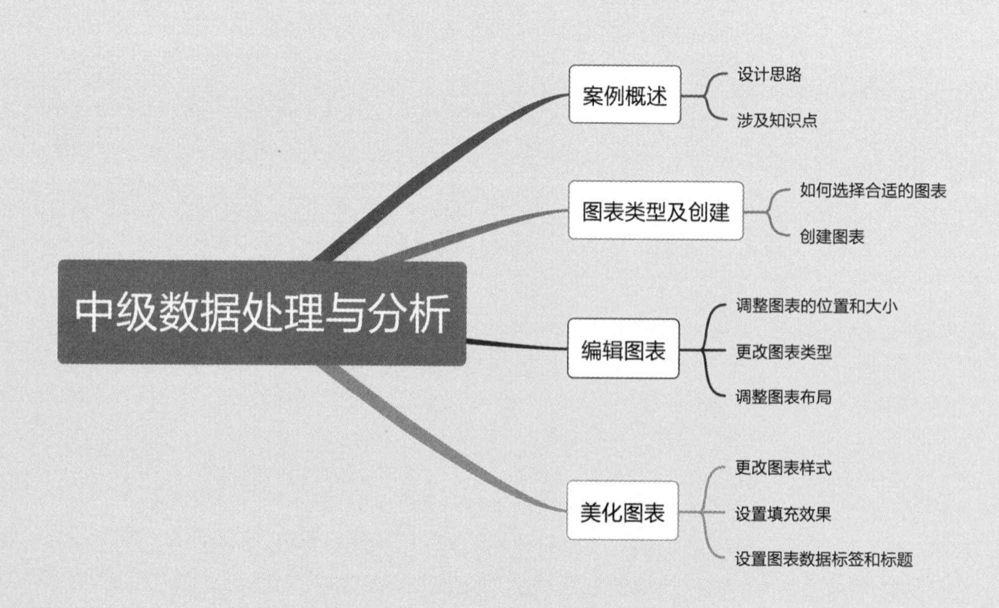

6.1 案例概述

制作商品销售统计分析图表时，表格内的数据类型、格式要一致，选择的图表类型要能恰当地反映数据的变化趋势。

本节素材结果文件		
	素材	素材\ch06\商品销售统计分析图表.xlsx
	结果	结果\ch06\商品销售统计分析图表.xlsx

6.1.1 设计思路

制作商品销售统计分析图表时，可以按照以下思路进行。

① 设计用于图表分析的数据表格。

② 为表格选择合适的图表类型，创建图表。

③ 设置并调整图表的位置、大小、布局、样式，美化图表。

④ 添加并设置图表标题、数据标签、数据表、网格线及图例等图表元素。

6.1.2 涉及知识点

本案例主要涉及的知识点如下图所示（思维导图见“素材结果文件\思维导图\6.pos”）。

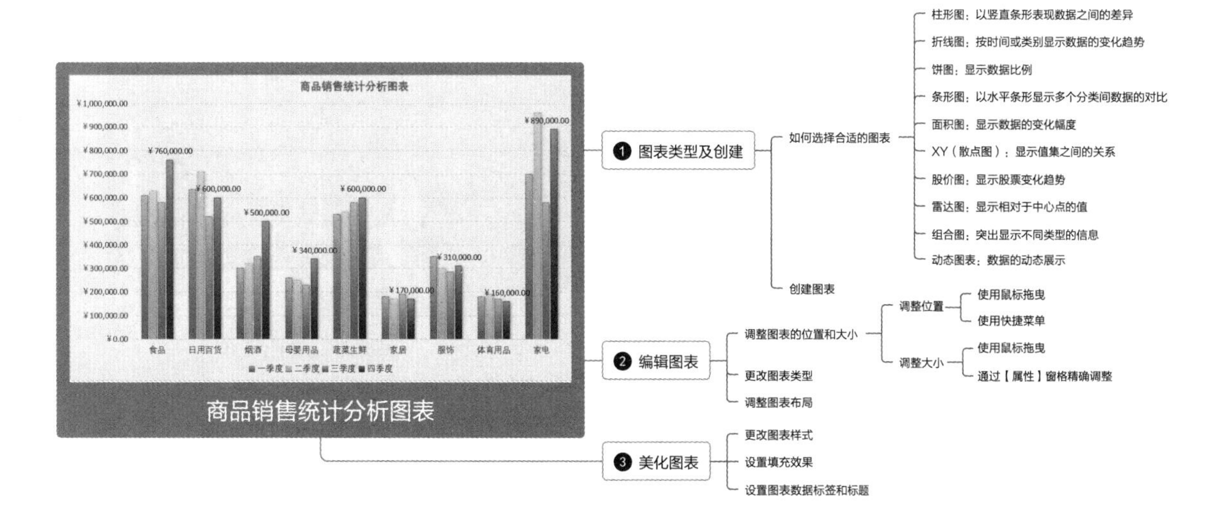

6.2 图表类型及创建

WPS表格提供了多种图表类型，用户可以根据需求选择合适的图表类型，然后创建嵌入式图表或工作表图表来展示数据信息。

6.2.1 如何选择合适的图表

如何根据图表的特点选择合适的图表类型呢？首先需要了解各类图表的特点。

打开素材文件，在数据区域中选择任意一个单元格，单击【插入】选项卡下的【图表】按钮，弹出【图表】对话框，左侧列表中列举了所有图表类型，如下图所示。

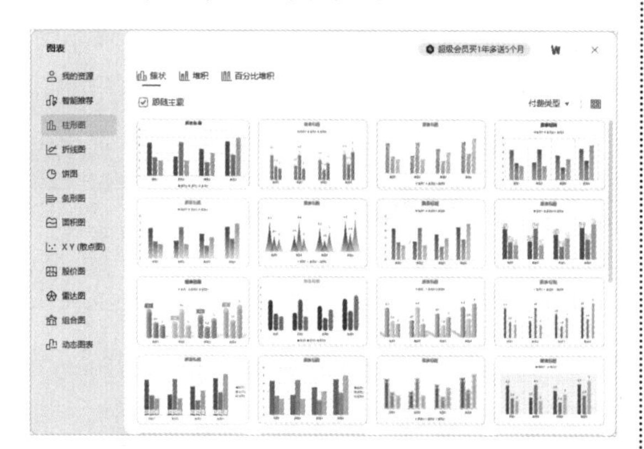

下面将介绍10个常用的图表类型，帮助用户选择合适的图表。

① 柱形图——以竖直条形表现数据之间的差异。

柱形图由一系列竖直条形组成，通常用于比较一段时间内两个或多个项目的数据，如不同产品季度或年销售量对比、几个项目中不同部门的经费分配情况、每年各类资料的数目等，如下图所示。

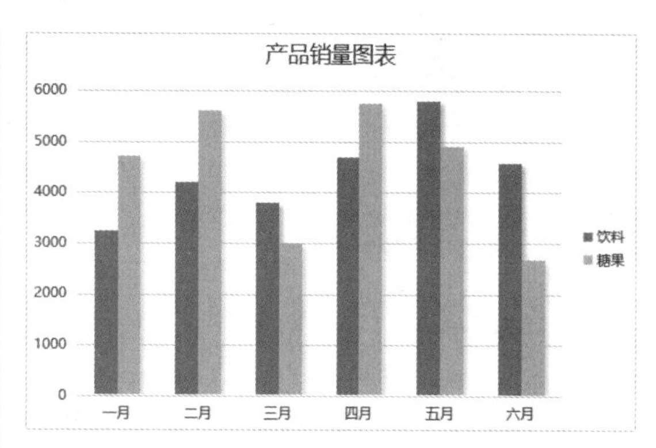

② 折线图——按时间或类别显示数据的变化趋势。

折线图用于显示一段时间内的数据变化趋势。例如，数据在一段时间内呈增长趋势，在另一段时间内呈下降趋势，如下图所示。

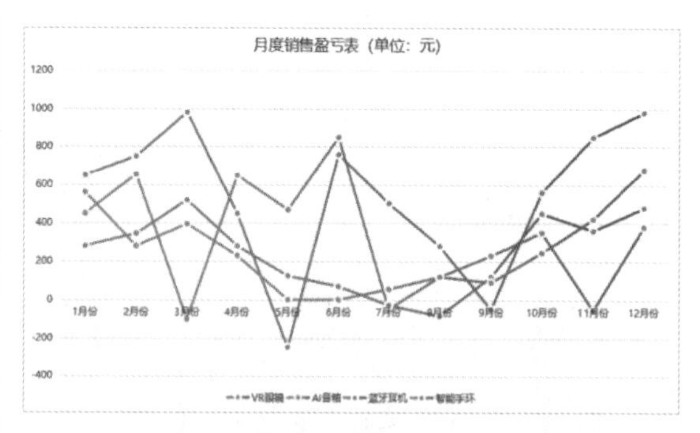

③ 饼图——显示数据比例。

饼图用于对比几个数据在数据总和中所占比例。整个饼图代表数据总和，每一个扇形代表一个数据，如下图所示。

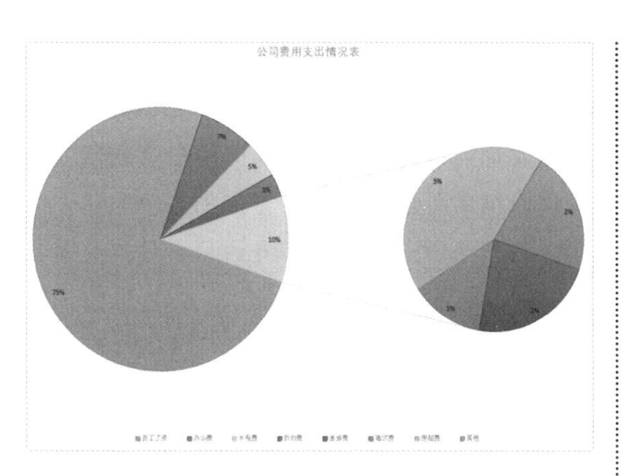

④ 条形图——以水平条形显示多个分类间数据的对比。

条形图由一系列水平条形组成。这种图表使得时间轴上某一点的两个或多个项目的相对长度具有可比性。条形图中的每个条形在工作表中都是一个单独的数据点或数，如下图所示。

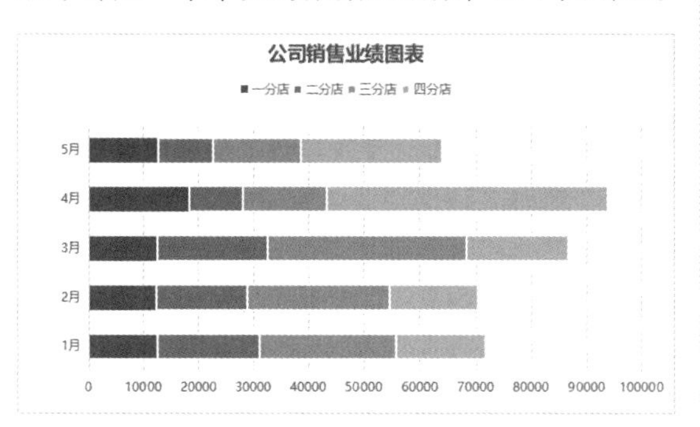

⑤ 面积图——显示数据的变化幅度。

面积图用于显示一段时间内数据的变化幅度。当几个部分的数据都在变化时，可以选择显示需要的部分。这样在图表上既可以看到各部分的变化，也可以看到总体的变化，如下图所示。

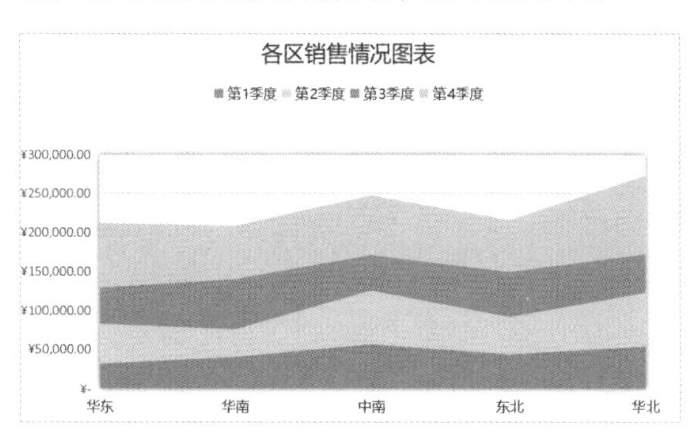

⑥ XY（散点图）——显示值集之间的关系。

XY（散点图）用于展示成对的数据和它们所代表的趋势之间的关系。XY（散点图）可用于绘制函数曲线，从简单的三角函数、指数函数、对数函数到更复杂的混合型函数，都可以利用它快速、准确地绘制出曲线，因此常用于教学、科学等计算中，如下图所示。

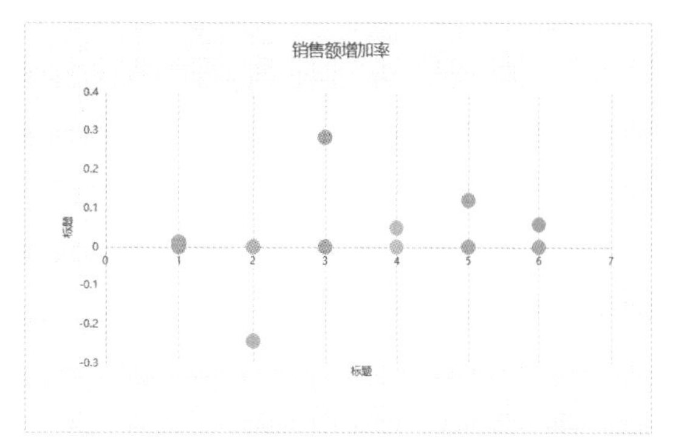

⑦ 股价图——显示股票变化趋势。

股价图是具有3个数据系列的折线图，用于展示在一段时间内一种股票的最高价、最低价和收盘价。股价图多用于金融、商贸等行业，既可以描述商品价格、货币兑换率，又可以表现温度变化、压力测量等，如下图所示。

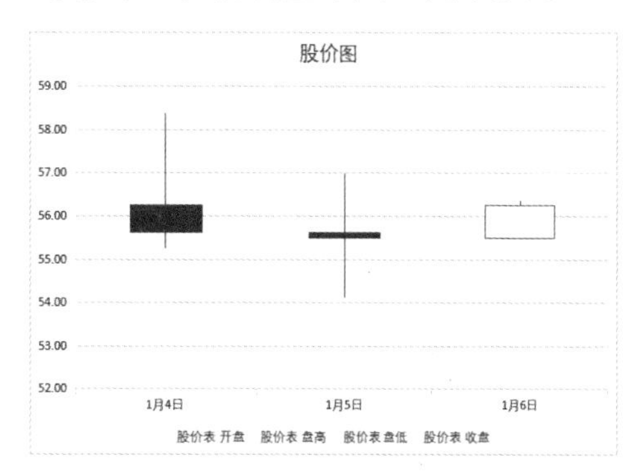

⑧ 雷达图——显示相对于中心点的值。

雷达图显示数据如何按中心点及相对于其他数据类别的变动。其中每个分类都有自己的坐标轴，这些坐标轴由中心向外辐射，并用折线将同一系列中的数据值连接起来，如下图所示。

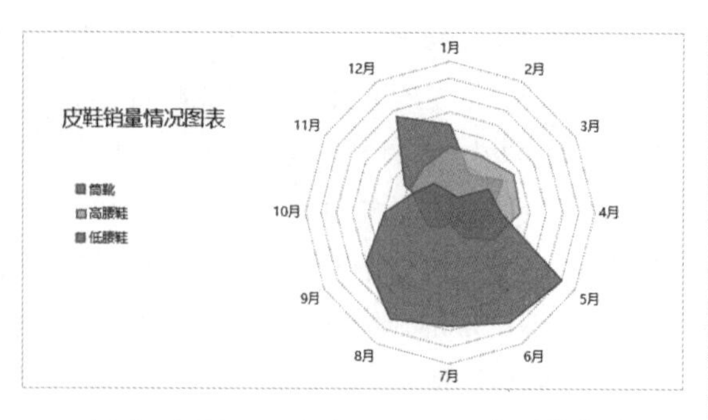

⑨ 组合图——突出显示不同类型的信息。

组合图将多个类型的图表集中显示在一个图表中，集合了各类图表的优点，可以更直观形象地展示数据，如下图所示。

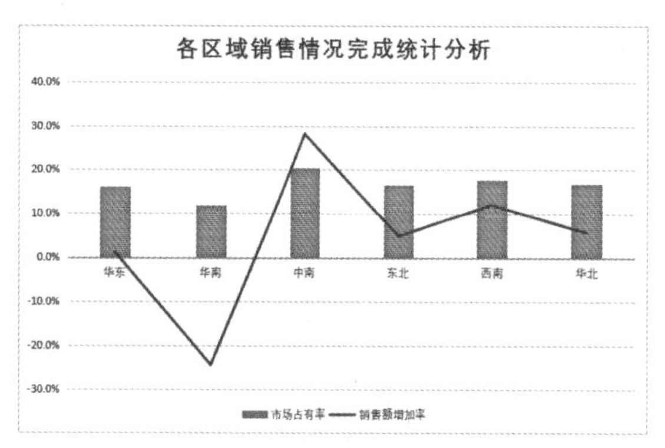

⑩ 动态图表——数据的动态展示

动态图表是WPS表格中一种能够实时反映数据变化的可视化工具，允许用户创建随数据变化而自动更新的图表。与传统的静态图表相比，动态图表提供了更加灵活和实时的数据展示方式。它支持多种图表类型，如柱形图、折线图等，如下图所示。

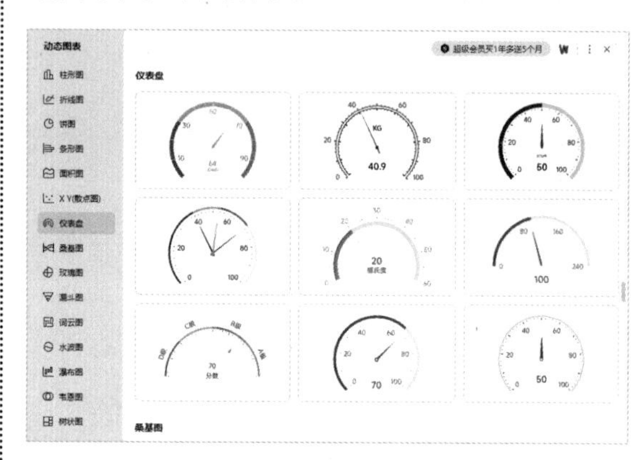

6.2.2 创建图表

创建图表时，不仅可以使用系统推荐的图表，还可以根据实际需要创建图表，下面介绍创建商品销售统计分析图表的方法。

第1步 打开素材文件，选择数据区域中的任意单元格，单击【插入】选项卡下的【图表】按钮，如下图所示。

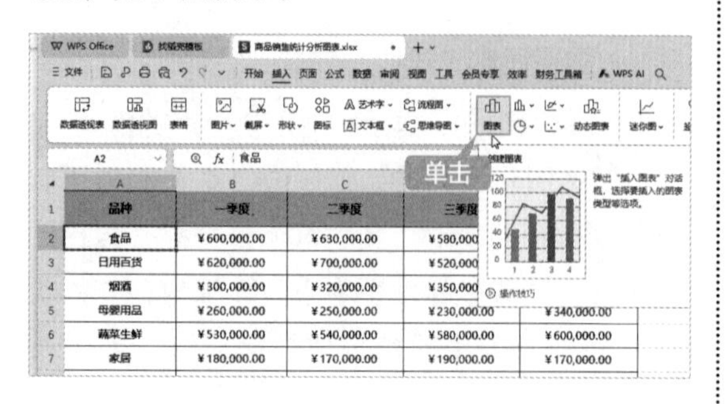

第2步 弹出【图表】对话框，在左侧列表中选择图表类型，如【折线图】，在右侧区域选择一种折线图类型，如【折线图-标记】，然后在下方选择一种图表样式，如下图所示。

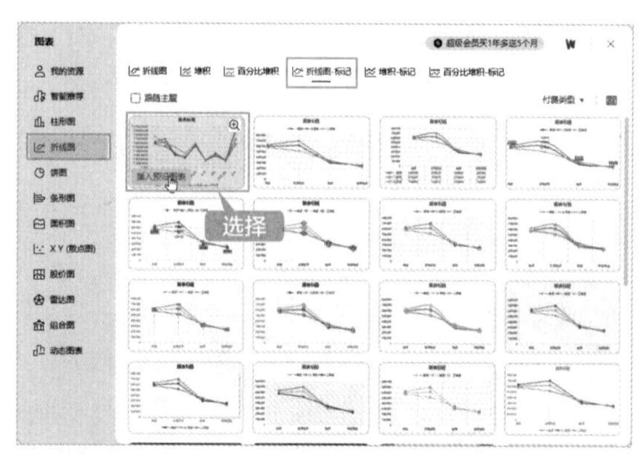

提示

在选择图表样式时，选中【跟随主题】复选框，可以使图表的颜色自动调整为与当前文档一致的主题颜色，从而提升整体的视觉效果。此外，如果用户是WPS超级会员或WPS大会员，还可以选择更多的图表样式，以满足不同的需求。

第3步 此时即可在该工作表中插入一个折线图图表，效果如下图所示。

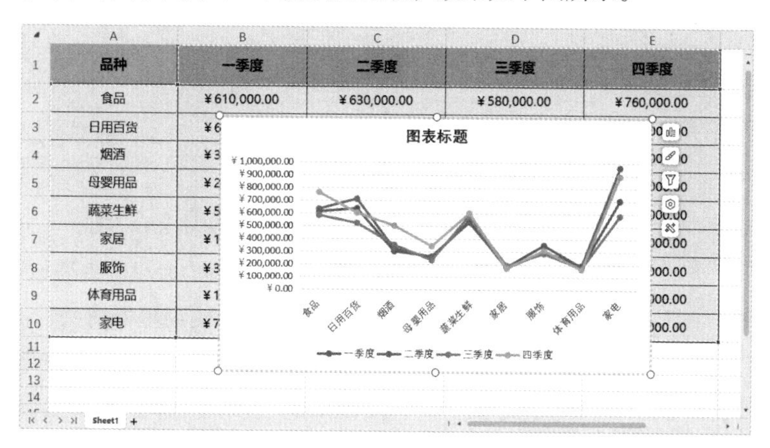

提示

如果要删除创建的图表，只需选中创建的图表，按【Delete】键即可。

6.3 编辑图表

创建商品销售统计分析图表后，可以根据需要调整图表的位置和大小，也可以更改图表的类型及调整图表的布局。

6.3.1 调整图表的位置和大小

创建图表后，如果对图表的位置和大小不满意，可以根据需要调整图表的位置和大小。

1. 调整图表的位置

方法1：使用鼠标拖曳

第1步 选择创建的图表，将鼠标指针移动到图表上，当鼠标指针变为 形状时，按住鼠标左键并拖曳，如下图所示。

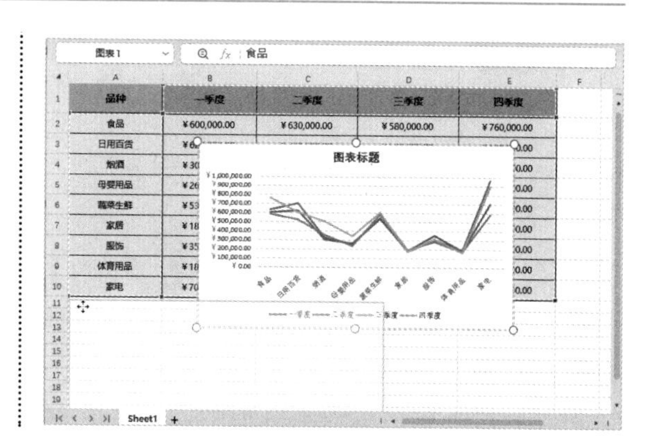

第2步 移至合适的位置后释放鼠标左键，即可完成调整图表位置的操作，如下图所示。

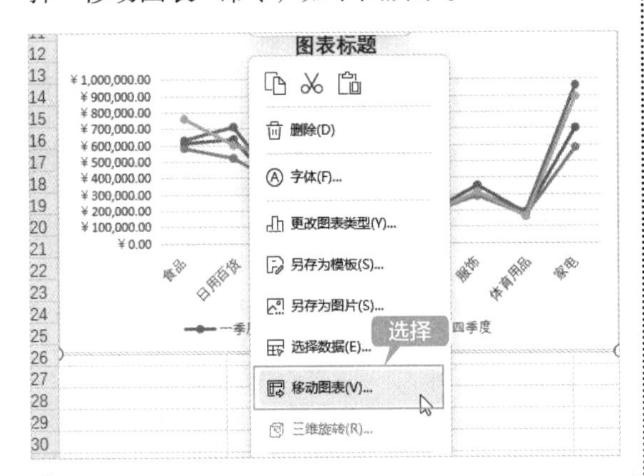

方法2：使用快捷菜单

第1步 在图表上右击，在弹出的快捷菜单中选择“移动图表”命令，如下图所示。

第2步 弹出【移动图表】对话框，选中【新工作表】单选按钮，并在右侧的文本框中输入工作表的名称，然后单击【确定】按钮，如下图所示。

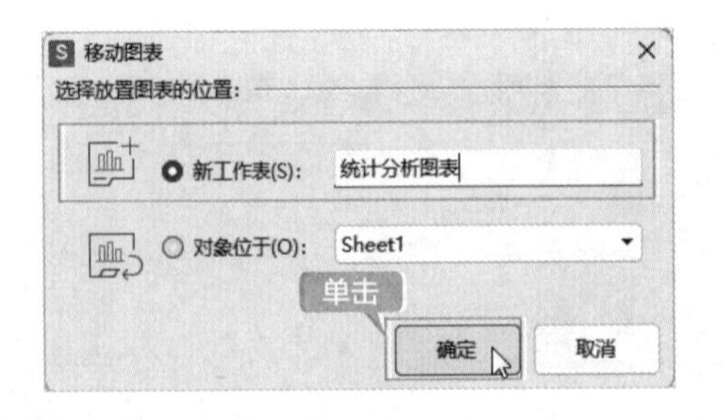

第3步 此时即可将图表移动到新的工作表中，效果如下图所示。

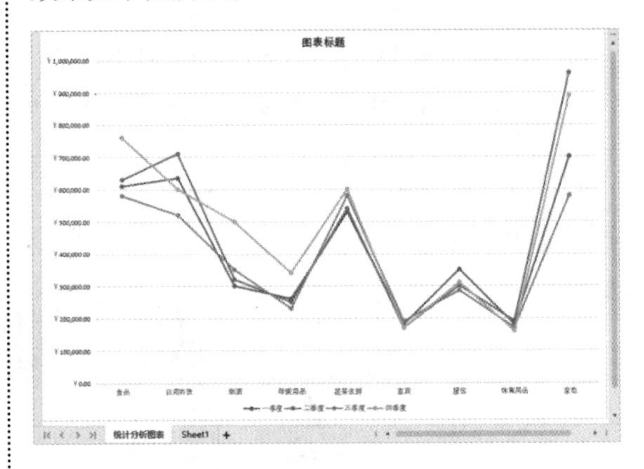

2. 调整图表的大小

调整图表的大小主要有以下两种方法。

方法1：使用鼠标拖曳

选择插入的图表，将鼠标指针放置在图表四周的控制点上（这里将鼠标指针放置在图表右下角的控制点上），当鼠标指针变为↘形状时，按住鼠标左键并拖曳至合适大小，然后释放鼠标左键，即可完成调整图表大小的操作，如下图所示。

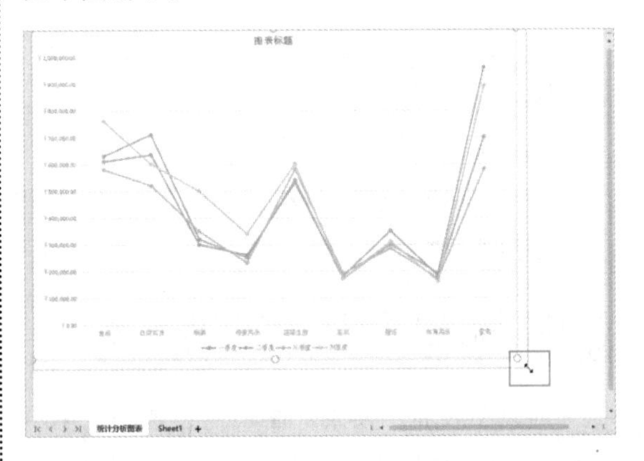

提示

将鼠标指针放置在4个角的控制点上可以同时调整图表的宽度和高度，将鼠标指针放置在左、右边上可以调整图表的宽度，将鼠标指针放置在上、下边上可以调整图表的高度。

方法2：通过【属性】窗格精确调整

第1步 如果要精确地调整图表的大小，可以选中图表，单击WPS表格右侧的【属性】按钮，如下图所示。

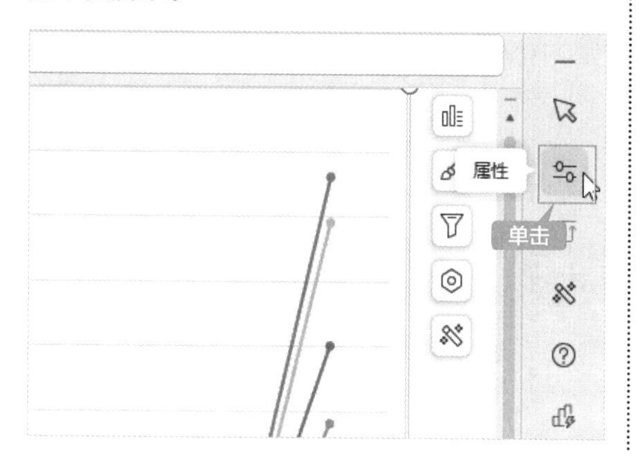

第2步 弹出【属性】窗格，选择【图表选项】→【大小与属性】选项卡，在【大小】区域中设置【高度】和【宽度】的数值，即可精确调整图表的大小，如下图所示。

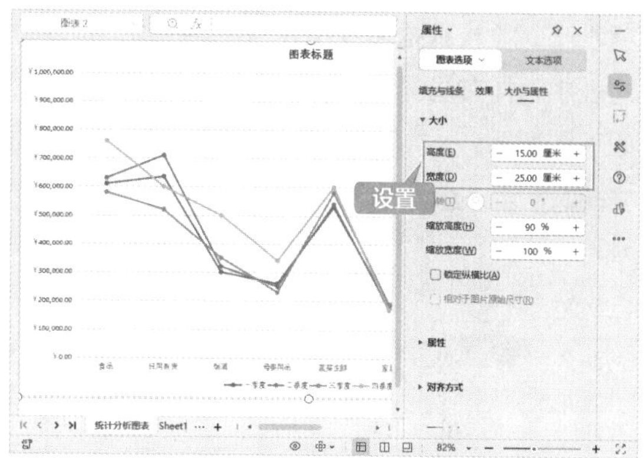

6.3.2 更改图表类型

创建图表时，如果选择的图表类型不能直观地展示工作表中的数据，则可以更改图表的类型，具体操作步骤如下。

第1步 选择创建的图表，单击【图表工具】选项卡下的【更改类型】按钮，如下图所示。

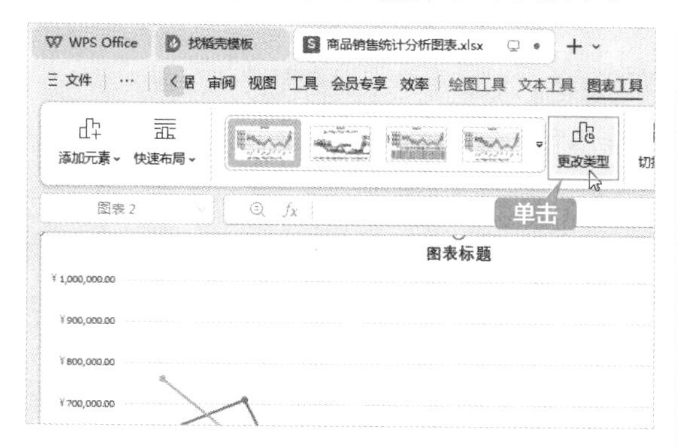

第2步 弹出【更改图表类型】对话框，选择需要的图表类型，如“柱形图”，然后在右侧选择图表样式，如下图所示。

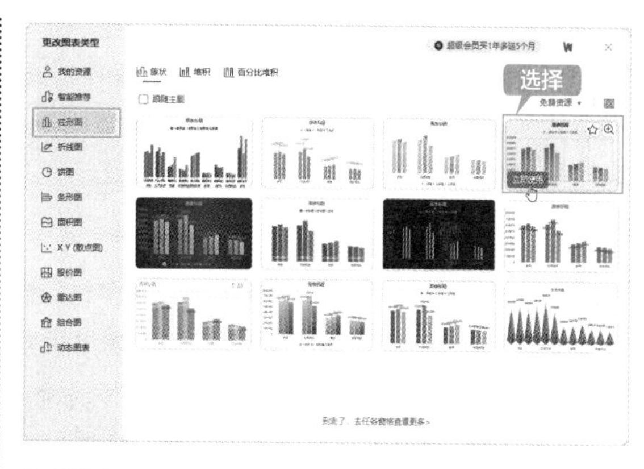

第3步 此时即可将折线图图表更改为柱形图图表，如下图所示。

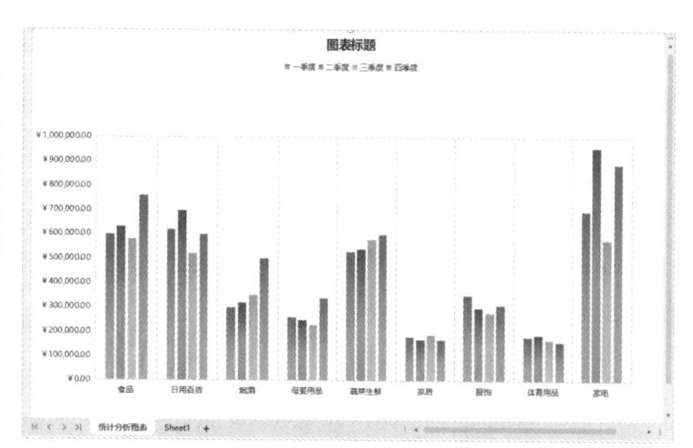

6.3.3 调整图表布局

创建图表后，可以根据需要调整图表的布局，具体操作步骤如下。

第1步 选择创建的图表，单击【图表工具】选项卡下的【快速布局】按钮，在弹出的下拉列表中选择布局样式，这里选择“布局3”选项，如下图所示。

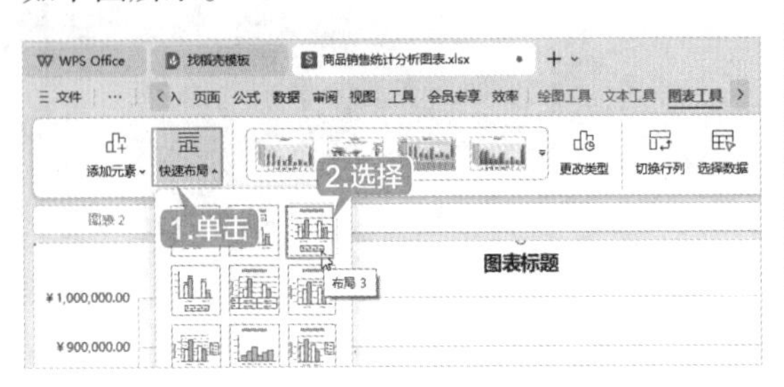

第2步 此时即可看到调整图表布局后的效果，如下图所示。

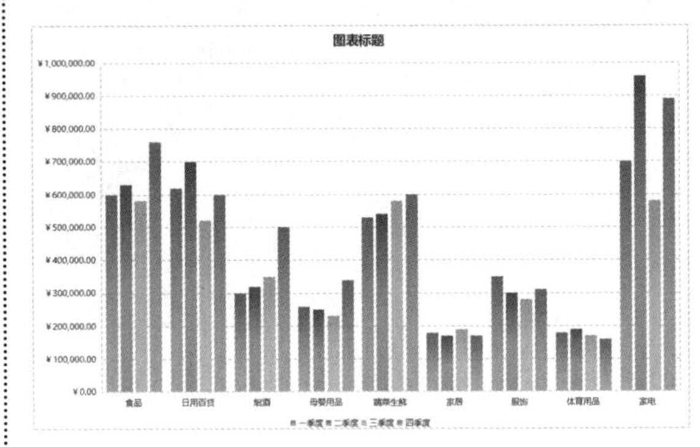

6.4 美化图表

为了使图表更加美观，我们可以设置图表的格式。WPS表格提供了多种图表格式，直接套用即可快速美化图表。

6.4.1 更改图表样式

创建图表后，系统会根据创建的图表提供多种图表样式，以便用户根据需要美化图表。

第1步 选择创建的图表，单击【图表工具】选项卡下图表样式组中的按钮，在弹出的下拉列表中选择预设的系列配色，然后选择样式，这里选择“样式4”选项，如下图所示。

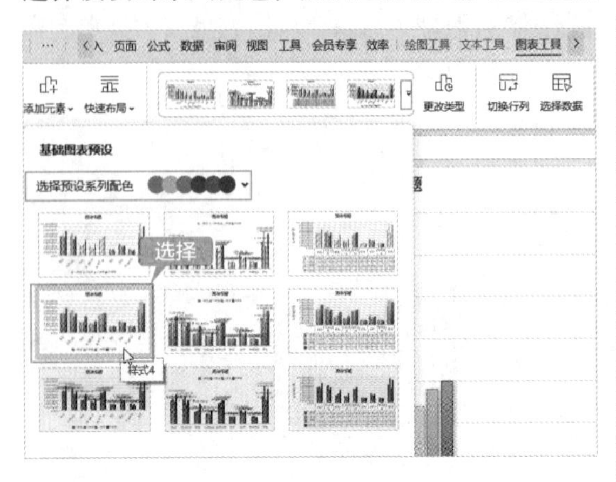

第2步 此时即可更改图表的样式，效果如下图所示。

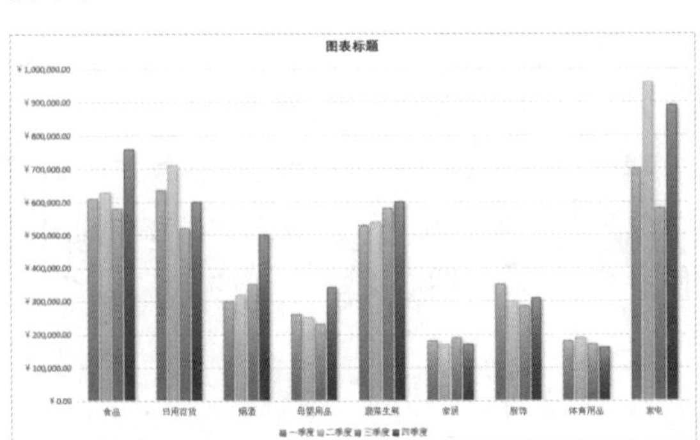

6.4.2 设置填充效果

设置填充效果的具体操作步骤如下。

第1步 选中创建的图表并右击，在弹出的快捷菜单中选择“设置图表区域格式”命令，如下图所示。

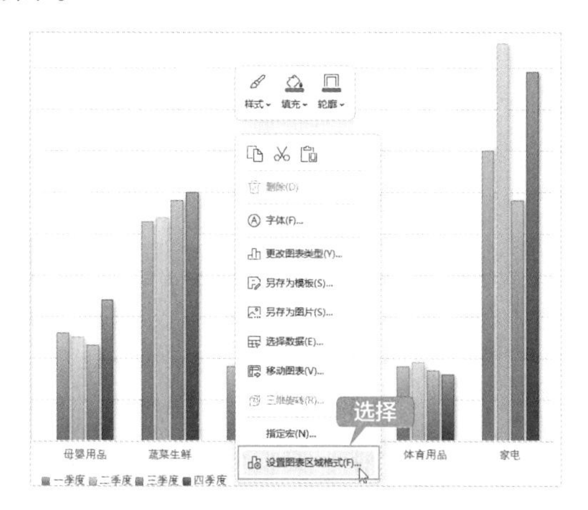

第2步 弹出【属性】窗格，选择【图表选项】→【填充与线条】选项卡，在【填充】区域中选中【图案填充】单选按钮，设置填充图案、前景和背景，如下图所示。

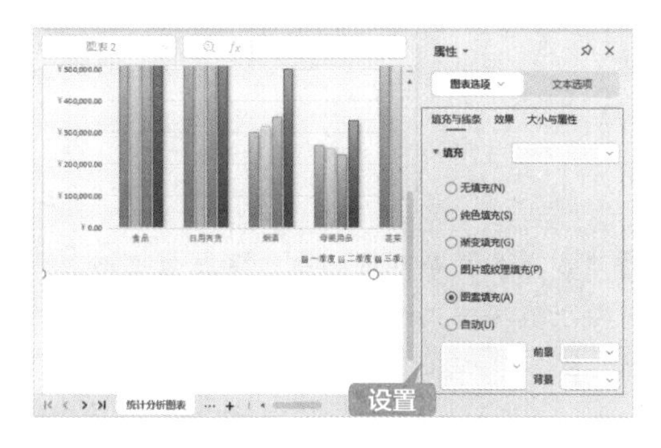

第3步 关闭【属性】窗格，设置填充后的效果如下图所示。

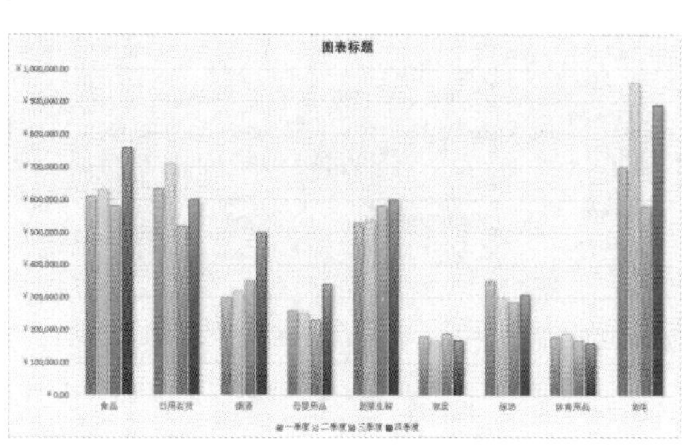

第4步 右击图表的绘图区，在弹出的快捷菜单中选择“设置绘图区格式”命令，如下图所示。此时即可在【属性】窗格中对绘图区进行填充设置。

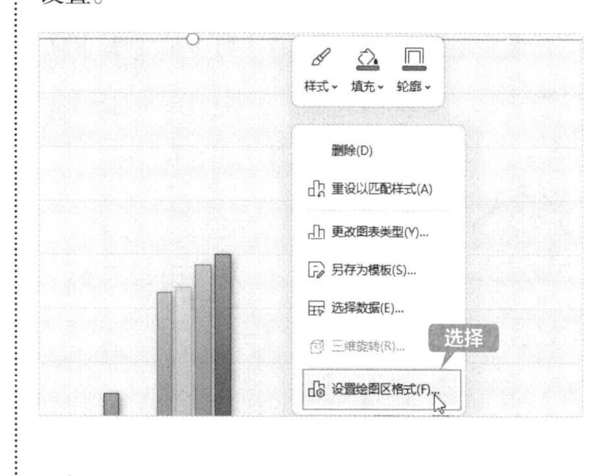

6.4.3 设置图表数据标签和标题

在美化图表的过程中，用户可以为图表添加数据标签和标题，使图表中的信息更加完整和清晰，具体操作步骤如下。

第1步 选择图表中“四季度”数据系列，单击【图表工具】选项卡下的【添加元素】按钮，在弹出的下拉列表中选择【数据标签】→【数据标签外】选项，如下图所示。

第2步 此时即可添加数据标签，如下图所示。

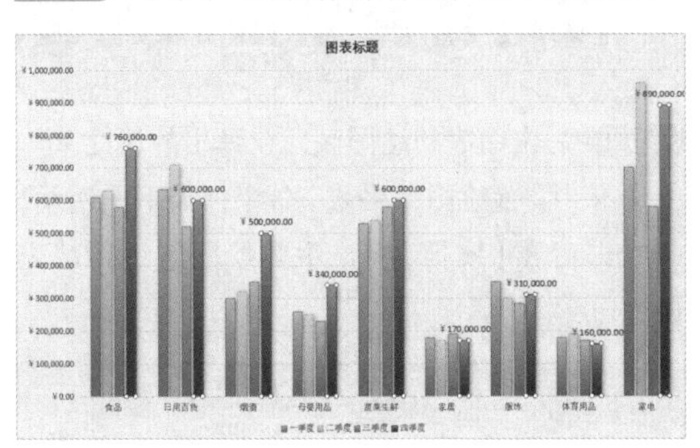

第3步 将图表标题改为“商品销售统计分析图表”，如下图所示。

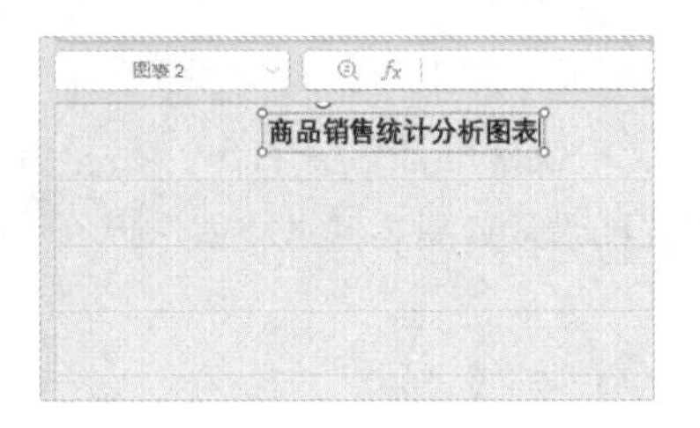

第4步 设置图表标题的文字样式和大小，然后适当调整绘图区的大小，最终效果如下图所示。

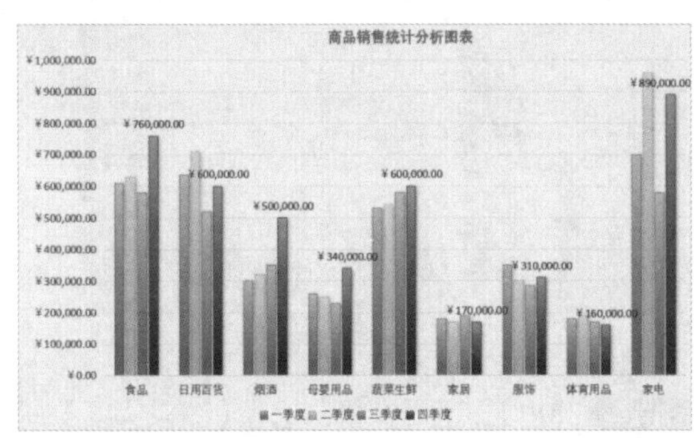

举一反三

制作月度分析图表

与商品销售统计分析图表类似的还有月度分析图表、年产量统计图表、货物库存分析图表、成绩统计分析图表等。制作这类表格时，要求数据格式统一，选择合适的图表类型，并且能准确展示要传递的信息。下面以制作月度分析图表为例进行介绍。

本节素材结果文件

	素材	素材\ch06\月度分析图表.xlsx
	结果	结果\ch06\月度分析图表.xlsx

1. 创建图表

打开素材文件，创建组合图图表，如下图所示。

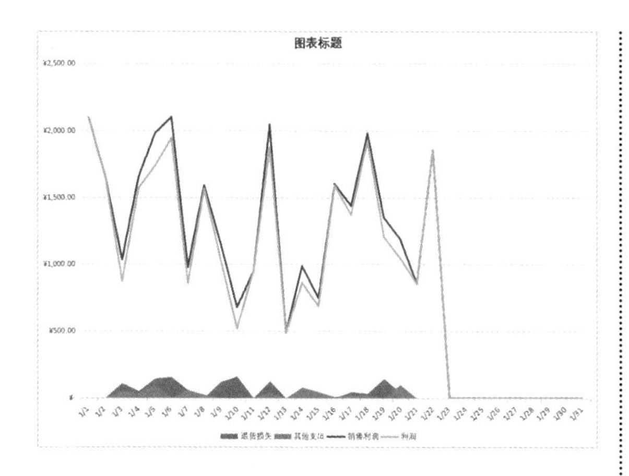

2. 应用图表样式

选择图表，为图表应用预设的样式，如下图所示。

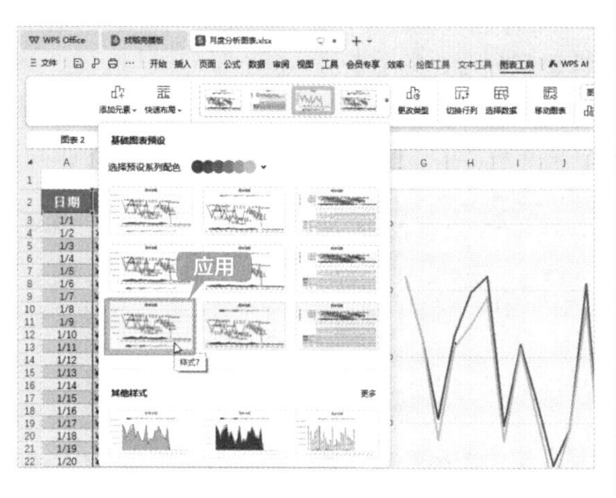

3. 设置图表标题

为图表设置标题，效果如下图所示。

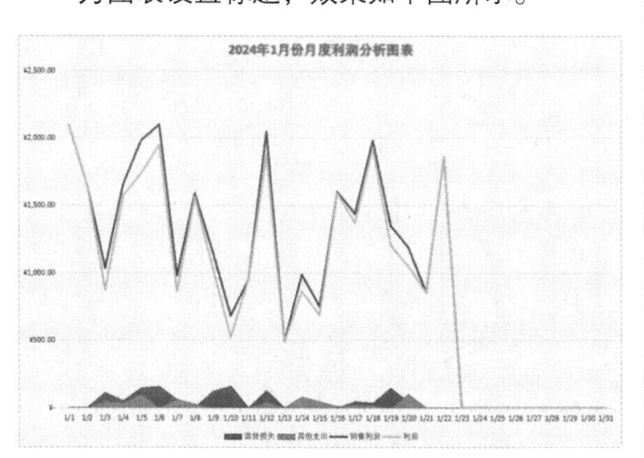

4. 添加趋势线

选择图表中的“利润”走势线，单击【图表工具】选项卡下的【添加元素】按钮，在弹出的下拉列表中选择【趋势线】中的“线性”选项，并设置趋势线的线条类型及颜色，最终效果如下图所示。

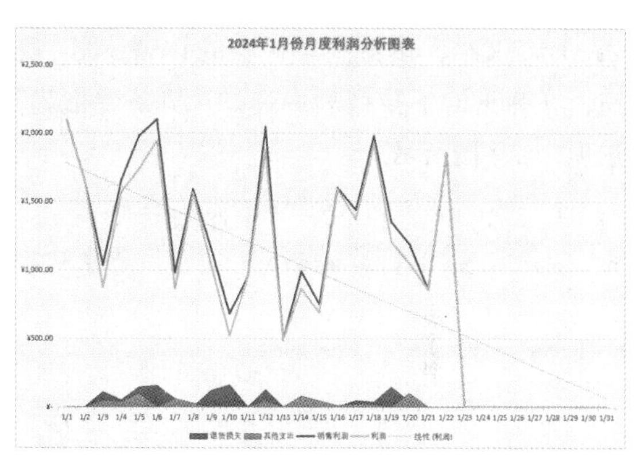

◇ 打印工作表时，不打印图表

用户可以设置在打印工作表时，不打印工作表中的图表，操作方法如下。

双击图表区域的空白处，弹出【属性】窗格，选择【图表选项】→【大小与属性】选项卡，在【属性】区域中取消选中【打印对象】复选框，即可不打印图表，如下图所示。

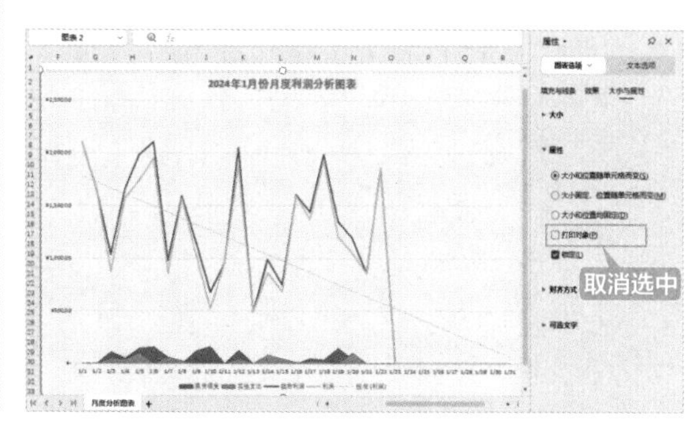

◇ 使用AI快速完成条件格式标记

在做数据分析时，利用WPS AI的【AI条件格式】功能，只需简洁明了地输入数据标注需求，即可快捷高效地完成条件格式的自动标记，这极大地提升了数据处理的效率与准确性。

第1步 打开“素材\ch06\员工销售额统计表.xlsx”文档，单击菜单栏中的【WPS AI】按钮，在弹出的下拉列表中选择“AI条件格式”选项，如下图所示。

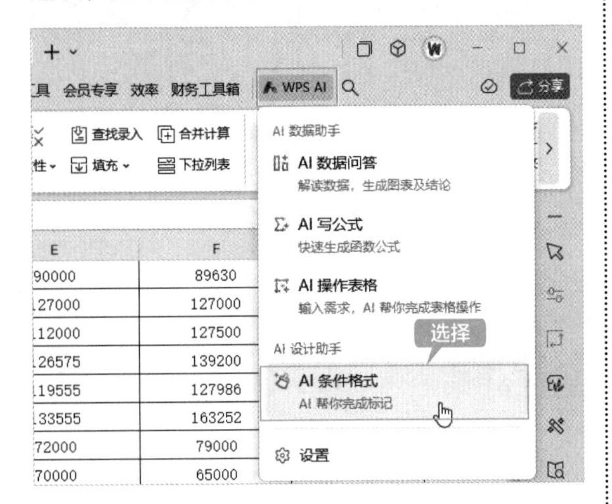

第2步 弹出【AI条件格式】窗格，在指令框中输入指令，然后单击 **>** 按钮，如下图所示。

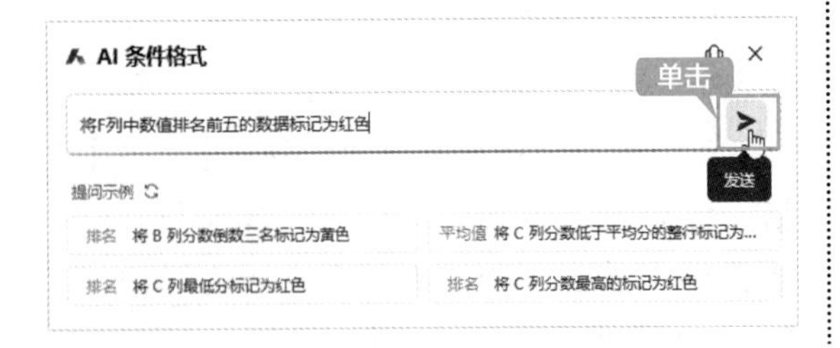

第3步 此时会显示区域、规则及格式等设置项，用户可以根据需求进行调整，确认无误后，单击【完成】按钮，如下图所示。

第4步 此时即可快速对符合条件的数值进行条件格式标记，如下图所示。

员工编号	姓名	职位	部门	目标销售额（元）	实际销售额（元）	差额（元）	完成率
100057	侯子萱	销售代表	销售1部	60000	59300	-700	98.83%
100341	韩雨欣	销售代表	销售1部	120000	96582	-23418	80.49%
100847	杨皓然	销售代表	销售1部	68000	74500	6500	109.56%
101458	李明泽	销售代表	销售1部	77000	76520	-480	99.38%
101834	魏博文	销售经理	销售1部	171525	[illegible]	6980	104.07%
102485	徐海伦	销售代表	销售1部	74555	65832	-8723	88.30%
102867	刘嘉懿	销售代表	销售1部	118000	118000	0	100.00%
100015	赵一帆	销售经理	销售2部	152563	[illegible]	19819	112.99%
100137	王思懿	销售代表	销售2部	80000	96921	16921	121.15%
100659	张秋燕	销售代表	销售2部	83000	91500	8500	110.24%
101276	王钧泽	销售代表	销售2部	94000	92305	-1695	98.20%
101672	刘雨桐	销售代表	销售2部	62040	69885	7845	112.65%
102263	陈嘉懿	销售代表	销售2部	82558	79252	-3306	96.00%
102639	王梓萱	销售代表	销售2部	64555	78230	13675	121.18%
103048	周钧泽	销售代表	销售2部	148000	[illegible]	4000	102.70%
100123	杨静怡	销售代表	销售3部	70000	65000	-5000	92.86%
100482	张天琪	销售代表	销售3部	135000	123697	-11303	91.63%
101025	陈子萱	销售经理	销售3部	166000	[illegible]	13500	108.13%
101583	郑博文	销售代表	销售3部	143020	136500	-6520	95.44%
102059	刘思源	销售代表	销售3部	134556	120920	-13636	89.87%
102576	郭雨欣	销售主管	销售3部	147555	131622	-15933	89.20%
100029	韩宜轩	销售代表	销售4部	50000	45000	-5000	90.00%
100254	刘静怡	销售代表	销售4部	90000	89630	-370	99.59%
100763	黄思源	销售经理	销售4部	127000	127000	0	100.00%
101324	陈秋宜	销售代表	销售4部	112000	127500	15500	113.84%
101795	王思源	销售代表	销售4部	126575	139200	12625	109.97%
102347	刘一帆	销售代表	销售4部	119555	127986	8431	107.05%
102754	黄海伦	销售主管	销售4部	133555	[illegible]	29697	122.24%

第7章

高级数据处理与分析——企业员工工资明细表

本章导读

公式和函数是WPS表格的重要组成部分，它们有着强大的计算能力，为用户分析和处理工作表中的数据提供了很大的便利。使用公式和函数可以节省处理数据的时间，降低处理大量数据的出错率。本章将通过制作企业员工工资明细表来介绍公式和函数的使用方法。

思维导图

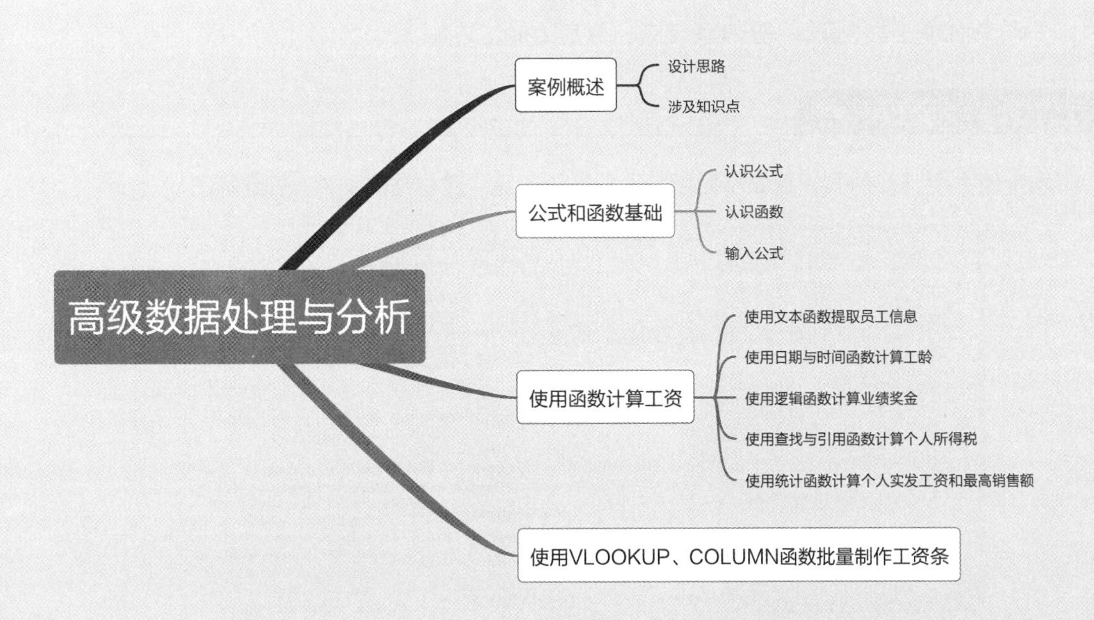

7.1 案例概述

企业员工工资明细表是常用的工作表，它作为企业员工工资的发放凭证，是根据各项工资汇总而成的。企业员工工资明细表由工资表、员工基本信息、销售奖金表、业绩奖金标准和当月应缴税额等工作表组成，每个工作表中的数据都需要经过大量的运算，各工作表之间也需要使用函数相互调用，最后由各个工作表共同组成一个企业员工工资明细工作簿。制作该工作簿的过程中会涉及很多函数，本章将通过制作企业员工工资明细表来介绍常用函数的使用方法。

本节素材结果文件

	素材	素材\ch07\企业员工工资明细表.et
	结果	结果\ch07\企业员工工资明细表.et

7.1.1 设计思路

企业员工工资明细表由几个基本的工作表组成，各工作表之间存在调用关系，因此需要安排好工作表的制作顺序，设计思路如下。

① 完善员工基本信息表，计算出五险一金的缴纳金额。

② 计算员工工龄，得出员工工龄工资。

③ 根据奖金发放标准计算出员工奖金金额。

④ 汇总得出应发工资，计算个人所得税缴纳金额。

⑤ 汇总各项工资金额，得出实发工资，最后生成工资条。

7.1.2 涉及知识点

本案例主要涉及的知识点如下图所示（思维导图见“素材结果文件\思维导图\7.pos”）。

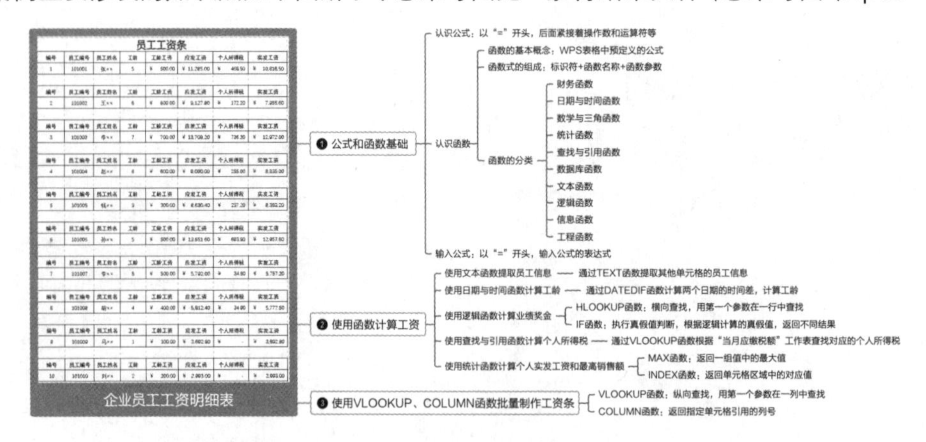

7.2 公式和函数基础

在表格中使用公式和函数是计算数据的重要方式，可以使各类数据处理工作变得方便，下面介绍公式和函数的基础及使用方法。

7.2.1 认识公式

在下图所示的案例中，要计算总支出金额，只需将各项支出金额相加即可。如果通过手动计算或使用计算器计算，在面对大量数据时效率是非常低的，也无法保证数据的准确性。

	A	B	C	D
1	支出项目	支出金额		
2	水电费	￥178.22		
3	燃气费	￥96.50		
4	物业费	￥196.00		
5				
6	总支出			
7				

在表格中计算总支出金额，用单元格表示为B2+B3+B4，这就是一个表达式，如果以“=”开头连接这个表达式，就形成了一个公式。为了方便理解，下面给出几个应用公式的例子。

=2024+1

=SUM()

=现金收入－支出

上面的例子体现了公式的语法，即公式以“=”开头，后面紧接着操作数和运算符，操作数可以是常数、单元格引用、单元格名称或工作表函数等。公式使用数学运算符来处理数值、文本、工作表函数及其他函数，在单元格或单元格区域中输入公式，可以对数据进行计算并返回结果。数值和文本可以位于其他单元格或单元格区域中，方便更改数据，并赋予工作表动态特征。在更改工作表中的数据的同时，让公式来做计算工作，用户可以快速地查看结果。

提示

函数是WPS表格中内置的一段程序，用于完成预定的计算功能，或者说是一种内置的公式。公式是用户根据数据统计、处理和分析的实际需要，利用函数、引用、常量等参数，通过运算符连接起来，完成用户需求的计算功能的表达式。

输入公式时，单元格中的数据主要由下列几个元素组成。

① 运算符，如“+”（相加）或“*”（相乘）。

② 单元格引用（包含了特定名称的单元格和单元格区域）。

③ 数值和文本。

④ 工作表函数（如SUM函数或AVERAGE函数）。

在单元格中输入公式后，按【Enter】键，单元格中会显示公式的计算结果。当选中单元格时，编辑栏中会显示公式。常见的公式类型及说明见表7-1。

表 7-1　常见的公式类型及说明

公式	说明
=2024*0.5	公式只使用了数值，建议使用单元格与单元格相乘
=A1+A2	将A1和A2单元格中的值相加
=Income-Expenses	用单元格Income（收入）的值减去单元格Expenses（支出）的值
=SUM(A1:A12)	将A1至A12所有单元格中的值相加
=A1=C12	比较A1和C12单元格。如果相等，公式返回值为TRUE；反之则为FALSE

7.2.2 认识函数

函数是WPS表格的重要组成部分，有着非常强大的计算功能，为用户分析和处理工作表中的数据提供了便利。

1. 函数的基本概念

表格中所提到的函数其实是一些预定义的公式，它们使用一些被称为参数的特定数值，按特定的顺序或结构进行计算。每个函数描述都包括一个语法行，它是一种特殊的公式，所有的函数必须以“=”开始，必须按语法的特定顺序进行计算。

【插入函数】对话框为用户提供了一个使用半自动方式输入函数及其参数的方法。通过【插入函数】对话框可以保证函数拼写正确，以及参数的顺序正确。

弹出【插入函数】对话框的常用方法有以下两种。

① 在【公式】选项卡下单击【插入】按钮 fx插入。

② 单击编辑栏中的【插入函数】按钮 fx。

【插入函数】对话框如下图所示。

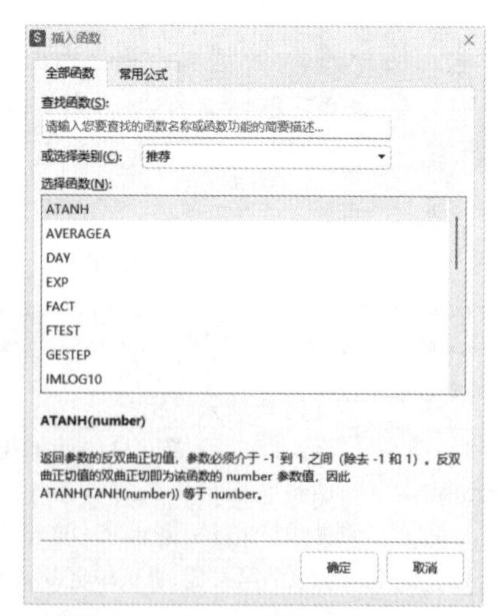

如果要使用内置函数，可以从【插入函数】对话框的【或选择类别】下拉列表中选择一种类别，并在【选择函数】列表框中选择所需的函数。

如果不确定需要哪类函数，可以通过对话框顶部的【查找函数】文本框搜索相应的函数。输入要查找的函数的名称或功能，即会在【选择函数】中显示相关函数列表。

选择函数后单击【确定】按钮，弹出【函数参数】对话框。通过【函数参数】对话框可以为函数设定参数，不同的函数有不同的参数。要使用单元格或单元格区域引用作为参数，可以手动输入地址或单击参数选择框，选择单元格或单元格区域。在设定好所有的函数参数后，单击【确定】按钮即可，如下图所示。

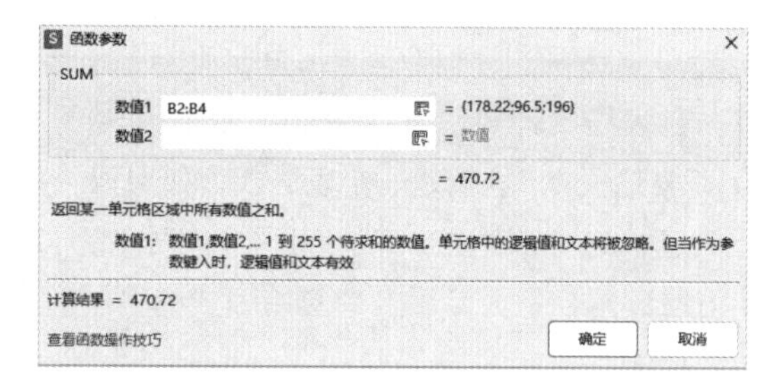

提示

使用【插入函数】对话框可以向一个公式中插入函数，使用【函数参数】对话框可以修改单元格中的参数。如果在输入函数时改变了想法，可以单击编辑栏左侧的【取消】按钮×。

另外，当用户对选择函数感到困惑时，可以通过WPS AI的【AI写公式】功能来确定所需的函数。该功能利用人工智能技术，根据用户输入的上下文或问题描述，自动推荐并生成相应的数学公式，从而使用户更快速、更准确地选择合适的函数来解决问题。使用该功能的方法如下。

第1步 单击【公式】选项卡下的【AI写公式】按钮，即可触发【AI写公式】功能。在指令框中输入需求提示词，并单击➤按钮，如下图所示。

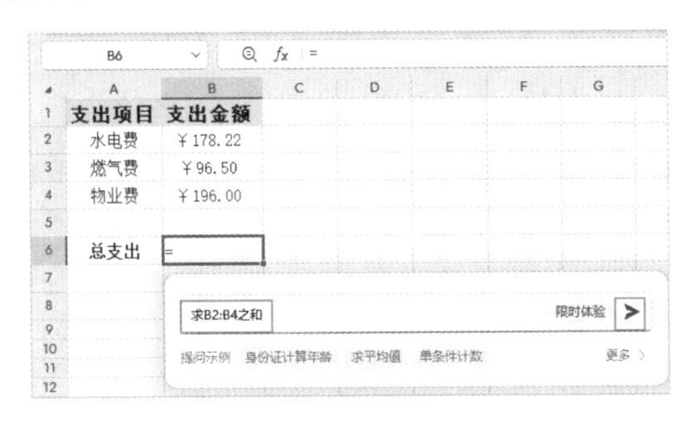

第2步 此时即可生成符合提示词的公式，如果符合需求，则单击【完成】按钮；如果不正确，则单击【弃用】或【重新提问】按钮，重新生成正确的公式，如下图所示。

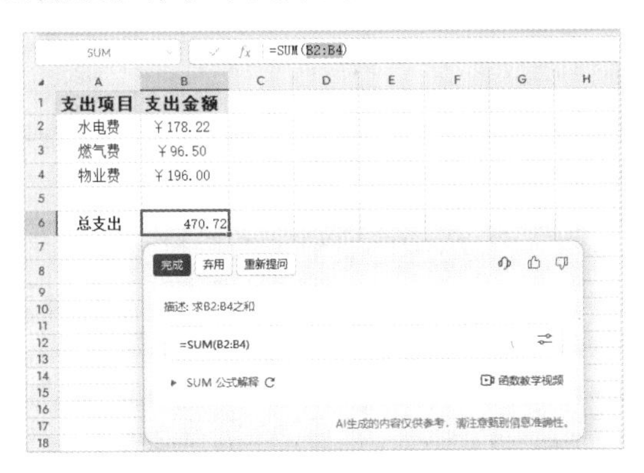

2. 函数式的组成

一个完整的函数式通常由3个部分组成，分别是标识符、函数名称、函数参数，其格式如下。

B6 fx =SUM(B2:B4)

	A	B	C	D	E
1	支出项目	支出金额			
2	水电费	￥178.22			
3	燃气费	￥96.50			
4	物业费	￥196.00			
5					
6	总支出	470.72			
7					

① 标识符。

在单元格中输入函数式时，必须先输入“=”，即标识符。

提示

如果不输入“=”，通常输入的函数式将作为文本处理，不返回运算结果。如果输入“+”或“-”，也可以返回函数式的运算结果。确认输入后，函数式前会自动添加“=”。

② 函数名称。

标识符后面的英文字母是函数名称。

提示

大多数函数名称是函数对应的英文单词的缩写。有些函数名称由多个英文单词（或缩写）组合而成。例如，条件求和函数SUMIF是由求和函数SUM与条件函数IF组成的。

③ 函数参数。

函数参数主要有以下几种类型。

- 常量：主要包括数值（如“123.45”）、文本（如“计算机”）和日期（如“2024-1-1”）等。
- 逻辑值：主要包括逻辑真（TRUE）、逻辑假（FALSE）及逻辑判断表达式的结果等。
- 单元格引用：主要包括单个单元格的引用和单元格区域的引用等。
- 名称：工作簿各个工作表自定义的名称，可以作为本工作簿内的函数参数直接引用。
- 其他函数式：用户可以用一个函数式的返回结果作为另一个函数式的参数，这种形式的函数式通常被称为函数嵌套。
- 数组参数：可以是一组常量，如{2,4,6}，也可以是单元格区域的引用。

> **提示**
>
> 如果一个函数中涉及多个参数，那么可用英文逗号将每个参数隔开。

3. 函数的分类

WPS表格中提供了类型丰富的内置函数，按照功能可以分为财务函数、日期与时间函数、数学与三角函数、统计函数、查找与引用函数、数据库函数、文本函数、逻辑函数、信息函数和工程函数10 类。用户可以在【插入函数】对话框中查看这10类函数。

各类型函数的作用见表7-2。

表7-2　各类型函数的作用

函数类型	作用
财务函数	进行一般的财务计算
日期与时间函数	分析和处理日期及时间
数学与三角函数	在工作表中进行简单的计算
统计函数	对数据区域进行统计分析
查找与引用函数	在数据清单中查找特定数据或查找一个单元格引用
数据库函数	分析数据清单中的数值是否符合特定条件
文本函数	在公式中处理字符串
逻辑函数	进行逻辑判断或复合检验
信息函数	确定存储在单元格中数据的类型
工程函数	用于工程分析

7.2.3 输入公式

在WPS表格中运用公式进行数据计算，需要在单元格或编辑栏中输入相应的公式。在输入公式时，先输入“=”作为开头，然后输入公式的表达式，具体操作步骤如下。

第1步 打开素材文件，选择“员工基本信息”工作表，选中E3单元格，输入“=”，如下图所示。

SUMIF　=

	A	B	C	D	E	F
1	员工编号	员工姓名	入职日期	基本工资		五险一
2					养老	医疗
3	101001	张××	2018/8/22	¥ 7,500.00	=	
4	101002	王××	2017/5/3	¥ 6,100.00		
5	101003	李××	2016/12/9	¥ 5,900.00		
6	101004	赵××	2017/4/6	¥ 5,000.00		
7	101005	钱××	2020/3/8	¥ 4,800.00		
8	101006	孙××	2018/4/20	¥ 4,200.00		
9	101007	李××	2018/10/20	¥ 4,000.00		
10	101008	胡××	2019/6/5	¥ 3,800.00		
11	101009	马××	2022/7/20	¥ 3,600.00		
12	101010	刘××	2021/6/20	¥ 3,500.00		

输入

工资表　员工基本信息　销售奖金表　业绩奖金标准　当月…

第2步 单击D3单元格，单元格周围会显示一个虚线框，同时D3单元格会被引用至E3单元格中，如下图所示。

SUMIF　=D3

	A	B	C	D	E
1	员工编号	员工姓名	入职日期	基本工资	
2					养老
3	101001	张××	2018/8/22	¥ 7,500.00	=D3
4	101002	王××	2017/5/3	¥ 6,100.00	
5	101003	李××	2016/12/9	¥ 5,900.00	
6	101004	赵××	2017/4/6	¥ 5,000.00	
7	101005	钱××	2020/3/8	¥ 4,800.00	
8	101006	孙××	2018/4/20	¥ 4,200.00	

第3步 输入“*”，然后输入“$M$2”，即可形成公式“=D3*$M$2”，如下图所示。

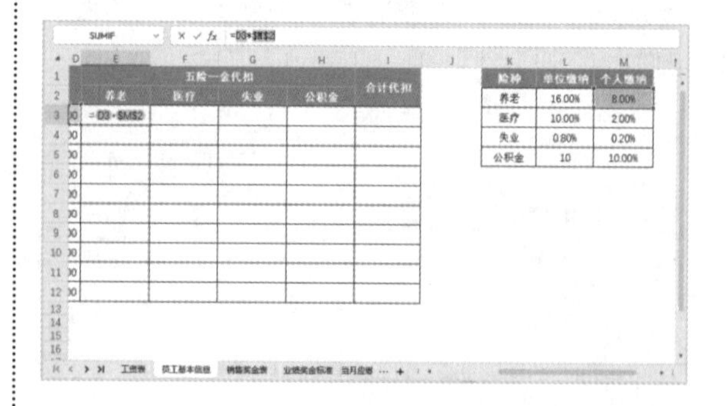

提示

上述公式与“=D3*M2”的计算结果是相同的，但前者采用绝对引用的方式。通过使用“$”符号来固定单元格的位置，当复制该公式时，引用的单元格位置始终保持不变。这种绝对引用方式使得公式在处理复杂数据时更加准确可靠。

第4步 按【Enter】键或单击编辑栏中的【输入】按钮✓，即可计算出结果。

E3 =D3*$M$2

	五险一金代扣			
	养老	医疗	失业	公积金
3	¥ 600.00			
4				
5				
6				
7				
8				

第5步 将鼠标指针定位在E3单元格右下角，当鼠标指针变为➕形状时，按住鼠标左键并向下拖至E12单元格，即可快速填充所选单元格，效果如下图所示。

E3 =D3*$M$2

	五险一金代扣				合计代扣
	养老	医疗	失业	公积金	
3	¥ 600.00				
4	¥ 488.00				
5	¥ 472.00				
6	¥ 400.00				
7	¥ 384.00				
8	¥ 336.00				
9	¥ 320.00				
10	¥ 304.00				
11	¥ 288.00				
12	¥ 280.00				

第6步 使用同样的方法对医疗、失业、公积金进行计算，效果如下图所示。

	五险一金代扣				合计代扣
	养老	医疗	失业	公积金	
3	¥ 600.00	¥ 150.00	¥ 15.00	¥ 750.00	
4	¥ 488.00	¥ 122.00	¥ 12.20	¥ 610.00	
5	¥ 472.00	¥ 118.00	¥ 11.80	¥ 590.00	
6	¥ 400.00	¥ 100.00	¥ 10.00	¥ 500.00	
7	¥ 384.00	¥ 96.00	¥ 9.60	¥ 480.00	
8	¥ 336.00	¥ 84.00	¥ 8.40	¥ 420.00	
9	¥ 320.00	¥ 80.00	¥ 8.00	¥ 400.00	
10	¥ 304.00	¥ 76.00	¥ 7.60	¥ 380.00	
11	¥ 288.00	¥ 72.00	¥ 7.20	¥ 360.00	
12	¥ 280.00	¥ 70.00	¥ 7.00	¥ 350.00	

险种	单位缴纳	个人缴纳
养老	16.00%	8.00%
医疗	10.00%	2.00%
失业	0.80%	0.20%
公积金	10	10.00%

工资表 员工基本信息 销售奖金表 业绩奖金标准 当月应!

第7步 单击I3单元格，输入公式“=SUM(E3:H3)”，按【Enter】键计算出单元格区域的数值之和，如下图所示。

I3 =SUM(E3:H3)

	五险一金代扣				合计代扣
	养老	医疗	失业	公积金	
3	¥ 600.00	¥ 150.00	¥ 15.00	¥ 750.00	¥ 1,515.00
4	¥ 488.00	¥ 122.00	¥ 12.20	¥ 610.00	
5	¥ 472.00	¥ 118.00	¥ 11.80	¥ 590.00	
6	¥ 400.00	¥ 100.00	¥ 10.00	¥ 500.00	
7	¥ 384.00	¥ 96.00	¥ 9.60	¥ 480.00	
8	¥ 336.00	¥ 84.00	¥ 8.40	¥ 420.00	
9	¥ 320.00	¥ 80.00	¥ 8.00	¥ 400.00	
10	¥ 304.00	¥ 76.00	¥ 7.60	¥ 380.00	
11	¥ 288.00	¥ 72.00	¥ 7.20	¥ 360.00	
12	¥ 280.00	¥ 70.00	¥ 7.00	¥ 350.00	

提示

也可以输入公式“=E3+F3+G3+H3”，对单元格区域进行求和。

第8步 快速填充I4:I12单元格区域，效果如下图所示。

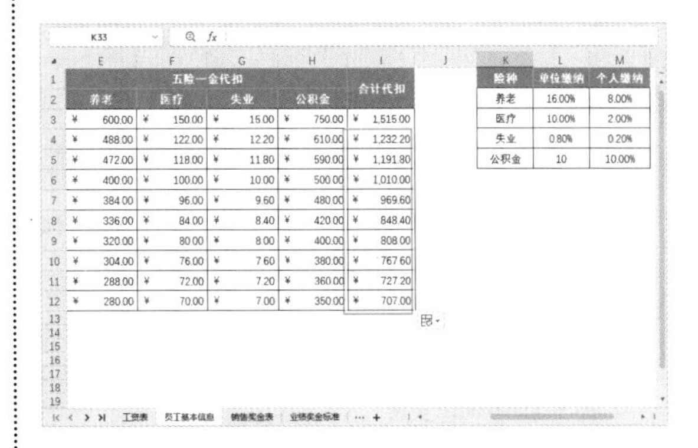

K33

	五险一金代扣				合计代扣
	养老	医疗	失业	公积金	
3	¥ 600.00	¥ 150.00	¥ 15.00	¥ 750.00	¥ 1,515.00
4	¥ 488.00	¥ 122.00	¥ 12.20	¥ 610.00	¥ 1,232.20
5	¥ 472.00	¥ 118.00	¥ 11.80	¥ 590.00	¥ 1,191.80
6	¥ 400.00	¥ 100.00	¥ 10.00	¥ 500.00	¥ 1,010.00
7	¥ 384.00	¥ 96.00	¥ 9.60	¥ 480.00	¥ 969.60
8	¥ 336.00	¥ 84.00	¥ 8.40	¥ 420.00	¥ 848.40
9	¥ 320.00	¥ 80.00	¥ 8.00	¥ 400.00	¥ 808.00
10	¥ 304.00	¥ 76.00	¥ 7.60	¥ 380.00	¥ 767.60
11	¥ 288.00	¥ 72.00	¥ 7.20	¥ 360.00	¥ 727.20
12	¥ 280.00	¥ 70.00	¥ 7.00	¥ 350.00	¥ 707.00

险种	单位缴纳	个人缴纳
养老	16.00%	8.00%
医疗	10.00%	2.00%
失业	0.80%	0.20%
公积金	10	10.00%

工资表 员工基本信息 销售奖金表 业绩奖金标准

7.3 使用函数计算工资

制作企业员工工资明细表需要运用多种类型的函数，这些函数为数据处理提供了很大的帮助。

7.3.1 使用文本函数提取员工信息

员工信息是工资表中必不可少的一项，逐个输入数据不仅浪费时间，还容易出现错误，文本函数则很擅长处理字符串类型的数据。使用文本函数可以快速准确地将员工信息输入“工资表”工作表中，具体操作步骤如下。

第1步 选择“工资表”工作表，选中B2单元格，在编辑栏中输入公式“=TEXT(员工基本信息!A3,0)”，如下图所示。

SUMIF | =TEXT(员工基本信息!A3, 0) | 输入

	A	B	C	D	E
1	编号	员工编号	员工姓名	工	龄工资
2	1	=TEXT(员工基本信息!A3,0)			
3	2				
4	3				

第2步 按【Enter】键确认，即可引用“员工基本信息”工作表中A3单元格的员工编号，如下图所示。

B2 | =TEXT(员工基本信息!A3, 0)

	A	B	C	D	E
1	编号	员工编号	员工姓名	工龄	工龄工资
2	1	101001			
3	2				
4	3				

第3步 使用快速填充功能将公式填充至B3:B11单元格区域，效果如下图所示。

B2 | =TEXT(员工基本信息!A3, 0)

	A	B	C	D	E	F
1	编号	员工编号	员工姓名	工龄	工龄工资	应发工资
2	1	101001				
3	2	101002				
4	3	101003				
5	4	101004				
6	5	101005				
7	6	101006				
8	7	101007				
9	8	101008				
10	9	101009				
11	10	101010				

第4步 选中C2单元格，在编辑栏中输入“=TEXT(员工基本信息!B3,0)”，如下图所示。

SUMIF | =TEXT(员工基本信息!B3, 0) | 输入

	A	B	C	D	E
1	编号	员工编号	员工姓名		工龄
2	1	101001	=TEXT(员工基本信息!B3,0)		
3	2	101002			
4	3	101003			
5	4	101004			
6	5	101005			
7	6	101006			

第5步 按【Enter】键确认，即可引用“员工基本信息”工作表中B3单元格的员工姓名，如下图所示。

C2 | =TEXT(员工基本信息!B3, 0)

	A	B	C	D
1	编号	员工编号	员工姓名	工龄
2	1	101001	张××	
3	2	101002		
4	3	101003		
5	4	101004		
6	5	101005		
7	6	101006		

第6步 使用快速填充功能将公式填充至C3:C11单元格区域，效果如下图所示。

C2 | =TEXT(员工基本信息!B3, 0)

	A	B	C	D	E	F
1	编号	员工编号	员工姓名	工龄	工龄工资	应发工资
2	1	101001	张××			
3	2	101002	王××			
4	3	101003	李××			
5	4	101004	赵××			
6	5	101005	钱××			
7	6	101006	孙××			
8	7	101007	李××			
9	8	101008	胡××			
10	9	101009	马××			
11	10	101010	刘××			

7.3.2 使用日期与时间函数计算工龄

员工的工龄是计算员工工龄工资的依据。使用日期与时间函数可以准确地计算出员工的工龄，根据工龄即可计算出工龄工资，具体操作步骤如下。

第1步 选择“工资表”工作表，选中D2单元格，在编辑栏中输入公式“=DATEDIF(员工基本信息!C3,TODAY(),"y")”，如下图所示。

SUMIF　=DATEDIF(员工基本信息!C3,TODAY(),"y")

输入

编号	员工编号	员工姓名	工龄	工龄工资	
1	101001	张××	C3,TODAY(),"y")		
2	101002	王××			
3	101003	李××			
4	101004	赵××			
5	101005	钱××			
6	101006	孙××			
7	101007	李××			
8	101008	胡××			

第2步 按【Enter】键确认，即可计算出员工的工龄，使用快速填充功能将公式填充至D3:D11单元格区域，即可快速计算出其他员工的工龄，效果如下图所示。

D2　=DATEDIF(员工基本信息!C3,TODAY(),"y")

编号	员工编号	员工姓名	工龄	工龄工资	应发工资
1	101001	张××	5		
2	101002	王××	6		
3	101003	李××	7		
4	101004	赵××	6		
5	101005	钱××	3		
6	101006	孙××	5		
7	101007	李××	5		
8	101008	胡××	4		
9	101009	马××	1		
10	101010	刘××	2		

第3步 根据每年工龄工资为100元的规则，选中E2单元格，在编辑栏中输入计算公式“=D2*100”，按【Enter】键后，该员工的工龄工资即可显示在E2单元格中，如下图所示。

E2　=D2*100

输入

编号	员工编号	员工姓名	工龄	工龄工资	应发工资	个人所得税	实发工资
1	101001	张××	5	¥ 500.00			
2	101002	王××	6				
3	101003	李××	7				
4	101004	赵××	6				
5	101005	钱××	3				
6	101006	孙××	5				
7	101007	李××	5				
8	101008	胡××	4				
9	101009	马××	1				
10	101010	刘××	2				

第4步 使用快速填充功能快速计算出其他员工的工龄工资，效果如下图所示。

编号	员工编号	员工姓名	工龄	工龄工资	应发工资
1	101001	张××	5	¥ 500.00	
2	101002	王××	6	¥ 600.00	
3	101003	李××	7	¥ 700.00	
4	101004	赵××	6	¥ 600.00	
5	101005	钱××	3	¥ 300.00	
6	101006	孙××	5	¥ 500.00	
7	101007	李××	5	¥ 500.00	
8	101008	胡××	4	¥ 400.00	
9	101009	马××	1	¥ 100.00	
10	101010	刘××	2	¥ 200.00	

工资表　员工基本信息　销售奖金表

7.3.3 使用逻辑函数计算业绩奖金

业绩奖金是企业员工工资的重要组成部分，根据员工的业绩划分为几个等级，每个等级的奖金比例不同。逻辑函数可以用来进行复合检验，因此很适合计算这种类型的数据，具体操作步骤如下。

第1步 切换至“销售奖金表”工作表，选中D2单元格，在编辑栏中输入公式“=HLOOKUP(C2,业绩奖金标准!$B$2:$F$3,2)”，按【Enter】键确认，即可得出奖金比例，如下图所示。

D2 =HLOOKUP(C2,业绩奖金标准!$B$2:$F$3,2)

输入

	A	B	C	D	E
1	员工编号	员工姓名	销售额	奖金比例	奖金
2	101001	张××	¥ 48,000.00	0.1	
3	101002	王××	¥ 38,000.00		
4	101003	李××	¥ 52,000.00		
5	101004	赵××	¥ 45,000.00		
6	101005	钱××	¥ 45,000.00		
7	101006	孙××	¥ 62,000.00		
8	101007	李××	¥ 30,000.00		

提示

HLOOKUP函数是表格中的横向查找函数，公式“=HLOOKUP(C2,业绩奖金标准!$B$2:$F$3,2)”中第3个参数设置为“2”，表示取满足条件的数据对应的“业绩奖金标准!$B$2:$F$3”区域中的第2行。

第2步 使用快速填充功能将公式填充到D2:D11单元格区域，效果如下图所示。

D2 =HLOOKUP(C2,业绩奖金标准!$B$2:$F$3,2)

	A	B	C	D	E
1	员工编号	员工姓名	销售额	奖金比例	奖金
2	101001	张××	¥ 48,000.00	0.1	
3	101002	王××	¥ 38,000.00	0.07	
4	101003	李××	¥ 52,000.00	0.15	
5	101004	赵××	¥ 45,000.00	0.1	
6	101005	钱××	¥ 45,000.00	0.1	
7	101006	孙××	¥ 62,000.00	0.15	
8	101007	李××	¥ 30,000.00	0.07	
9	101008	胡××	¥ 34,000.00	0.07	
10	101009	马××	¥ 24,000.00	0.03	
11	101010	刘××	¥ 8,000.00	0	

第3步 选中E2单元格，在编辑栏中输入公式“=IF(C2<50000,C2*D2,C2*D2+500)”，按【Enter】键确认，即可计算出该员工的奖金，如下图所示。

E2 =IF(C2<50000,C2*D2,C2*D2+500)

输入

	A	B	C	D	E
1	员工编号	员工姓名	销售额	奖金比例	奖金
2	101001	张××	¥ 48,000.00	0.1	¥4,800.0
3	101002	王××	¥ 38,000.00	0.07	
4	101003	李××	¥ 52,000.00	0.15	
5	101004	赵××	¥ 45,000.00	0.1	
6	101005	钱××	¥ 45,000.00	0.1	
7	101006	孙××	¥ 62,000.00	0.15	
8	101007	李××	¥ 30,000.00	0.07	

提示

本例中，单月销售额若大于50000元，则给予500元的奖励。

第4步 使用快速填充功能计算出其他员工的奖金，效果如下图所示。

	A	B	C	D	E
1	员工编号	员工姓名	销售额	奖金比例	奖金
2	101001	张××	¥ 48,000.00	0.1	¥4,800.0
3	101002	王××	¥ 38,000.00	0.07	¥2,660.0
4	101003	李××	¥ 52,000.00	0.15	¥8,300.0
5	101004	赵××	¥ 45,000.00	0.1	¥4,500.0
6	101005	钱××	¥ 45,000.00	0.1	¥4,500.0
7	101006	孙××	¥ 62,000.00	0.15	¥9,800.0
8	101007	李××	¥ 30,000.00	0.07	¥2,100.0
9	101008	胡××	¥ 34,000.00	0.07	¥2,380.0
10	101009	马××	¥ 24,000.00	0.03	¥720.0
11	101010	刘××	¥ 8,000.00	0	¥0.0

员工基本信息 销售奖金表 业绩表

7.3.4 使用查找与引用函数计算个人所得税

根据个人收入的不同，个人所得税采用阶梯形式的征收税率，因此直接计算起来比较复杂。本案例中，直接给出了当月应缴税额，使用函数引用即可，具体操作步骤如下。

第1步 切换至“工资表”工作表，选中F2单元格，在编辑栏中输入公式“=员工基本信息!D3-员工基本信息!I3+工资表!E2+销售奖金表!E2”，按【Enter】键确认，如下图所示。

F2 =员工基本信息!D3-员工基本信息!I3+工资表!E2+销售奖金表!E2

输入

	A	B	C	D	E	F	G
1	编号	员工编号	员工姓名	工龄	工龄工资	应发工资	个人所得
2	1	101001	张××	5	¥ 500.00	¥ 11,285.00	
3	2	101002	王××	6	¥ 600.00		
4	3	101003	李××	7	¥ 700.00		
5	4	101004	赵××	6	¥ 600.00		
6	5	101005	钱××	3	¥ 300.00		

第2步 使用快速填充功能计算出其他员工应发

工资，如下图所示。

编号	员工编号	员工姓名	工龄	工龄工资	应发工资	个人所得税	实发工资
1	101001	张××	5	¥ 500.00	¥ 11,285.00		
2	101002	王××	6	¥ 600.00	¥ 8,127.80		
3	101003	李××	7	¥ 700.00	¥ 13,708.20		
4	101004	赵××	6	¥ 600.00	¥ 9,090.00		
5	101005	钱××	3	¥ 300.00	¥ 8,630.40		
6	101006	孙××	5	¥ 500.00	¥ 13,651.60		
7	101007	李××	5	¥ 500.00	¥ 5,792.00		
8	101008	胡××	4	¥ 400.00	¥ 5,812.40		
9	101009	马××	1	¥ 100.00	¥ 3,692.80		
10	101010	刘××	2	¥ 200.00	¥ 2,993.00		

第3步 计算员工“张××”的个人所得税，选中G2单元格，在编辑栏中输入公式“=VLOOKUP(B2,当月应缴税额!$A$2:$B$11,2,0)”，按【Enter】键确认，如下图所示。

G2 =VLOOKUP(B2,当月应缴税额!$A$2:$B$11,2,0)　输入

编号	员工编号	员工姓名	工龄	工龄工资	应发工资	个人所得税	实发工资
1	101001	张××	5	¥ 500.00	¥ 11,285.00	¥ 468.50	
2	101002	王××	6	¥ 600.00	¥ 8,127.80		
3	101003	李××	7	¥ 700.00	¥ 13,708.20		
4	101004	赵××	6	¥ 600.00	¥ 9,090.00		
5	101005	钱××	3	¥ 300.00	¥ 8,630.40		
6	101006	孙××	5	¥ 500.00	¥ 13,651.60		
7	101007	李××	5	¥ 500.00	¥ 5,792.00		

提示

公式“=VLOOKUP(B2,当月应缴税额!$A$2:$B$11,2,0)”是指在“当月应缴税额”工作表的A2:B11单元格区域中，查找与B2单元格相同的值，并返回第2列的数据，0表示精确查找。

第4步 使用快速填充功能计算出其他员工应缴纳的个人所得税，效果如下图所示。

G2 =VLOOKUP(B2,当月应缴税额!$A$2:$B$11,2,0)

编号	员工编号	员工姓名	工龄	工龄工资	应发工资	个人所得税
1	101001	张××	5	¥ 500.00	¥ 11,285.00	¥ 468.50
2	101002	王××	6	¥ 600.00	¥ 8,127.80	¥ 172.20
3	101003	李××	7	¥ 700.00	¥ 13,708.20	¥ 736.20
4	101004	赵××	6	¥ 600.00	¥ 9,090.00	¥ 255.00
5	101005	钱××	3	¥ 300.00	¥ 8,630.40	¥ 237.20
6	101006	孙××	5	¥ 500.00	¥ 13,651.60	¥ 693.80
7	101007	李××	5	¥ 500.00	¥ 5,792.00	¥ 34.80
8	101008	胡××	4	¥ 400.00	¥ 5,812.40	¥ 34.90
9	101009	马××	1	¥ 100.00	¥ 3,692.80	¥ -
10	101010	刘××	2	¥ 200.00	¥ 2,993.00	¥ -

7.3.5 使用统计函数计算个人实发工资和最高销售额

统计函数作为专门进行统计分析的函数，可以很快地在工作表中找到所需的数据。

第1步 选中H2单元格，在编辑栏中输入公式“=F2-G2”，按【Enter】键确认，计算员工“张××”的实发工资。使用快速填充功能将公式填充至H3:H11单元格区域，计算出其他员工的实发工资，效果如下图所示。

H11 =F11-G11

编号	员工编号	员工姓名	工龄	工龄工资	应发工资	个人所得税	实发工资
1	101001	张××	5	¥ 500.00	¥ 11,285.00	¥ 468.50	¥ 10,816.50
2	101002	王××	6	¥ 600.00	¥ 8,127.80	¥ 172.20	¥ 7,955.60
3	101003	李××	7	¥ 700.00	¥ 13,708.20	¥ 736.20	¥ 12,972.00
4	101004	赵××	6	¥ 600.00	¥ 9,090.00	¥ 255.00	¥ 8,835.00
5	101005	钱××	3	¥ 300.00	¥ 8,630.40	¥ 237.20	¥ 8,393.20
6	101006	孙××	5	¥ 500.00	¥ 13,651.60	¥ 693.80	¥ 12,957.80
7	101007	李××	5	¥ 500.00	¥ 5,792.00	¥ 34.80	¥ 5,757.20
8	101008	胡××	4	¥ 400.00	¥ 5,812.40	¥ 34.90	¥ 5,777.50
9	101009	马××	1	¥ 100.00	¥ 3,692.80	¥ -	¥ 3,692.80
10	101010	刘××	2	¥ 200.00	¥ 2,993.00	¥ -	¥ 2,993.00

第2步 选择“销售奖金表”工作表，选中G3单元格，单击编辑栏左侧的【插入函数】按钮 f_x，如下图所示。

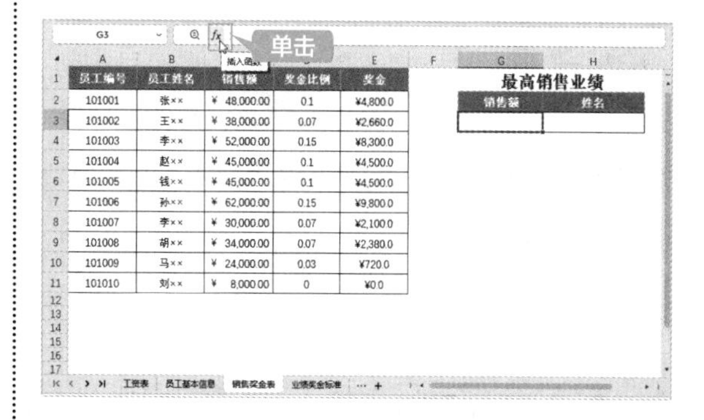

员工编号	员工姓名	销售额	奖金比例	奖金
101001	张××	¥ 48,000.00	0.1	¥4,800.0
101002	王××	¥ 38,000.00	0.07	¥2,660.0
101003	李××	¥ 52,000.00	0.15	¥8,300.0
101004	赵××	¥ 45,000.00	0.1	¥4,500.0
101005	钱××	¥ 45,000.00	0.1	¥4,500.0
101006	孙××	¥ 62,000.00	0.15	¥9,800.0
101007	李××	¥ 30,000.00	0.07	¥2,100.0
101008	胡××	¥ 34,000.00	0.07	¥2,380.0
101009	马××	¥ 24,000.00	0.03	¥720.0
101010	刘××	¥ 8,000.00	0	¥0.0

最高销售业绩

销售额	姓名

第3步 弹出【插入函数】对话框，选择【统计】类别，然后在【选择函数】列表框中选择【MAX】函数，单击【确定】按钮，如下图所示。

插入函数
全部函数　常用公式
查找函数(S):
请输入您要查找的函数名称或函数功能的简要描述...
或选择类别(C): 统计
选择函数(N):
LOGEST
LOGINV
LOGNORMDIST
MAX
MAXA
MEDIAN
MIN
MINA
MAX(number1, number2, ...)
返回参数列表中的最大值，忽略文本值和逻辑值。
1.选择
2.单击
确定　取消

第4步 弹出【函数参数】对话框，单击【数值1】右侧的按钮，选择单元格区域“C2:C11”，单击【确定】按钮，如下图所示。

函数参数
MAX
数值1 C2:C11 = {48000;38000;52000;45000;45000;620...
数值2 = 数值
= 62000
返回参数列表中的最大值，忽略文本值和逻辑值。
数值1: 数值1,数值2,... 准备从中求取最大值的 1 到 255 个数值、空单元格、逻辑值或文本数值
计算结果 = 62000
查看函数操作技巧
单击
确定　取消

第5步 此时即可找出最高销售额并显示在G3单元格内，如下图所示。

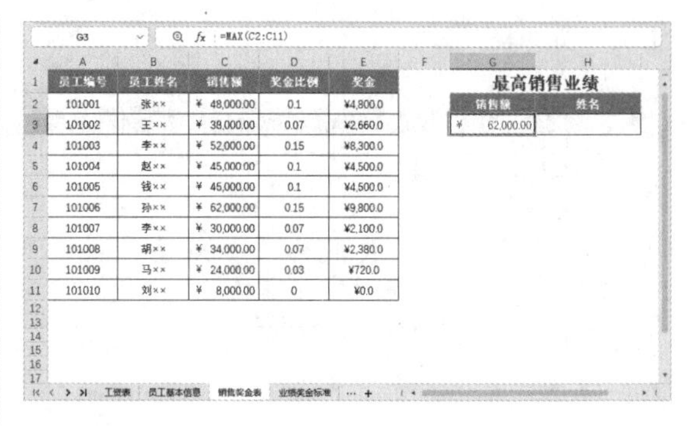

G3　=MAX(C2:C11)

员工编号	员工姓名	销售额	奖金比例	奖金
101001	张××	¥ 48,000.00	0.1	¥4,800.0
101002	王××	¥ 38,000.00	0.07	¥2,660.0
101003	李××	¥ 52,000.00	0.15	¥8,300.0
101004	赵××	¥ 45,000.00	0.1	¥4,500.0
101005	钱××	¥ 45,000.00	0.1	¥4,500.0
101006	孙××	¥ 62,000.00	0.15	¥9,800.0
101007	李××	¥ 30,000.00	0.07	¥2,100.0
101008	胡××	¥ 34,000.00	0.07	¥2,380.0
101009	马××	¥ 24,000.00	0.03	¥720.0
101010	刘××	¥ 8,000.00	0	¥0.0

最高销售业绩	
销售额	姓名
¥ 62,000.00	

第6步 选中H3单元格，在编辑栏中输入公式“=INDEX(B2:B11,MATCH(G3,C2:C11,))”，按【Enter】键确认，即可显示最高销售额对应的员工姓名，如下图所示。

H3　=INDEX(B2:B11,MATCH(G3,C2:C11,))

员工编号	员工姓名	销售额	奖金比例	奖金
101001	张××	¥ 48,000.00	0.1	¥4,800.0
101002	王××	¥ 38,000.00	0.07	¥2,660.0
101003	李××	¥ 52,000.00	0.15	¥8,300.0
101004	赵××	¥ 45,000.00	0.1	¥4,500.0
101005	钱××	¥ 45,000.00	0.1	¥4,500.0
101006	孙××	¥ 62,000.00	0.15	¥9,800.0
101007	李××	¥ 30,000.00	0.07	¥2,100.0
101008	胡××	¥ 34,000.00	0.07	¥2,380.0
101009	马××	¥ 24,000.00	0.03	¥720.0
101010	刘××	¥ 8,000.00	0	¥0.0

最高销售业绩	
销售额	姓名
¥ 62,000.00	孙××

提示

公式“=INDEX(B2:B11,MATCH(G3,C2:C11,))”的含义为当G3的值与C2:C11单元格区域中的值匹配时，INDEX函数会返回B2:B11单元格区域中对应的值。如果不存在匹配的值，INDEX函数将返回#N/A。因此，这个公式可以用于查找在B列中与G列中对应位置的值。

7.4 使用 VLOOKUP、COLUMN 函数批量制作工资条

工资条是发放给员工的工资凭证，员工可以通过工资条了解自己工资的详细发放情况。制作工资条的具体操作步骤如下。

第1步 新建工作表，将其命名为“工资条”。选中A1:H1单元格区域，合并单元格，然后输入“员工工资条”作为标题，设置字体为“微软雅黑”，字号为“20”，并适当调整行高，效果如下图所示。

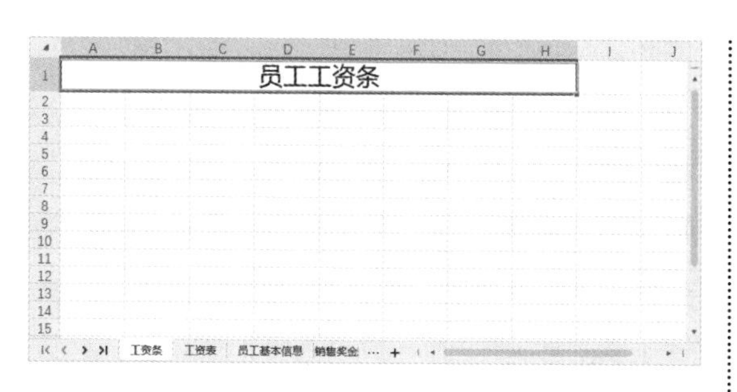

员工工资条

第2步 在A2:H2单元格区域中输入文本，并设置字体为“黑体”，字号为“11”，然后适当调整列宽，将第2～30行的行高设置为“22”，A2:H30单元格区域的对齐方式设置为【垂直居中】和【水平居中】，效果如下图所示。

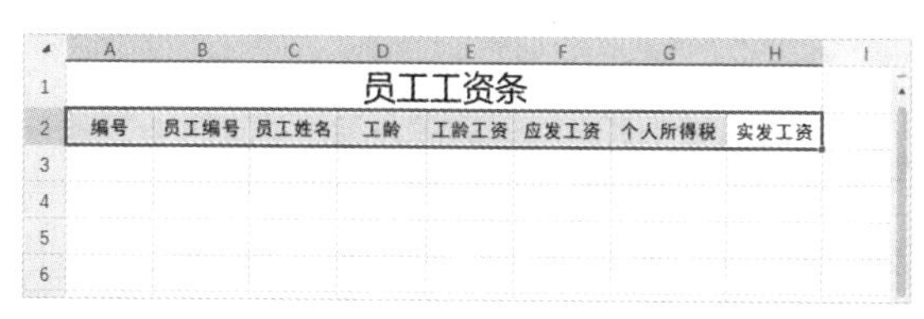

员工工资条							
编号	员工编号	员工姓名	工龄	工龄工资	应发工资	个人所得税	实发工资

第3步 在A3单元格中输入编号“1”，在B3单元格中输入公式“=VLOOKUP($A3,工资表!$A$2:$H$11,COLUMN(),0)”，如下图所示。

员工工资条							
编号	员工编号	员工姓名	工龄	工龄工资	应发工资	个人所得税	实发工资
1	=VLOOKUP($A3,工资表!$A$2:$H$11,COLUMN(),0)						

提示

公式“=VLOOKUP($A3,工资表!$A$2:$H$11,COLUMN(),0)”表示要在“工资表”工作表的A2到H11单元格区域中查找A3单元格中的值，并返回这个值所在列的内容。其中COLUMN()是一个函数，用来指定在找到匹配项后应返回哪列的值。在这个例子中，它会返回当前单元格所在列的编号。“0”表示要进行精确查找。

第4步 按【Enter】键确认，即可引用员工编号至单元格内，如下图所示。

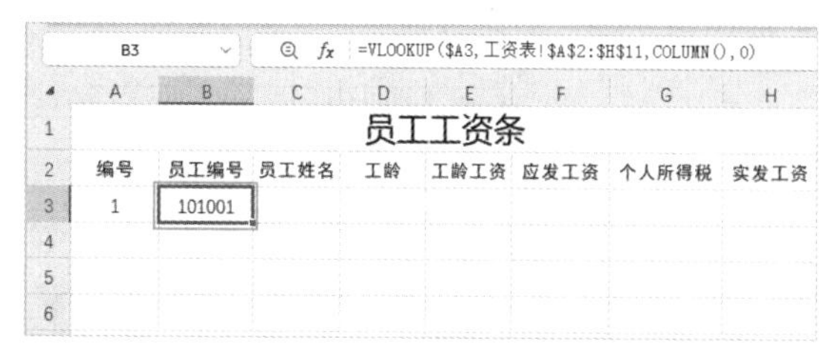

员工工资条							
编号	员工编号	员工姓名	工龄	工龄工资	应发工资	个人所得税	实发工资
1	101001						

第5步 使用快速填充功能将公式填充至C3:H3单元格区域，即可引用其他项目至对应单元格内，然后适当调整列宽，并将E3:H3单元格区域应用“会计专用”数字格式，效果如下图所示。

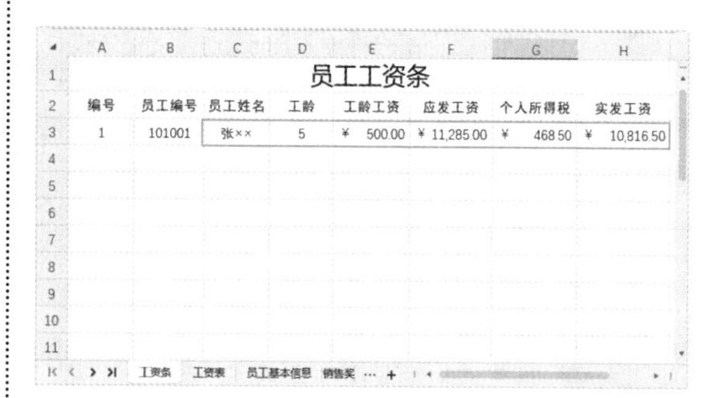

员工工资条							
编号	员工编号	员工姓名	工龄	工龄工资	应发工资	个人所得税	实发工资
1	101001	张××	5	¥ 500.00	¥ 11,285.00	¥ 468.50	¥ 10,816.50

第6步 选中A2:H3单元格区域，按【Ctrl+1】组合键，弹出【单元格格式】对话框，在【边框】选项卡下为所选单元格区域添加框线，效果如下图所示。

员工工资条							
编号	员工编号	员工姓名	工龄	工龄工资	应发工资	个人所得税	实发工资
1	101001	张××	5	¥ 500.00	¥ 11,285.00	¥ 468.50	¥ 10,816.50

第7步 选中A2:H4单元格区域，将鼠标指针放置在H4单元格右下角，当鼠标指针变为➕形状时，按住鼠标左键拖曳至H30单元格，即可自动填充其他员工的工资条，效果如下图所示。

员工工资条

编号	员工编号	员工姓名	工龄	工龄工资	应发工资	个人所得税	实发工资
1	101001	张××	5	¥ 500.00	¥ 11,285.00	¥ 468.50	¥ 10,816.50
编号	员工编号	员工姓名	工龄	工龄工资	应发工资	个人所得税	实发工资
2	101002	王××	6	¥ 600.00	¥ 8,127.80	¥ 172.20	¥ 7,955.60
编号	员工编号	员工姓名	工龄	工龄工资	应发工资	个人所得税	实发工资
3	101003	李××	7	¥ 700.00	¥ 13,708.20	¥ 736.20	¥ 12,972.00
编号	员工编号	员工姓名	工龄	工龄工资	应发工资	个人所得税	实发工资
4	101004	赵××	6	¥ 600.00	¥ 9,090.00	¥ 255.00	¥ 8,835.00
编号	员工编号	员工姓名	工龄	工龄工资	应发工资	个人所得税	实发工资
5	101005	钱××	3	¥ 300.00	¥ 8,630.40	¥ 237.20	¥ 8,393.20
编号	员工编号	员工姓名	工龄	工龄工资	应发工资	个人所得税	实发工资
6	101006	孙××	5	¥ 500.00	¥ 13,651.60	¥ 693.80	¥ 12,957.80
编号	员工编号	员工姓名	工龄	工龄工资	应发工资	个人所得税	实发工资
7	101007	李××	5	¥ 500.00	¥ 5,792.00	¥ 34.80	¥ 5,757.20
编号	员工编号	员工姓名	工龄	工龄工资	应发工资	个人所得税	实发工资
8	101008	胡××	4	¥ 400.00	¥ 5,812.40	¥ 34.90	¥ 5,777.50
编号	员工编号	员工姓名	工龄	工龄工资	应发工资	个人所得税	实发工资
9	101009	马××	1	¥ 100.00	¥ 3,692.80	¥ -	¥ 3,692.80
编号	员工编号	员工姓名	工龄	工龄工资	应发工资	个人所得税	实发工资
10	101010	刘××	2	¥ 200.00	¥ 2,993.00	¥ -	¥ 2,993.00

工资条 | 工资表 | 员工基本信息 | 销售奖金表 | 业绩奖金

制作财务明细查询表

财务明细查询表是财务管理中很常用的表格，表格内包含多个项目的开支情况，并对开支情况进行详细的处理和分析，对公司本阶段工作进行总结，为公司更好地做出下一阶段的规划提供数据参考。下面将综合运用本章所学知识制作财务明细查询表，具体操作步骤如下。

本节素材结果文件

	素材	素材\ch07\财务明细查询表.et
	结果	结果\ch07\财务明细查询表.et

1. 创建工作表“数据源”

打开素材文件，创建一个新的工作表，将该工作表重命名为“数据源”，并在工作表中输入下图所示的内容。

	A	B
1	科目代码	科目名称
2	101	应付账款
3	102	应交税金
4	203	营业费用
5	205	管理费用
6	114	短期借款
7	504	购置材料
8	301	广告费
9	302	法律顾问
10	401	保险费
11	106	员工工资

明细查询表 | 数据源

2. 使用函数

选择“明细查询表”工作表，在E3单元格中利用VLOOKUP函数返回科目代码对应的科目名称“应付账款”。使用快速填充功能将公式填充至E4:E12单元格区域，如下图所示。

E12　=VLOOKUP(数据源!A2,数据源!A2:B11,2)

	A	B	C	D	E	F	G
1	财务明细查询表						
2	凭证号	所属月份	总账科目	科目代码	科目名称	支出金额	日期
3	1	1	101	101	应付账款	89750	2023/1/20
4	2	3	102	109	应交税金	32000	2023/3/10
5	3	3	203	203	营业费用	65000	2023/3/25
6	4	5	205	205	短期借款	23500	2023/5/8
7	5	6	114	114	短期借款	95000	2023/6/15
8	6	6	504	504	员工工资	125000	2023/6/20
9	7	6	301	301	广告费	42000	2023/6/25
10	8	7	302	302	法律顾问	43000	2023/7/5
11	9	7	401	401	员工工资	38500	2023/7/15
12	10	8	106	106	员工工资	89500	2023/12/20
13	总计						
14							
15	检索信息		检索结果				

明细查询表　数据源

3. 计算支出总额

选中F3:F13单元格区域，选择【开始】选项卡下的“数字格式”为“会计专用”。在F13单元格中输入公式“=SUM(F3:F12)”，按【Enter】键确认，即可计算出总支出金额，如下图所示。

F13　=SUM(F3:F12)

	A	B	C	D	E	F	G
1	财务明细查询表						
2	凭证号	所属月份	总账科目	科目代码	科目名称	支出金额	日期
3	1	1	101	101	应付账款	¥ 89,750.00	2020/1/20
4	2	3	102	109	应交税金	¥ 32,000.00	2020/3/10
5	3	3	203	203	营业费用	¥ 65,000.00	2020/3/25
6	4	5	205	205	短期借款	¥ 23,500.00	2020/5/8
7	5	6	114	114	短期借款	¥ 95,000.00	2020/6/15
8	6	6	504	504	员工工资	¥ 125,000.00	2020/6/20
9	7	6	301	301	广告费	¥ 42,000.00	2020/6/25
10	8	7	302	302	法律顾问	¥ 43,000.00	2020/7/5
11	9	7	401	401	员工工资	¥ 38,500.00	2020/7/15
12	10	8	106	106	员工工资	¥ 89,500.00	2020/8/20
13	总计					¥ 643,250.00	
14							
15	检索信息		检索结果				
16							
17							

明细查询表　数据源

4. 查询财务明细

选中B15单元格，输入需要查询的凭证号，这里输入“6”，然后在D15单元格中输入公式“=LOOKUP(B15,A3:F12)”，按【Enter】键确认，即可检索出凭证号为“6”的支出金额，如下图所示。

D15　=LOOKUP(B15,A3:F12)

	A	B	C	D	E	F
4	2	3	102	109	应交税金	¥ 32,000.00
5	3	3	203	203	营业费用	¥ 65,000.00
6	4	5	205	205	短期借款	¥ 23,500.00
7	5	6	114	114	短期借款	¥ 95,000.00
8	6	6	504	504	员工工资	¥ 125,000.00
9	7	6	301	301	广告费	¥ 42,000.00
10	8	7	302	302	法律顾问	¥ 43,000.00
11	9	7	401	401	员工工资	¥ 38,500.00
12	10	8	106	106	员工工资	¥ 89,500.00
13	总计					¥ 643,250.00
14						
15	检索信息	6	检索结果	125000		
16						

5. 美化报表

合并A1:G1单元格区域，设置标题文字效果和对齐方式，并适当调整行高和列宽，然后设置表格样式，完成财务明细查询表的美化操作，效果如下图所示。

	A	B	C	D	E	F	G
1	财务明细查询表						
2	凭证号	所属月份	总账科目	科目代码	科目名称	支出金额	日期
3	1	1	101	101	应付账款	¥ 89,750.00	2023/1/20
4	2	3	102	109	应交税金	¥ 32,000.00	2023/3/10
5	3	3	203	203	营业费用	¥ 65,000.00	2023/3/25
6	4	5	205	205	短期借款	¥ 23,500.00	2023/5/8
7	5	6	114	114	短期借款	¥ 95,000.00	2023/6/15
8	6	6	504	504	员工工资	¥ 125,000.00	2023/6/20
9	7	6	301	301	广告费	¥ 42,000.00	2023/6/25
10	8	7	302	302	法律顾问	¥ 43,000.00	2023/7/5
11	9	7	401	401	员工工资	¥ 38,500.00	2023/7/15
12	10	8	106	106	员工工资	¥ 89,500.00	2023/12/20
13	总计					¥ 643,250.00	
14							
15	检索信息	6	检索结果	125000			

明细查询表　数据源

◇ 将表格数据按表头匹配到另一个工作表

在7.3.4小节中，详细阐述了如何利用查找与引用函数从另一个工作表中获取相应数据。然而，考虑到刚开始接触函数的用户可能会觉得VLOOKUP函数有些复杂，我们提供了一个更为简单快捷的替代方案。借助WPS表格的“查找录入”功能，用户可以轻松地匹配到相应的数据，无须精通复杂的函数应用。

第1步 打开“结果\ch07\企业员工工资明细表.et”文件，选择“工资表”工作表，清除G2:G11单元格区域的数据，然后单击【数据】选项卡下的【查找录入】按钮，如下图所示。

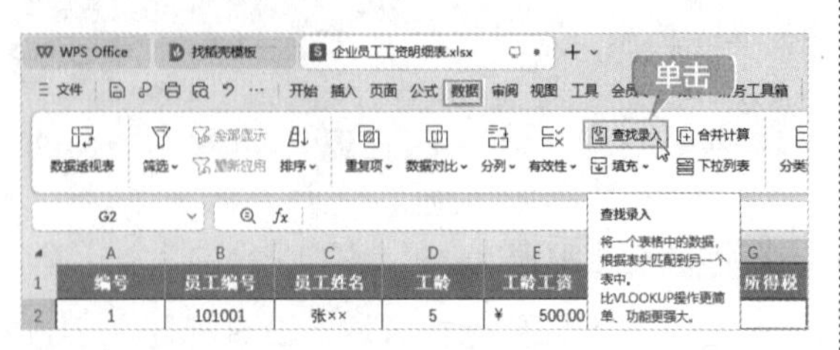

第2步 弹出【查找录入】对话框，分别单击 按钮设置【查找表区域】和【录入表区域】，然后单击【下一步】按钮，如下图所示。

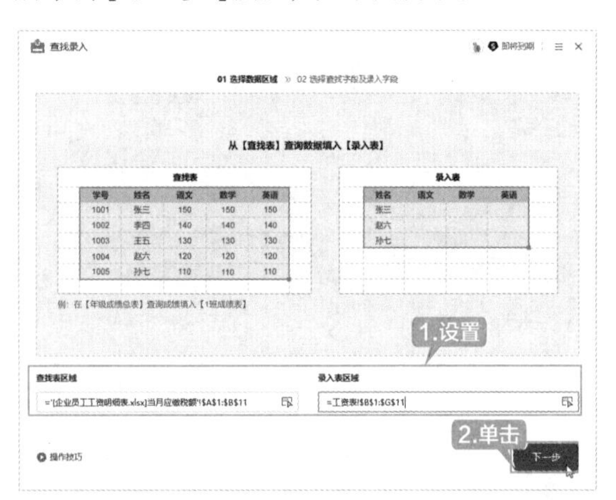

第3步 在【查找字段】和【录入字段】区域中分别设置查找表的列和录入表的列，然后单击【开始录入】按钮，如下图所示。

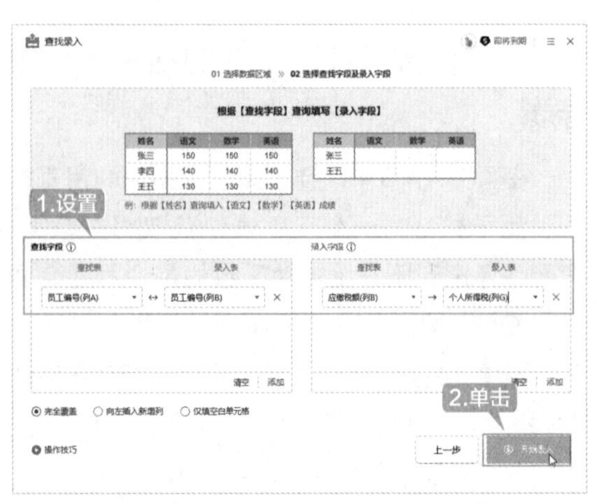

第4步 提示数据录入完成后，关闭【查找录入】对话框，即可看到录入后的数据效果，如下图所示。

编号	员工编号	员工姓名	工龄	工龄工资	应发工资	个人所得税	实发工资
1	101001	张××	5	¥ 500.00	¥ 11,285.00	¥ 468.50	¥ 10,816.50
2	101002	王××	6	¥ 600.00	¥ 8,127.80	¥ 172.20	¥ 7,955.60
3	101003	李××	7	¥ 700.00	¥ 13,708.20	¥ 736.20	¥ 12,972.00
4	101004	赵××	6	¥ 600.00	¥ 9,090.00	¥ 255.00	¥ 8,835.00
5	101005	钱××	3	¥ 300.00	¥ 8,630.40	¥ 237.20	¥ 8,393.20
6	101006	孙××	5	¥ 500.00	¥ 13,651.60	¥ 693.80	¥ 12,957.80
7	101007	李××	5	¥ 500.00	¥ 5,792.00	¥ 34.80	¥ 5,757.20
8	101008	胡××	4	¥ 400.00	¥ 5,812.40	¥ 34.90	¥ 5,777.50
9	101009	马××	1	¥ 100.00	¥ 3,692.80	¥ -	¥ 3,692.80
10	101010	刘××	2	¥ 200.00	¥ 2,993.00	¥ -	¥ 2,993.00

◇ 使用AI进行数据批量提取

在WPS智能表格中处理大量数据时，AI功能能够自动识别数据中的关键信息，如日期、金额、姓名等，这极大地提高了数据处理的效率。

第1步 新建【智能表格】，复制并粘贴“素材\ch07\信息.xlsx”中的信息，单击菜单栏中的【WPS AI】按钮，在弹出的下拉列表中选择“AI表格助手”选项，如下图所示。

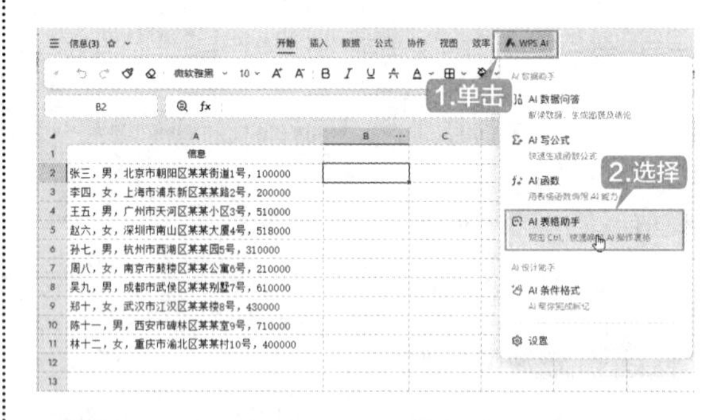

第2步 在弹出的【AI表格助手】对话框中选择“AI批量生成”选项，如下图所示。

第3步 在指令框中输入提取指令，并单击【发送】按钮，如下图所示。

第4步 确认应用范围、将要提取的信息及预览效果无误后，单击【执行】按钮，如下图所示。

第5步 此时即可在工作表中执行批量提取操作，确定无误后，单击【保留】按钮，如下图所示。

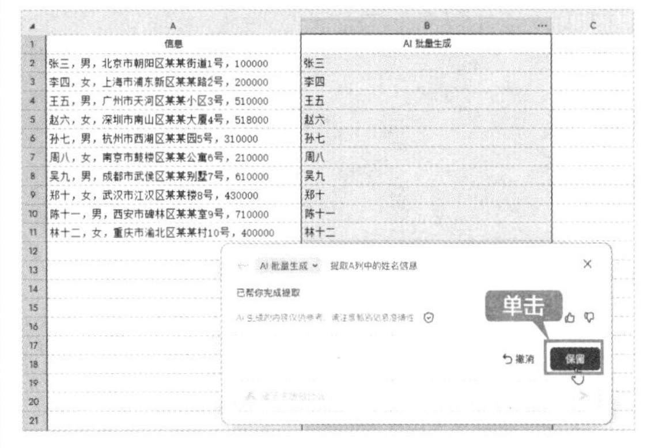

第
3
篇

演示设计篇

第8章

基本设计——年终工作述职报告演示文稿

本章导读

我们在职业生涯中会遇到很多包含文字、图片和表格的演示文稿，如年终工作述职报告演示文稿、公司管理培训演示文稿、论文答辩演示文稿、产品营销推广方案演示文稿等。使用WPS演示提供的海量模板，以及设置文本格式、图文混排、添加数据表格、插入艺术字等功能，可以方便地对演示文稿进行设计制作。本章以制作年终工作述职报告演示文稿为例，介绍WPS演示的基本操作。

思维导图

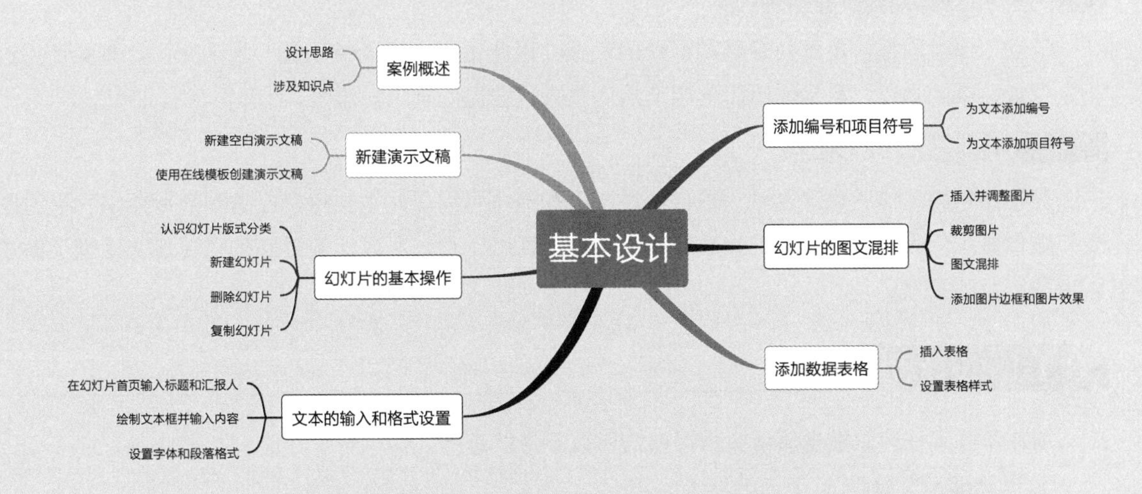

8.1 案例概述

制作年终工作述职报告演示文稿要做到表述清楚、内容客观、重点突出、个性鲜明，便于上级和下属了解工作情况。

本节素材结果文件

	素材	素材\ch08\“述职报告”文件夹
	结果	结果\ch08\年终工作述职报告.pptx

年终工作述职报告演示文稿是回顾过去一年的工作情况，总结业绩和经验，接受领导考核和群众监督的一种重要文档，可以为今后的工作提供指导和依据。以下是制作年终工作述职报告演示文稿时的注意事项。

1. 明确述职报告的目的

在制作述职报告时，需要紧紧围绕岗位职责和工作目标来陈述自己的工作，突出个人特色和工作重点。

2. 内容客观、重点突出

在制作年终工作述职报告演示文稿时，要特别强调个人部分，以叙述说明为主，注重客观事实的陈述和分析。同时，要突出重点，对收集来的数据、材料等进行归类、整理、分析和研究，总结出个人在工作中的成绩和不足，力求全面、真实、准确地反映述职者在岗位上履行职责的情况。

3. 语言通俗易懂、简洁明了

年终工作述职报告是面向领导和群众的汇报，因此语言应该通俗易懂、简洁明了。避免使用过于专业或复杂的术语，尽量使用简洁明了的语言表达自己的观点和想法。

4. 有图表和数据支持

在制作年终工作述职报告时，适当使用图表和数据可以更好地支持自己的观点和想法。通过图表和数据展示个人工作业绩、工作效率和成果等方面的信息，可以让领导和群众更加直观地了解述职者的能力和贡献。

8.1.1 设计思路

制作年终工作述职报告演示文稿可以按照以下思路进行。

① 新建演示文稿。

② 设置文本与段落的格式。

③ 为文本添加编号和项目符号。
④ 插入图片并设置图文混排。
⑤ 添加数据表格，并设置表格的样式。
⑥ 设计结束页，保存演示文稿。

8.1.2 涉及知识点

本案例主要涉及的知识点如下图所示（思维导图见“素材结果文件\思维导图\8.pos”）。

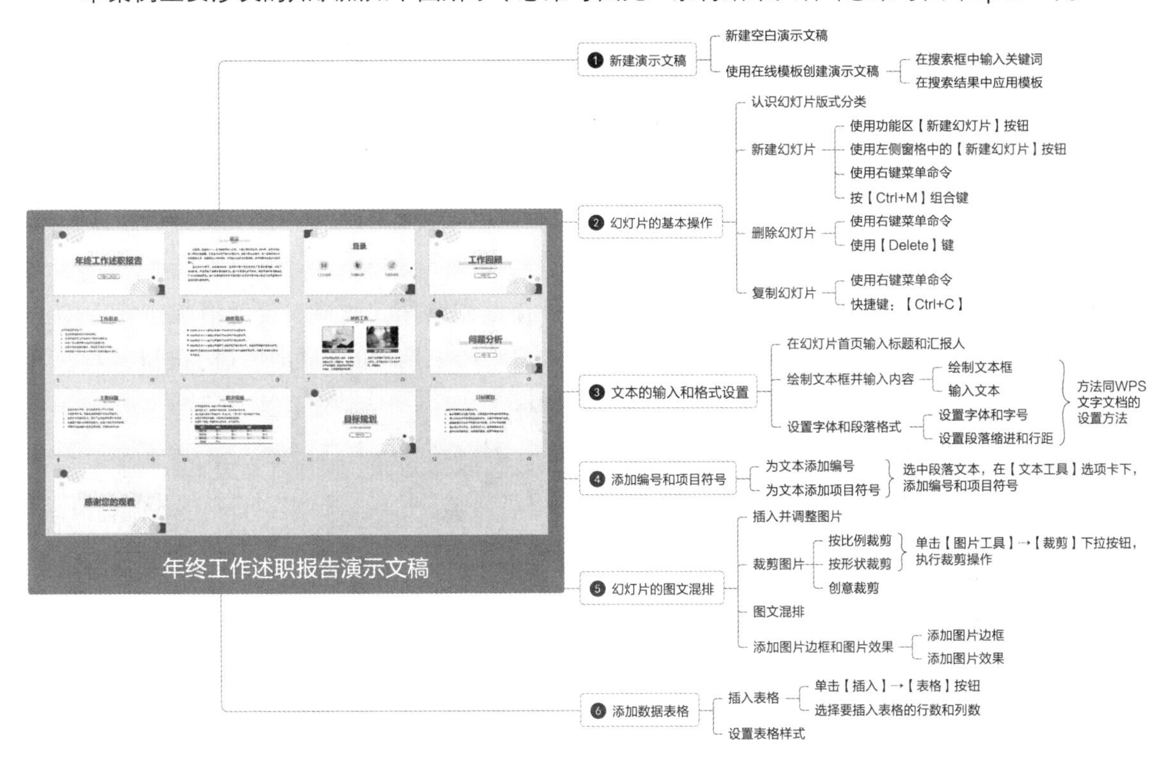

8.2 新建演示文稿

在制作年终工作述职报告时，首先要新建演示文稿，可以新建空白演示文稿，也可以使用在线模板创建演示文稿。

8.2.1 新建空白演示文稿

新建一个空白演示文稿的具体操作步骤如下。

第1步 启动WPS Office，单击【新建】→【演示】按钮，打开【新建演示文稿】窗口，单击【空白演示文稿】缩略图，如下图所示。

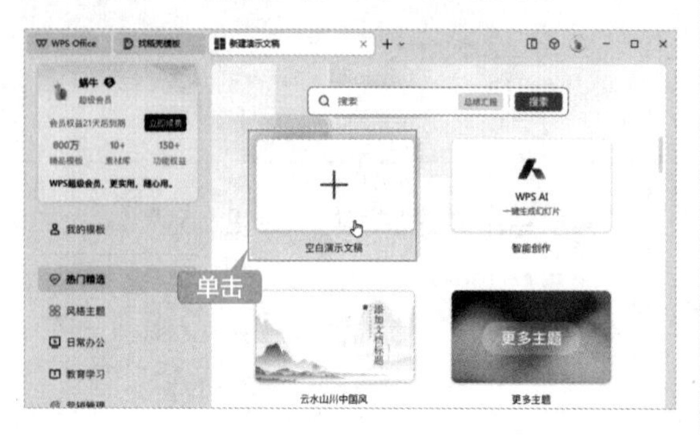

第2步 此时即可创建一个以“演示文稿1”命名的空白演示文稿，如下图所示。

8.2.2 使用在线模板创建演示文稿

WPS Office拥有海量模板资源，在制作演示文稿时不仅可以直接使用符合内容主题的模板，还可以使用图片、字体、图标、图表及图形等资源，快速地制作出漂亮的演示文稿。使用在线模板创建演示文稿的具体操作步骤如下。

第1步【新建演示文稿】窗口中的【精品推荐】选项卡下展示了精选的在线模板。通过单击【总结汇报】【通用PPT】及【更多】选项卡，可以进一步扩展分类项，浏览需要的在线模板资源。此外，还可以在搜索框中输入关键词进行搜索，比如输入“述职报告”，然后单击【搜索】按钮进行搜索，如下图所示。

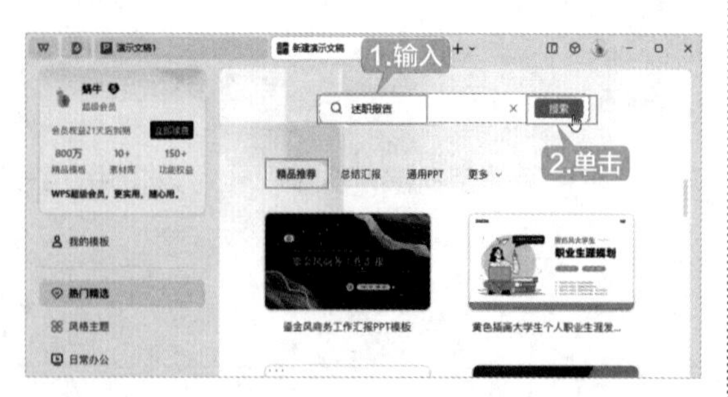

第2步 此时即可搜索相关的演示文稿模板。通过预览缩略图，选择需要的模板，然后单击该缩略图中显示的【立即使用】按钮，如下图所示。

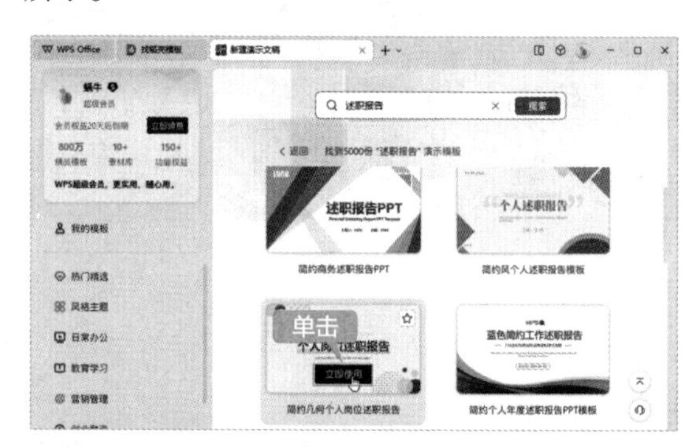

第3步 此时即会下载该模板，并显示下载进度，如下图所示。

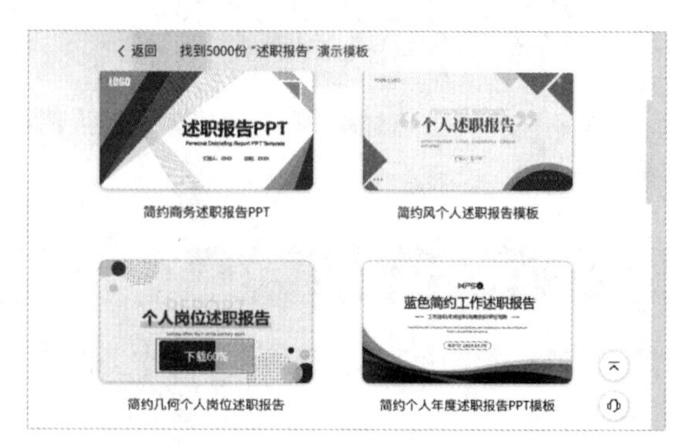

第4步 下载完成后，即可创建一个名为“演示文稿1”的演示文稿，且已经套用了所选模板，效果如下图所示。

8.3 幻灯片的基本操作

使用WPS演示制作年终工作述职报告时，要先掌握幻灯片的基本操作。

8.3.1 认识幻灯片版式分类

在使用WPS演示制作幻灯片时，经常需要更改幻灯片的版式，以满足幻灯片不同内容的需要。幻灯片常用版式包括标题幻灯片、标题和内容、节标题、两栏内容、比较、仅标题、空白、图片与标题等。

单击【开始】选项卡下的【版式】按钮，弹出版式下拉列表，如下图所示。其中包含多种版式，用户可以根据需求进行选择。

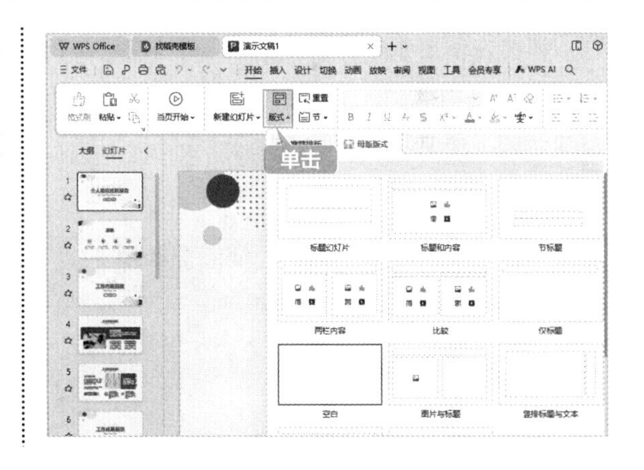

8.3.2 新建幻灯片

在制作演示文稿时，可根据需要新建幻灯片。新建幻灯片的方法主要包含以下4种。

1. 使用功能区【新建幻灯片】按钮

第1步 在左侧【幻灯片】窗格中，选择要新建幻灯片的位置，如选择“幻灯片1”，单击【开始】选项卡下的【新建幻灯片】下拉按钮，弹出“新建单页幻灯片”窗格，在“版式”选项卡中选择一种版式，如下图所示。

第2步 此时即可新建一页幻灯片，如下图所示。

2. 使用左侧窗格中的【新建幻灯片】按钮

单击左侧窗格中的【新建幻灯片】按钮，在弹出的窗格中选择一种版式，即可新建一页幻灯片，如下图所示。

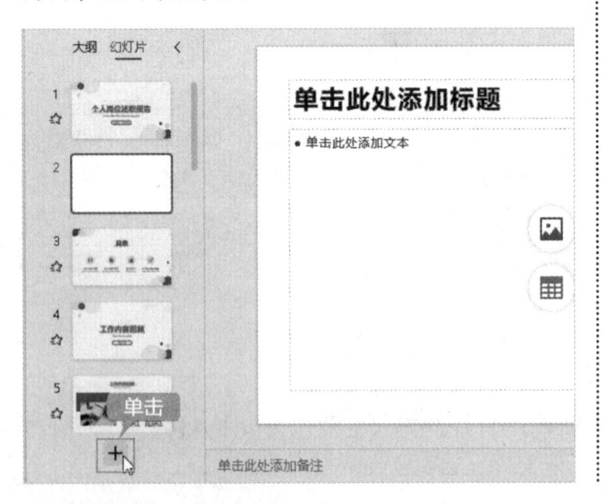

3. 使用右键菜单命令

在【幻灯片】窗格中选择要新建幻灯片位置上方的幻灯片并右击，在弹出的快捷菜单中选择“新建幻灯片”命令，即可新建一页幻灯片，如下图所示。

另外，将鼠标指针定位在两页幻灯片之间并右击，在弹出的快捷菜单中选择“新建幻灯片”命令，这样也可以新建一页幻灯片，如下图所示。

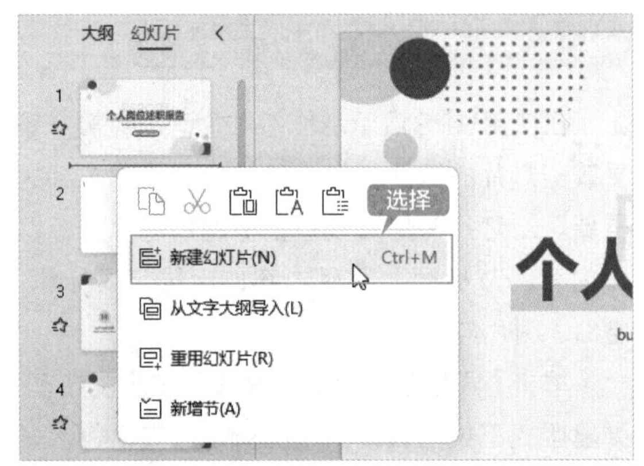

4. 使用快捷键

按【Ctrl+M】组合键即可在演示文稿中新建一页幻灯片。

8.3.3 删除幻灯片

删除幻灯片的常见方法有两种，用户可以根据使用习惯自主选择。

1. 使用右键菜单命令

选择要删除的幻灯片并右击，在弹出的快捷菜单中选择“删除幻灯片”命令，即可删除选择的幻灯片，如下图所示。

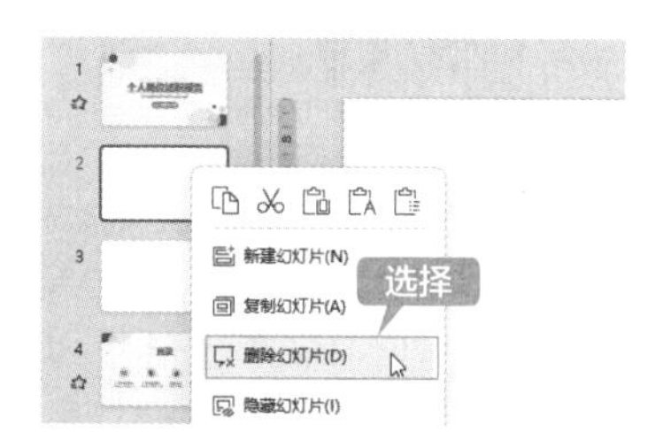

2. 使用【Delete】键

在【幻灯片】窗格中选择要删除的幻灯片，按【Delete】键即可删除该幻灯片。

8.3.4 复制幻灯片

复制幻灯片的具体操作如下。

第1步 选择要复制的幻灯片并右击，在弹出的快捷菜单中选择“复制幻灯片”命令，如下图所示。

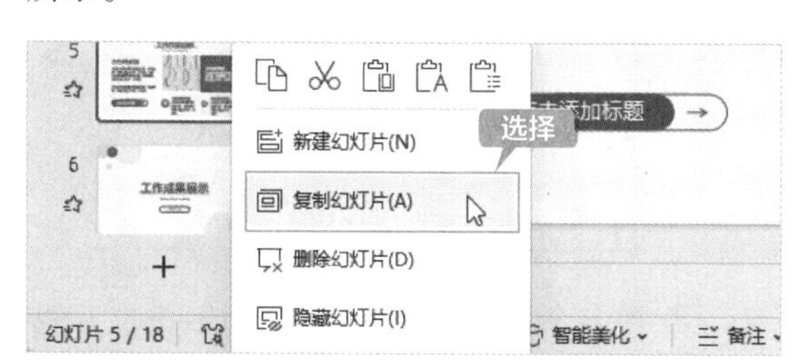

第2步 此时即可在其下方自动复制一页幻灯片，如下图所示。

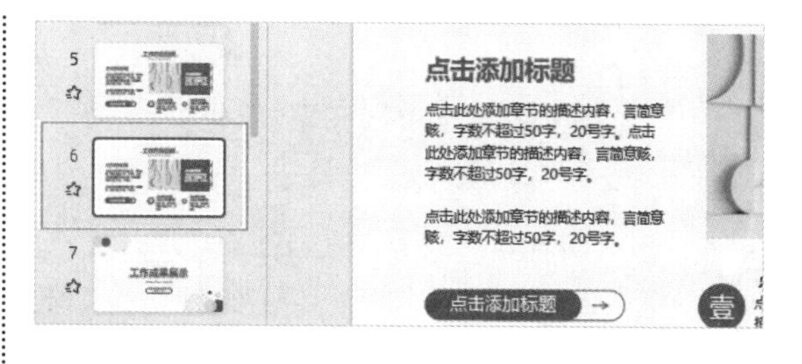

> **提示**
>
> 如果希望将所选幻灯片粘贴到某个特定位置或两页幻灯片之间，则可使用右键快捷菜单中的【复制】按钮，在目标位置执行右键粘贴命令，即可完成复制操作。复制和粘贴对应的组合键是【Ctrl+C】和【Ctrl+V】。

8.4 文本的输入和格式设置

用户可以在幻灯片中输入文本，并对文本进行字体、颜色、对齐方式、段落缩进等设置。

8.4.1 在幻灯片首页输入标题和汇报人

年终工作述职报告演示文稿的首页主要显示标题、汇报人等信息，输入这些信息的具体操作步骤如下。

第1步 选择“幻灯片 1”，然后选择幻灯片首页标题文本框中的文本，如下图所示。

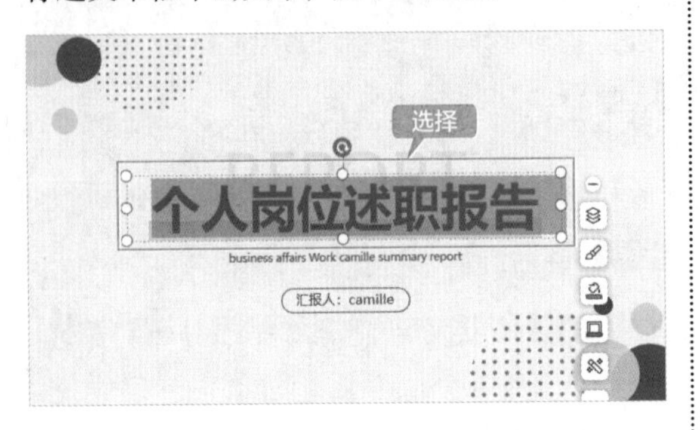

第2步 输入“年终工作述职报告”文本，如下图所示。

第3步 在幻灯片首页补充汇报人信息，如下图所示。

第4步 删除多余的文本框等元素，然后将汇报人的图形移至合适的位置，效果如下图所示。

8.4.2 绘制文本框并输入内容

在演示文稿中绘制文本框，并输入内容的具体操作步骤如下。

第1步 拖曳第5页幻灯片至第1页和第2页幻灯片之间，如下图所示。

第2步 释放鼠标左键完成移动，然后选择幻灯片中多余的元素，如下图所示，然后按【Backspace】键删除。

第3步 删除所选元素后，修改标题为“前言”，然后单击【插入】选项卡下的【文本框】下拉按钮，在弹出的下拉列表中选择“横向文本框”选项，如下图所示。

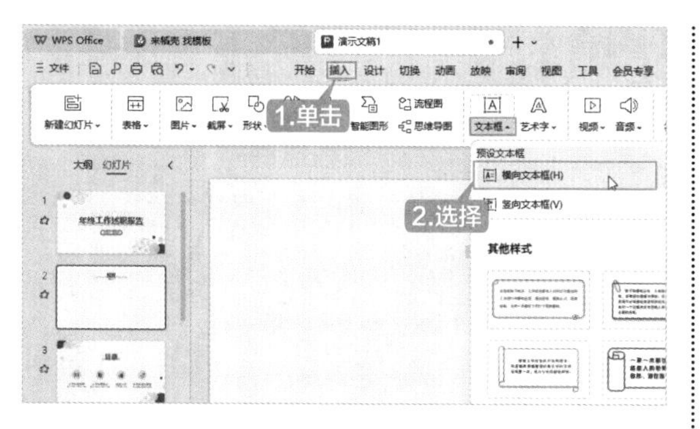

第4步 此时鼠标指针变为＋形状，通过拖曳在页面上绘制一个矩形文本框，在文本框中输入下图所示文本。

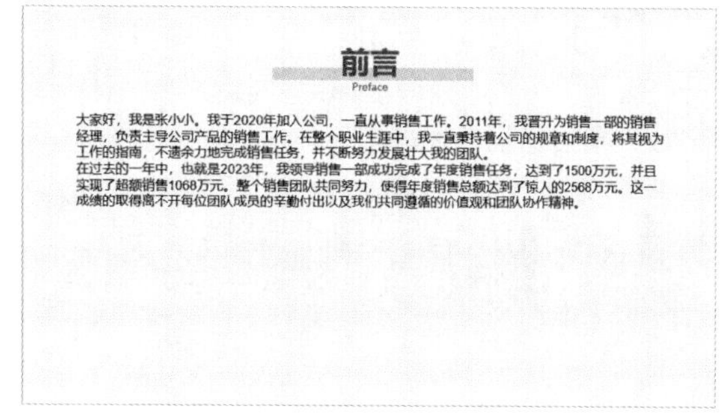

8.4.3 设置字体和段落格式

合适的字体和段落格式可以使演示文稿更加漂亮，呈现出更佳的视觉效果。设置字体和段落格式的具体操作步骤如下。

第1步 选择“前言”下的文本，在【文本工具】选项卡下单击【字体】右侧的下拉按钮，在弹出的下拉列表中选择“方正楷体简体”，如下图所示。

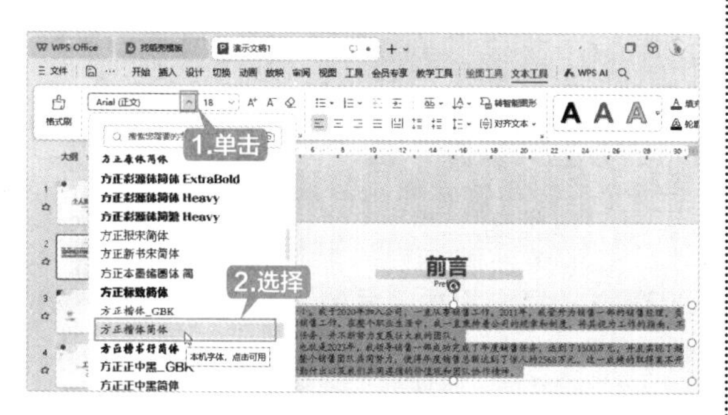

提示

用户也可以在【开始】选项卡下进行设置。

第2步 单击【字号】右侧的下拉按钮，在弹出的下拉列表中选择“20”，如下图所示。

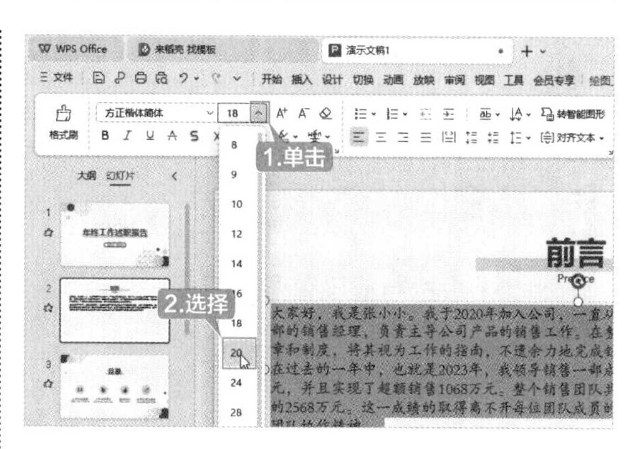

第3步 单击【文本工具】选项卡下的【段落】按钮，如下图所示。

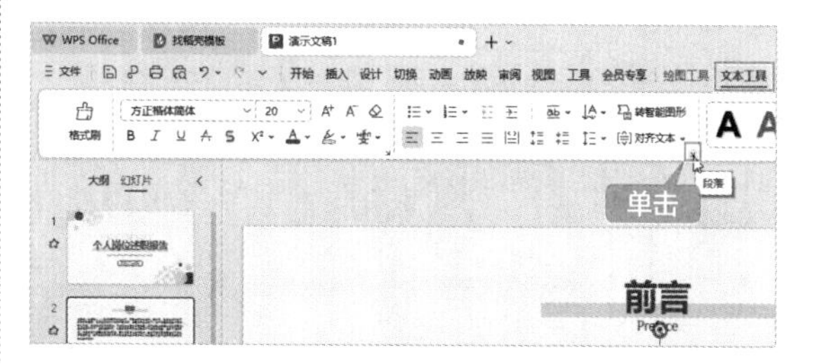

第4步 弹出【段落】对话框，在【缩进和间距】选项卡下设置【对齐方式】为“两端对齐”，【特殊格式】为“首行缩进”，【度量值】为“2”，【行距】为“1.5倍行距”，单击【确定】按钮，如下图所示。

第5步 设置后的效果如下图所示。

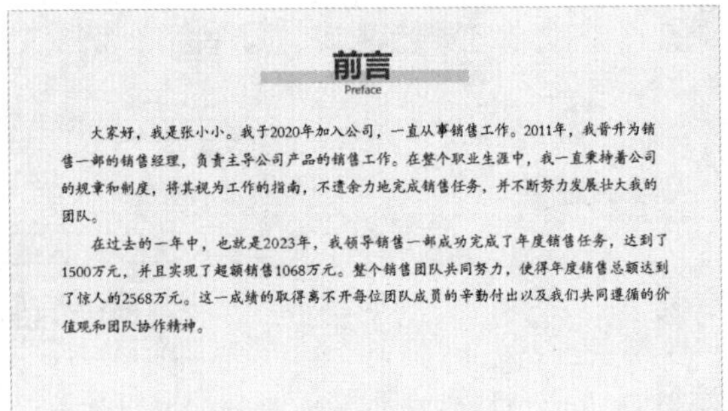

8.5 添加编号和项目符号

添加编号和项目符号可以使文章变得层次分明，易于阅读。

8.5.1 为文本添加编号

为文档中的行或段落添加编号的具体操作步骤如下。

第1步 选择“幻灯片4”，输入“工作回顾”及下方的概述文本，如下图所示。

第2步 选择“幻灯片5”，输入标题“工作职责”，删除原有文本和图形后输入文本，并设置字体和段落间距，如下图所示。

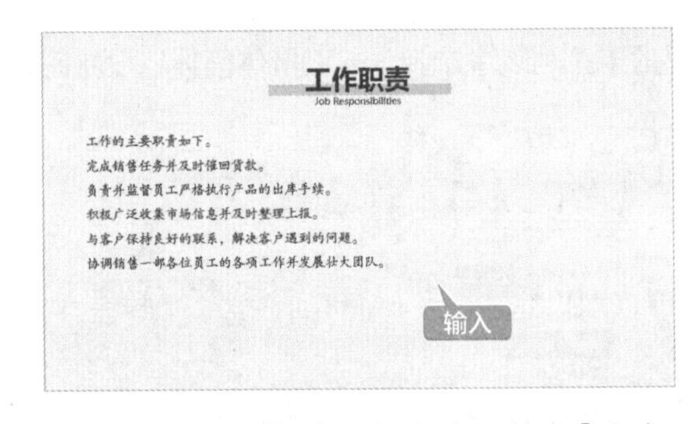

第3步 选择要添加编号的文本，单击【文本工具】选项卡下的【编号】下拉按钮，在弹出的下拉列表中选择编号的样式，如下图所示。

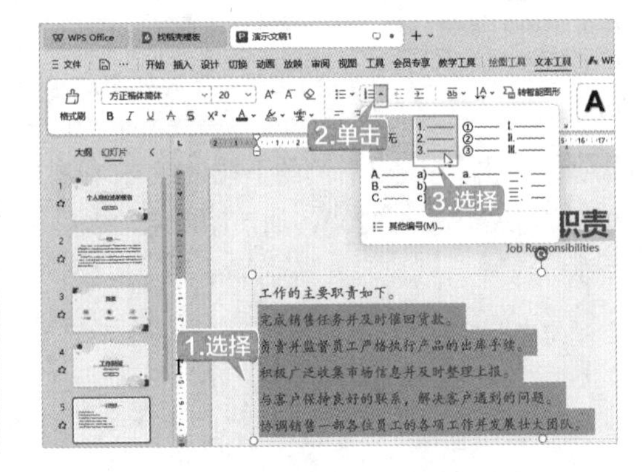

第4步 为所选的段落添加编号后的效果如下图所示。

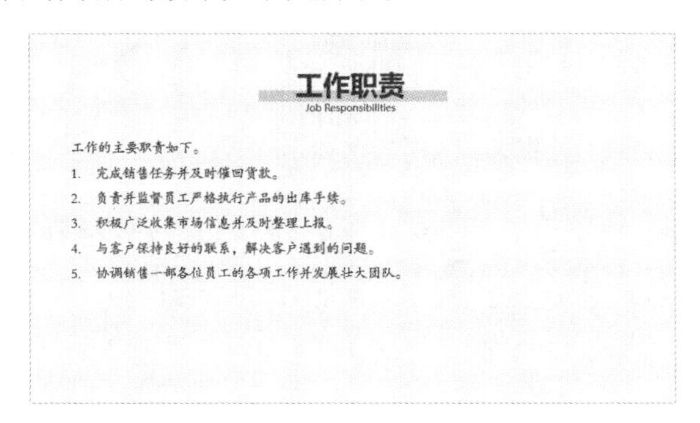

8.5.2 为文本添加项目符号

项目符号就是在一些段落的前面加上完全相同的符号，具体操作步骤如下。

第1步 选中“幻灯片 6”，输入“销售情况”作为标题，删除原有文本和图形后，输入如下文本，并设置字体和段落间距，效果如下图所示。

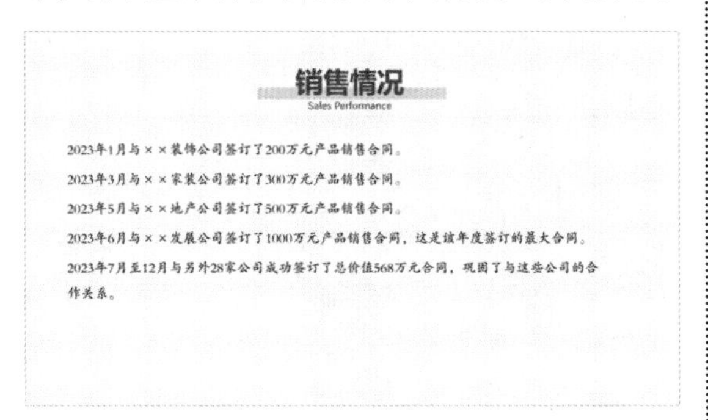

第2步 选择要添加项目符号的文本，单击【文本工具】选项卡下的【项目符号】下拉按钮，在弹出的下拉列表中选择项目符号的样式，如下图所示。

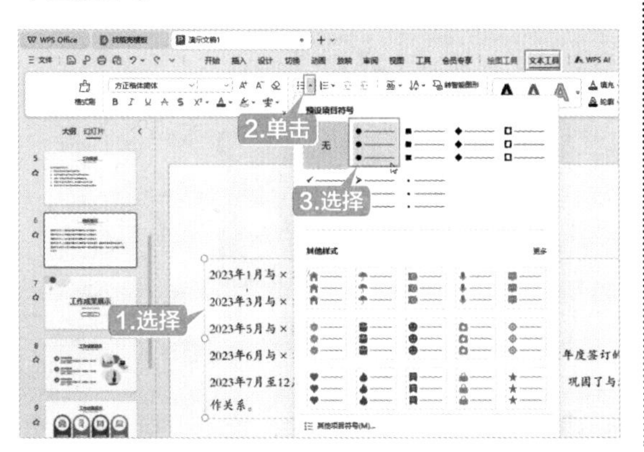

> **提示**
>
> 除了预设的7种项目符号，用户也可以选择“其他项目符号”选项，弹出【项目符号与编号】对话框，设置项目符号的大小和颜色。单击【图片】按钮，可以添加图片作为项目符号；单击【自定义】按钮，可以选择其他符号作为项目符号，如下图所示。
>
> 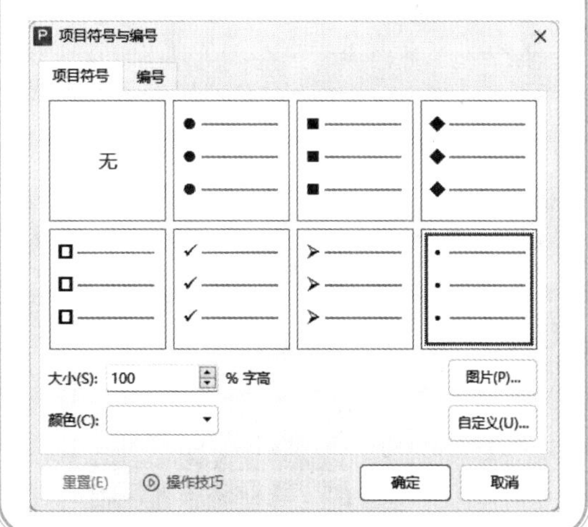
>

第3步 此时即可为所选的段落添加项目符号，效果如下图所示。

销售情况
Sales Performance

- 2023年1月与××装饰公司签订了200万元产品销售合同。
- 2023年3月与××家装公司签订了300万元产品销售合同。
- 2023年5月与××地产公司签订了500万元产品销售合同。
- 2023年6月与××发展公司签订了1000万元产品销售合同，这是该年度签订的最大合同。
- 2023年7月至12月与另外28家公司成功签订了总价值568万元合同，巩固了与这些公司的合作关系。

8.6 幻灯片的图文混排

在制作年终工作述职报告时插入合适的图片，并根据需要调整图片的大小，为图片设置样式与艺术效果，可以使幻灯片图文并茂。

8.6.1 插入并调整图片

插入并调整图片的具体操作步骤如下。

第1步 复制“幻灯片 6”，将标题改为“其他工作”。删除下方的文本框，然后单击【插入】选项卡下的【图片】按钮，在弹出的下拉列表中选择“本地图片”选项，如下图所示。

第2步 弹出【插入图片】对话框，选中需要的图片，单击【打开】按钮，如下图所示。

第3步 此时即可将图片插入幻灯片中，如下图所示。

第4步 选中要调整的图片，把鼠标指针放在任

意一张图片4个角的某个控制点上，按住鼠标左键并拖曳，如下图所示。

第5步 此时即可更改图片的大小，如下图所示。

第6步 使用同样的方法调整另一张图片的大小，如下图所示。

提示

如果要精确调整图片的大小，可以单击右侧窗格中的【对象属性】按钮，在弹出的窗格中选择【大小与属性】选项卡，在其中可以精确调整图片大小，如下图所示。

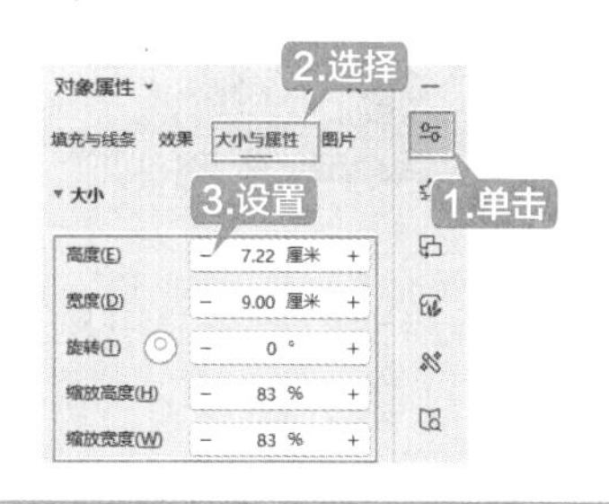

8.6.2 裁剪图片

裁剪图片通常用于隐藏或修整部分图片，以强调主体或删除不需要的部分。裁剪图片的具体操作步骤如下。

第1步 选择要裁剪的图片，单击【图片工具】选项卡下的【裁剪】下拉按钮，在弹出的下拉列表中选择【裁剪】→【按比例裁剪】选项卡，并选择比例为“3:2”，如下图所示。

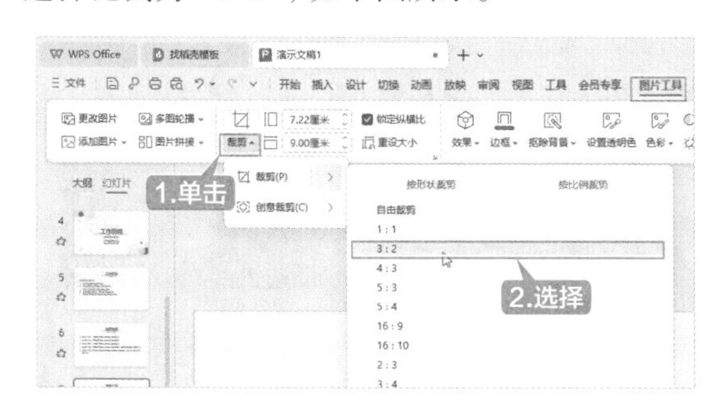

提示

【按形状裁剪】可以将图片裁剪为特定形状，同时会保持图片的比例。【按比例裁剪】可以将图片裁剪为通用比例大小，其中“自由裁剪”选项可以根据需要自由裁剪图片大小。

第2步 此时即可在图片中绘制比例为3:2的裁剪区域，如下图所示。

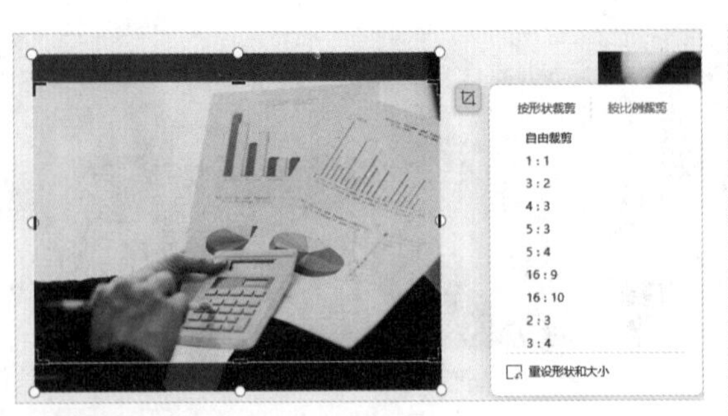

第3步 将鼠标指针移至裁剪区域控制点上，可以调整裁剪区域，如下图所示。

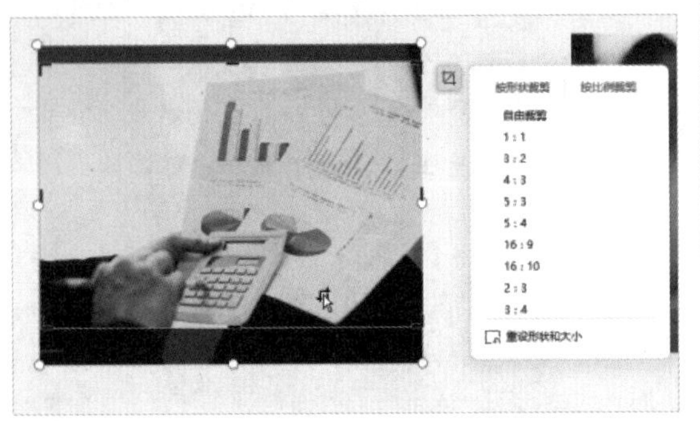

第4步 按【Enter】键即可裁剪图片，效果如下图所示。

第5步 使用同样的方法调整另一张图片，效果如下图所示。

提示

WPS Office提供了创意裁剪功能，可以通过预设的创意形状，将图片裁剪为创意图形。方法为选中要裁剪的图片，单击【图片工具】选项卡下的【裁剪】下拉按钮，然后在【创意裁剪】的子列表中选择一种预设创意形状，即可完成裁剪，如下图所示。

8.6.3 图文混排

在年终工作述职报告中插入图片后，可以对图片进行排列，使报告看起来更整洁美观，具体操作步骤如下。

第1步 选择插入的两张图片，单击悬浮框中的【顶端对齐】按钮，如下图所示。

第2步 所选图片即可向上对齐排列，效果如下图所示。

第3步 绘制文本框，在图片下方添加文本，效果如下图所示。

第4步 选择图片下方的标题文本框，单击【绘图工具】选项卡下的【填充】下拉按钮，在弹出的下拉列表中，选择“取色器”选项，如下图所示。

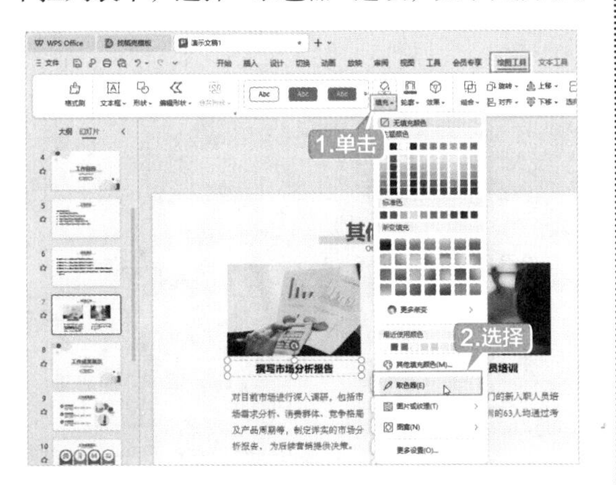

| 提示 |

用户可以直接在【主题颜色】【标准色】【渐变填充】等区域选择要应用的颜色。

第5步 此时鼠标指针变为 形状，将其移至“其他工作”标题文字上，拾取颜色，如下图所示。

第6步 此时即可为文本框填充颜色，设置字体为白色，效果如下图所示。

第7步 选中设置后的文本框，单击【文本工具】选项卡下的【格式刷】按钮，如下图所示。此时鼠标指针将变为 形状。

第8步 将鼠标指针移至“新入职人员培训”文本框处并单击，即可使用复制的文本及图形样式，效果如下图所示。

第9步 选中绘制的文本框，对文本框进行对齐排列，效果如下图所示。

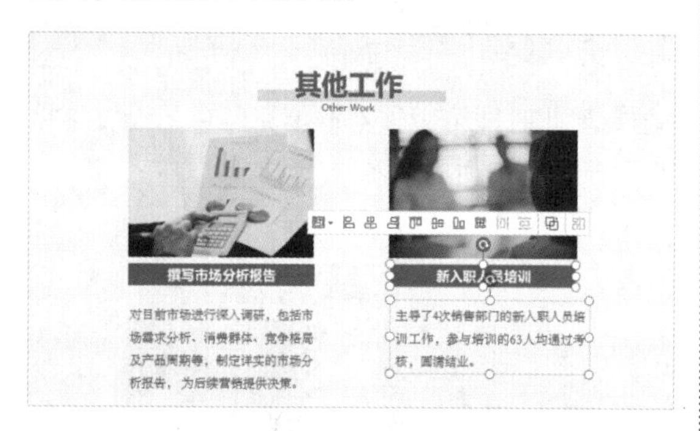

对图片进行排列时，如果不清楚如何进行图文混排，可以单击窗口下方的【智能美化】按钮，弹出的列表中将智能识别并匹配丰富的图文版式，单击即可套用，如下图所示。

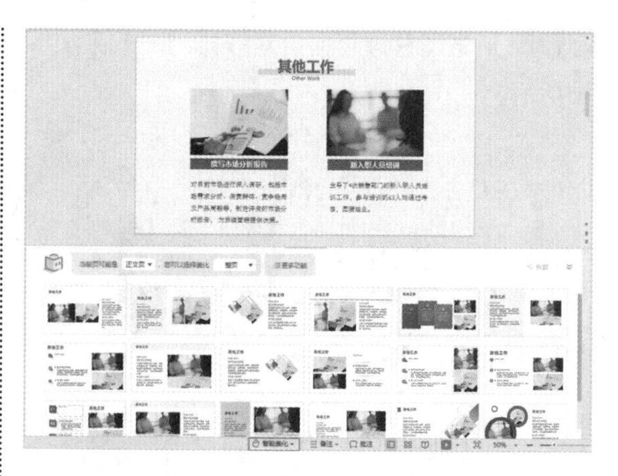

另外，在创建幻灯片时，可以单击【开始】选项卡下的【新建幻灯片】下拉按钮，在弹出的【新建单页幻灯片】页面中选择【正文页】版式下的“图文表达”选项，从而新建一个预设的图文混排版式，如下图所示。

8.6.4 添加图片边框和图片效果

用户可以为插入的图片添加边框和效果，使图片效果更加美观，具体操作步骤如下。

第1步 选择一张图片，单击窗口右侧的【对象美化】按钮，弹出【对象美化】窗格，在【边框】选项卡下设置筛选条件，然后选择一种边框样式，并根据需求设置【边框粗细】，如下图所示。

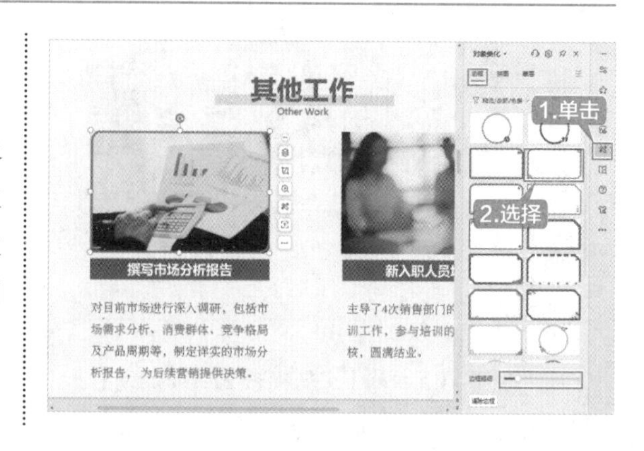

> **提示**
>
> 也可以通过设置边框颜色和线型，为图片添加边框。

第2步 单击【图片工具】选项卡下的【效果】按钮，在弹出的下拉列表中选择【阴影】→【透视】→【右上对角透视】选项，如下图所示。

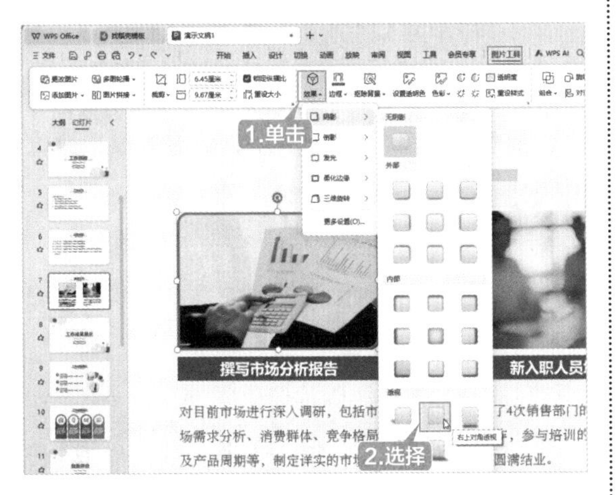

第3步 此时即可为所选图片添加图片效果，如下图所示。

第4步 使用同样的方法，为另一张图片添加边框和效果，如下图所示。

8.7 添加数据表格

在年终工作述职报告中插入表格，可以为插入的表格设置表格样式，使要传达的信息更加简单明了。

8.7.1 插入表格

在幻灯片中插入表格的方法和在WPS文字文档中插入表格的方法基本一致，具体操作步骤如下。

第1步 选择“幻灯片 8”，然后输入第2部分幻灯片首页中的文字，如下图所示。

第2步 在“幻灯片 9”中输入“主要问题”标题，删除原有文本和图形后绘制文本框，输入如下内容，并设置字体、段落格式及添加编号，效果如下图所示。

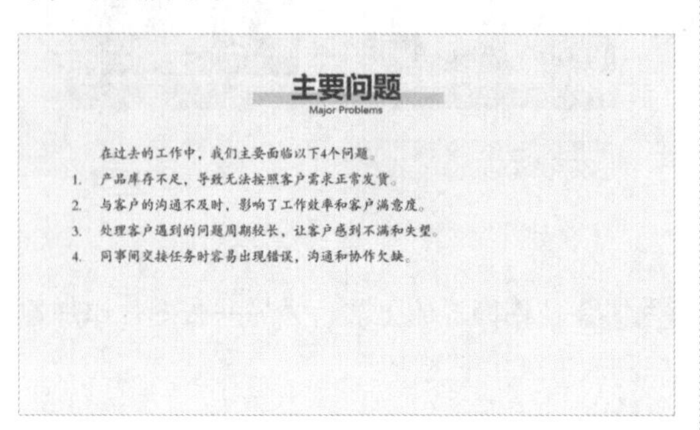

第3步 在“幻灯片10”中输入标题“解决措施”，删除原有文本和图形后绘制文本框，输入文本内容，设置字体、段落格式并添加编号，效果如下图所示。

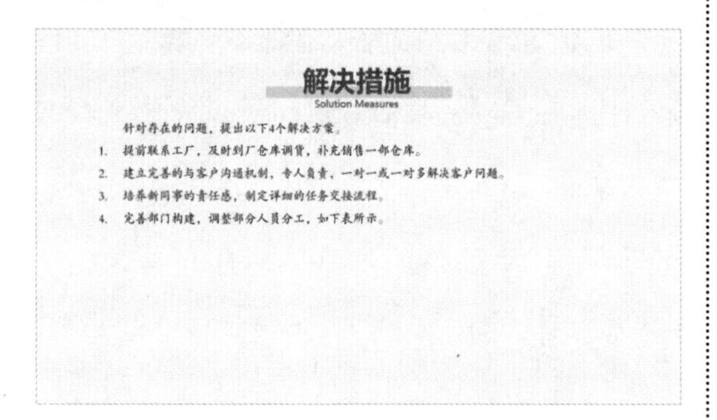

第4步 单击【插入】选项卡下的【表格】按钮，在弹出的表格区域中选择要插入的表格的行数和列数，这里选择“5行*5列”，如下图所示。

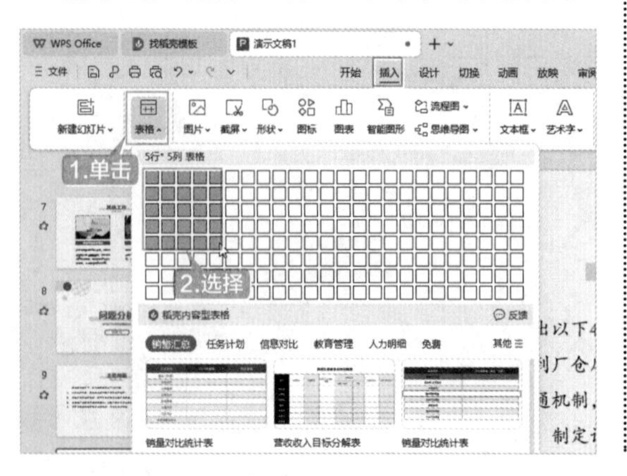

第5步 释放鼠标左键，即可在幻灯片中创建所选行数和列数的表格，调整其位置，效果如下图所示。

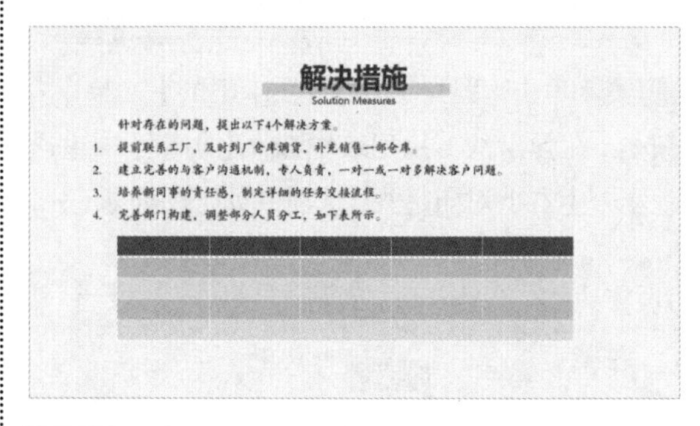

第6步 在表格中输入数据，如下图所示。

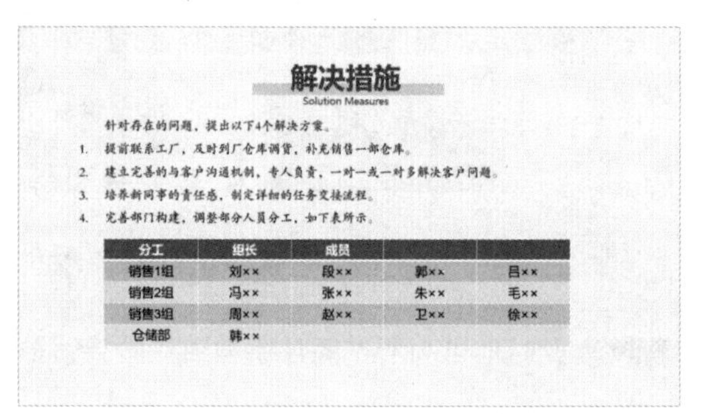

第7步 选中第1行的第3列至第5列的单元格并右击，在弹出的快捷菜单中选择“合并单元格”命令，如下图所示。此时即可合并所选单元格区域，然后设置文字的对齐方式。

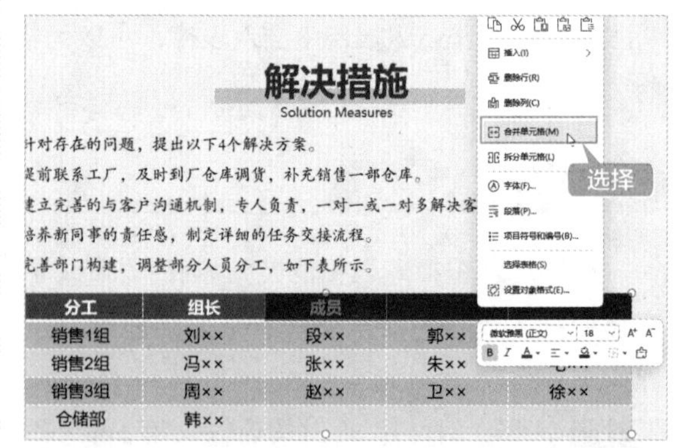

第8步 使用同样的方法，合并第5行的第2列至第5列的单元格区域，调整后的效果如下图所示。

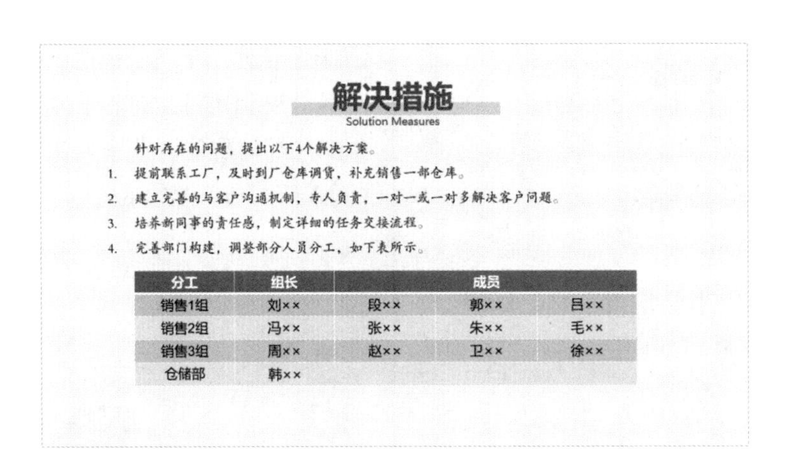

8.7.2 设置表格样式

插入表格后，可以设置表格的样式，使年终工作述职报告看起来更加美观，具体操作步骤如下。

第1步 选中表格，单击【表格样式】选项卡下样式区右侧的下拉按钮，在弹出的【预设样式】列表中选择一种表格样式，如下图所示。

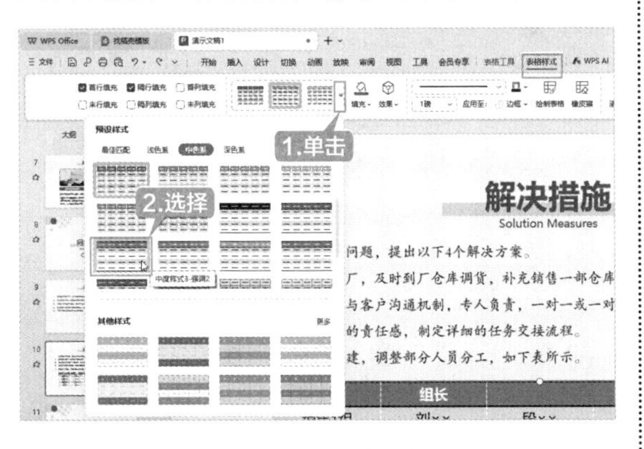

第2步 更改表格样式后的效果如下图所示。

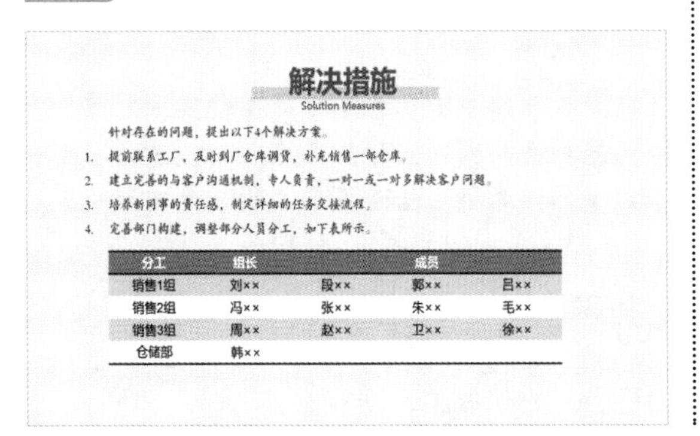

第3步 选择表格标题行，将其填充为与本页标题相同的颜色，如下图所示。

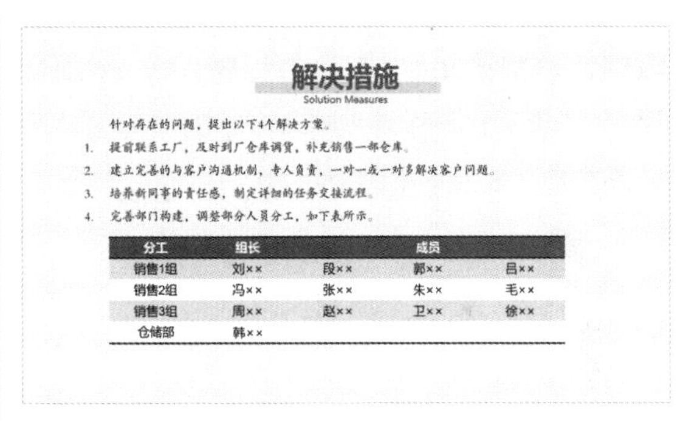

第4步 修改“幻灯片11”的文字，如下图所示。

第5步 修改“幻灯片12”，输入“目标规划”标题，删除原有文本和图形后绘制文本框，输入如下内容，并设置字体、段落格式及添加编号，效果如下图所示。

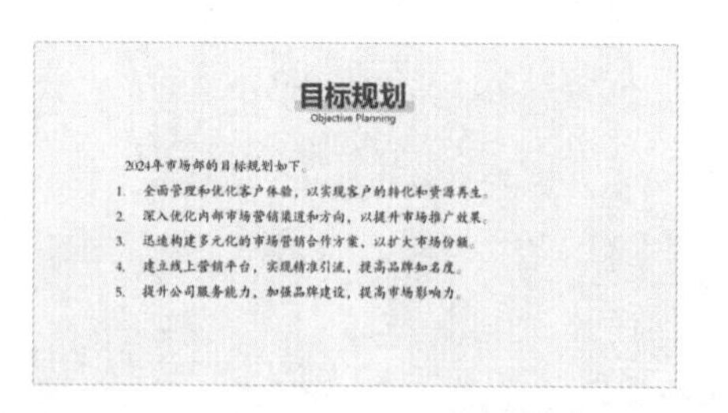

第6步 至此，年终工作述职报告的正文页已设计完毕。修改结束页，如下图所示。然后删除后面多余的幻灯片。

第7步 根据正文内容的章节标题，修改“幻灯片3”目录下的名称，并删除多余的图形，调整对齐方式，效果如下图所示。

第8步 至此，年终工作述职报告演示文稿制作完毕。按【F12】键打开【另存为】对话框，选择要保存的位置，并输入文件名称，单击【保存】按钮，如下图所示。

第9步 此时即可保存制作的年终工作述职报告演示文稿，如下图所示。

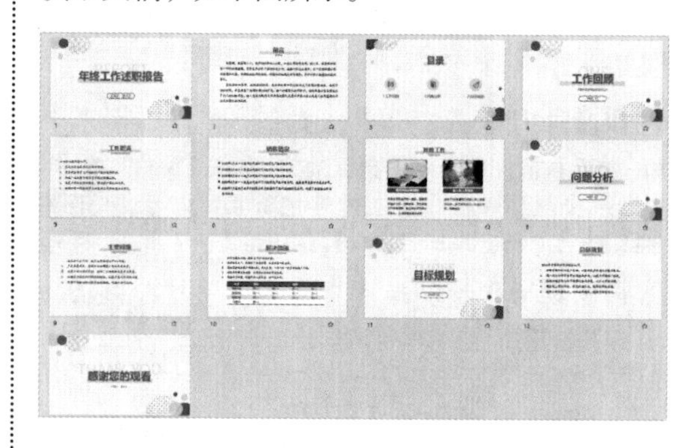

制作产品推广活动策划方案演示文稿

产品推广活动策划方案演示文稿和年终工作述职报告演示文稿都属于展示报告类演示文稿，也是较为常用的演示文稿。前者用于产品的推广和策划，指导产品进入市场的具体实施方案，为后续营销策略提供参考。本节以制作产品推广活动策划方案演示文稿为例，介绍WPS演示的基本操作技巧。

本节素材结果文件

	素材	素材\ch08\“举一反三”文件夹
	结果	结果\ch08\产品推广活动策划方案.pptx

1. 下载在线模板

打开WPS Office，搜索“活动策划方案”在线模板，单击【立即使用】按钮，下载所选模板，如下图所示。

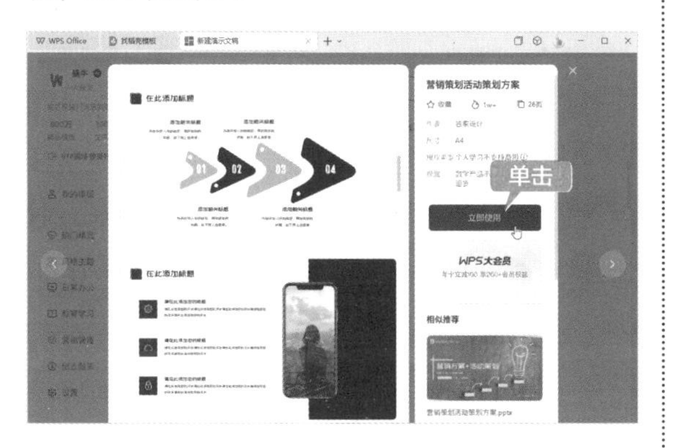

> **提示**
>
> 本例模板为付费模板，WPS超级会员或WPS大会员可以免费使用，读者可以下载免费模板进行后面的操作。

2. 修改封面、目录和过渡页

根据需要修改模板的封面、目录和过渡页，如下图所示。

3. 制作“活动概述”页面

新建页面，插入一个6行2列的表格，输入内容并设置内容格式、表格的样式等，效果如下图所示。

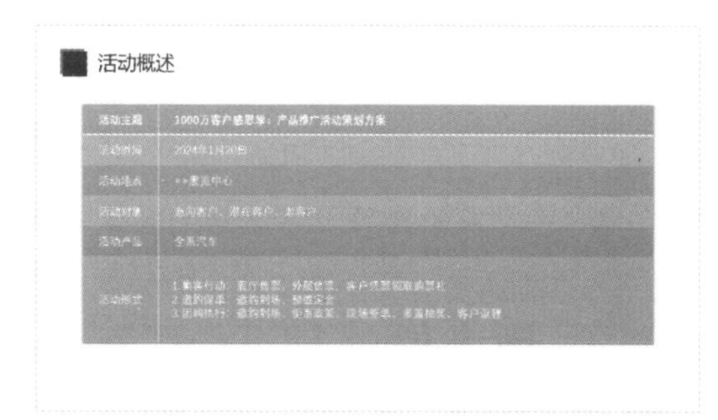

4. 制作“活动政策”部分幻灯片

制作“活动政策”过渡页，然后分别新建“内部政策”和“外部政策”幻灯片。在“内部政策”幻灯片中插入一个3行11列的表格，输入相关内容并设置文字格式，然后设计和美化表格。在“外部政策”幻灯片中插入一个4行3列的表格，输入内容并美化表格后，插入素材图片，调整图片的对齐方式。“活动政策”部分幻灯片的效果如下图所示。

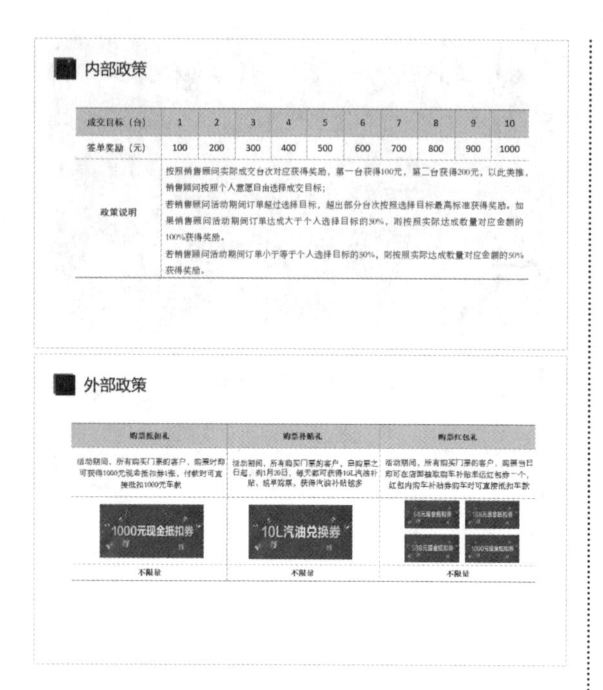

5. 制作“推进安排”部分幻灯片

制作“推进安排”过渡页，然后分别新建“启动会目的”“邀约”和“场地规划”幻灯片。在“启动会目的”幻灯片中输入文本内容，并添加项目符号，然后使用【直线】形状工具绘制一个六角星形状，并设置线型和颜色，接着在形状内及周围共插入7 个文本框，输入并美化文本。在“邀约”幻灯片中绘制图形，输入并美化文本，然后插入素材。在“场地规划”幻灯片中输入并美化文本，插入素材图片，调整其大小及位置。“推进安排”部分幻灯片的效果如下图所示。

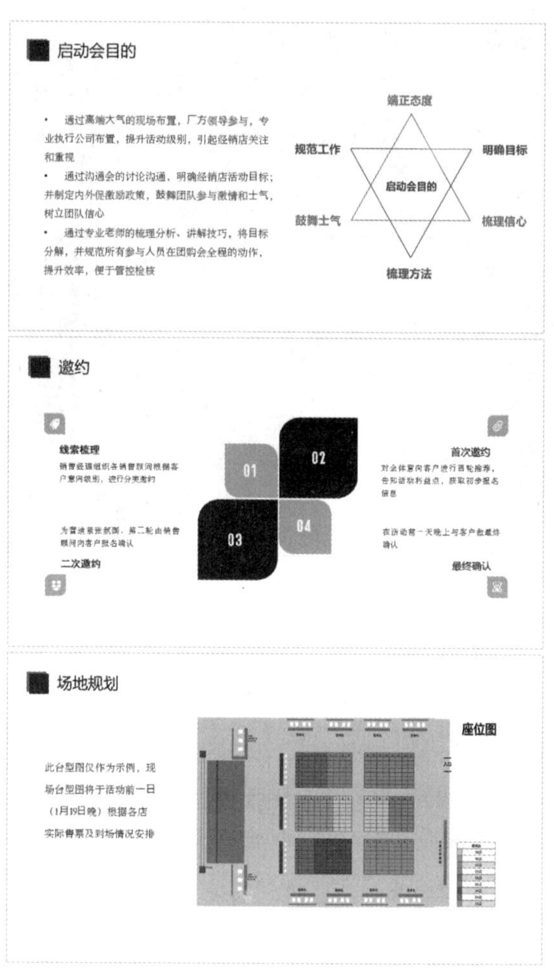

6. 制作“活动执行”部分幻灯片和结束页

制作“活动执行”过渡页，然后分别新建“展厅布置”和“活动流程”幻灯片。在“展厅布置”幻灯片中输入和设置文本，添加项目符号；在右侧插入表格，设置表格内容和样式。在“活动流程”幻灯片中插入一个10行5列的表格，设置表格内容和样式。制作“结束页”页面后，删除多余的幻灯片页面，保存演示文稿为“产品推广活动策划方案.pptx”。其中“活动执行”部分幻灯片和结束页的效果如下图所示。

◇ 减少文本框的边空

在幻灯片文本框中输入文字时，文字离文本框上下左右的边空是默认的，用户可以通过减少文本框的边空来获得更大的设计空间。

第1步 选中要减少文本框边空的文本框并右击，在弹出的快捷菜单中选择“设置对象格式”命令，如下图所示。

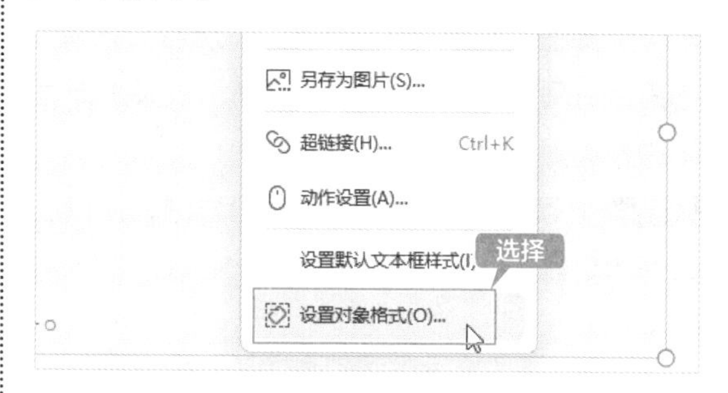

第2步 弹出【对象属性】窗格，选择【文本选项】→【文本框】选项卡，然后在【文本框】区域中设置边距大小。这里将边距设置为“0厘米”，可减少文本框的边空，如下图所示。另外，用户也可以在【文字自动调整】区域下根据需要进行设置。

◇ AI生成PPT精美插图

用WPS制作演示文稿时，往往需要寻找合适的图片来丰富演示文稿。这个过程非常耗时，并且不一定能找到符合需求的图片。为了解决这个问题，我们可以借助AI大模型的“AI绘画”功能。只需描述想要的图片类型，就能生成一张全新的、完全定制的图片。

目前文心一言、讯飞星火认知大模型、腾讯元宝及通义等AI大模型均有生成绘图的功能，下面以讯飞星火认知大模型为例，讲解生成插图的方法。

第1步 打开讯飞星火认知大模型官网，窗口左侧为历史聊天记录，右侧为聊天窗口，如下图所示。

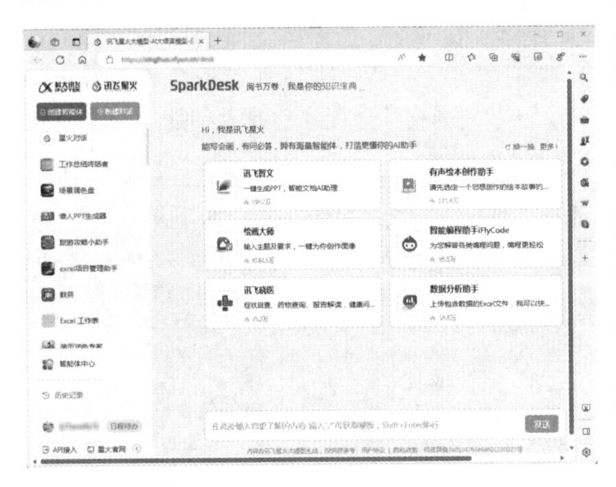

第2步 在指令框中输入生成插图的指令，然后单击【发送】按钮，如下图所示。

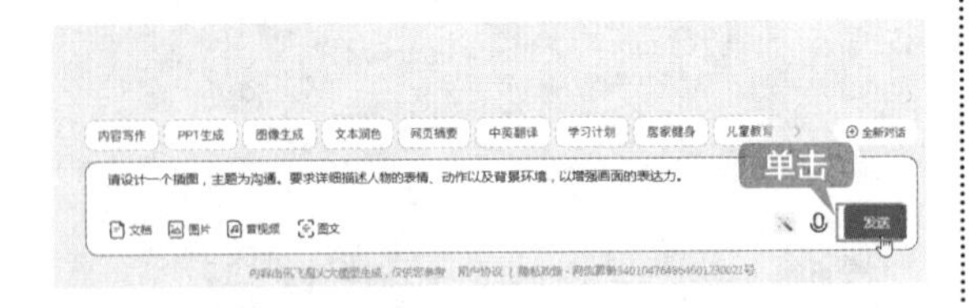

第3步 AI大模型即可根据指令生成插图，如下图所示。如果对插图不满意，可以补充指令进行生成，也可以单击【重新回答】按钮，重新生成。

第4步 单击生成的插图，即可放大显示。右击插图，在弹出的下拉菜单中选择“将图像另存为”命令，即可根据提示将插图存入电脑中，如下图所示。此时可随时将生成的插图插入演示文稿中。

第9章

视觉呈现——市场季度报告演示文稿

本章导读

动画是演示文稿的重要元素。在制作演示文稿的过程中，适当地添加动画可以使演示文稿更加精彩。WPS演示提供了多种动画样式，支持对动画效果和视频自定义播放。本章以制作市场季度报告演示文稿为例，介绍动画在演示文稿中的应用。

思维导图

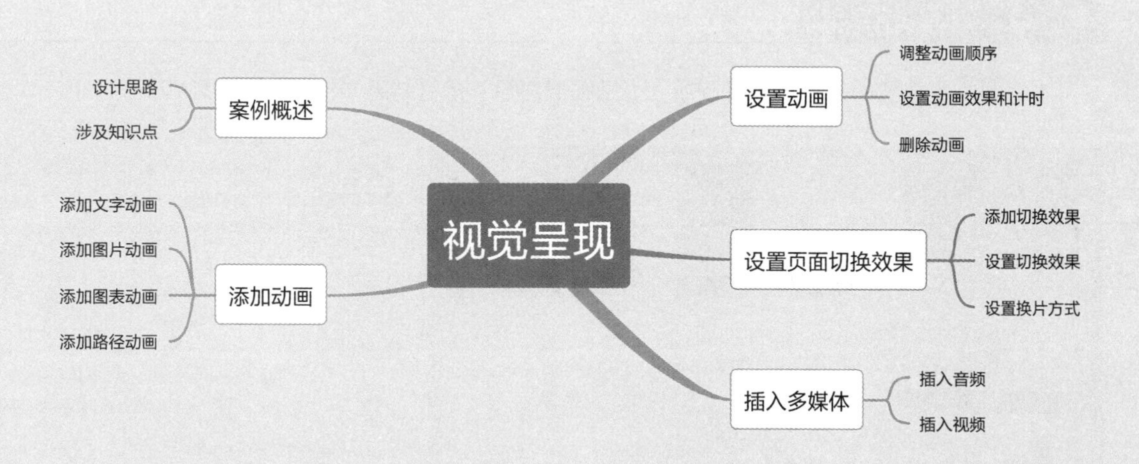

9.1 案例概述

市场季度报告演示文稿是较为常用的一种报告展示类演示文稿，主要用于反馈公司一个季度的市场情况。该演示文稿的设计质量直接影响着报告效果，因此应注重每页幻灯片中的细节处理。除了在特定的页面添加合适的过渡动画，使幻灯片更加生动，还可以为重点内容设置相应的动画，以吸引观众的注意力。

本节素材结果文件

	素材	素材\ch09\市场季度报告.pptx
	结果	结果\ch09\市场季度报告.pptx

9.1.1 设计思路

在制作演示文稿的时候，添加动画效果可以大大提高演示文稿的表现力，动画展示的过程可以起到画龙点睛的作用。本例添加动画效果的设计思路如下。

① 为文字、图片添加动画。

② 为图表、路径添加动画。

③ 设置动画。

④ 为幻灯片添加效果。

⑤ 插入多媒体。

9.1.2 涉及知识点

本案例主要涉及的知识点如下图所示（思维导图见“素材结果文件 \ 思维导图 \9.pos”）。

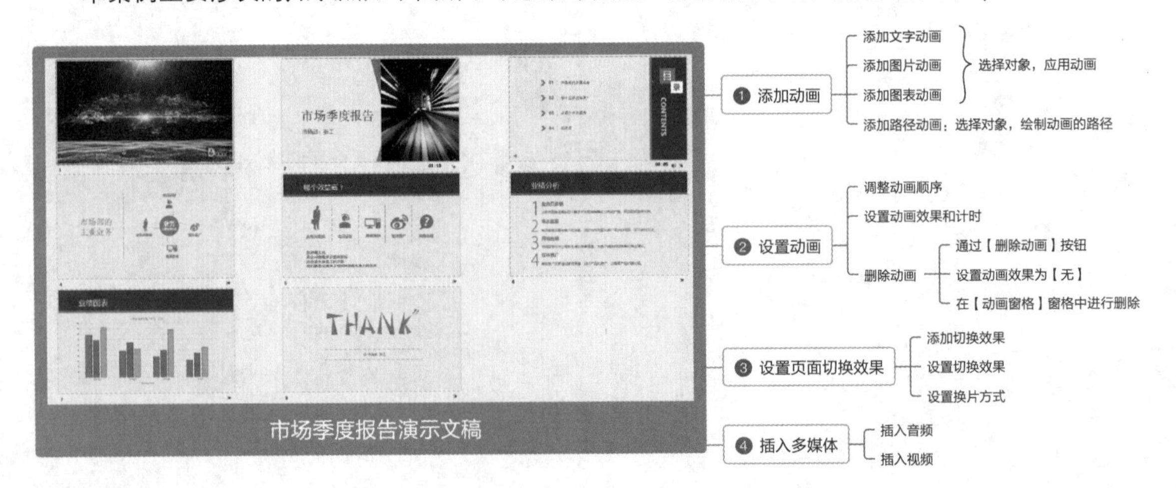

9.2 添加动画

在 WPS 演示中可以为多种对象添加动画。

9.2.1 添加文字动画

文字是幻灯片中主要的信息载体，如果文字内容较多，使用过多的动画效果就会分散观众的注意力。这种情况下，可以只对标题类文字适当使用动画效果。下面以为标题应用动画为例，介绍添加文字动画的具体操作步骤。

第 1 步 打开素材文件，选择第 1 页幻灯片中的“市场季度报告”文本框，单击【动画】选项卡下的 ▾ 按钮，如下图所示。

第 2 步 在弹出的下拉列表中可以看到进入、强调、退出、动作路径和绘制自定义路径 5 种动画类型，如下图所示。另外，如果添加过动画，列表顶部的【最近使用】区域中就会显示最近使用过的动画效果，底部的【智能推荐】区域中会根据所选对象推荐相关的动画。

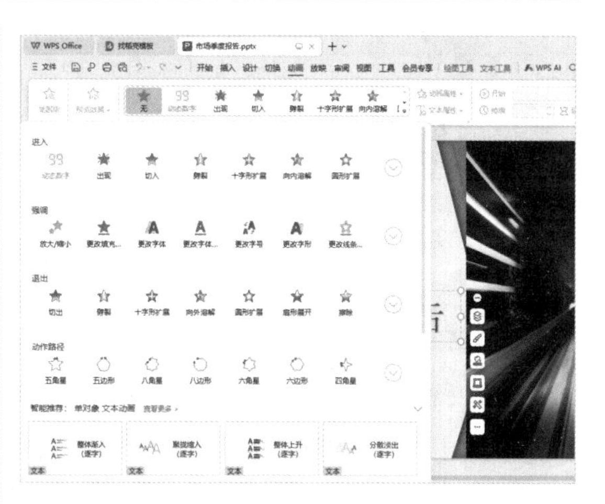

第 3 步 在动画列表中，单击【进入】区域下的【更多选项】按钮，如下图所示。

第 4 步 在展开的列表中，选择【基本型】区域下的【菱形】动画效果，如下图所示。

第5步 此时即可为所选文字添加该动画，幻灯片缩略图左侧会显示☆图标，表示该页幻灯片中包含动画效果。

第6步 单击【动画】选项卡下的【预览效果】按钮☆即可看到设置的动画效果，如下图所示。

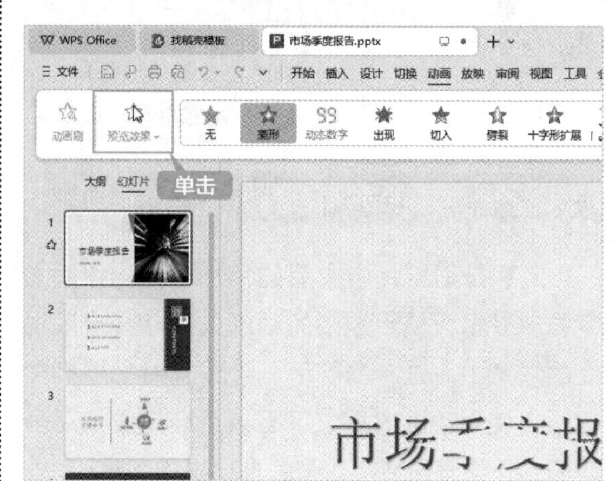

9.2.2 添加图片动画

为图片添加动画可以提升图片的动感和美感，具体操作步骤如下。

第1步 单击第1页幻灯片中的图片对象，单击【动画】选项卡下的▾按钮，在弹出的下拉列表中选择【进入】区域下的【百叶窗】动画效果，如下图所示。

第2步 此时即可看到设置的图片动画效果，如下图所示。

9.2.3 添加图表动画

为图表添加动画可以使图表的展现更加生动。下面通过对幻灯片中的柱形图进行简单调整，使图表分层次、分系列播放动画，具体操作步骤如下。

第1步 选择第6页幻灯片中的柱形图图表，单击【插入】选项卡下的【形状】按钮，在弹出的下拉列表中选择【矩形】→【矩形】选项，如下图所示。

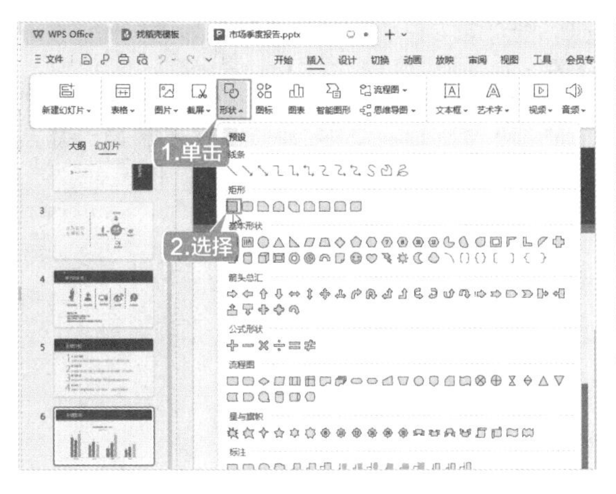

第2步 在图表框架上，对比图表上的柱形，绘制1月的业绩矩形条并填充颜色，效果如下图所示。

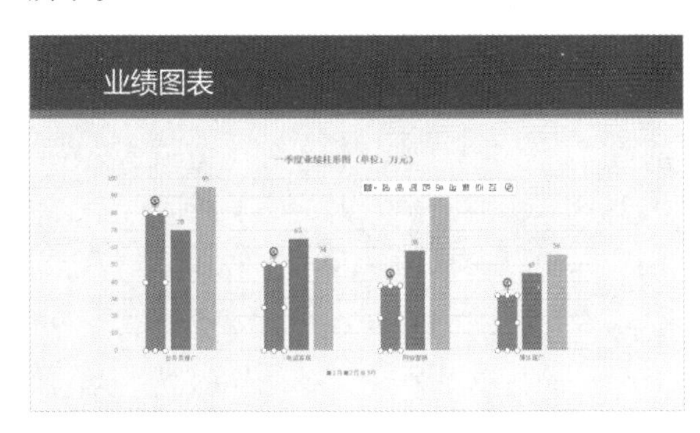

第3步 使用同样的方法，分别绘制2月、3月业绩矩形条并填充颜色，效果如下图所示。

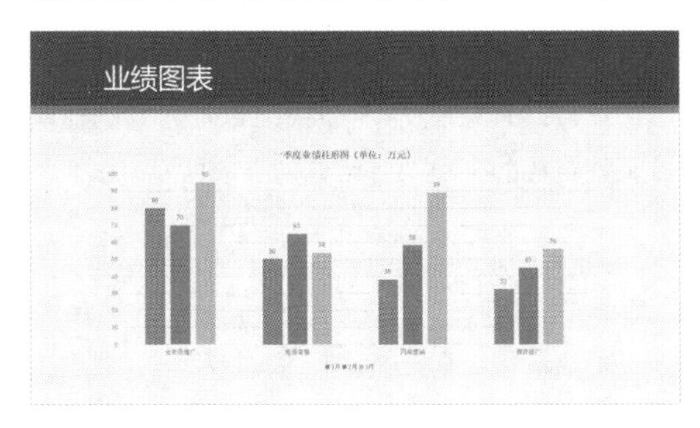

第4步 选中图表并右击，在弹出的快捷菜单中选择“编辑数据”命令，即可打开【WPS 演示中的图表】窗口。清除业绩数据，并关闭该窗口，如下图所示。

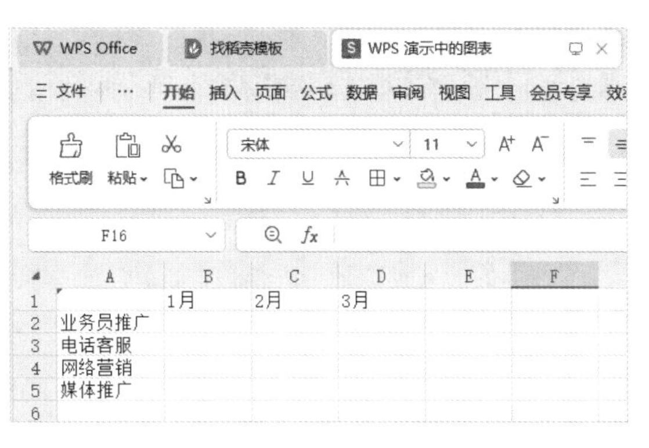

第5步 选中图表框架，单击【动画】选项卡下的 按钮，在弹出的下拉列表中选择【进入】区域中的【出现】动画效果，如下图所示。

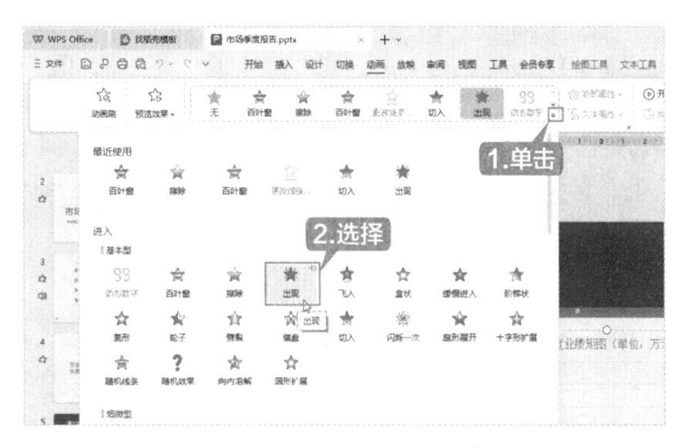

第6步 按住【Ctrl】键，选择1月的4个业绩矩形条，单击【动画】选项卡下的 按钮，在弹出的下拉列表中选择【进入】区域中的【切入】动画效果，如下图所示。

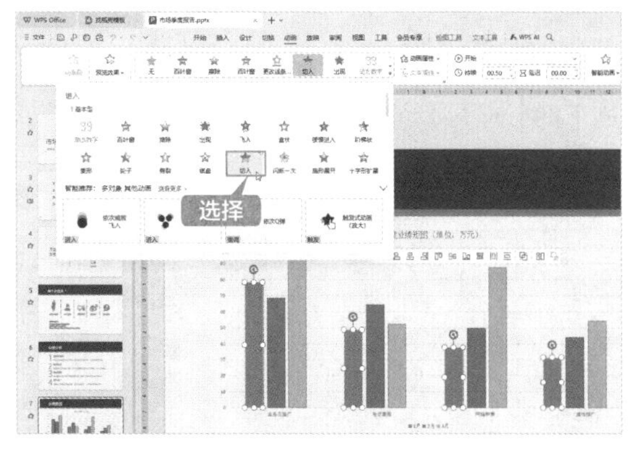

第7步 使用同样的方法，依次设置2月、3月的业绩矩形条为【切入】动画效果，如下图所示。

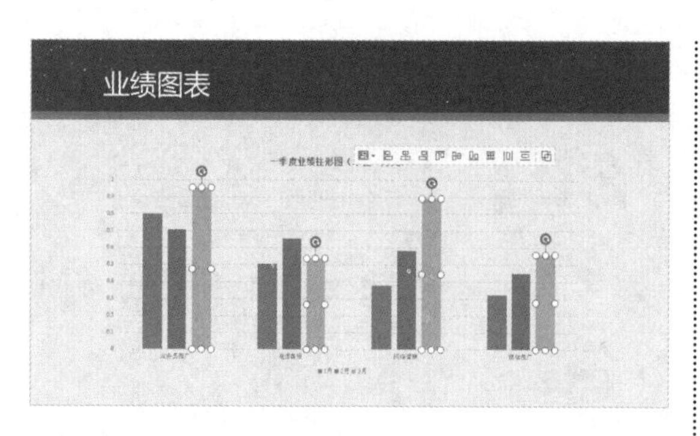

第8步 单击【动画】选项卡下的【预览效果】按钮，即可看到设置的动画效果，如下图所示。

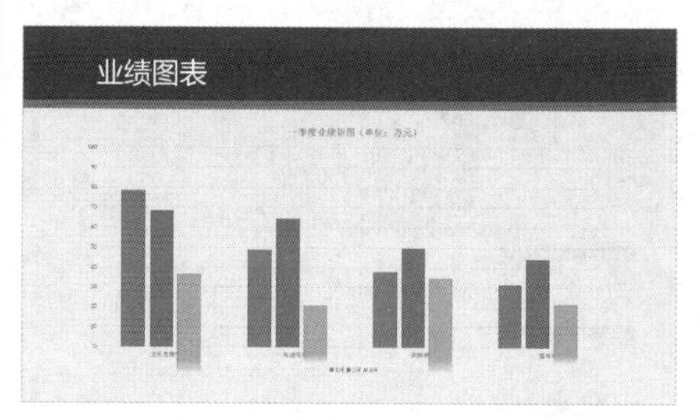

9.2.4 添加路径动画

路径动画可以根据制作者的要求移动对象，下面介绍添加路径动画的具体操作步骤。

第1步 选择要添加动画的对象，单击【动画】选项卡下的 ▾ 按钮，在下拉列表的【动作路径】区域下单击【更多选项】按钮，如下图所示。

第2步 在展开的列表中选择【直线和曲线】区域下的【向下】动画效果，如下图所示。

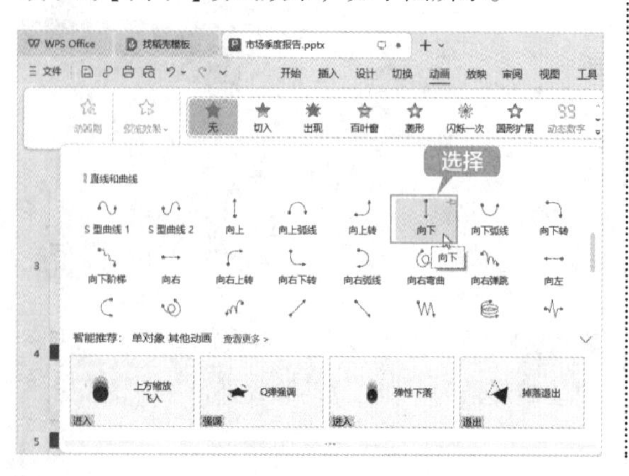

第3步 此时即可添加动作路径，其中绿色箭头为路径起点，红色箭头为路径终点，如下图所示。

第4步 单击创建的路径，路径的起点和终点会各显示一个小圆点。将鼠标指针放置在小圆点上，鼠标指针会变为 ↗ 形状，此时拖曳鼠标即可调整路径的大小及方向，如下图所示。

第5步 另外，也可以在动画列表的【绘制自定义路径】区域下选择一种路径，如选择“曲线”

选项，如下图所示。

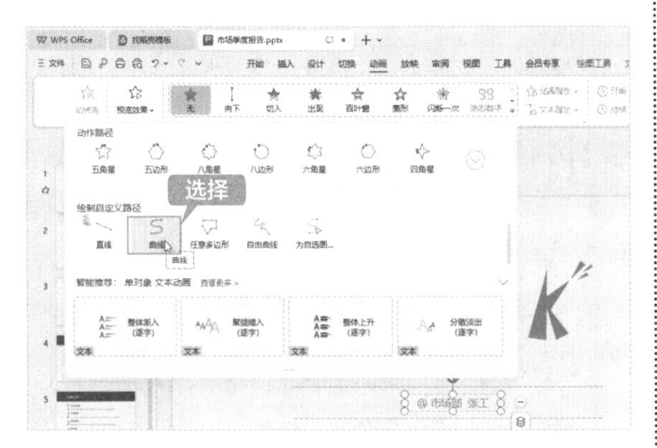

第6步 此时即可拖曳鼠标进行动画路径的绘制，如下图所示。绘制完成后，按【Enter】键确认，WPS会自动测试动画效果。

9.3 设置动画

为对象添加动画后，还可以根据需要对添加的动画进行设置，如调整动画顺序、设置动画时间及删除多余的动画等。

9.3.1 调整动画顺序

用户可以对幻灯片中已添加的动画的顺序进行调整，从而控制播放的顺序，具体操作步骤如下。

第1步 在含有动画的幻灯片页面，单击【动画】选项卡下的【动画窗格】按钮，弹出【动画窗格】窗格，如下图所示。

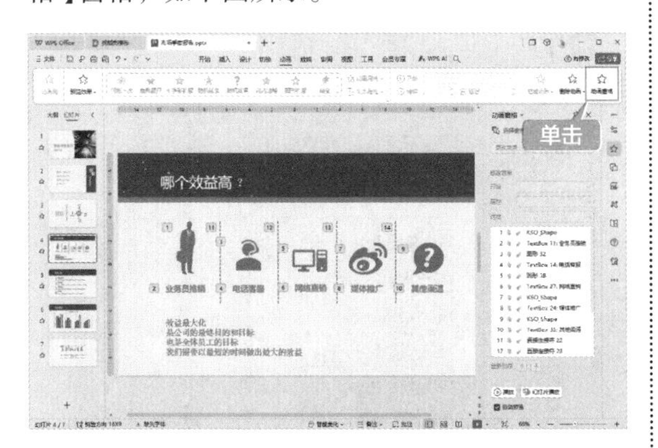

第2步 选择需要调整顺序的动画，如选择动画4，单击【重新排序】右侧的向上按钮或向下按钮进行调整，如下图所示。

> **提示**
>
> 也可以选中要调整顺序的动画，按住鼠标左键将其拖曳到适当位置，释放鼠标左键即可调整动画顺序。

9.3.2 设置动画效果和计时

添加动画之后，用户可以根据需要设置动画的效果和计时，具体操作步骤如下。

第1步 选择要修改的动画，单击【动画】选项卡下的【其他效果选项】按钮，如下图所示。

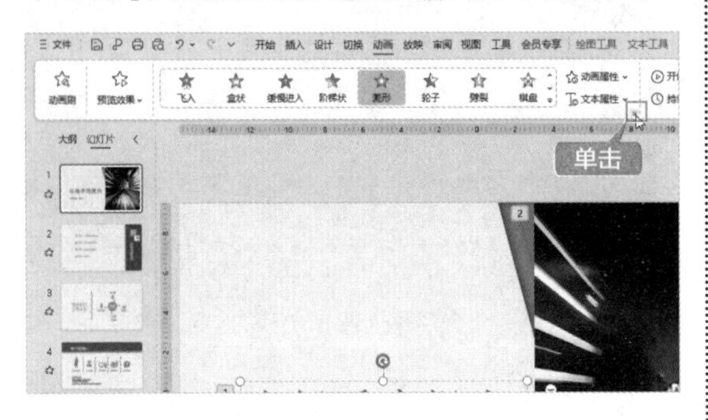

第2步 弹出下方对话框，在【效果】选项卡下可以看到【设置】和【增强】两个区域。单击【方向】右侧的下拉按钮，在弹出的下拉列表中可以选择“内”或“外”选项，如下图所示。

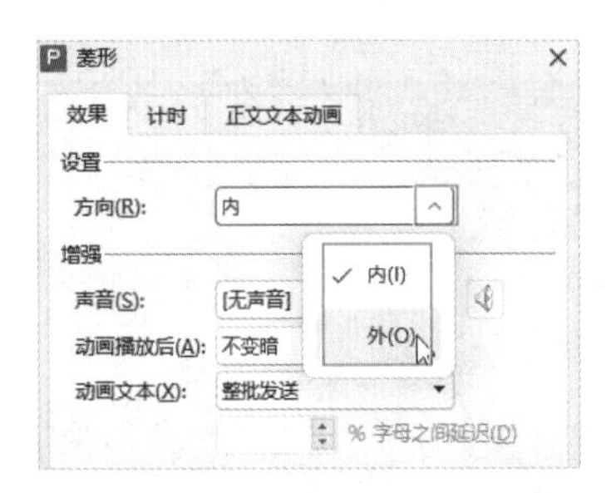

第3步 单击【声音】右侧的下拉按钮，在弹出的下拉列表中选择要应用的声音效果，如下图所示。同时可以设置【动画播放后】和【动画文本】。

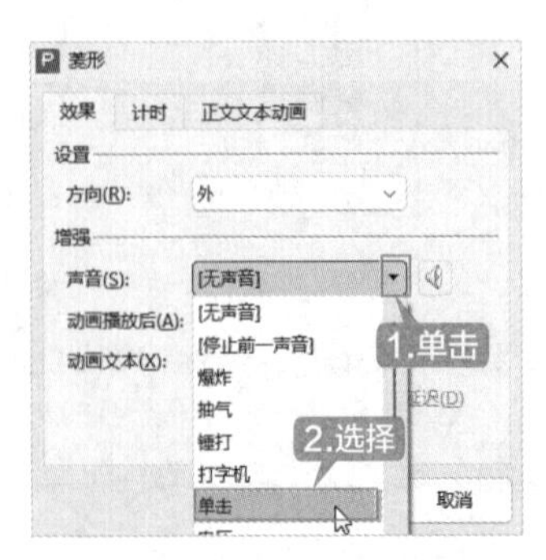

第4步 单击【计时】选项卡，其中包含了【开始】【延迟】【速度】【重复】属性，单击【开始】右侧的 ▾ 按钮，在弹出的下拉列表中有3个选项可供选择，如下图所示。

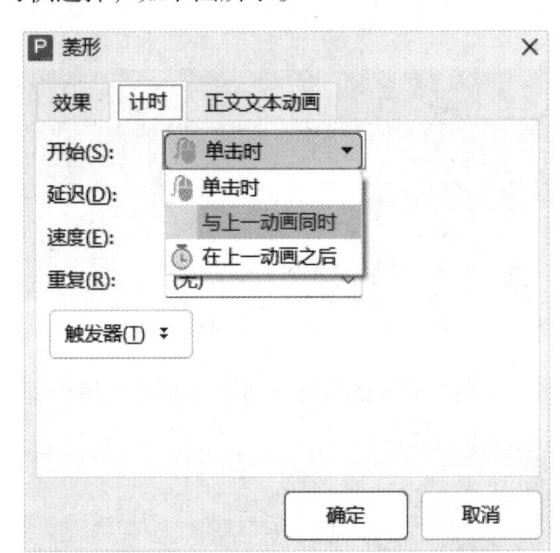

第5步 设置【延迟】后，单击【速度】右侧的下拉按钮，从弹出的下拉列表中选择所需的速度，其中包括【极度慢（20秒）】【非常慢（5秒）】【慢速（3秒）】【中速（2秒）】【快速（1秒）】和【非常快（0.5秒）】等选项。设置完成后，单击【确定】按钮即可，如下图所示。

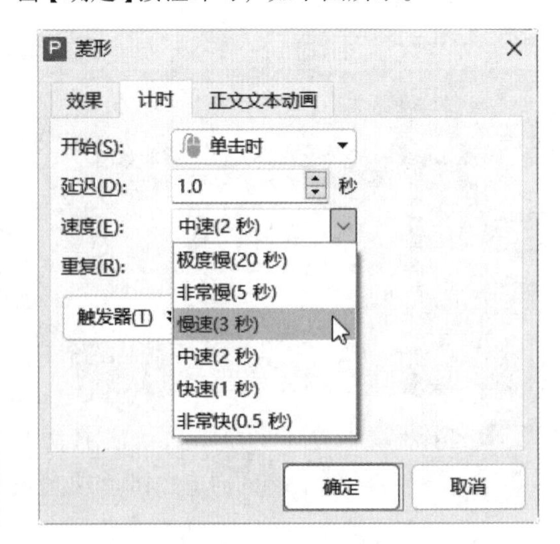

9.3.3 删除动画

为对象添加动画后，也可以根据需要删除动画，具体操作步骤如下。

第1步 选择含有动画的对象，单击【动画】选项卡下的【删除动画】按钮，在弹出的下拉列表中选择“删除选中对象的所有动画”选项，如下图所示。

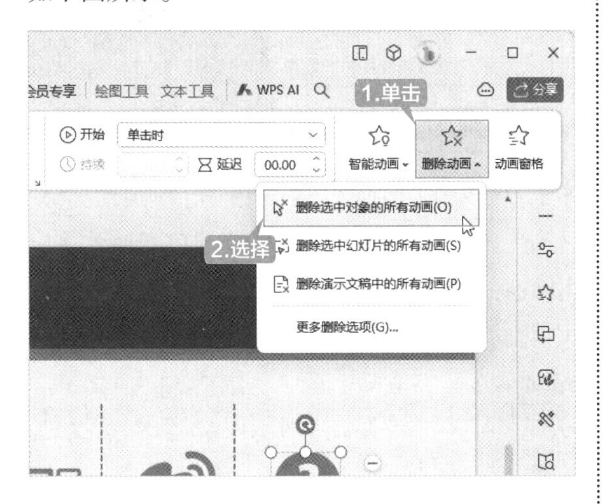

提示

选择“删除选中幻灯片的所有动画”选项，会删除该页幻灯片的所有动画效果；选择“删除演示文稿中的所有动画”选项，会删除当前演示文稿中的所有动画效果。

第2步 在弹出的【WPS演示】对话框中，单击【确定】按钮即可删除。

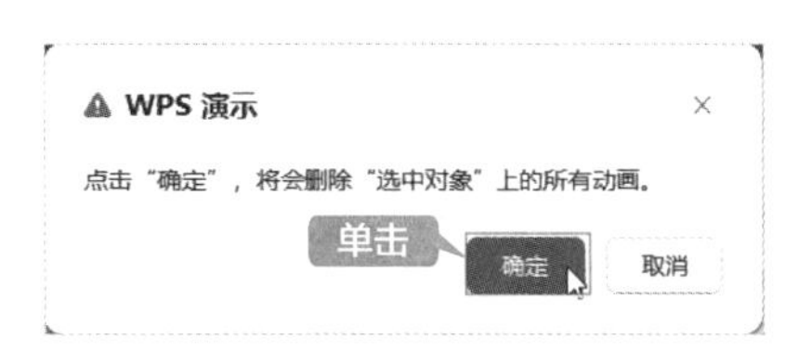

另外，也可以采用以下两种方法删除动画效果。

方法1：选择【动画】选项卡下动画列表中的“无”选项，如下图所示。

方法2：打开【动画窗格】窗格，选择要删除的动画，单击【删除】按钮，如下图所示。

9.4 设置页面切换效果

动画是以单个对象为整体创建的，用户可以为一个幻灯片页面中的每个对象分别设置不同的动画。而页面切换效果则是以整个幻灯片页面为对象进行动画效果的设置。

9.4.1 添加切换效果

在市场季度报告演示文稿各页幻灯片之间添加切换效果的具体操作步骤如下。

第1步 选择第1页幻灯片，单击【切换】选项卡下的 ▾ 按钮，如下图所示。

第2步 在弹出的下拉列表中选择【百叶窗】效果，如下图所示。

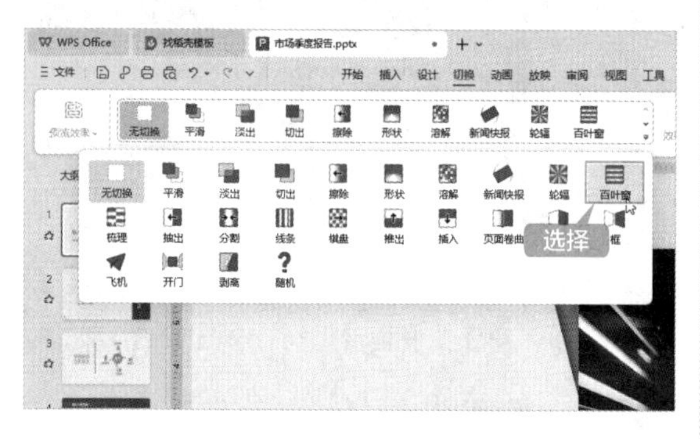

第3步 此时即可为第1页幻灯片添加“百叶窗”切换效果，如下图所示。

第4步 单击【切换】选项卡下的【应用到全部】按钮，如下图所示。此时可将当前切换效果应用到整个演示文稿中。也可以逐个为其他幻灯片添加不同的切换效果。

9.4.2 设置切换效果

为幻灯片添加切换效果后，可以设置其显示效果，具体操作步骤如下。

第1步 选择第1页幻灯片，单击【切换】选项卡下的【效果选项】按钮，在弹出的下拉列表中选择“垂直”选项，如下图所示。

第2步 在【速度】微调框中输入“2”（确认后会自动变为“02.00”），然后单击【声音】下拉按钮，在弹出的下拉列表中选择“风铃”选项，如下图所示。

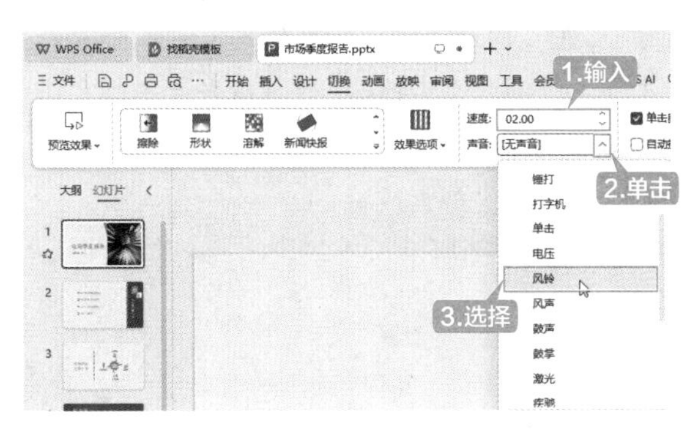

9.4.3 设置换片方式

对于添加切换效果的幻灯片，可以设置幻灯片的换片方式，具体操作步骤如下。

第1步 选择第1页幻灯片，选中【切换】选项卡下的【自动换片】复选框，如下图所示。

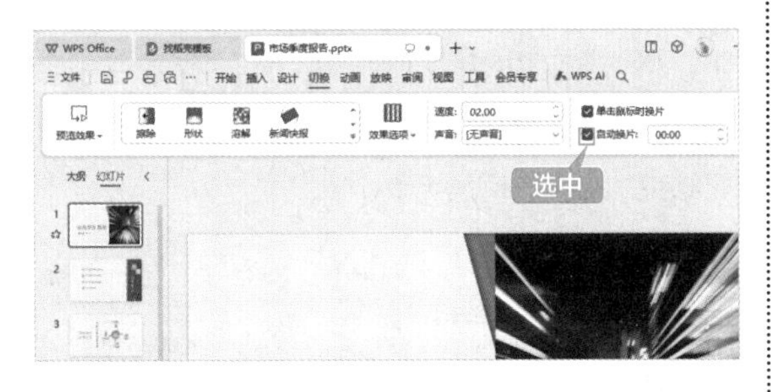

第2步 在【自动换片】微调框中设置自动切换时间为“00:05”，如下图所示。设置完成后，放映第1页幻灯片时，即会在5秒后自动切换至第2页幻灯片。

提示

【单击鼠标时换片】复选框和【自动换片】复选框可以同时选中，这样切换时既可以单击鼠标切换，也可以在设置的自动切换时间后自动切换。

9.5 插入多媒体

用户可以在演示文稿中插入多媒体文件，如音频或视频，使演示文稿内容更加丰富，展示效果更好。

9.5.1 插入音频

WPS演示中，除了支持嵌入和链接音频、背景音乐，还提供了音频库功能，用户可以选择在线音频文件。下面以插入音频库中的音频文件为例，介绍在演示文稿中插入音频的操作方法。

第1步 选择第1页幻灯片，单击【插入】选项卡下的【音频】按钮，在弹出的下拉列表中包含了“嵌入音频”“链接到音频”“嵌入背景音乐”及“链接背景音乐”4种方式，用户可以将本地音频文件以嵌入或链接的方式插入幻灯片中。另外，用户也可以在【稻壳音频】区域中搜索或选择具体分类，下载需要的音频，如下图所示。

第2步 在搜索框中输入“钢琴”，按【Enter】键即可搜索相关音频。如果要试听音频，可以单击音频名称左侧的【播放】按钮；如果要应用该音频，单击其右侧的【立即使用】按钮，如下图所示。

第3步 此时即可自动下载音频，并将其插入所选幻灯片中。单击音频图标，可以使用鼠标拖曳的方式调整其位置，也可以拖曳其周围的控制点来调整其大小。下图所示为调整位置和大小后的效果。

第4步 选中音频图标，在【音频工具】选项卡下对音频进行设置，这里可以播放音频、设置音量、裁剪音频，也可以设置音频【淡入】和【淡出】时间，还可以单击【设为背景音乐】按钮，将音频设置为背景音乐，此时背景音乐会一直播放到幻灯片结束，不会因为切换幻灯片而结束，如下图所示。

9.5.2 插入视频

WPS演示中，除了可以插入音频文件，还可以插入视频文件。WPS演示支持嵌入视频、链接到视频及屏幕录制。本节以插入本地视频为例，介绍在演示文稿中插入视频的操作方法。

第1步 在第1页幻灯片前新建一页幻灯片，然后单击【插入】选项卡下的【视频】按钮，在弹出的下拉列表中选择“嵌入视频”选项，如下图所示。

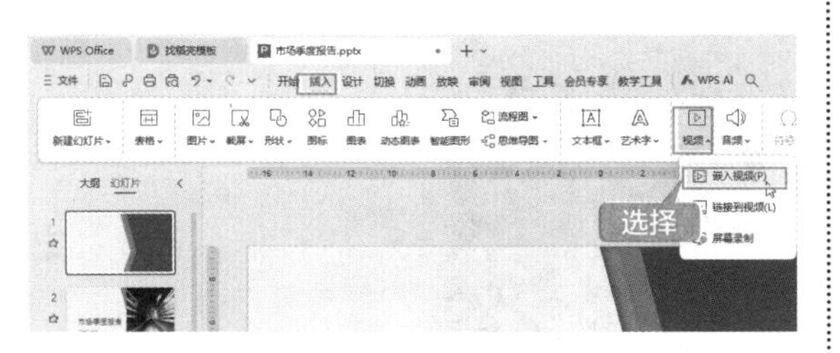

第2步 在弹出的【插入视频】对话框中选择要插入的视频文件，然后单击【打开】按钮，如下图所示。

第3步 如果插入的视频文件太大，则会弹出【提示】对话框，单击【立即压缩】按钮，如下图所示。

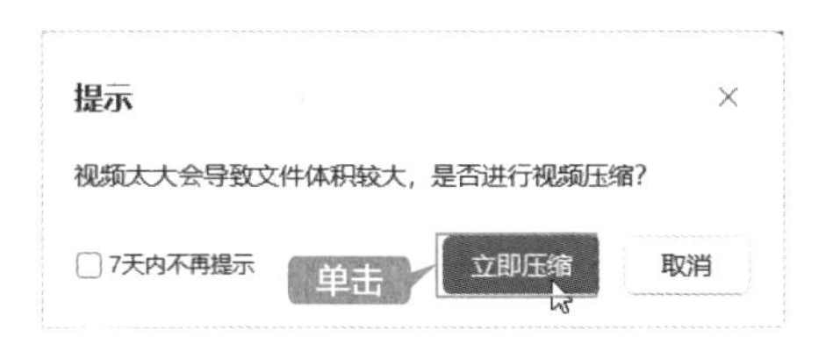

提示

如果不进行压缩，单击【取消】按钮，即可将视频直接嵌入幻灯片中。

第4步 弹出【视频转换压缩】对话框，用户可以设置压缩效果及输出目录，然后单击【开始压缩】按钮，如下图所示。

第5步 弹出【视频压缩成功】对话框，单击【插入压缩后视频】按钮，如下图所示。

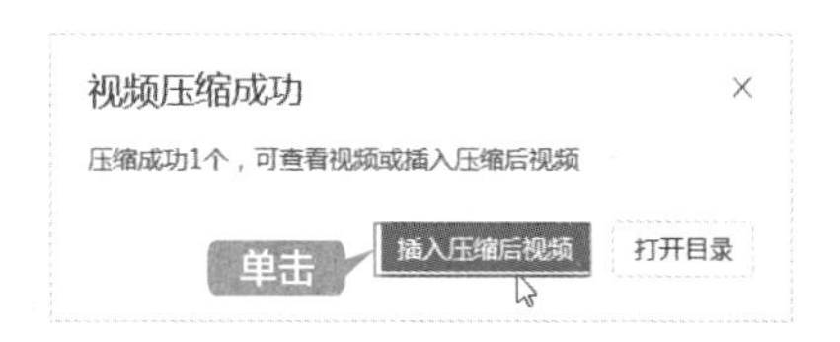

第6步 此时即可将视频插入幻灯片中，效果如下图所示。

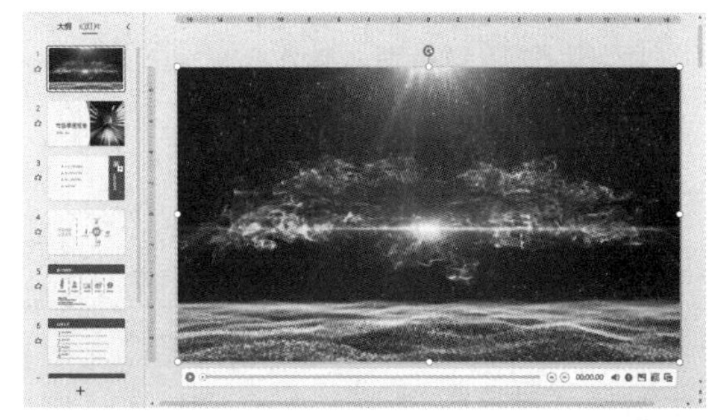

第7步 单击【播放】按钮，即可播放该视频，如下图所示。

第 8 步 此外，用户还可以根据需求，在【视频工具】选项卡下对视频进行设置，如裁剪视频，设置音量、播放方式及视频封面等，如下图所示。

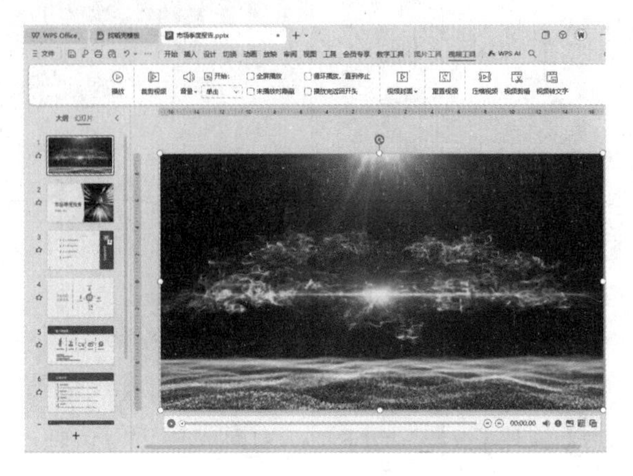

至此，市场季度报告演示文稿的动画及多媒体设置完毕，按【Ctrl+S】组合键保存文件即可。

举一反三

设计产品宣传展示演示文稿

下面以设计产品宣传展示演示文稿为例，介绍应用动画、切换效果的方法，读者可以按照以下思路进行设计。

本节素材结果文件

	素材	素材\ch09\产品宣传展示.dps
	结果	结果\ch09\产品宣传展示.dps

1. 为幻灯片中的图片添加动画

打开素材文件，为幻灯片中的图片添加动画，使产品宣传展示更加引人注目，如下图所示。

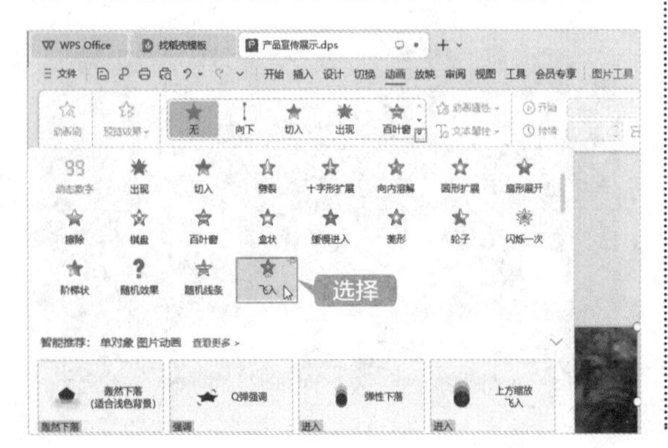

2. 为幻灯片中的文字添加动画

文字是幻灯片中的重要元素，使用合适的动画可以使文字很好地与其他元素融合，如下图所示。

3. 为幻灯片添加切换效果

为各页幻灯片添加切换效果，使幻灯片之间的切换更加自然，如下图所示。

4. 设置切换效果

根据需要设置幻灯片的切换效果，如下图所示。

◇ 智能动画：一键为所有图形元素添加动画

智能动画是WPS演示的特色功能，可以方便、快速地为所选对象添加动画，具体操作步骤如下。

第1步 使用鼠标框选要添加动画的对象，如下图所示。

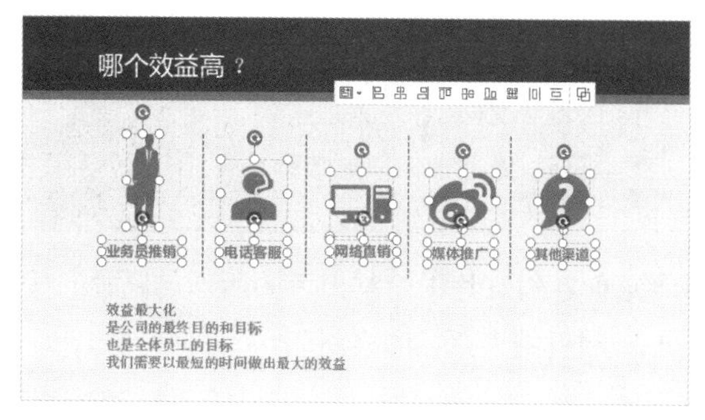

第2步 单击【动画】选项卡下的【智能动画】按钮，在弹出的列表中选择要应用的动画。这里选择【依次出现】动画，单击缩略图中的【免费下载】按钮即可应用，如下图所示。

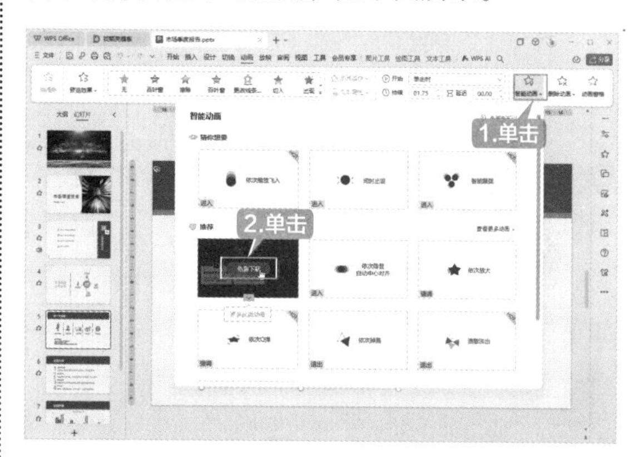

◇ 使用动画制作动态背景

在幻灯片的制作过程中，可以合理地使用动画制作出动态背景，具体操作步骤如下。

第1步 打开“素材\ch09\动态背景.dps”文档，选择帆船图片，单击【动画】选项卡下的 按钮，在弹出的下拉列表中选择【绘制自定义路径】区域中的“自由曲线”选项，如下图所示。

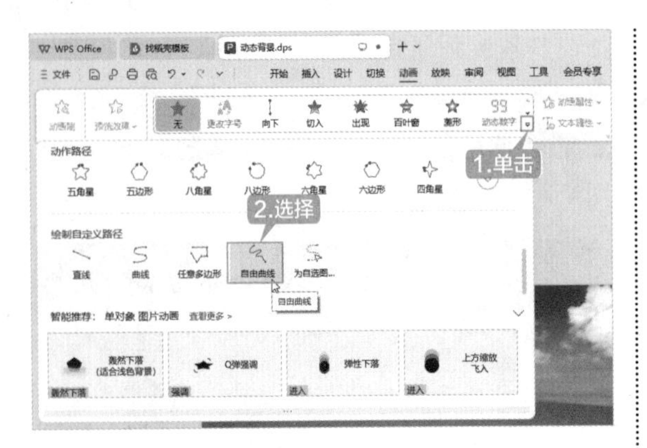

第2步 在幻灯片中绘制出下图所示的路径，按【Enter】键结束路径的绘制。

第3步 选择绘制的路径，在【动画窗格】窗格中设置【开始】为“与上一动画同时”，【路径】为“解除锁定”，【速度】为“非常慢（5秒）”，如下图所示。

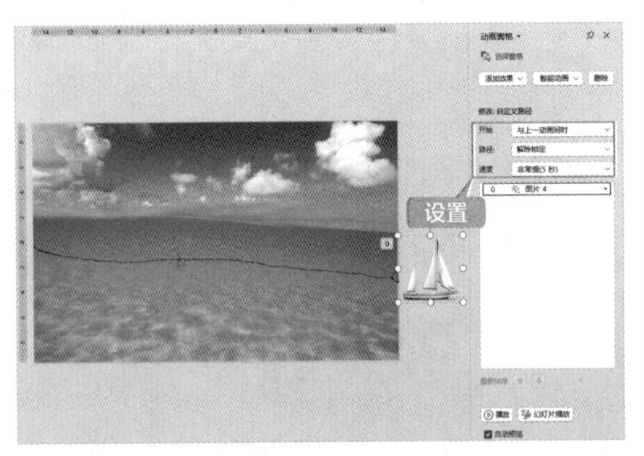

第4步 使用同样的方法分别为两只海鸥设置动作路径，设置【开始】为“与上一动画同时”，【路径】为“解除锁定”，【速度】为“非常慢（5秒）”，如下图所示。

第5步 此时即可完成动态背景的制作，播放效果如下图所示。

第10章

放映幻灯片——活动执行方案演示文稿的放映

本章导读

幻灯片制作完成后就可以进行放映了。掌握幻灯片的放映方法与技巧并灵活使用，可以达到意想不到的效果。本章主要介绍演示文稿的放映方法，包括设置放映类型、放映开始位置及放映时的控制等。本章以活动执行方案演示文稿的放映为例，介绍如何放映幻灯片。

思维导图

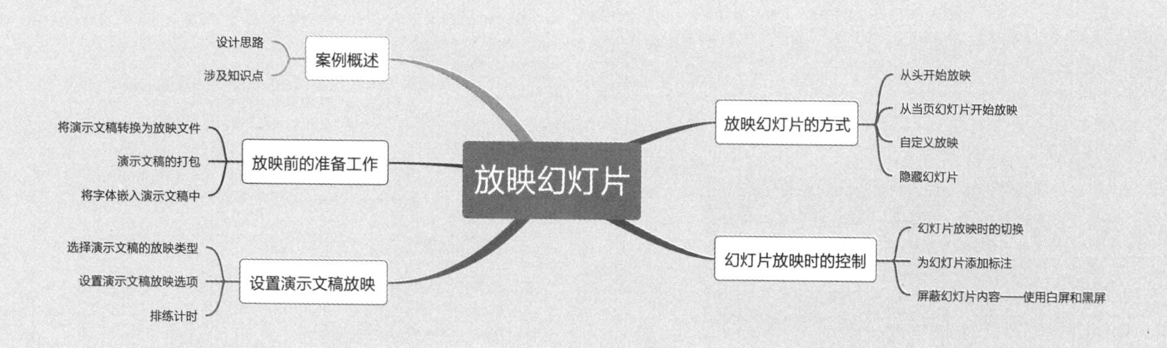

10.1 案例概述

放映活动执行方案演示文稿时，要求做到简洁、清晰、重点明了，便于活动执行人员快速地接收演示文稿中的信息。

本节素材结果文件

	素材	素材\ch10\活动执行方案.dps
	结果	结果\ch10\活动执行方案.dps

10.1.1 设计思路

放映活动执行方案演示文稿时可以按照以下思路进行。

① 做好演示文稿放映前的准备工作。

② 选择演示文稿的放映类型，并进行排练计时。

③ 自定义幻灯片的放映。

④ 使用水彩笔和荧光笔等在幻灯片中添加标注。

⑤ 使用黑屏和白屏。

10.1.2 涉及知识点

本案例主要涉及的知识点如下图所示（思维导图见“素材结果文件\思维导图\10.pos”）。

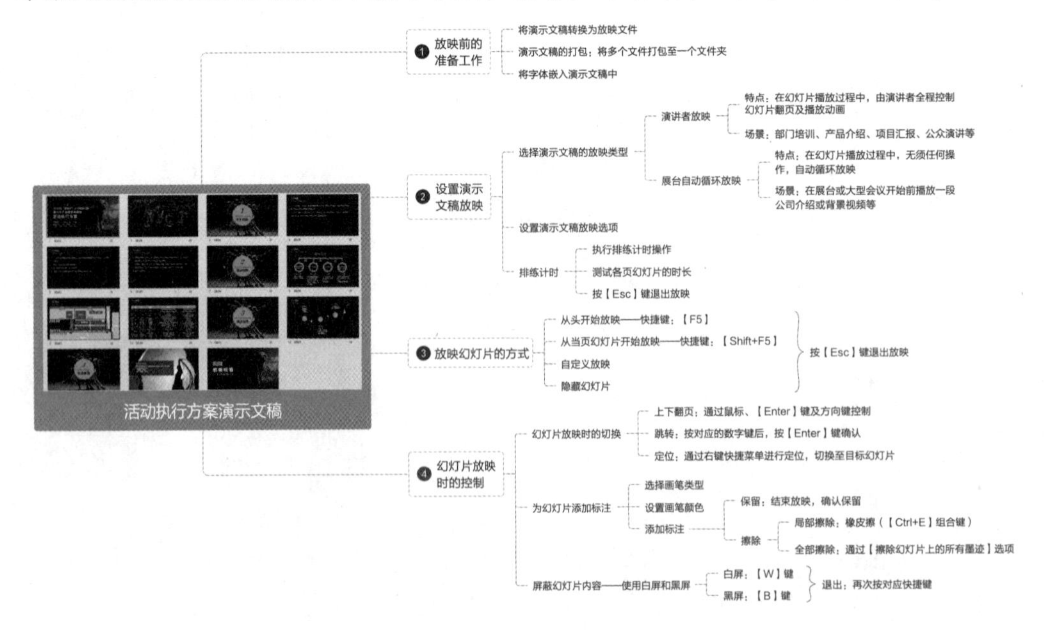

10.2 放映前的准备工作

在放映活动执行方案演示文稿之前，首先要做好准备工作，避免放映过程中出现意外。

10.2.1 将演示文稿转换为放映文件

放映演示文稿之前可以将演示文稿转换为放映文件，这样就能直接打开放映文件进行放映。将演示文稿转换为放映文件的具体操作步骤如下。

第1步 打开素材文件，选择【文件】→【另存为】→【其他格式】选项，如下图所示。

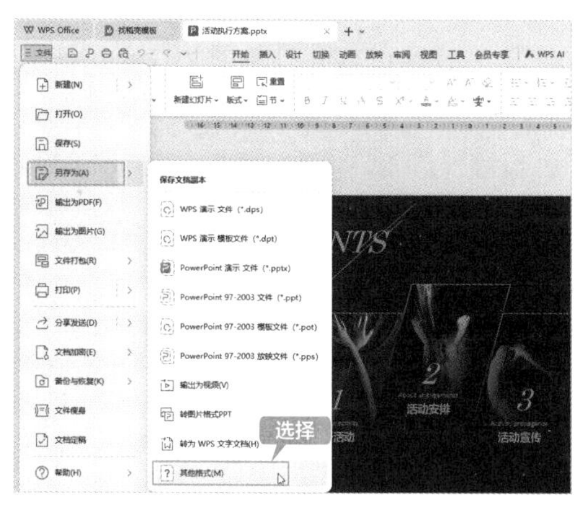

第2步 弹出【另存为】对话框，设置【文件名称】，并单击【文件类型】下拉按钮，在弹出的下拉列表中选择“Microsoft PowerPoint放映文件（*.ppsx）”选项，如下图所示。

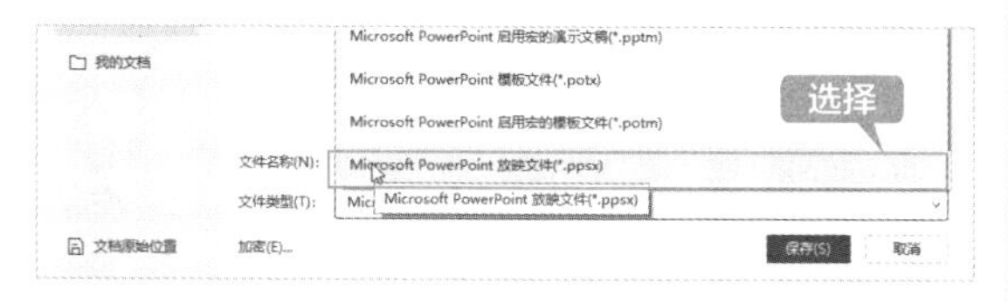

第3步 单击【保存】按钮，如下图所示。

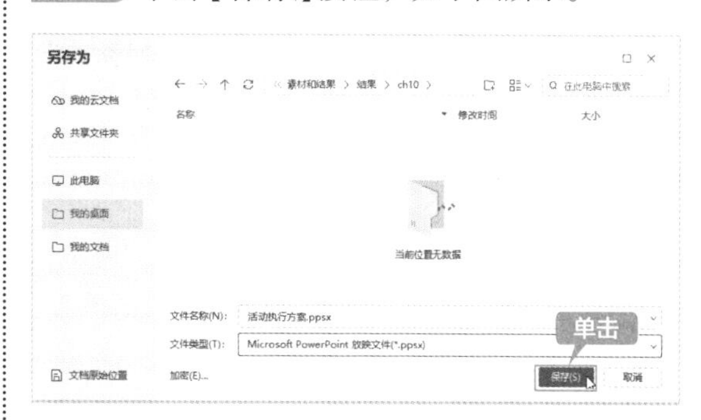

第4步 此时即可将PPT转换为可放映的格式，如下图所示。

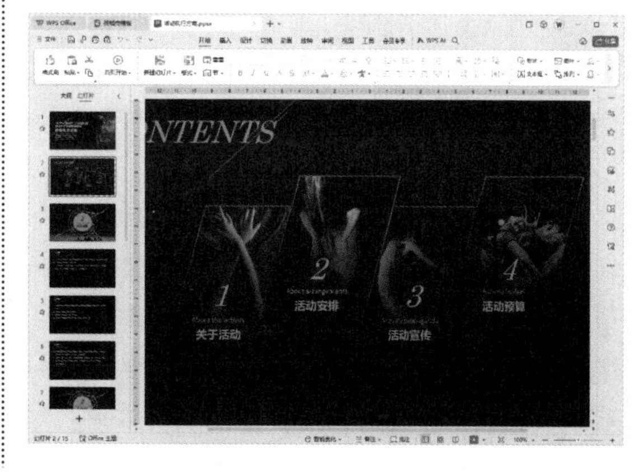

10.2.2 演示文稿的打包

演示文稿的打包是将演示文稿中独立的文件集成到一起，生成一个独立运行的文件夹，避免文件损坏或无法调用等问题，具体操作步骤如下。

第1步 选择【文件】→【文件打包】→【将演示文档打包成文件夹】选项，如下图所示。

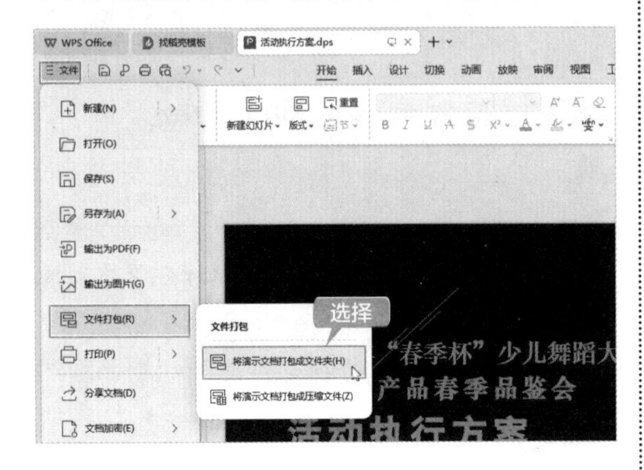

提示

选择“将演示文档打包成文件夹”选项，可以将演示文稿及相关文件复制到指定文件夹中；选择“将演示文档打包成压缩文件”选项，可以将演示文稿及相关文件打包为一个压缩文件。

第2步 弹出【演示文件打包】对话框，输入文件夹名称，并单击【浏览】按钮，选择要保存的位置，然后单击【确定】按钮，如下图所示。

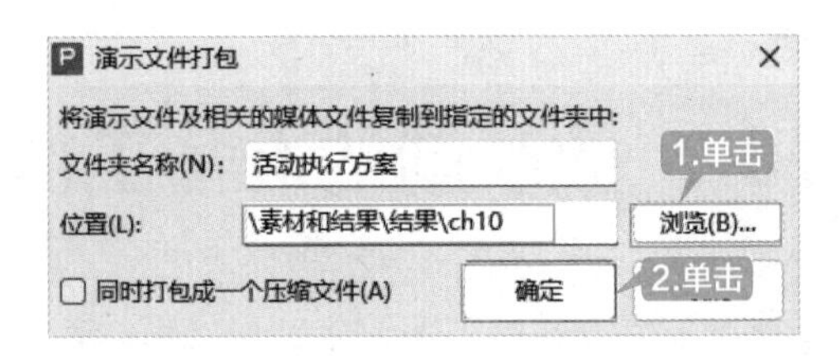

第3步 打包完成后，弹出下图所示的对话框，若要查看该文件夹，可以单击【打开文件夹】按钮。

第4步 此时即可打开打包的文件夹，如下图所示。

10.2.3 将字体嵌入演示文稿中

为了获得更好的设计效果，用户通常会在幻灯片中使用一些非常漂亮的特殊字体。可是将演示文稿复制到演示现场进行放映时，这些字体就会变成普通字体，甚至还因字体变化而导致布局变得不整齐，严重影响演示效果。对于这种情况，可以将这些特殊字体嵌入演示文稿中，具体操作步骤如下。

第1步 选择【文件】→【选项】选项，如下图所示。

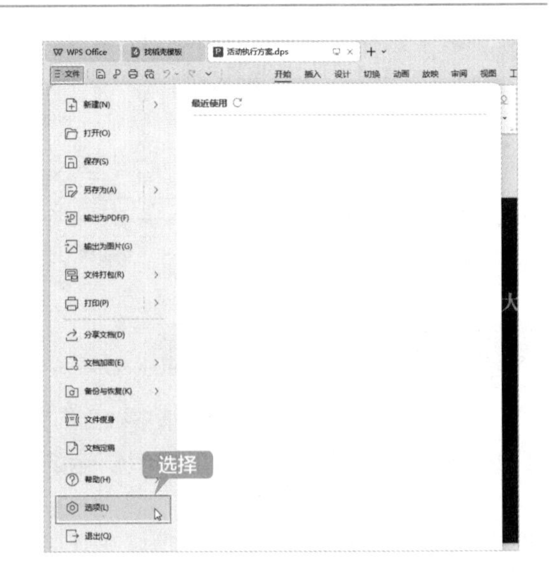

第2步 弹出【选项】对话框，选择“常规与保存”选项，在右侧的【共享该文档时保留保真度】区域中选中【将字体嵌入文件】复选框，并选中【嵌入所有字符】单选按钮，单击【确定】按钮，如下图所示。此时，再对演示文稿进行保存时，所有的字体都会嵌入演示文稿中。

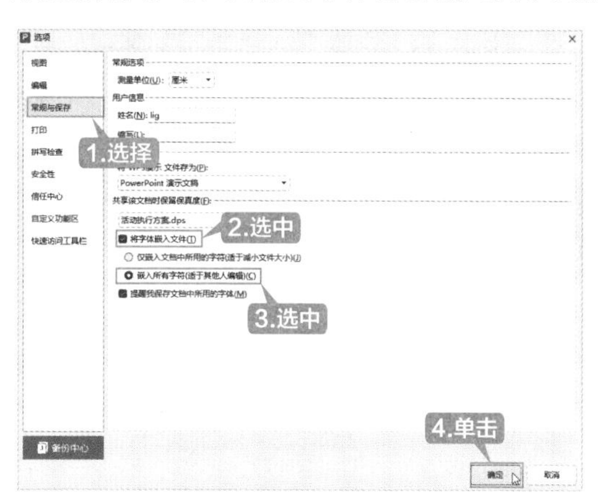

10.3 设置演示文稿放映

用户可以设置活动执行方案演示文稿放映的放映类型、排练计时等。

10.3.1 选择演示文稿的放映类型

在WPS演示中，演示文稿的放映类型包括演讲者放映和展台自动循环放映两种。

用户可以通过单击【放映】选项卡下的【放映设置】按钮，在弹出的【设置放映方式】对话框中进行放映类型、放映选项及换片方式等设置。

1. 演讲者放映

演讲者放映是指由演讲者一边讲解一边放映幻灯片，此放映类型一般用于比较正式的场合，如部门培训、专题讲座、产品介绍、项目汇报等。将演示文稿的放映类型设置为演讲者放映的具体操作步骤如下。

第1步 单击【放映】选项卡下的【放映设置】按钮，如下图所示。

第2步 弹出【设置放映方式】对话框，【放映类型】默认设置即为【演讲者放映】，如下图所示。

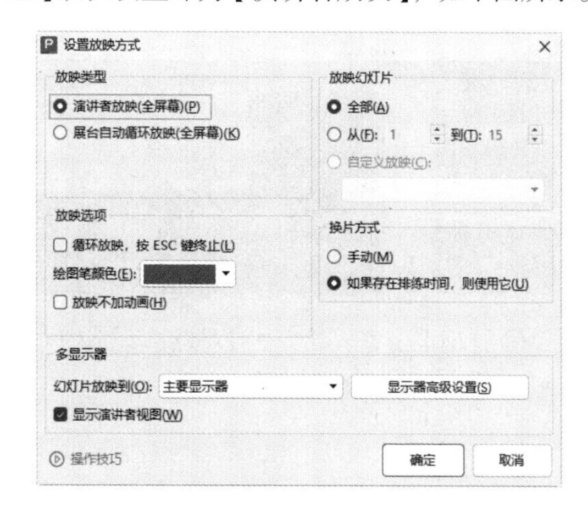

2. 展台自动循环放映

展台自动循环放映可以让多媒体幻灯片自动放映，不需要演讲者操作，如放映展会产品展示的演示文稿等。

单击【放映】选项卡下的【放映设置】按钮，在弹出的【设置放映方式】对话框的【放映类型】区域中选中【展台自动循环放映】单选按钮，即可将放映类型设置为展台自动循环放映，如下图所示。

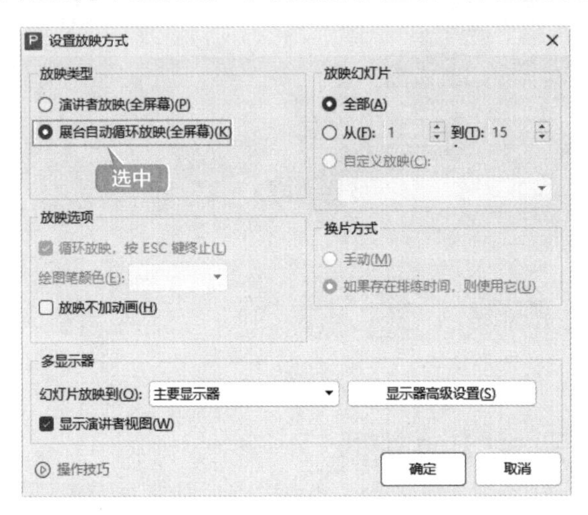

10.3.2 设置演示文稿放映选项

选择演示文稿的放映类型后，用户需要设置演示文稿的放映选项，具体操作步骤如下。

第1步 单击【放映】选项卡下的【放映设置】按钮，如下图所示。

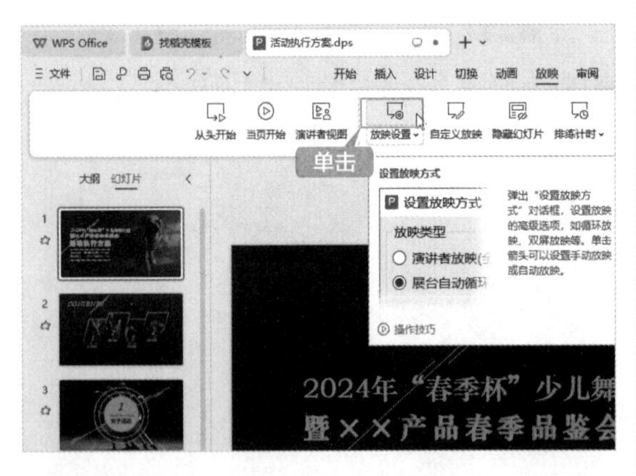

第2步 弹出【设置放映方式】对话框，选中【演讲者放映】单选按钮，如下图所示。

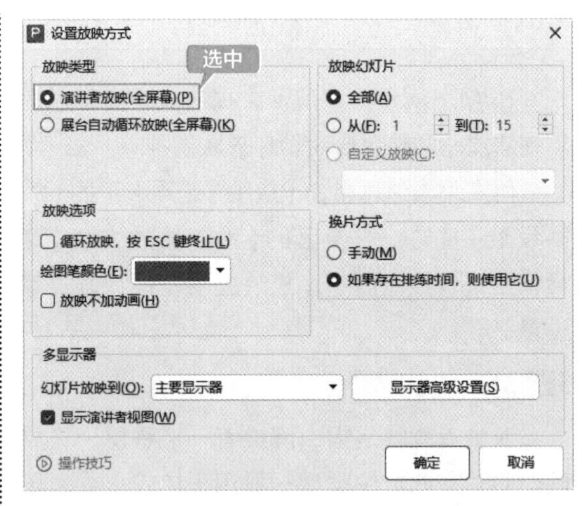

第3步 在【设置放映方式】对话框的【放映选项】区域中选中【循环放映，按ESC键终止】复选框，即可在最后一页幻灯片放映结束后自动返回第一页幻灯片循环放映，直到按【Esc】键结束放映，如下图所示。

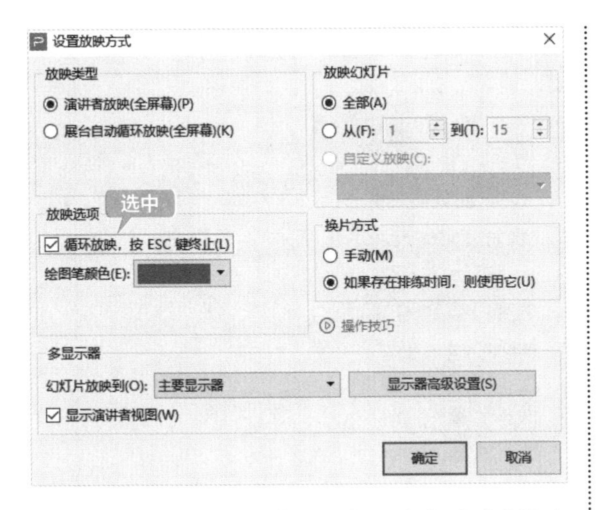

第4步 在【换片方式】区域中选中【手动】单选按钮，设置演示过程中的换片方式为手动，如下图所示。

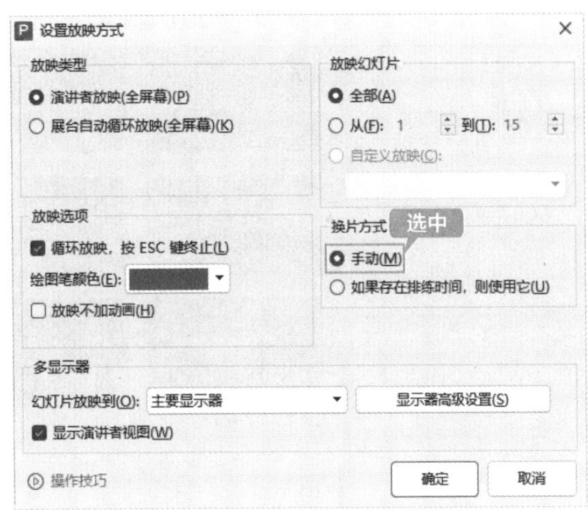

10.3.3 排练计时

在演示排练的过程中，演讲者可以借助WPS演示的【排练计时】功能，根据各部分信息内容的重要程度，合理安排每个部分的演讲时间，从而控制整个演讲的节奏和语速，具体操作步骤如下。

第1步 单击【放映】选项卡下的【排练计时】下拉按钮，在弹出的下拉列表中选择“排练全部”选项，如下图所示。

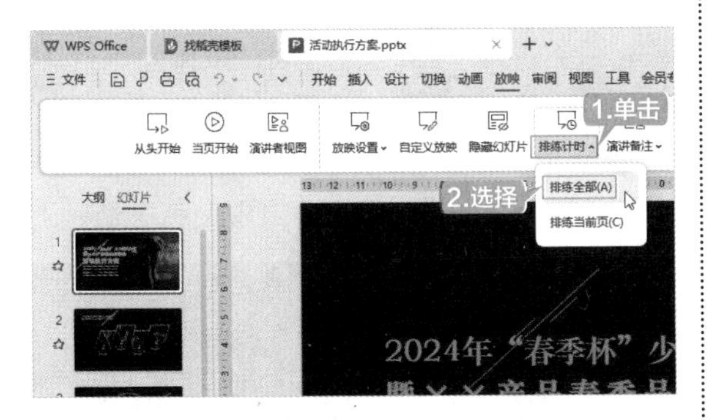

第2步 此时即可放映幻灯片，左上角会出现【预演】面板。在【预演】面板内可以执行暂停、继续等操作，如下图所示。

第3步 幻灯片播放完毕后，弹出对话框，根据需要单击【是】或【否】按钮，退出幻灯片的排练计时，如下图所示。

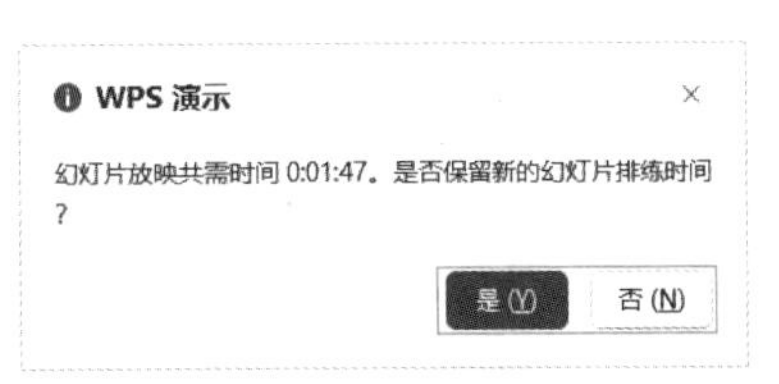

第4步 排练结束后，可以通过幻灯片浏览，查看每页幻灯片的排练时长。单击状态栏上的【幻灯片浏览】按钮 即可进行查看，如下图所示。

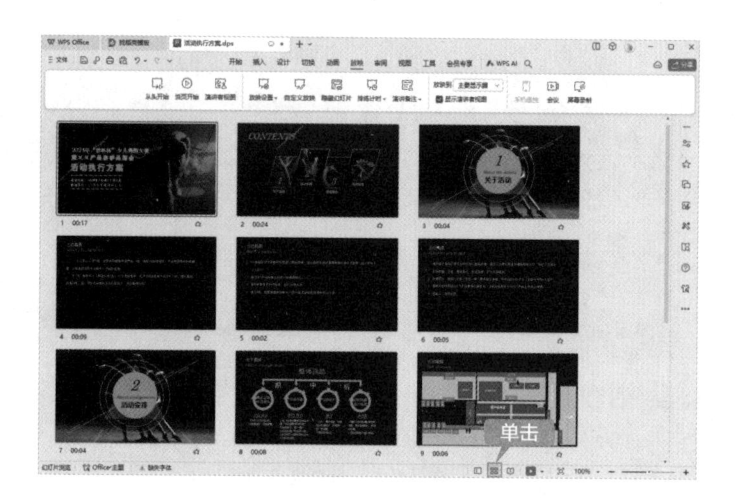

10.4 放映幻灯片的方式

用户可以根据实际需要选择幻灯片的放映方式，如从头开始放映、从当页幻灯片开始放映、自定义放映等。

10.4.1 从头开始放映

放映幻灯片一般是从头开始放映的，具体操作步骤如下。

第1步 打开素材文件，单击【放映】选项卡下的【从头开始】按钮或按【F5】键，如下图所示。

第2步 系统从头开始放映幻灯片，如下图所示。

第3步 单击鼠标、按【Enter】键或按空格键即可切换到下一页幻灯片，如下图所示。

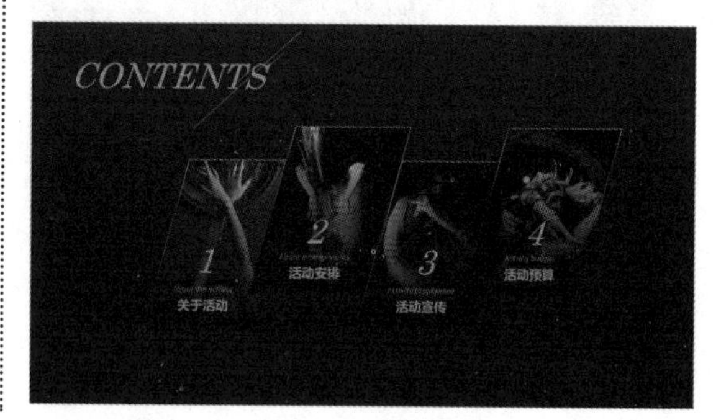

> **提示**
>
> 按键盘上的上、下、左、右方向键或滚动鼠标滚轮也可以向上或向下切换幻灯片。

第4步 按【Esc】键则退出放映，返回幻灯片普通视图界面，如下图所示。

10.4.2 从当页幻灯片开始放映

在放映幻灯片时可以从选定的当页幻灯片开始放映，具体操作步骤如下。

第1步 打开素材文件，选中第3页幻灯片。单击【放映】选项卡下的【当页开始】按钮 或按【Shift+F5】组合键，如下图所示。

第2步 系统即可从当页幻灯片开始放映，如下图所示。

10.4.3 自定义放映

利用【自定义放映】功能，用户可以为幻灯片自定义多种放映方式，具体操作步骤如下。

第1步 单击【放映】选项卡下的【自定义放映】按钮，如下图所示。

第2步 弹出【自定义放映】对话框，单击【新建】按钮，如下图所示。

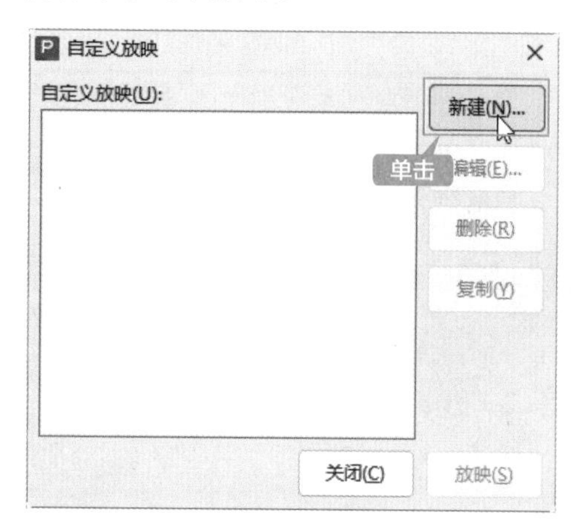

第3步 弹出【定义自定义放映】对话框，输入幻灯片放映名称，并在【在演示文稿中的幻灯片】列表框中选择需要放映的幻灯片，然后单击【添加】按钮，将选中的幻灯片添加到【在自定义放映中的幻灯片】列表框中，单击【确定】按钮，如下图所示。

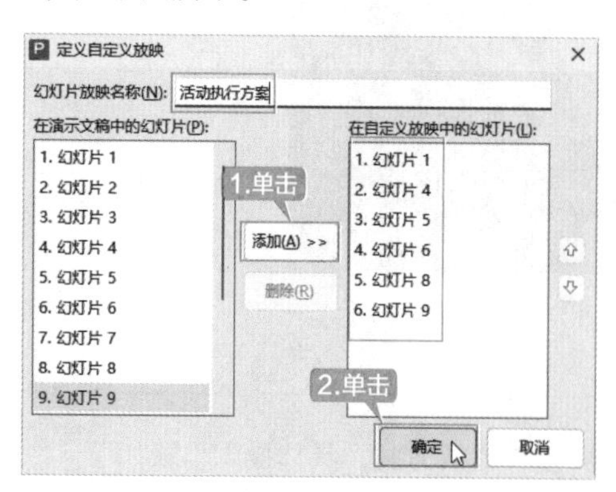

第4步 返回【自定义放映】对话框，选择幻灯片名称，然后单击【放映】按钮，如下图所示。

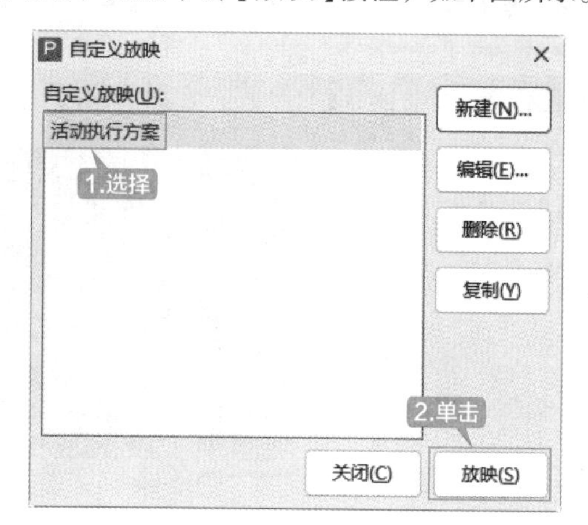

第5步 此时即可自动放映自定义的幻灯片，如下图所示。

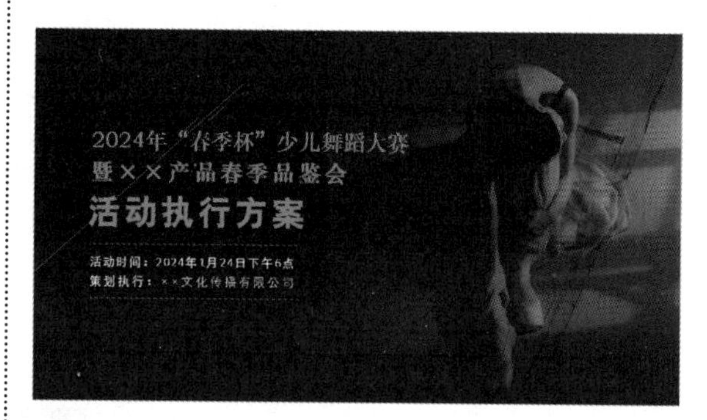

第6步 如果要对设置的自定义放映方案进行修改或删除，可以再次单击【自定义放映】按钮，在弹出的【自定义放映】对话框中对自定义的放映方案进行编辑或删除，如下图所示。

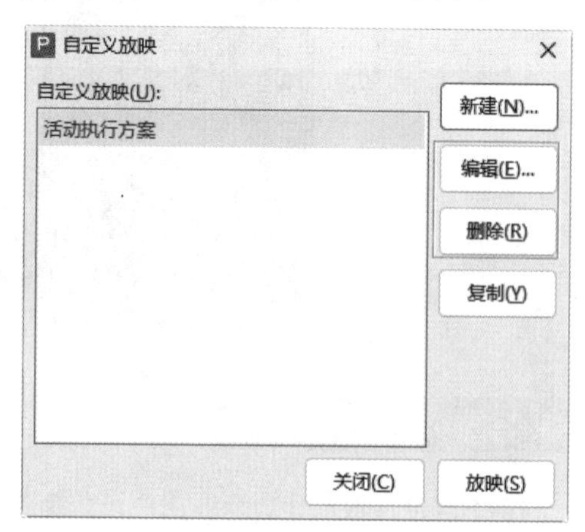

10.4.4 隐藏幻灯片

在放映演示文稿时，可以通过自定义放映选择播放其中的部分幻灯片，也可以隐藏部分幻灯片，放映时将不再显示，具体操作步骤如下。

第1步 选中要隐藏的幻灯片，单击【放映】选项卡下的【隐藏幻灯片】按钮，如下图所示。

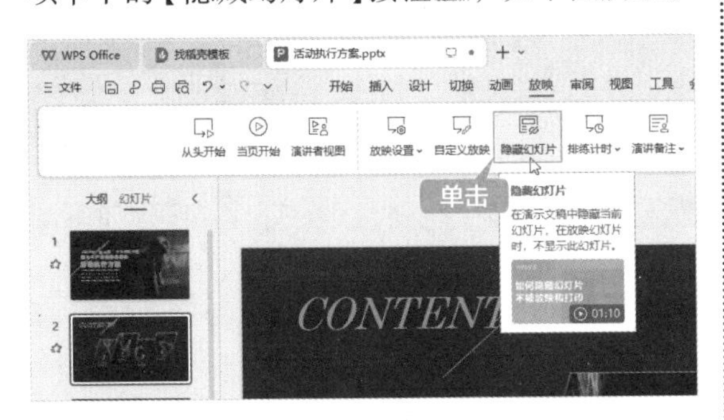

第2步 此时【幻灯片】窗格中，该页幻灯片缩略图左上角即会显示被隐藏标识，如下图所示。

> **提示**
>
> 如果要将隐藏的幻灯片正常显示，则选择该页幻灯片后，再次单击【隐藏幻灯片】按钮即可。

10.5 幻灯片放映时的控制

在放映活动执行方案演示文稿的过程中，用户可以控制幻灯片的切换、为幻灯片添加标注等，从而达到更好的放映效果。

10.5.1 幻灯片放映时的切换

在放映幻灯片的过程中，可以通过鼠标、【Enter】键及方向键控制翻页，如果需要切换至指定幻灯片页面，则可以执行以下操作。

第1步 按【F5】键，即可放映演示文稿，如下图所示。如果需要跳转至某一页，如跳转至第8页，则按【8】数字键，然后按【Enter】键确认。

第2步 此时即可跳转至第8页幻灯片，如下图所示。

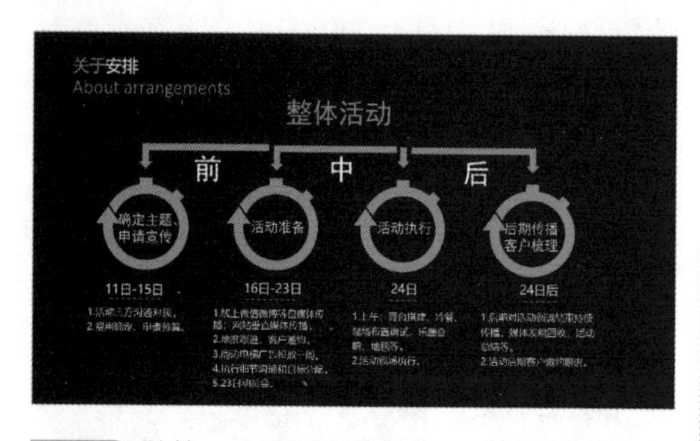

第3步 另外，也可以在放映幻灯片页面中右击，在弹出的快捷菜单中选择【定位】→【按标题】命令，然后选择要定位的幻灯片页面，如选择【14 幻灯片 14】，如下图所示。

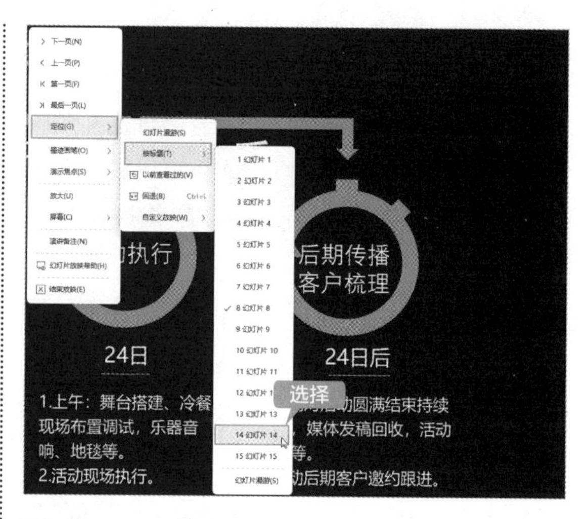

第4步 此时即可跳转至“幻灯片 14”，如下图所示。

10.5.2 为幻灯片添加标注

要想使观者更加了解幻灯片所展示的内容，用户可以在幻灯片中添加标注。添加标注的具体操作步骤如下。

第1步 放映幻灯片，单击左下角的图标，在弹出的列表中选择“水彩笔”选项，然后选择一种颜色，这里选择“橙色”，如下图所示。

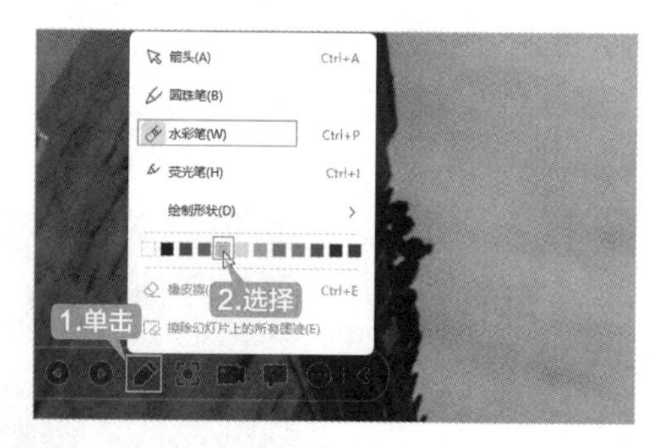

第2步 此时，水彩笔形状笔头的颜色变为橙色，拖曳鼠标即可在幻灯片上添加标注，如下图所示。

第 3 步 单击左下角的 图标，在弹出的列表中选择【绘制形状】→【波浪线】选项，如下图所示。

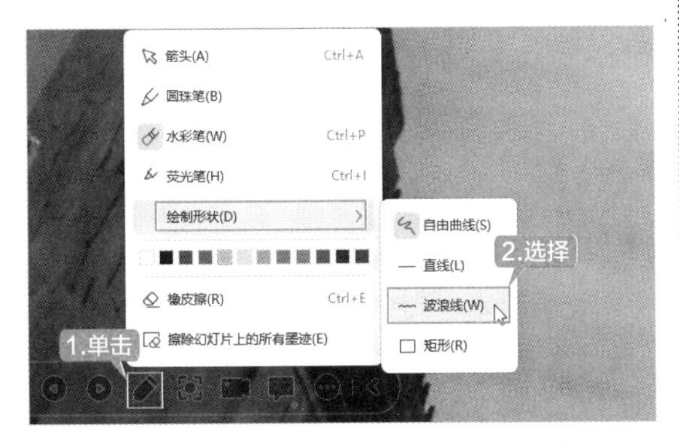

第 4 步 鼠标指针变为 + 形状后，拖曳鼠标即可在幻灯片上添加波浪线，如下图所示。

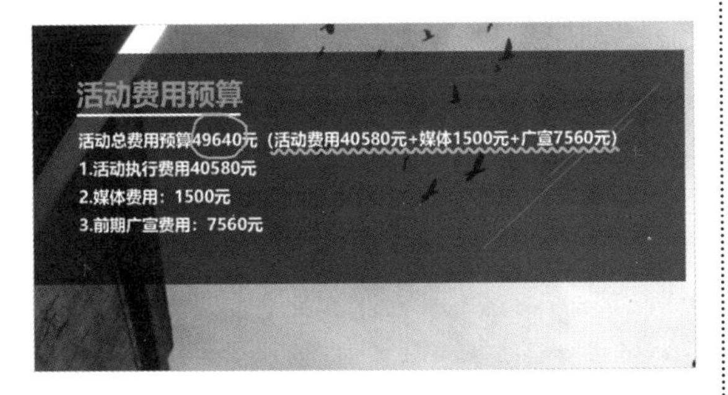

第 5 步 在放映幻灯片时，按【Ctrl+E】组合键执行“橡皮擦”命令，当鼠标指针变为橡皮擦形状 时，在幻灯片中有标注的位置按住鼠标左键拖曳，即可擦除标注。单击左下角的 图标，在弹出的列表中选择“擦除幻灯片上的所有墨迹”选项，可以清除全部标注，如下图所示。

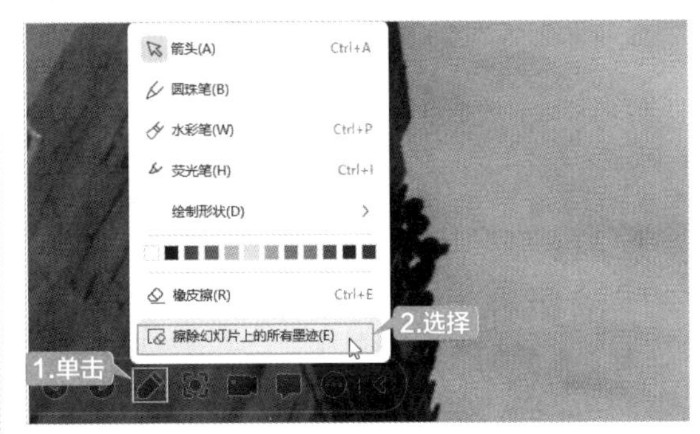

第 6 步 结束放映幻灯片时，弹出对话框询问是否保留墨迹注释，单击【保留】按钮，如下图所示。

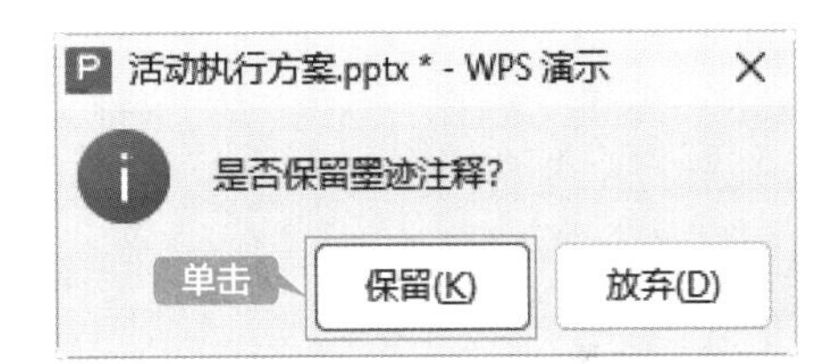

第 7 步 此时即可保留标注，否则将不保留，如下图所示。

10.5.3 屏蔽幻灯片内容——使用白屏和黑屏

在放映演示文稿的过程中，如果需要观者关注下面要放映的内容，可以使用白屏和黑屏来提醒他们。使用白屏和黑屏的具体操作步骤如下。

第1步 按【F5】键放映幻灯片，如下图所示。

第2步 在放映幻灯片时，按【W】键，即可使屏幕变为白屏，如下图所示。

第3步 再次按【W】键或按【Esc】键，即可返回幻灯片放映页面，如下图所示。

第4步 按【B】键，即可使屏幕变为黑屏，如下图所示。再次按【B】键或按【Esc】键，即可返回幻灯片放映页面。

举一反三

员工入职培训演示文稿的放映

员工入职培训演示文稿主要用于对新入职员工进行岗前培训，帮助新员工快速适应新工作。WPS演示为用户提供了多种放映功能，如排练计时、自定义放映、添加标注等，以方便幻灯片的展示。放映员工入职培训演示文稿时，可以按照以下思路进行。

本节素材结果文件

	素材	素材\ch10\员工入职培训.pptx
	结果	结果\ch10\员工入职培训.pptx

1. 放映前的准备工作

打开素材文件，选择【文件】→【选项】选项，弹出【选项】对话框，选择“常规与保存”选项，在右侧选中【将字体嵌入文件】复选框，如下图所示。

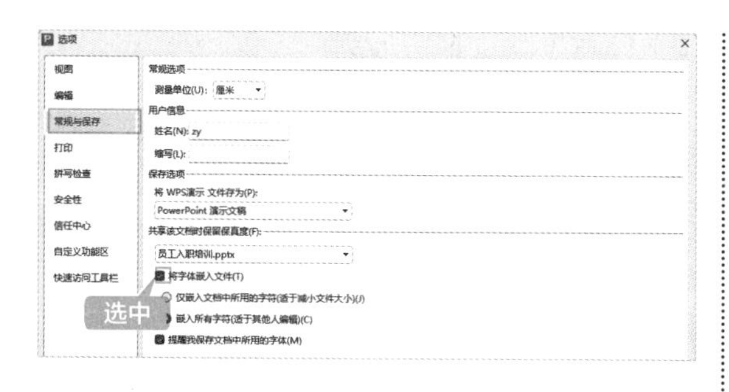

2. 设置放映方式

选择演示文稿的放映类型，并设置演示文稿的放映选项，进行排练计时，如下图所示。

设置放映方式
放映类型
演讲者放映(全屏幕)(P)
展台自动循环放映(全屏幕)(K)
放映幻灯片
全部(A)
从(F): 1 到(T): 10
自定义放映(C):
放映选项
循环放映，按 ESC 键终止(L)
绘图笔颜色(E):
放映不加动画(H)
换片方式
手动(M)
如果存在排练时间，则使用它(U)
多显示器
幻灯片放映到(O): 主要显示器
显示器高级设置(S)
显示演讲者视图(W)
操作技巧
确定
取消

3. 放映幻灯片

选择从头开始放映、从当页幻灯片开始放映或自定义放映等来放映幻灯片，如下图所示。

4. 幻灯片放映时的控制

在放映员工入职培训演示文稿的过程中，可以通过幻灯片切换、为幻灯片添加标注等来控制幻灯片的放映，如下图所示。

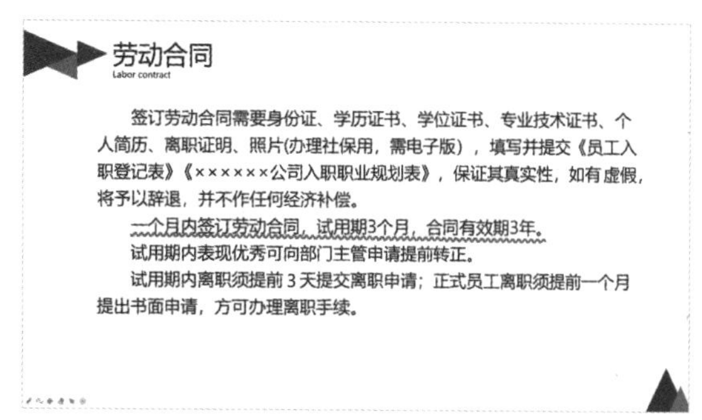

◇ 将演示文稿转换为视频

演示文稿制作完成后，可以将其转换为视频，具体操作步骤如下。

第1步 选择【文件】→【另存为】→【输出为视频】选项，如下图所示。

第2步 弹出【另存为】对话框，选择保存路径并设置文件名称后，单击【保存】按钮，如下图所示。

提示

WPS Office目前仅支持将演示文稿转换为WEBM格式的视频，需要在电脑中安装相应的解码器及音频插件才能播放。如果希望转换为MP4格式，可以单击【放映】→【屏幕录制】按钮，通过屏幕录制的形式，生成MP4格式的视频。

第3步 首次输出为视频时，会弹出提示框提示需要特定的解码器，单击【下载并安装】按钮，如下图所示。

第4步 WPS Office会自动下载并安装解码器，完成后会弹出如下提示框，单击【完成】按钮。

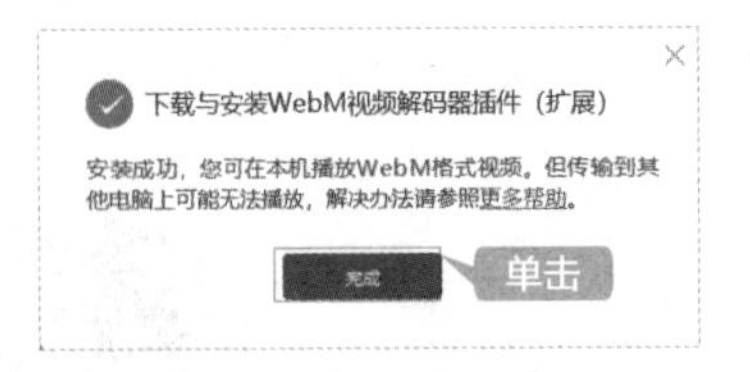

第5步 此时，WPS Office会将该演示文稿输出为视频格式，并显示输出进度，如下图所示。

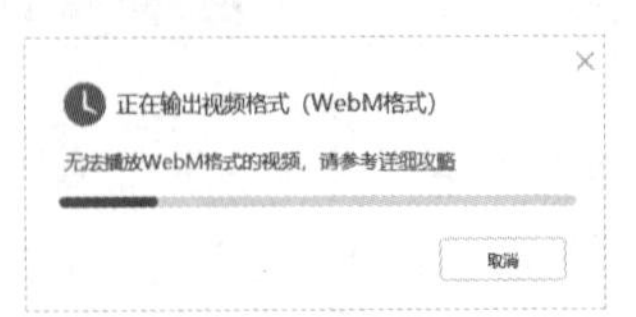

第6步 转换完成后，双击转换后的文件，即可播放该视频，如下图所示。

◇ 放映幻灯片时隐藏鼠标指针

在放映幻灯片时可以隐藏鼠标指针，以得到更好的放映效果，具体操作步骤如下。

第1步 打开演示文稿，按【F5】键进入幻灯片放映界面，如下图所示。

第2步 单击左下角的【更多】图标，在弹出的列表中，选择【箭头选项】→【隐藏】选项，即可隐藏鼠标指针，如下图所示。

第4篇

PDF等特色功能篇

第11章　玩转PDF——轻松编辑PDF文档

第12章　WPS Office其他特色组件的应用

第13章　WPS Office实用功能让办公更高效

第 11 章 玩转 PDF——轻松编辑 PDF 文档

本章导读

PDF是一种便携式文档格式，可以更准确、直观地展示文档内容，而且兼容性好，并支持多样化的格式转换，不支持随意编辑，被广泛应用于各种工作场景，如公司文件、学习资料、电子图书、产品说明、文章、资讯等。本章主要介绍新建、编辑和处理PDF文档的操作技巧。

思维导图

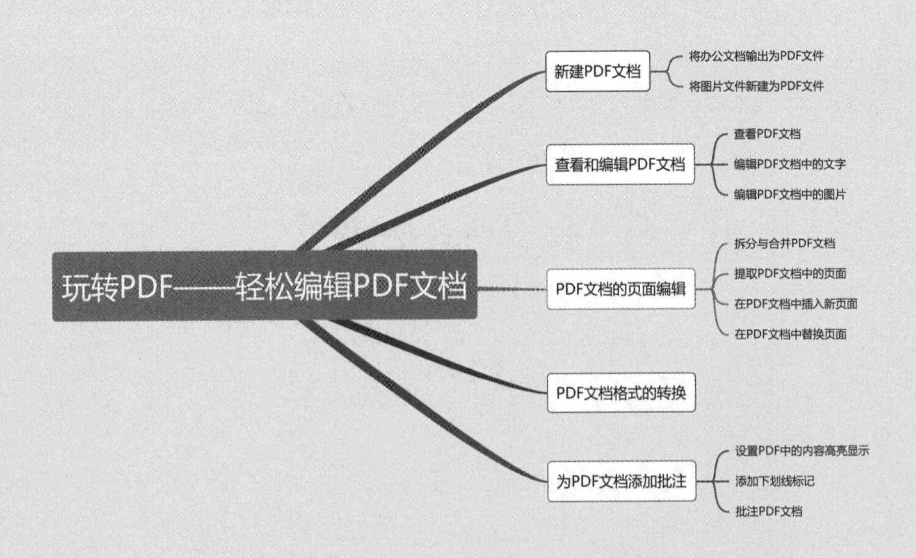

11.1 新建PDF文档

在学习编辑PDF文档之前，掌握如何新建PDF文档是非常有必要的。下面介绍新建PDF文档的方法。

11.1.1 将办公文档输出为PDF文件

WPS Office支持将文字、表格及演示文档输出为PDF文档，具体操作步骤如下。

第1步 使用WPS Office打开要转换的办公文档，这里打开演示文稿，单击【输出为PDF】按钮，如下图所示。

第2步 弹出【输出为PDF】对话框，选择要转换的页面范围，并选择输出选项和保存位置，单击【开始输出】按钮，如下图所示。

> **提示**
>
> 单击【继续添加文件】按钮，可以添加多个文件，进行批量转换。设置【输出选项】为“PDF”后，可以通过编辑软件来编辑PDF文档，而设置为“图片型PDF”则会被转换为图片形式，不可复制，也不可编辑。

第3步 此时即可开始输出，并显示输出状态，提示“输出成功”后，表示已经完成转换，如下图所示。

第4步 单击【打开文件夹】按钮，打开设置的保存位置文件夹，即可看到输出的PDF文件，如下图所示。

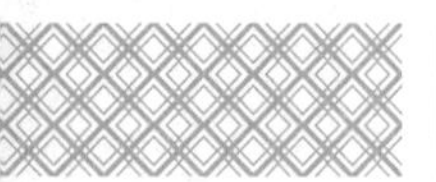

11.1.2 将图片文件新建为PDF文件

用户可以将一张或多张图片等新建为一个PDF文件。本节以将多张图片新建为一个PDF文件为例，介绍具体的操作方法。

第1步 启动WPS Office，单击【新建】→【PDF】按钮，打开【新建PDF】窗口，选择创建PDF的方式，这里单击【从图片新建】缩略图，如下图所示。

第2步 弹出【图片转PDF】对话框，单击【点击添加文件】，也可以直接拖曳图片文件到对话框中，如下图所示。

第3步 弹出【添加图片】对话框，选择要添加的图片，然后单击【打开】按钮，如下图所示。

第4步 返回【图片转PDF】对话框，可以根据需要调整图片的顺序，然后单击【开始转换】按钮，如下图所示。

第5步 弹出【图片转PDF】提示框，设置输出名称和输出目录，然后单击【转换PDF】按钮，如下图所示。

第6步 转换成功后，即会弹出下图所示的提示框，单击【查看文件】按钮，可查看PDF文件。

11.2 查看和编辑 PDF 文档

WPS Office支持查看和编辑PDF文档，如阅读PDF文档，编辑文字、图片等。本节具体介绍查看和编辑PDF文档的操作方法。

11.2.1 查看PDF文档

查看PDF文档和查看文字、表格及演示文档的方法一致，具体操作步骤如下。

第1步 双击PDF文档，WPS Office即可打开该文档，如下图所示。

第2步 单击窗口左侧的【缩略图】按钮，即可打开【缩略图】窗格，显示文档各页内容的缩略图。用户可单击缩略图定位至相应页，如下图所示。

> **提示**
>
> 也可以通过滚动鼠标滚轮阅读PDF文档，或通过左下角的页码控制按钮，切换阅读页面。

第3步 拖曳窗口右下角的滑块，可以调整PDF文档的显示比例，方便阅读，如下图所示。

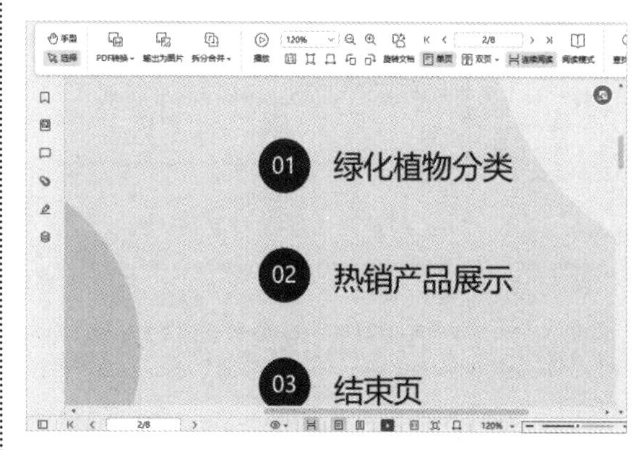

第4步 单击窗口右下角的【全屏】按钮或按【F11】键，即可全屏查看该PDF文档，如下图所示。再次按【F11】键或按【Esc】键，即可退出全屏视图。

11.2.2 编辑PDF文档中的文字

编辑PDF文档中的文字是常见的编辑PDF文档的操作，具体操作步骤如下。

第1步 打开"素材\ch11\公司年中工作报告.pdf"文档，单击【编辑】选项卡，默认选中【编辑内容】按钮，进入文字编辑模式，文本内容会显示在文本框中，如下图所示。

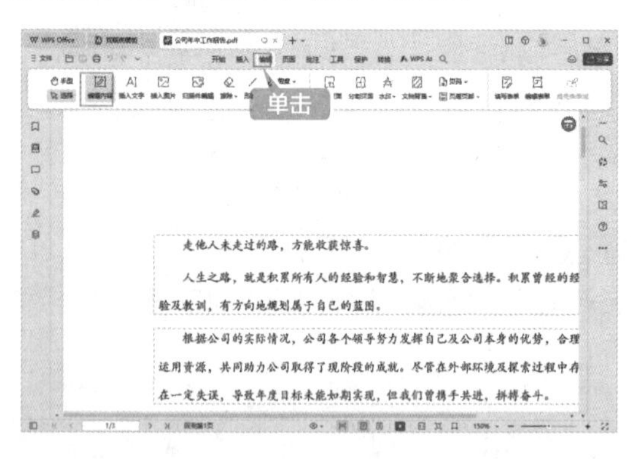

> **提示**
>
> 纯图PDF文档是无法进行文字编辑的。

第2步 将光标定位至要修改的位置，如定位在第一段，输入"公司年中工作报告"后按【Enter】键，使后面的内容另起一行，然后调整文字和段落的格式、文本框大小和位置，效果如下图所示。

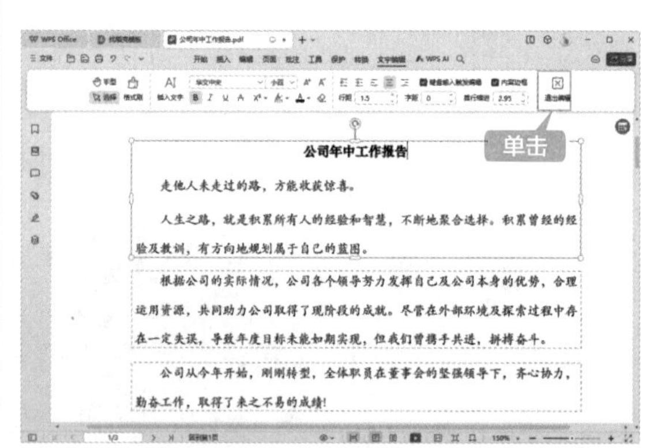

单击【退出编辑】按钮，即可完成编辑。使用同样的方法，可以修改和删除PDF文档中的内容。

11.2.3 编辑PDF文档中的图片

用户可以在PDF文档中插入和删除图片，并调整图片的大小及位置，具体操作步骤如下。

第1步 接上一节的操作，单击【插入】选项卡下的【图片】按钮，如下图所示。

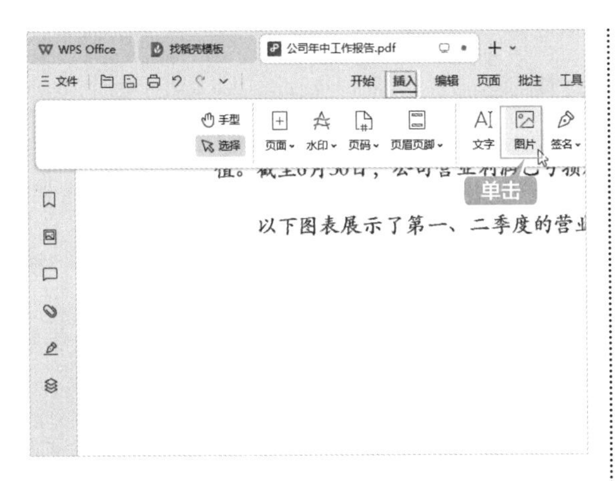

第2步 弹出【打开】对话框，选择要插入的图片，单击【打开】按钮，如下图所示。

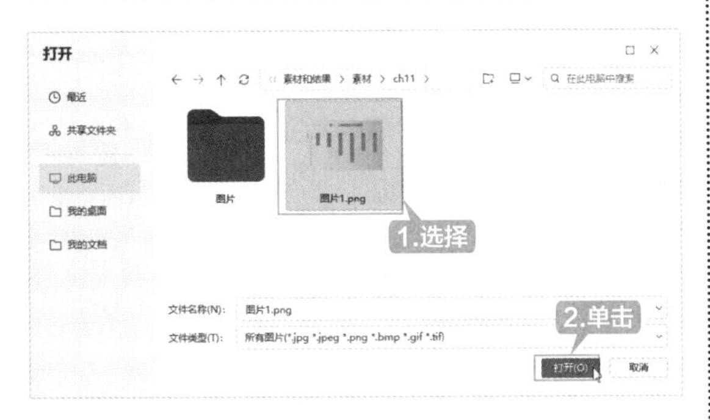

第3步 此时即可在该文档中插入图片，拖曳图片的控制点，调整图片的大小，如下图所示。

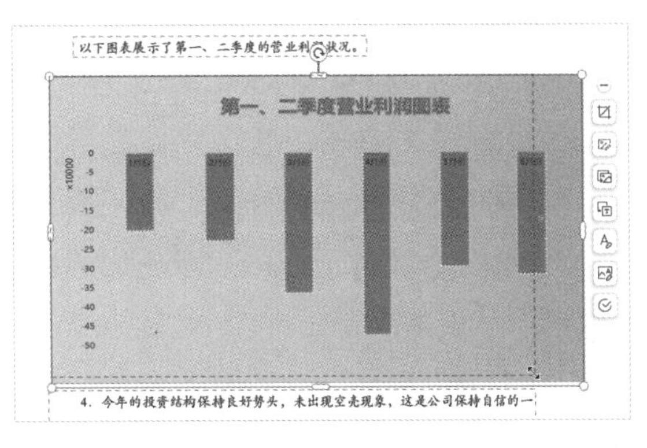

第4步 调整图片的大小后调整其位置，效果如下图所示。

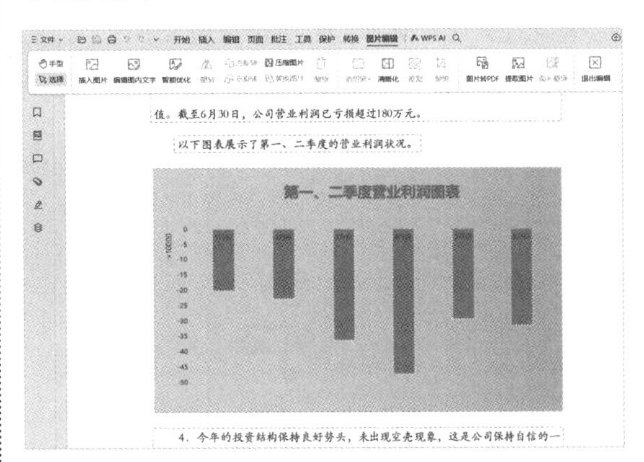

另外，用户可以在【图片编辑】选项卡下，执行旋转、替换、删除、裁剪图片等操作。

11.3 PDF 文档的页面编辑

在处理PDF文档时，页面编辑是常用的操作，如进行PDF文档的拆分与合并，页面的提取、替换等，下面介绍具体的操作步骤。

11.3.1 拆分与合并PDF文档

PDF文档并不像WPS文字文档那样可以通过自由复制或剪切文本的方式实现文档的增减。编辑PDF文档需要通过拆分或合并将一个文档拆分为多个文档，或将多个文档合并为一个文档，具体操作步骤如下。

1. 拆分 PDF 文档

第1步 打开“素材\ch11\施工组织设计文件.pdf”文档，单击【开始】选项卡下的【拆分合并】下拉按钮，在弹出的下拉列表中选择“拆分文档”选项，如下图所示。

第2步 弹出【WPS PDF转换】对话框，设置【拆分方式】，如【最大页数】或【选择范围】，这里设置为“每隔5页保存为一份文档”，然后设置【安全设置】和【输出目录】，完成后单击【开始拆分】按钮，如下图所示。

第3步 在对话框中，文档的状态提示“转换成功”时，表示拆分完成，可单击【操作】下方的【打开文件夹】按钮，如下图所示。

第4步 打开输出目录文件夹，其中显示拆分的4个PDF文档，如下图所示。

2. 合并 PDF 文档

第1步 单击【开始】选项卡下的【拆分合并】下拉按钮，在弹出的下拉列表中，选择“合并文档”选项，弹出【WPS PDF转换】对话框。可通过添加文件或拖曳的方式选择要合并的文档，如下图所示。

第2步 可以使用鼠标拖曳或单击【操作】下方的 ⇕ 按钮的方式来调整添加文档的顺序，设置【输出名称】和【输出目录】，然后单击【开始合并】按钮，即可完成对PDF的合并，如下图所示。

11.3.2 提取PDF文档中的页面

用户可以将PDF文档中的任意页面提取出来，并生成一个新的PDF文档，具体操作步骤如下。

第1步 打开“素材\ch11\施工组织设计文件.pdf”文档，调整显示比例，选择要提取的页面，单击【页面】选项卡下的【提取页面】按钮，如下图所示。

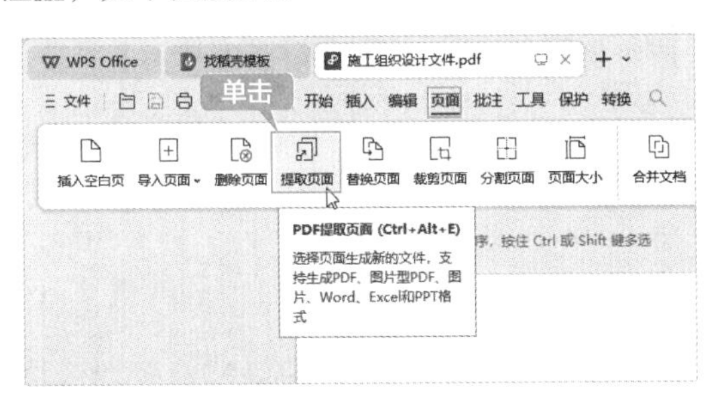

第2步 弹出【PDF提取页面】对话框，设置【页面范围】【提取模式】【添加水印】【输出类型】等选项，然后单击【开始提取】按钮，即可将所选的页面提取为独立的PDF文件，如下图所示。

11.3.3 在PDF文档中插入新页面

对PDF文档进行页面编辑时，可以使用【插入页面】功能在当前文档中插入新页面，具体操作步骤如下。

第1步 打开“素材\ch11\施工组织设计文件.pdf”文档，并打开其缩略图，将要插入的文档拖曳至【缩略图】窗格中，如下图所示。

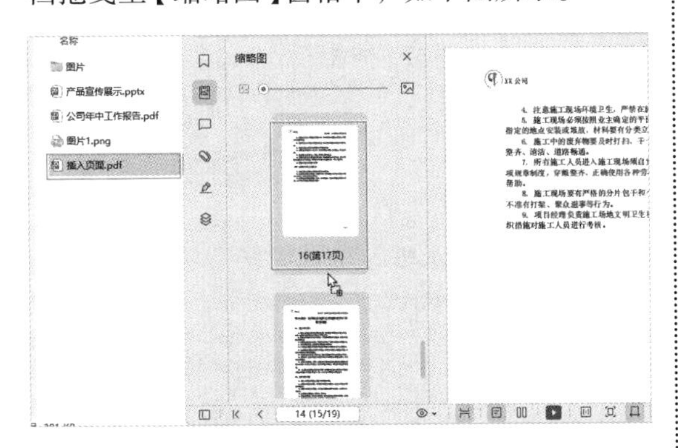

第2步 弹出【插入页面】对话框，选择要插入的位置，这里设置【页面】为“15”，【插入位置】为“之后”，表示在第15页之后插入，单击【确认】按钮，如下图所示。

插入页面
来源
文件位置： /素材/ch11/插入页面.pdf
页面范围：
全部页面
部分页面： (共1页)
范例：1,8,1-10
子范围： 范围中全部页面
插入到
文档开头
文档末尾
1.设置
页面： 15 (共19页)
范例：1,8,1-10
插入位置： 之后
2.单击
确认 取消

提示

单击【页面】选项卡下的【导入页面】按钮，在弹出的下拉列表中选择“从文件导入”选项，也可执行该操作。

第3步 此时即可将所选PDF文档插入指定位置，如下图所示。

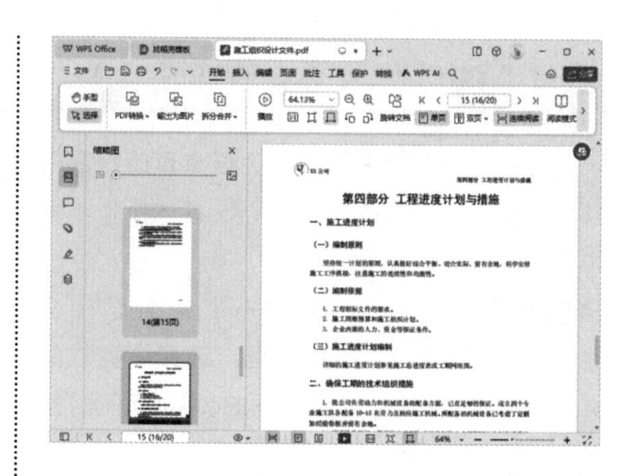

11.3.4 在PDF文档中替换页面

在编辑或修改PDF文档时，如果要对PDF文档中的页面进行替换，该如何操作呢？下面介绍具体的操作方法。

第1步 打开素材文件，选择第16～17页，单击【页面】选项卡下的【替换页面】按钮，如下图所示。

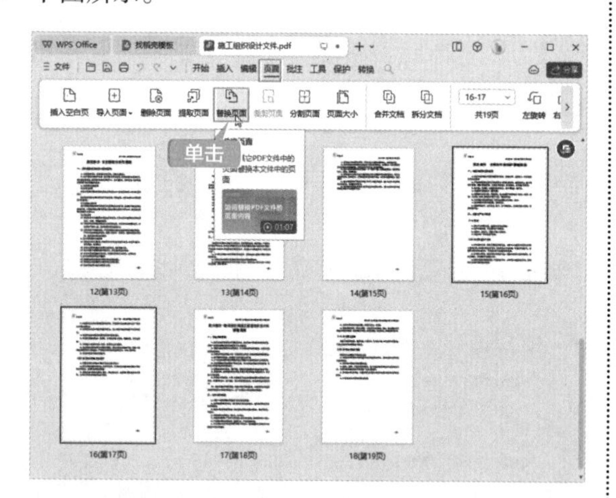

第2步 弹出【选择来源文件】对话框，选择替换的PDF文档“素材\ch11\替换页面.pdf”，单击【打开】按钮，如下图所示。

第3步 弹出【替换页面】对话框，确认信息无误后单击【确定替换】按钮，如下图所示。

第4步 弹出提示框，确认无误后单击【确认替换】按钮，如下图所示。

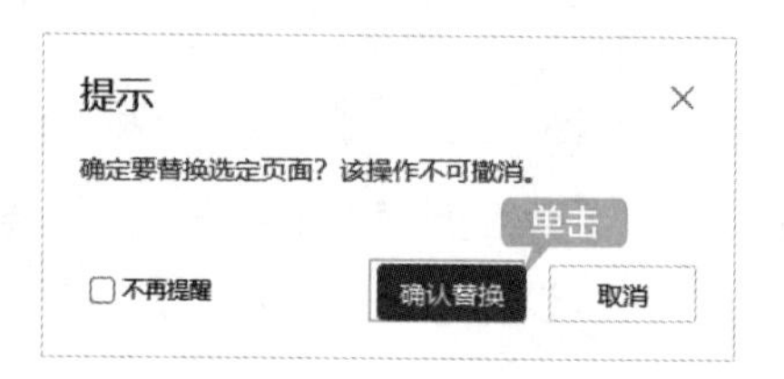

第 5 步 此时即可将选定页面替换为新页面，如下图所示。

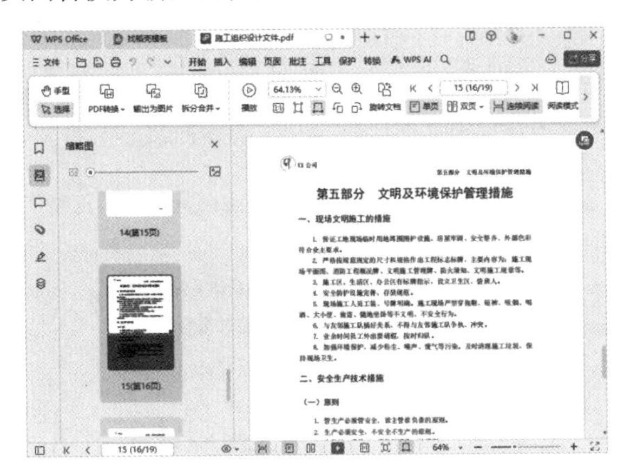

11.4 PDF 文档格式的转换

PDF 文档可以转换为 Word、Excel、PPT、图片、TXT 等文件格式。在转换时，根据文档的内容决定要转换的文件格式。纯图 PDF 文件转换出的 Office 文件是不可编辑的。

下面以将 PDF 文档转换为 Word 文件格式为例，介绍转换的方法，具体操作步骤如下。

第 1 步 打开素材文件，单击【转换】选项卡下的【转为 Word】按钮，如下图所示。

第 2 步 弹出【WPS PDF 转换】对话框，设置输出的页码范围、转换模式、输出目录等，然后单击【开始转换】按钮，如下图所示。

第 3 步 此时即可开始转换，并显示转换的进度，如下图所示。

第4步 转换完成后自动打开文档，用户可以通过WPS Office对文档进行编辑，如下图所示。

11.5 为 PDF 文档添加批注

用户可以像审阅文字文档一样，对PDF文档进行审阅并添加批注，以方便多人协作。

11.5.1 设置PDF中的内容高亮显示

在审阅PDF文档时，可以将重要的文本以高亮的方式显示，使其更为突出，具体操作步骤如下。

第1步 打开“素材\ch11\公司年中工作报告.pdf”文档，单击【批注】选项卡下的【选择】按钮，即可对文本和对象进行选择。选择要设置高亮显示的文本，其周围便会显示悬浮框。单击【高亮文本】下拉按钮，在弹出的颜色列表中选择一种颜色，如下图所示。

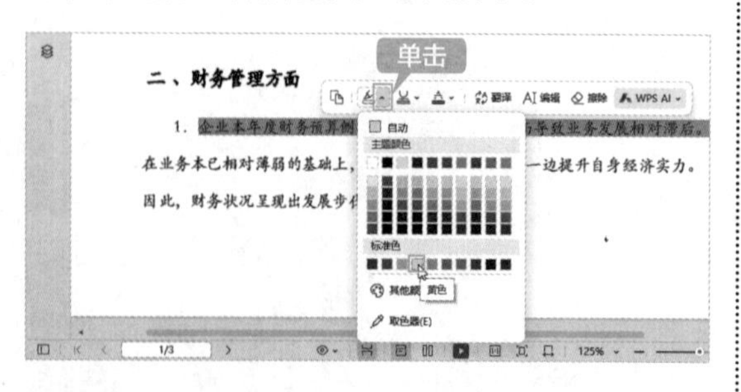

第2步 设置高亮显示后，所选文本便会添加底纹颜色，如下图所示。

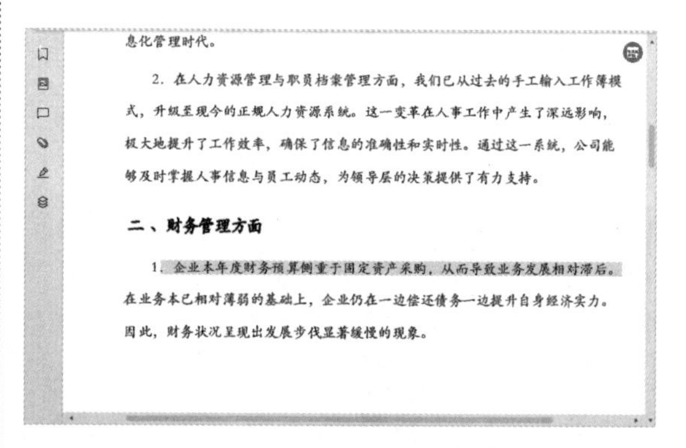

> **提示**
>
> 用户也可以通过【批注】选项卡下的【高亮文本】下拉按钮设置底纹颜色。

第3步 单击【批注】选项卡下的【区域高亮】按钮，通过拖曳鼠标选择要高亮显示的区域，如下图所示。

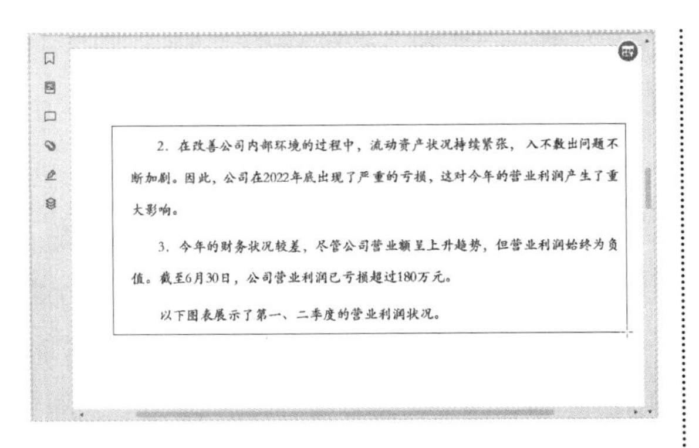

第4步 所选区域即会高亮显示，如下图所示。

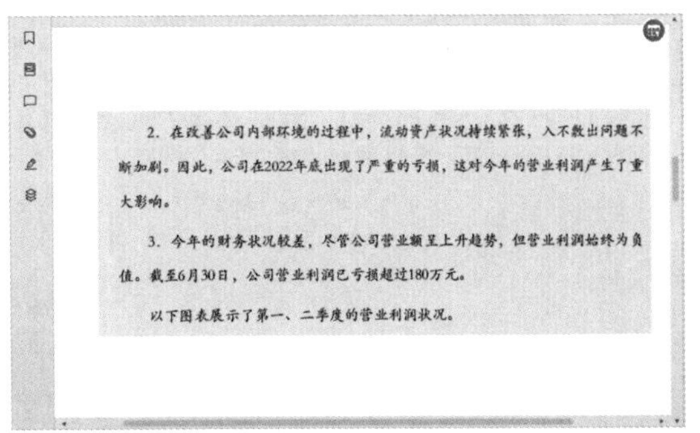

提示

选择设置的高亮显示框，按【Delete】键即可取消高亮显示。

11.5.2 添加下划线标记

添加下划线标记和设置高亮显示一样，都是为了突出重要文本，具体操作步骤如下。

第1步 选择要添加下划线标记的文本，单击【批注】选项卡下的【下划线】按钮，如下图所示。

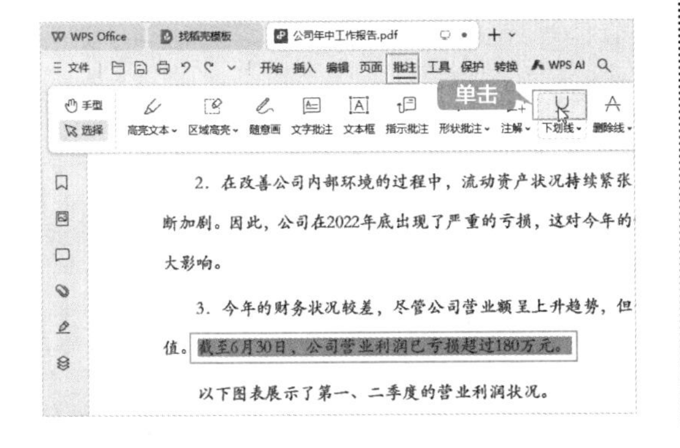

提示

用户可以单击【下划线】下拉按钮，选择线型及颜色。

第2步 所选文本即会添加下划线标记，如下图所示。

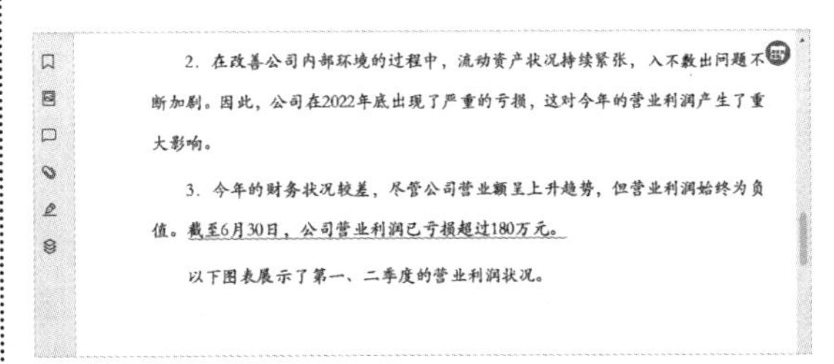

11.5.3 批注PDF文档

在查阅PDF文档时，可以在文档中直接添加注解或附注，对文档内容提出反馈，方便多人协作，从而有效地进行办公。

1. 添加注解

第1步 打开“素材\ch11\公司年中工作报告.pdf”文档，单击【批注】选项卡下的【注解】按钮，如下图所示。

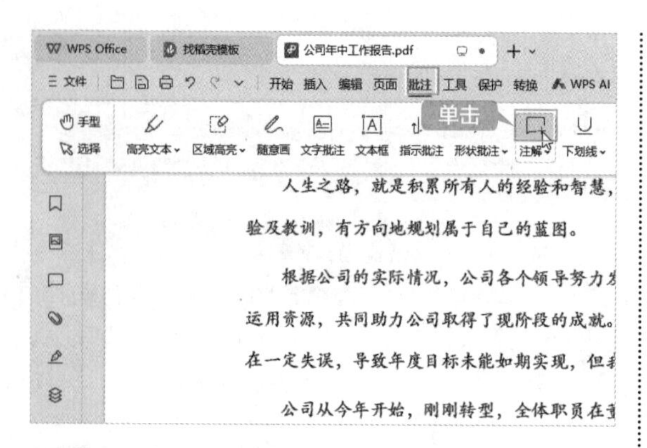

第2步 此时鼠标指针会变为 形状，在需要添加注解的文本附近单击，在显示的注释框中输入要添加的内容，并单击注释框外任意位置确认。输入完成后，单击注释框右上角的【关闭注释框】按钮×，如下图所示。

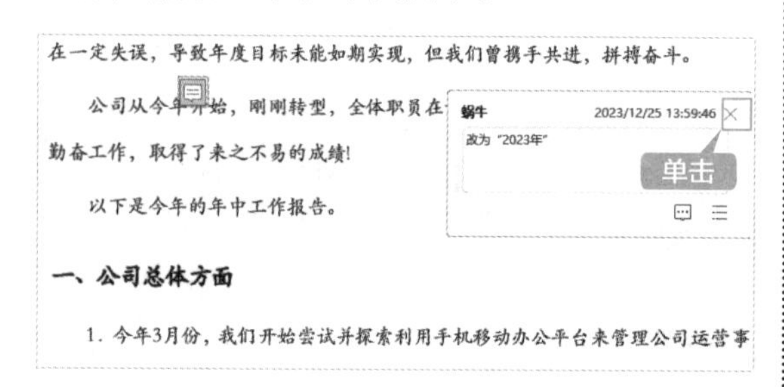

第3步 注释框即会隐藏，并以带颜色的小框的形式显示在注解内容附近，如下图所示。拖曳鼠标可以调整小框的位置。

> **提示**
>
> 如果要再次查看，可以双击小框显示注解。

2. 添加附注

第1步 选择要添加附注的文本并右击，在弹出的快捷菜单中选择“下划线附注”命令，如下图所示。

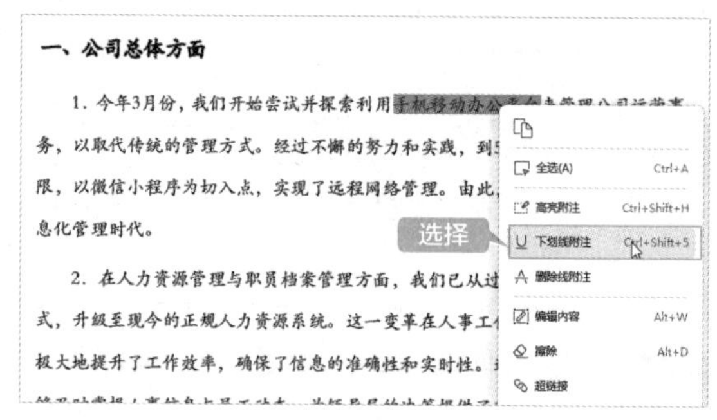

第2步 此时即可添加下划线，并可在注释框中输入文字，如下图所示。

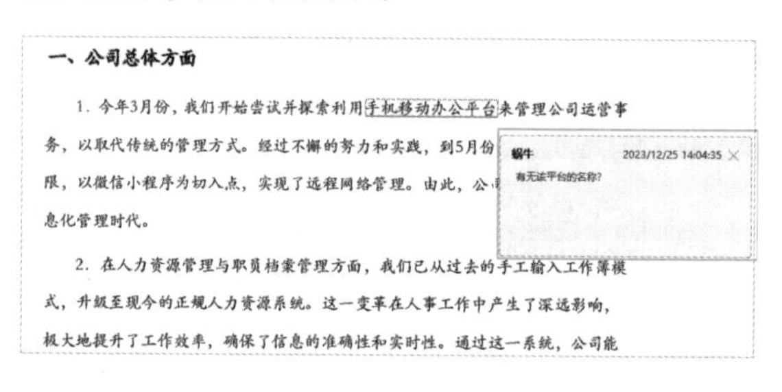

> **提示**
>
> 使用同样的方法，也可以添加高亮附注批注。

3. 添加形状批注

第1步 单击【批注】选项卡下的【形状批注】下拉按钮，在弹出的下拉列表中选择“矩形”选项，如下图所示。

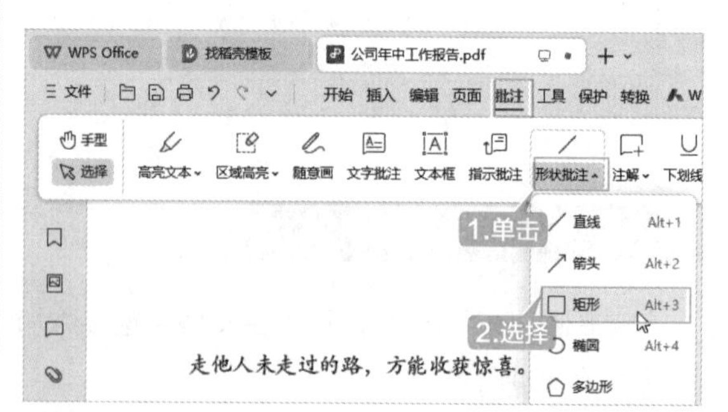

第2步 拖曳鼠标在目标文本上绘制一个矩形，双击矩形，在右侧显示的注释框中输入批注文字，即可完成形状批注的添加，如下图所示。

够及时掌握人事信息与员工动态，为领导层的决策提供了有力支持。

二、财务管理方面

1. 企业本年度财务预算侧重于固定资产采购，从而导致业……
在业务本已相对薄弱的基础上，企业仍在一边偿还债务一边提升……
因此，财务状况呈现出发展步伐显著缓慢的现象。

蜗牛 2023/12/25 14:08:26
2023年

4. 批注模式和批注管理

第1步 单击【批注】选项卡下的【批注模式】按钮，即会进入WPS PDF的批注模式。此时对文档内容的任何编辑与批注，都会显示在右侧窗格中，如下图所示。

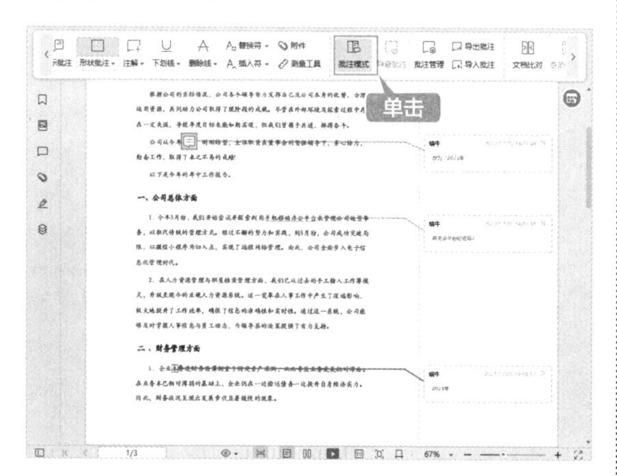

第2步 单击【批注】选项卡下的【批注管理】按钮，可以打开左侧的【批注】窗格，显示文档中所有的批注内容。用户可在该窗格中对批注进行管理，如下图所示。

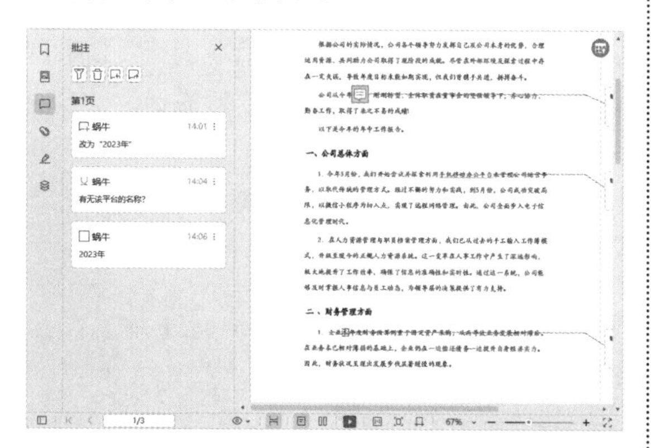

第3步 如果要对批注内容进行回复，可以选择要回复的批注信息，单击下方的【点击添加回复】按钮，如下图所示。

第4步 在显示的回复框中输入内容，并单击【确定】按钮，即可完成回复，如下图所示。

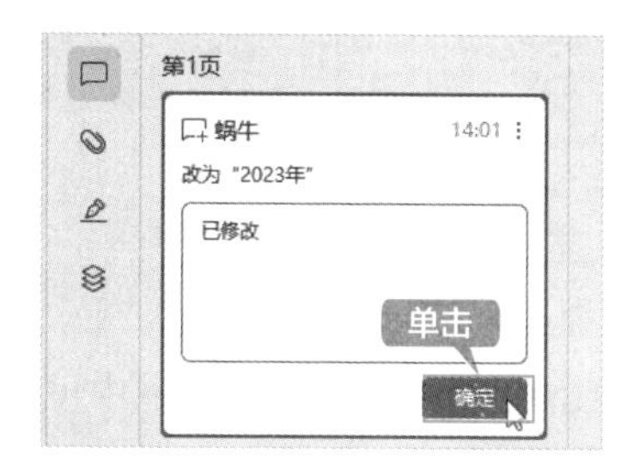

◇ 在PDF中添加水印

为了避免文档未经允许被他人使用，用户可以在文档上添加水印，以确保文档的安全，具体操作步骤如下。

第1步 单击【保护】选项卡下的【水印】按钮，在弹出的下拉列表中选择要添加的水印，如选择"内部资料"选项，如下图所示。

第2步 PDF文档的各页即会添加水印，效果如下图所示。

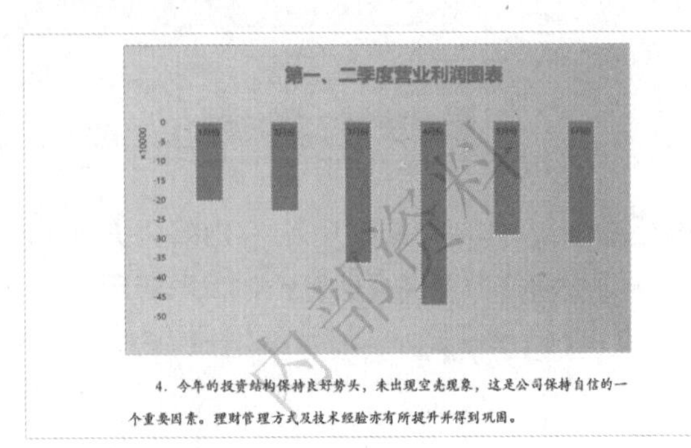

第3步 如果要更新水印，可以再次单击【水印】按钮，在弹出的下拉列表中选择“更新水印”选项。在弹出的【更新水印】对话框中可以更改水印的文本、字体、字号、外观及位置等，修改后单击【确定】按钮，如下图所示。

第4步 调整后的效果如下图所示。

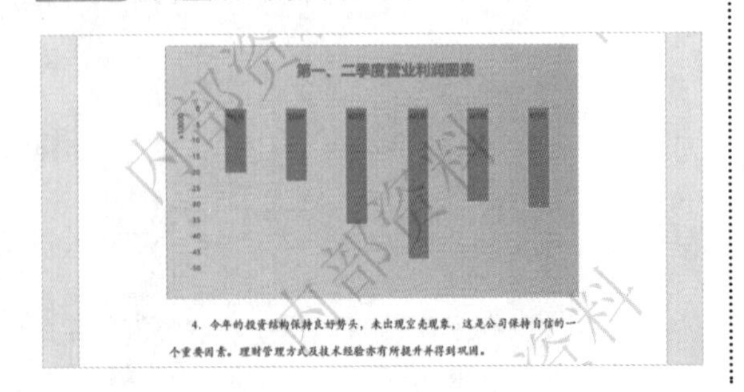

> **提示**
>
> 如果不希望文档内容被他人复制，最简单的办法是将该文档添加水印后，转换为纯图PDF，这样其他人就无法复制该文档了。但是用户要保存好可编辑PDF版本，以备修改时使用。

◇ 调整PDF文档中的页面顺序

在编辑和处理PDF文档时，如果文档页面排列顺序有误或插入页面时顺序有误，可以在【缩略图】窗格中拖曳需要调整顺序的页面至目标位置，释放鼠标即可完成调整，如下图所示。

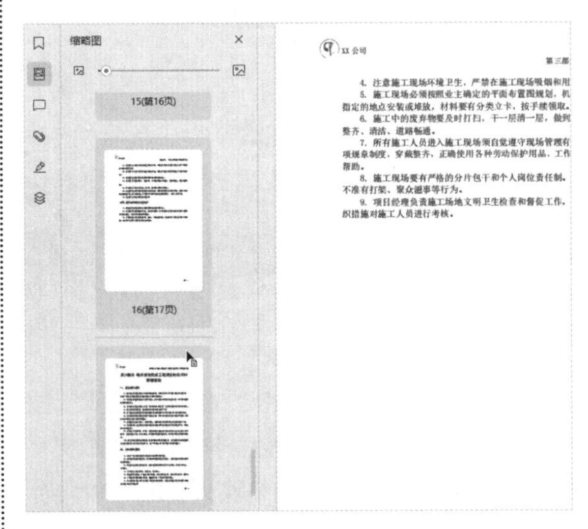

在调整过程中，如果PDF文档页面较多，则建议将缩略图缩小，方便精准调整。如果调整错误，可以按【Ctrl+Z】组合键撤销上一步的操作。

第12章 WPS Office 其他特色组件的应用

本章导读

WPS Office 可以满足用户对文字、表格和演示文档的处理需求，而且它还是一个“超级工作平台”，为用户提供了多种办公组件，如流程图、思维导图及表单等，能极大地提高用户的办公效率，满足不同用户的需求。本章将主要介绍这些特色组件的使用方法。

思维导图

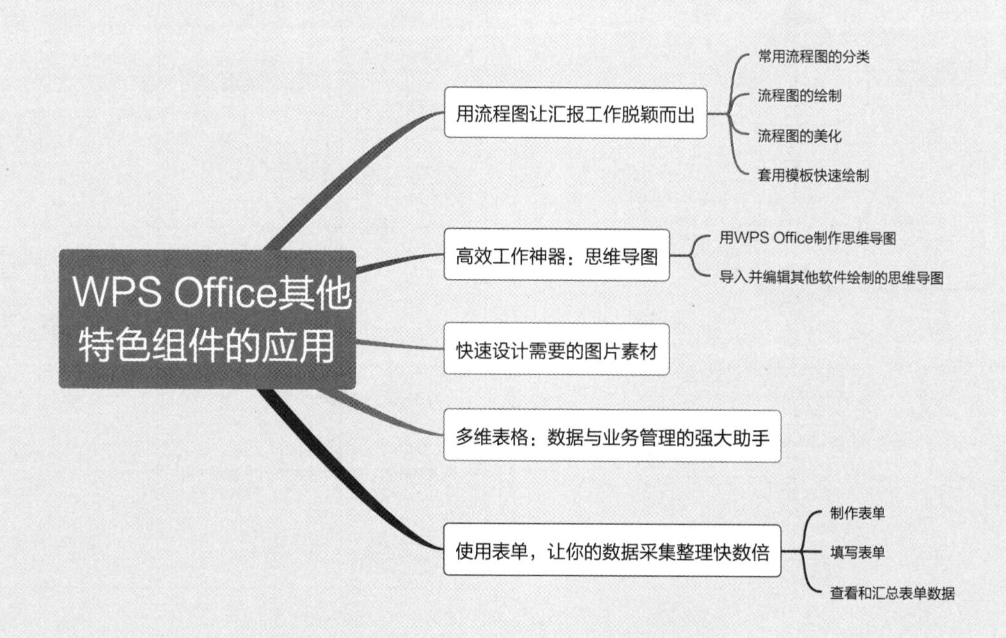

12.1 用流程图让汇报工作脱颖而出

流程图是对算法、流程等的一种图像表示。与文字相比，流程图具有直观、形象和易于理解的优点。它可以直观地描述一个工作过程的具体步骤，如工作流程、生产工序、产品交互流程等。在工作中，通过流程图来展示一些过程，可以让思路更清晰、逻辑更清楚。

12.1.1 常用流程图的分类

流程图的形态是多种多样的，按照描述内容主体的不同进行分类，一般可分为业务流程图、功能流程图和页面流程图，如下图所示。

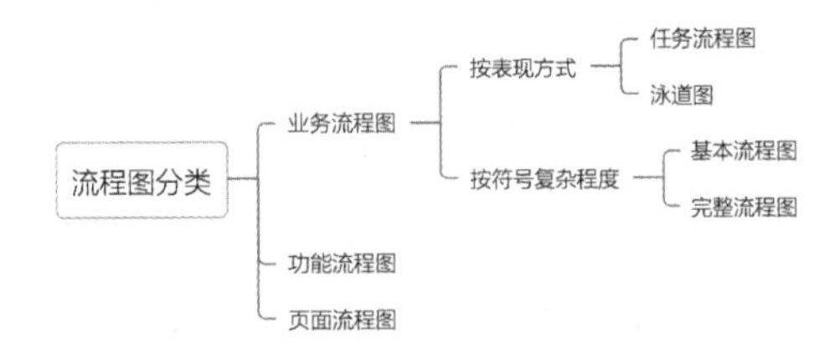

1. 业务流程图

业务流程图用于展示整个业务的逻辑流向。下图是一个业务流程图，主要用于说明考试的整个流程。

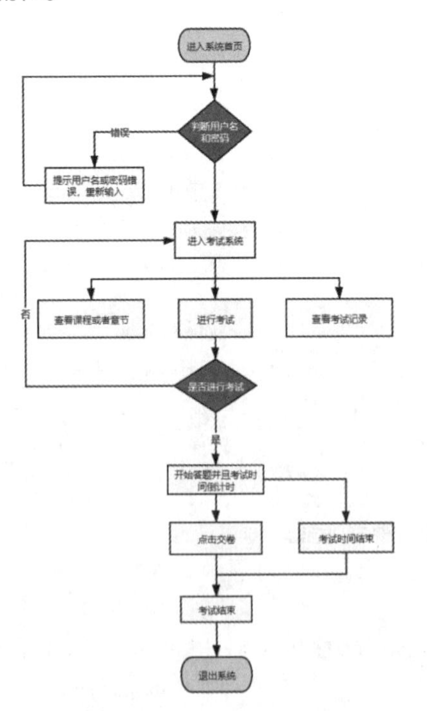

在业务流程图中，为了有效地表示各个流程由谁负责，以及如何相互协同工作，通常会用泳道图来实现，如下图所示。它不仅体现了整个流程的逻辑，还体现了各个角色在流程中所承担的责任。

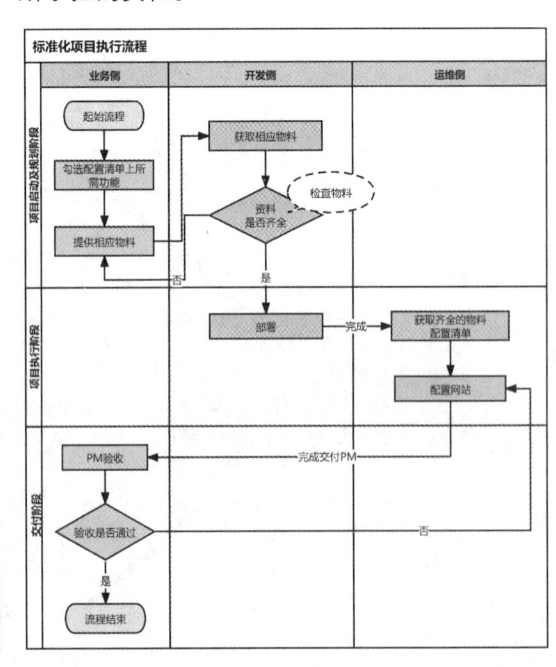

在制作业务流程图时，应注意流程中的先后顺序及流程的内容、方式、责任等，这样才可以让读图人清晰地了解整个流程。

2. 功能流程图

功能流程图用于展示产品功能设计逻辑。下图所示为试用期转正的功能流程图，其中会对部分步骤进行判断，根据不同的结果展开下一个步骤。

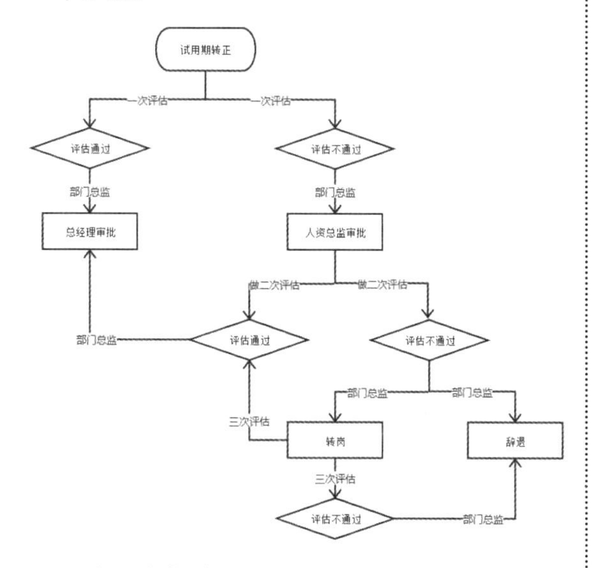

对比功能流程图与业务流程图可以发现，功能流程图以业务流程图为主线，但每个环节都有细化的功能逻辑，如判断是与否、业务状态、异常提示等。业务流程图可以总览业务全貌，而功能流程图可以厘清功能细节。

3. 页面流程图

页面流程图用于表示页面之间的流转关系，简单理解就是用户通过什么操作进入什么页面及进行后续的操作等。下图是一个简单的页面流程图，它把系统呈现得更有体系，用户可以看到系统中包含了哪些页面。

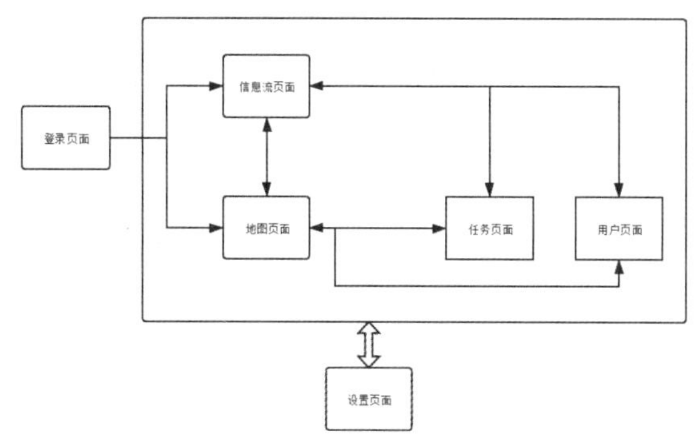

在绘制页面流程图时，不必陷入页面条条框框的设计上，而应以用户视角和完成任务为出发点，通过页面将流程交代清楚，并注意流程的合理性。

12.1.2 流程图的绘制

了解了常用流程图的分类后，下面介绍如何使用WPS Office绘制流程图，具体操作步骤如下。

第1步 启动WPS Office，通过单击【新建】→【流程图】按钮，打开【新建流程图】窗口，单击【新建空白流程图】缩略图，如下图所示。

第2步 此时即可创建一个空白流程图。其中顶部为功能区，左侧为图形库和风格管理窗格，如下图所示。

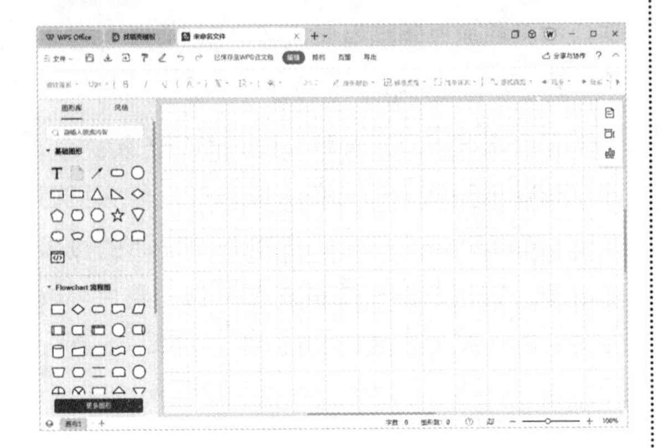

提示

单击【更多图形】按钮，可以根据需求在该窗格中添加更多图形分类，方便绘制时使用。

第3步 将鼠标指针移动到左侧窗格中的图形上，即会显示图形的名称。选择【Flowchart 流程图】中的“预备”图形，如下图所示。将该图形拖曳到绘图区。

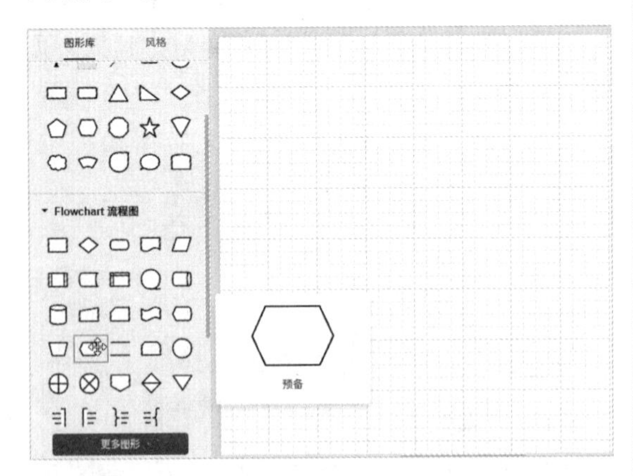

第4步 在图形中输入文字，这里输入“识别对象”，按【Ctrl+Enter】组合键或单击画布空白处确认，如下图所示。

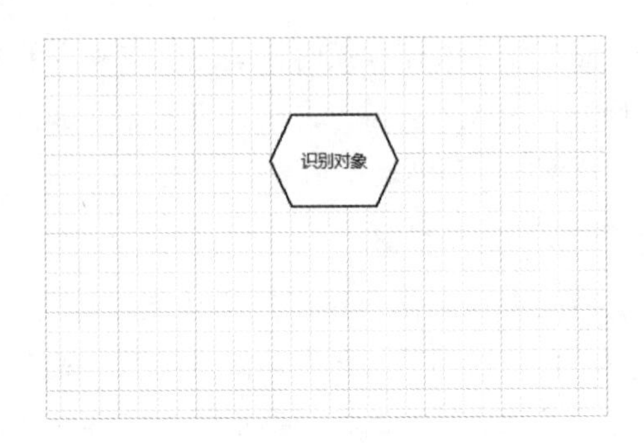

第5步 将鼠标指针移动到图形边框下方，当鼠标指针呈十字形时，按住鼠标左键向下拖曳至合适的位置，形成箭头连线，如下图所示。

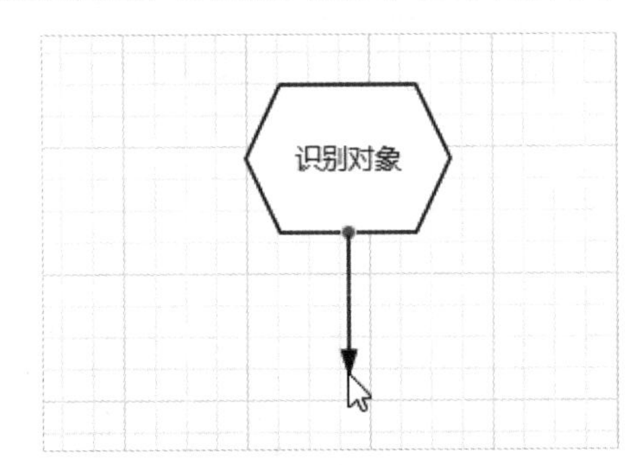

第6步 选择下一步需要的图形，并将其拖曳到合适的位置，如下图所示。

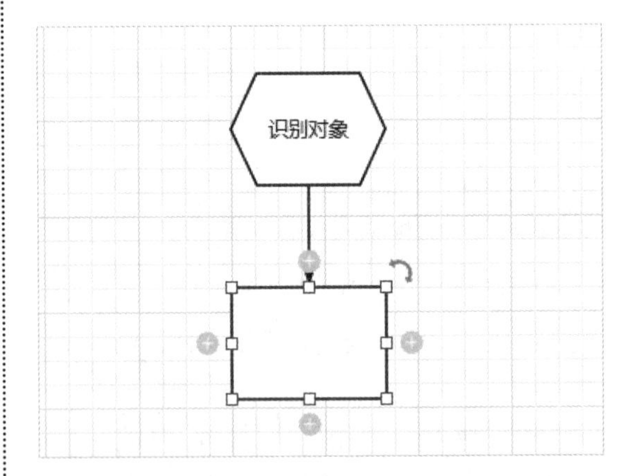

第7步 在图形中输入“调查业务流程”，调整图形的大小并绘制箭头连线，然后在显示的图形框中选择【流程】图形，如下图所示。

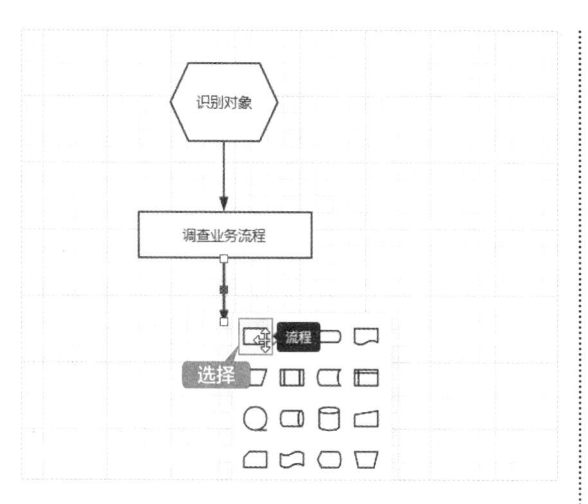

第8步 使用同样的方法，绘制其他流程图形并输入文字及箭头连线，效果如下图所示。

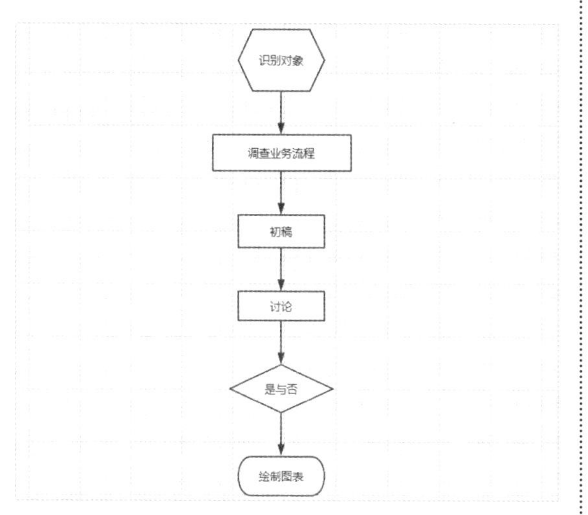

第9步 在右侧绘制一个图形并输入“修改”，然后绘制两条箭头连线，如下图所示。

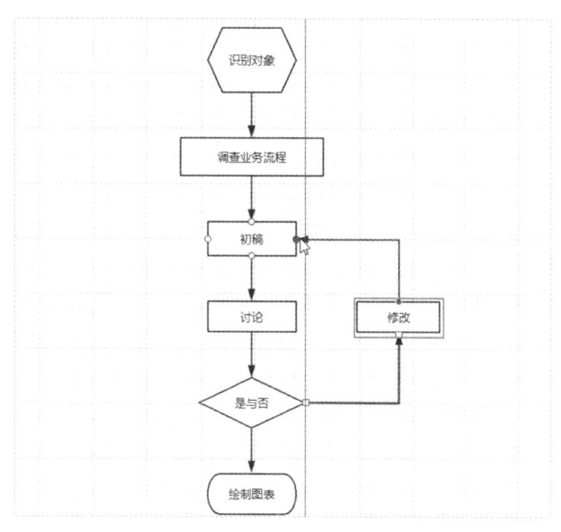

第10步 此时，一个简单的流程图便绘制完成了，如下图所示。

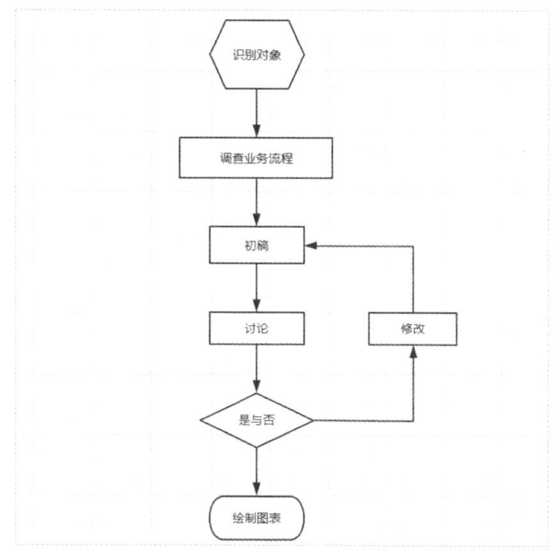

12.1.3 流程图的美化

绘制完流程图后，初始状态是没有颜色的，用户可以通过设置字体、填充颜色、图形对齐排列等，对流程图进行美化，具体操作步骤如下。

第1步 选择“识别对象”图形，单击【编辑】选项卡下的【填充样式】按钮，在弹出的下拉列表中选择合适的填充颜色，如下图所示。

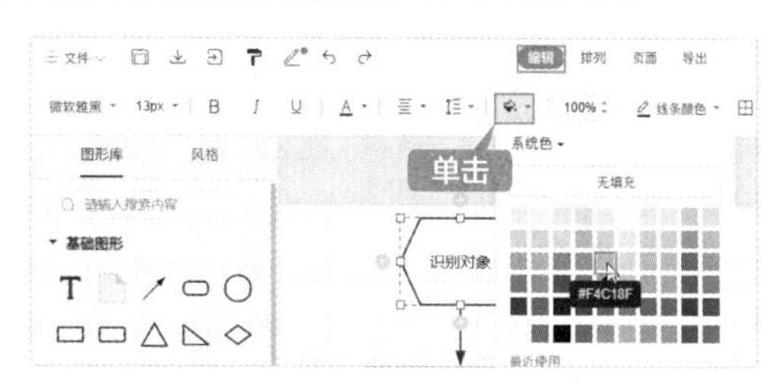

第2步 此时即可为所选的图形填充颜色，如下图所示。

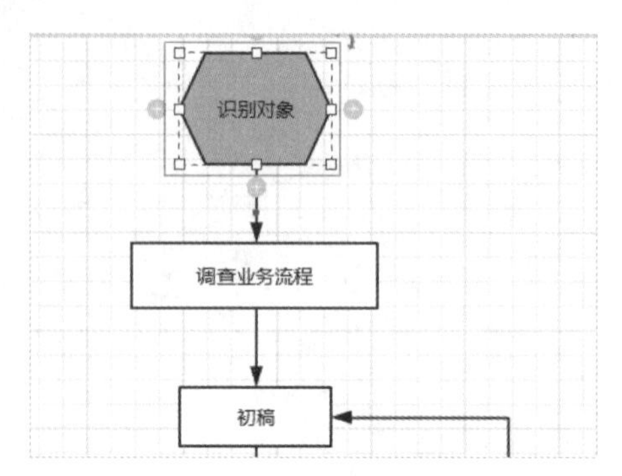

第3步 如果要为箭头连线填充颜色，可选中箭头连线，单击【线条颜色】按钮，在弹出的下拉列表中选择合适的颜色，如下图所示。

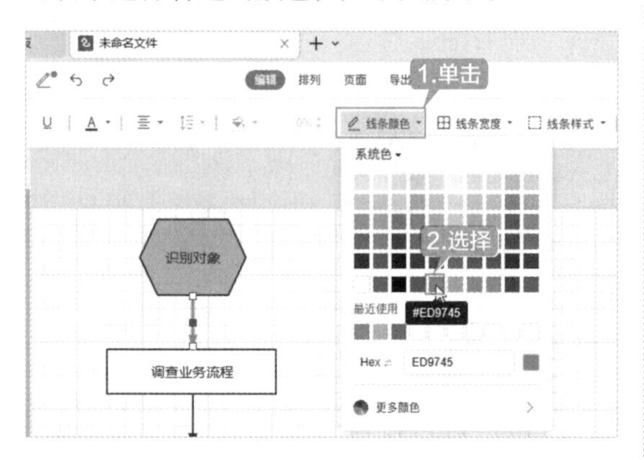

第4步 WPS Office 内置了多种主题风格，用户可以直接套用填充颜色。取消前面对图形和线条的颜色填充，按【Ctrl+A】组合键选中整个流程图，然后单击左侧窗格中的【风格】选项卡，在下方列表中选择合适的风格，如下图所示。

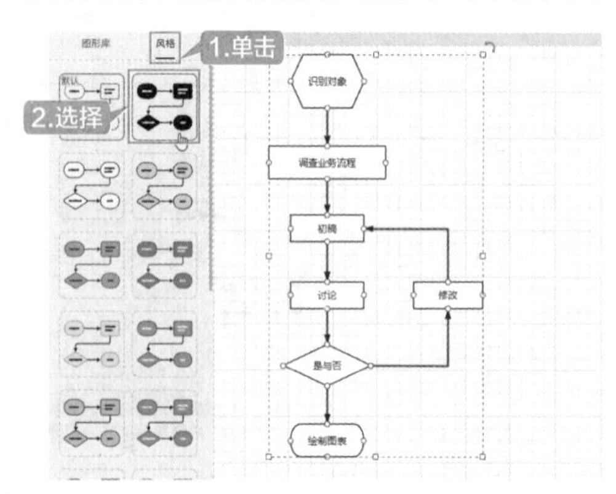

第5步 此时，即可应用该风格，如下图所示。

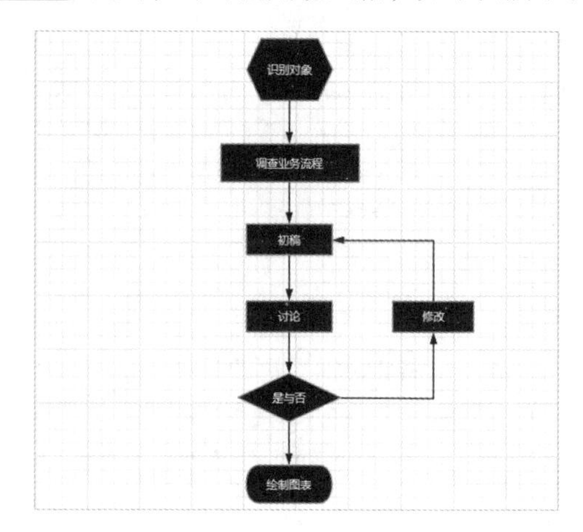

第6步 单击【美化】按钮，可以优化图形布局、连线和大小，如下图所示。

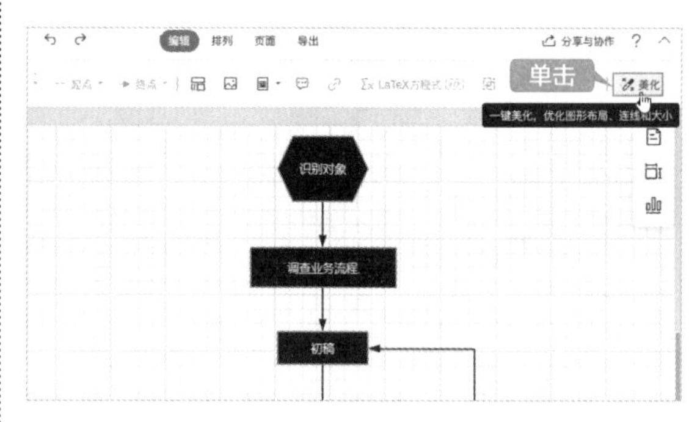

第7步 制作完成后，选择【文件】→【另存为/导出】命令，可以根据需求将图形转换为多种格式，这里选择“POS文件”格式，方便下次编辑，如下图所示。

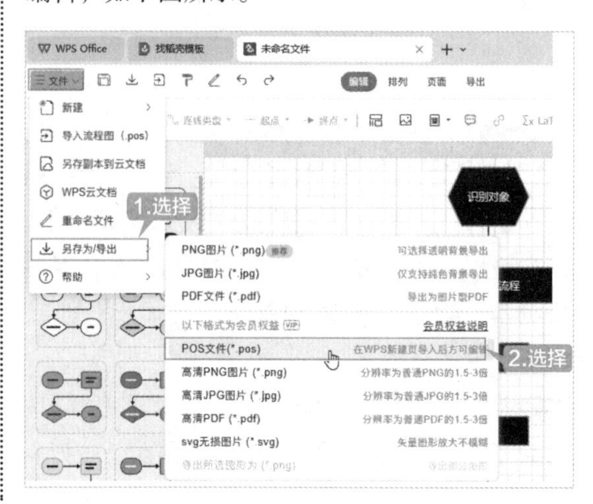

第8步 弹出【导出为POS文件】对话框，设置保存目录和文件名称后，单击【导出】按钮，如下图所示。

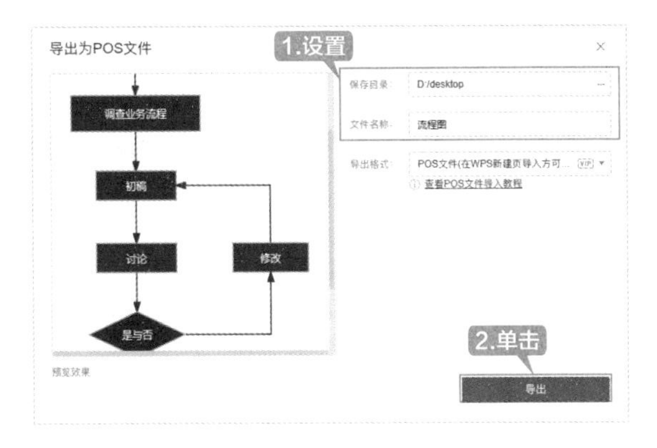

12.1.4 套用模板快速绘制

WPS Office提供了海量模板，用户可以根据需求搜索并下载模板，然后进行调整，以满足自己的工作需求。下面套用模板制作一个招聘流程图，具体操作步骤如下。

第1步 启动WPS Office，单击【新建】→【流程图】按钮，打开【新建流程图】窗口，其中包含了海量模块。在搜索框中输入关键词并进行搜索，然后将鼠标移至需要的模板处，缩略图中会显示【立即使用】按钮，单击该按钮，如下图所示。

第2步 此时即可用该模板创建流程图，如下图所示。

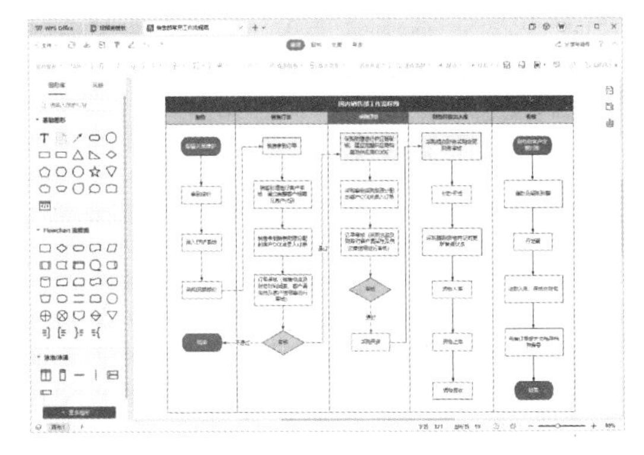

第3步 修改流程图的内容并删除多余的图形和箭头连线，效果如下图所示。

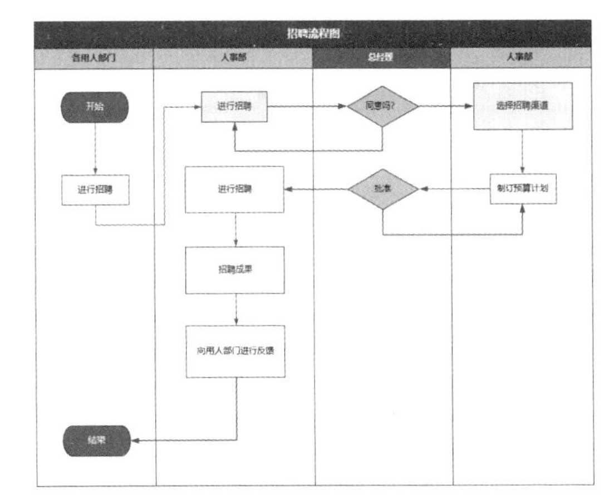

第4步 双击箭头连线添加逻辑判断，如下图所示。

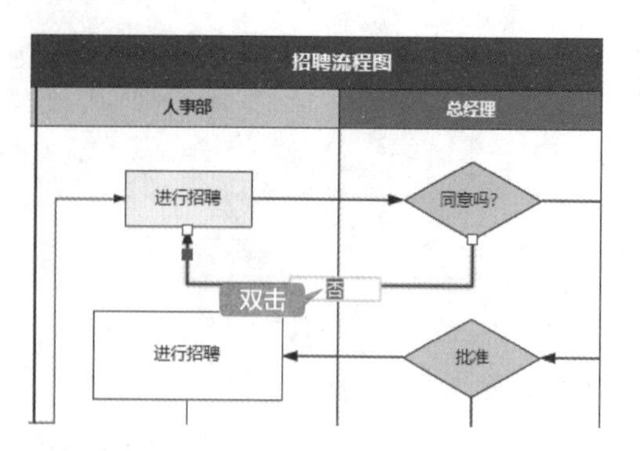

第5步 使用同样的方法，为流程图的细节添加逻辑判断，效果如下图所示。

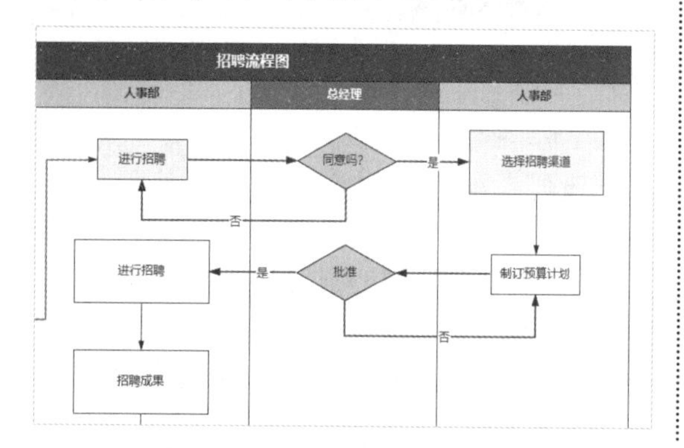

第6步 招聘流程图绘制完成后，可根据需求对流程图进行美化。单击【美化】按钮调整流程图中的布局及歪斜箭头连线等，保存流程图，效果如下图所示。

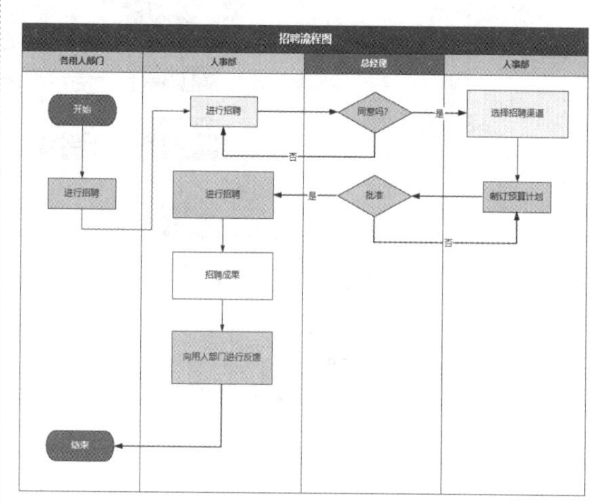

12.2 高效工作神器：思维导图

思维导图也称脑图，是表达发散性思维的有效图形思维工具，可以应用在学习、生活和工作中。例如，我们可以用思维导图制订学习计划、旅行计划、活动筹划等，从而轻松掌握重点与重点间的逻辑关系，激发联想和创意，将零散的内容构建成知识网。

思维导图主要是从一个中心主题向四周发散，将各级主题的关系用相互隶属与相关的层级图表现出来，将主题关键词与图像、颜色等建立记忆链接。思维导图的特点是图文并用，形式多样，可以直观地表达与主题相关的各层面的内容。下图所示为“本周计划”思维导图。

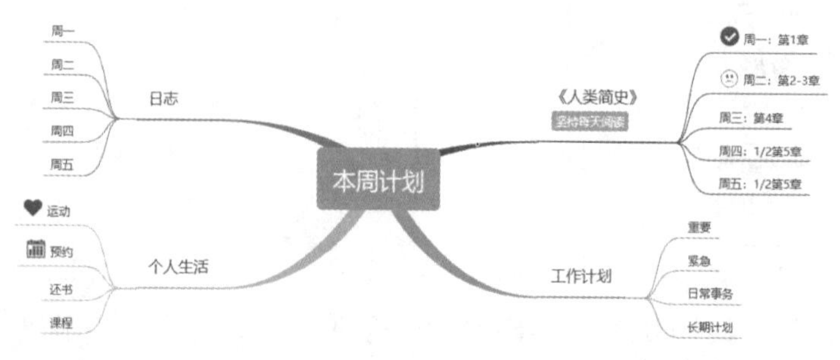

当需要记录思考过程、对主题内容进行发散、汇总零散内容时，可以选用思维导图。

12.2.1 用WPS Office制作思维导图

使用WPS Office制作思维导图的具体操作步骤如下。

第1步 启动WPS Office，通过单击【新建】→【思维导图】按钮，打开【新建思维导图】窗口，单击【新建空白思维导图】缩略图，如下图所示。

提示

用户可以根据需要搜索并下载模板，在模板的基础上进行修改并使用。

第2步 此时即可创建一个空白思维导图，画布中会显示一个“未命名文件”主题框，如下图所示。

第3步 双击主题框，修改主题内容为“市场部会议记录”，单击空白处即可确认输入，如下图所示。

第4步 按【Tab】键即可在主题后面创建子主题，如下图所示。

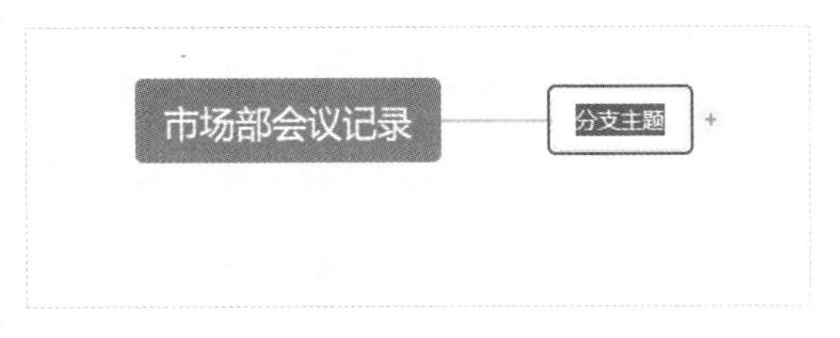

第5步 输入子主题内容，然后单击【插入】选项卡下的【图标】按钮，在弹出的下拉列表中选择要插入的图标，如下图所示。

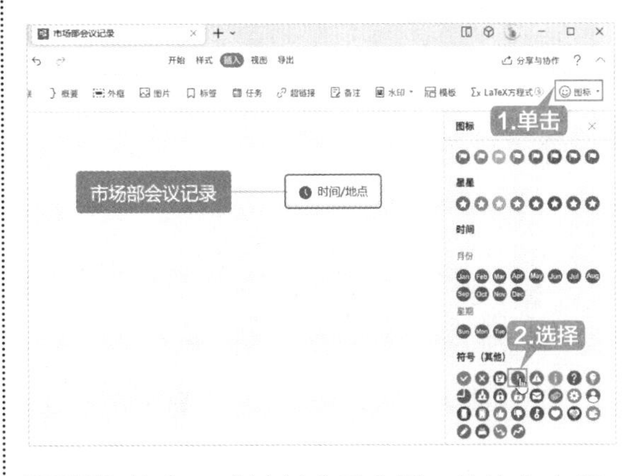

第6步 按【Tab】键创建子主题，并输入内容，如下图所示。

第7步 按【Enter】键，创建同级主题，输入内容，如下图所示。

第8步 使用同样的方法绘制各主题结构，效果如下图所示。

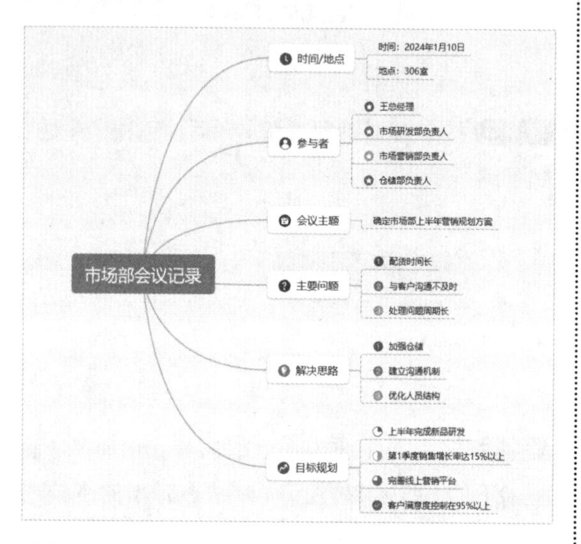

第9步 绘制完成后，用户可以单击【开始】选项卡下的【结构】按钮，在弹出的下拉列表中选择需要的结构分布，如选择“自由分布”选项，如下图所示。

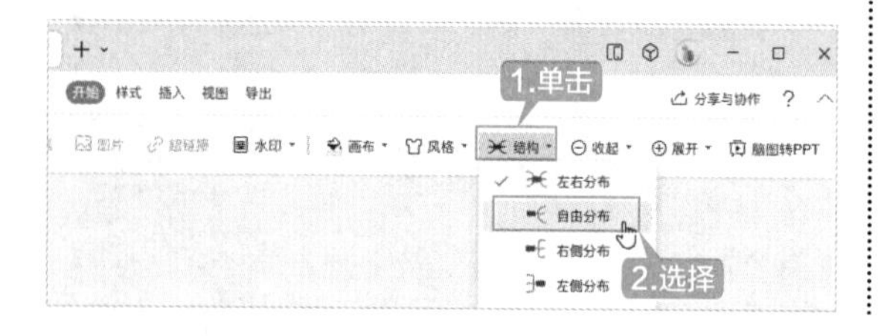

第10步 此时思维导图以自由分布的结构显示，如下图所示。

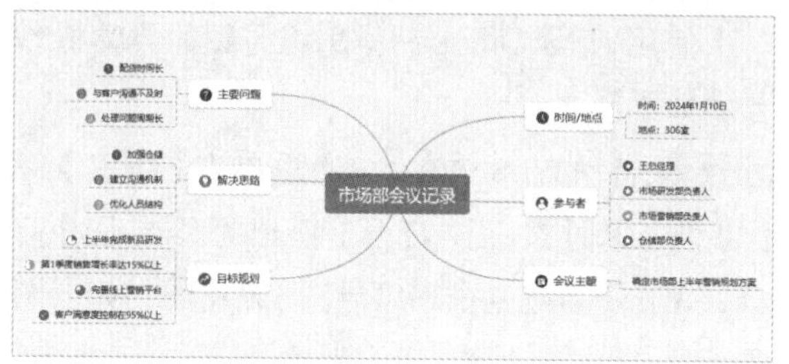

第11步 调整结构后，用户可以填充主题框、设置连线及字体的样式，也可以直接单击【开始】选项卡下的【风格】按钮，在弹出的下拉列表中选择合适的主题风格，如下图所示。

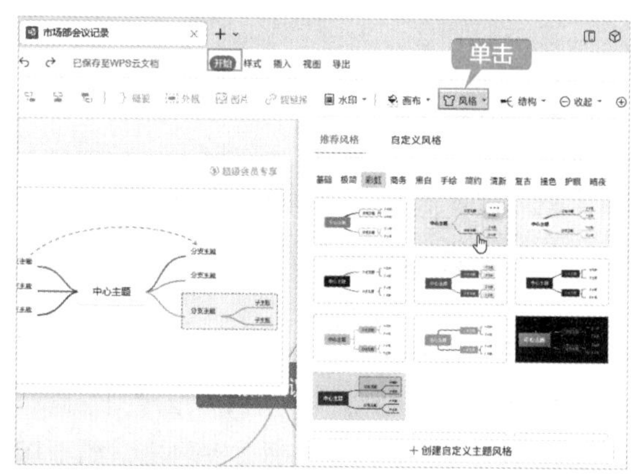

第12步 此时即可应用所选的主题风格，效果如下图所示。

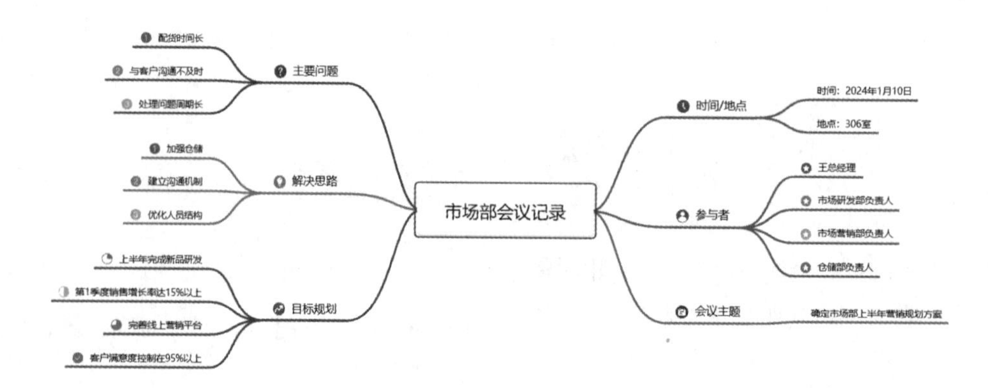

第13步 制作完成后，选择【文件】→【另存为/导出】命令，可以根据需求将图形转换为多种格式，这里选择“POS文件”格式，方便下次编辑，如下图所示。

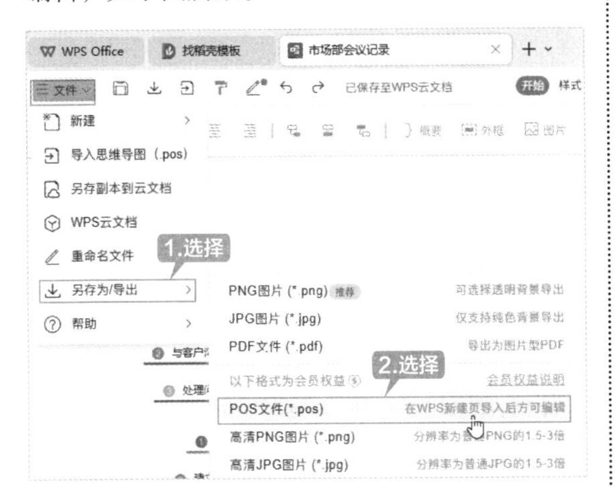

第14步 在弹出的【导出为POS文件】对话框中设置保存目录和文件名称后，单击【导出】按钮即可，如下图所示。

12.2.2 导入并编辑其他软件绘制的思维导图

WPS Office除了支持POS格式，还可以导入XMind、MindManager、FreeMind、KityMinder等常用思维导图软件绘制的文件，并供用户进行编辑。

第1步 启动WPS Office，单击【新建】→【思维导图】按钮，打开【新建思维导图】窗口，单击【导入思维导图】缩略图，如下图所示。

第2步 弹出【文件导入】对话框，单击【添加文件】按钮，如下图所示。

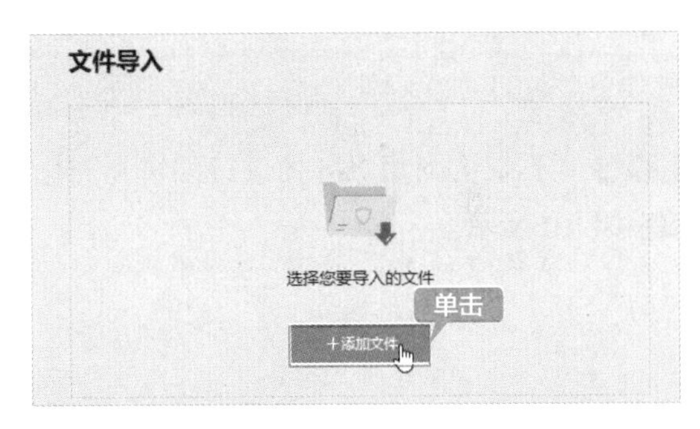

第3步 弹出【打开】对话框，选择“素材\ch12\思维导图.mmap”文件，然后单击【打开】按钮，如下图所示。

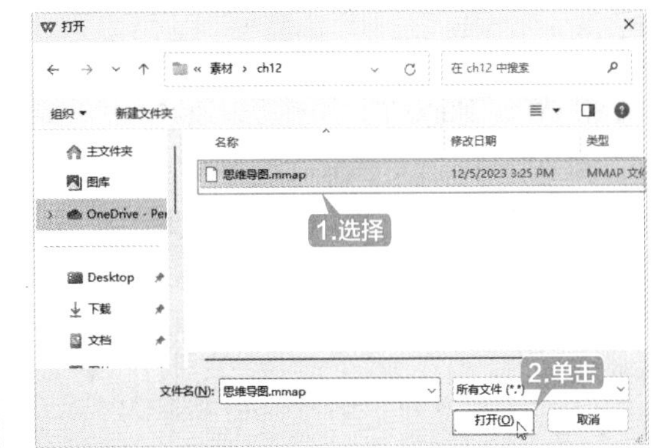

第4步 此时即可打开该思维导图，如下图所示。

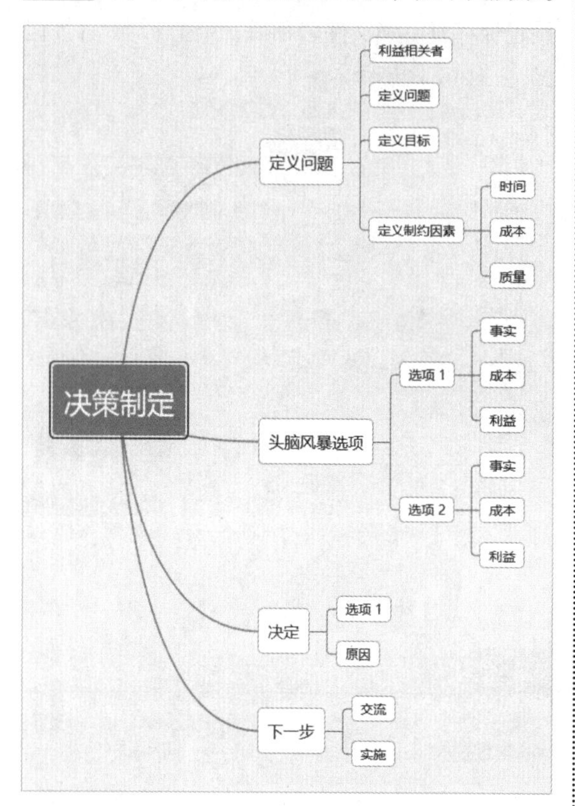

第5步 根据需要对思维导图进行编辑和美化，效果如下图所示。

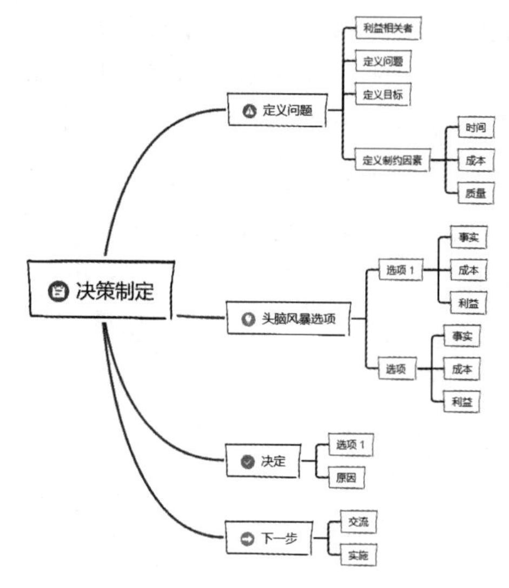

第6步 制作完成后，选择【文件】→【另存为/导出】→【POS文件】命令，弹出【导出为POS文件】对话框，设置相关选项并单击【导出】按钮，执行导出操作，如下图所示。

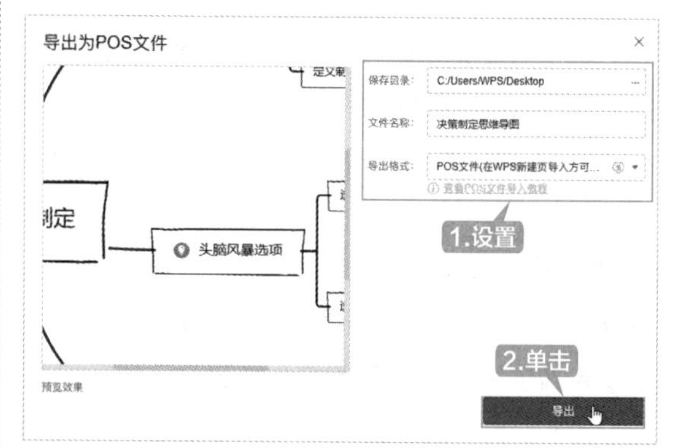

12.3 快速设计需要的图片素材

在WPS Office中，用户可以通过图片设计功能设计图片素材，以满足工作使用需求。

本节以制作一个春节放假通知为例，为读者提供设计思路和方法，具体操作步骤如下。

第1步 单击【新建】→【设计】按钮，打开【新建设计】窗口，用户可以在窗口中选择素材，也可以在搜索框中输入关键词搜索素材。这里输入“放假通知”，并设置条件进行筛选，然后单击缩略图中的【立即使用】按钮，如下图所示。

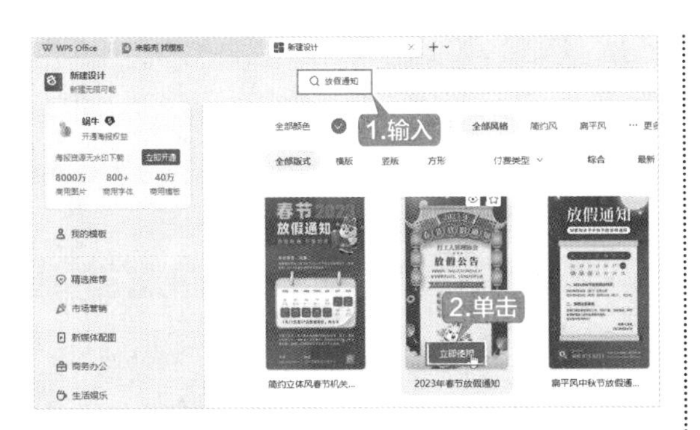

第2步 下载该模板后可以看到模板由各分层素材组合而成（见下图），选择模板中的卡通形象，按【Backspace】键将其从模板中删除。

第3步 在素材搜索框中输入关键词，如“龙”，按【Enter】键，即可显示搜索结果，如下图所示。

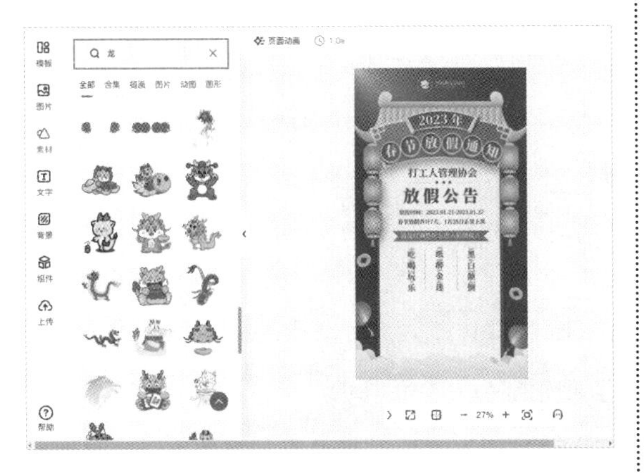

第4步 单击要使用的素材，即可将其应用到模板中，使用鼠标拖曳素材四周的控制点，调整素材的大小和位置，如下图所示。

第5步 双击文字，即可修改文字内容，如下图所示。另外，也可以通过顶部编辑栏，设置字体、字号及颜色等。

第6步 修改文字并删除多余的图形，效果如下图所示。

第7步 单击界面右上角的【保存并下载】按钮，在弹出的对话框中选择要保存的文件类型，并单击【立即下载】按钮（见下图），然后根据提示选择保存路径。

12.4 多维表格：数据与业务管理的强大助手

WPS多维表格凭借其强大的数据处理和分析能力，为团队和个人提供了一个灵活、高效的数据管理工具。它不仅简化了数据存储和管理的过程，还通过丰富的可视化功能，帮助用户深入洞察数据背后的业务逻辑，是用户进行数据与业务管理的强大助手。

1. 新建多维表格

第1步 单击【新建】→【多维表格】按钮，打开【新建多维表格】窗口，用户可以在窗口中新建空白多维表格，也可以选择模板。这里单击【空白多维表格】缩略图，如下图所示。

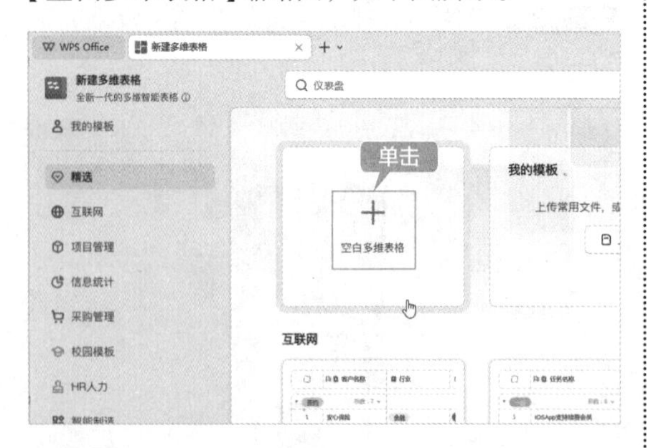

第2步 弹出【数据表】窗口，左侧为【目录】窗格，右侧为主窗格。用户可以在主窗格中输入、编辑和查看数据，单击【字段管理】按钮，可添加字段信息，如下图所示。

2. 导入已有数据

第1步 用户也可以将已有的数据导入表格中，制作多维表格。选择【目录】窗格下方的“导入已有数据”选项，如下图所示。

第2步 弹出【导入已有数据】对话框，选择“本地表格文件”选项，如下图所示。

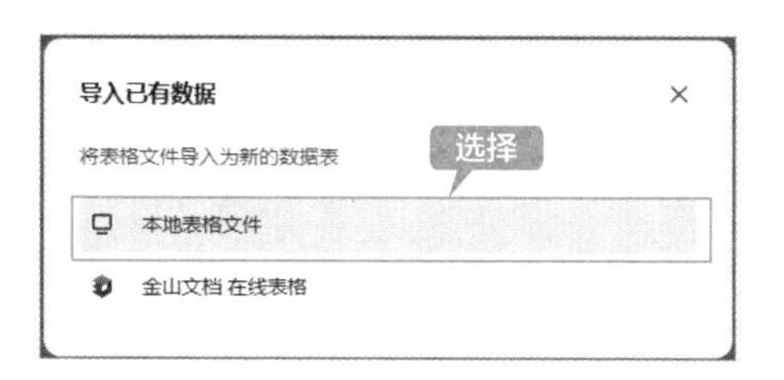

第3步 弹出【打开】对话框，选择要导入的数据，单击【打开】按钮，如下图所示。

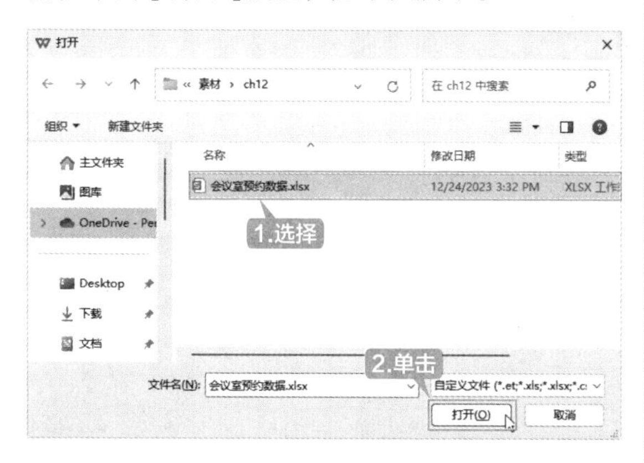

第4步 此时即可导入多维表格，生成一个新数据表标签，其右侧显示了数据内容，如下图所示。

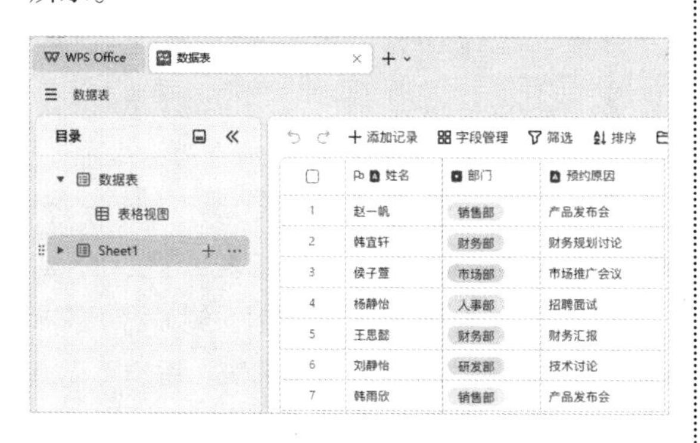

第5步 右击删除空白的数据表，并重命名新生成的数据表，效果如下图所示。

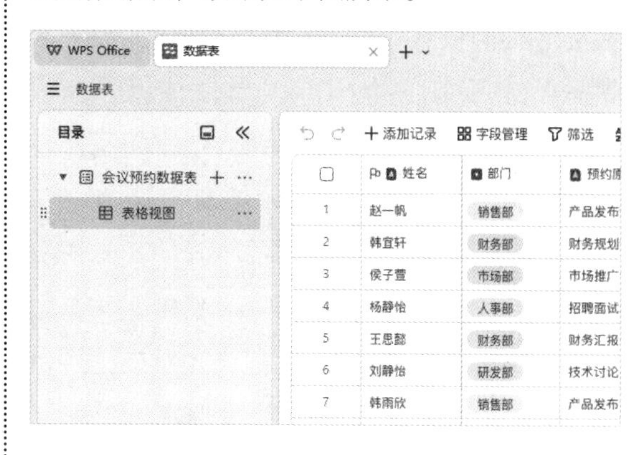

3. 添加视图

第1步 如果要添加多种视图，则单击 + 按钮，在弹出的列表中选择要添加的视图，如选择“看板视图”选项，如下图所示。

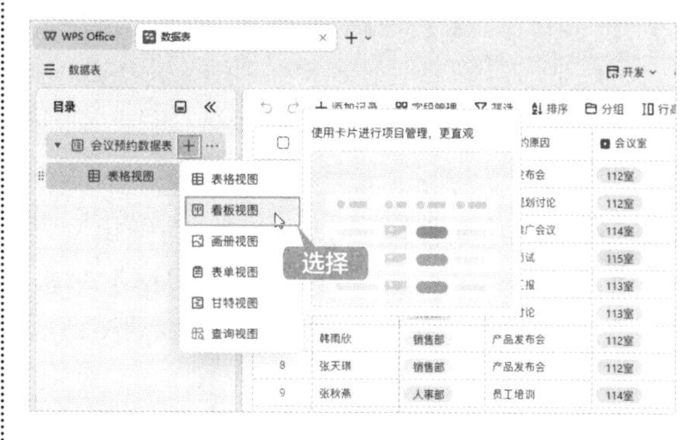

第2步 在弹出的对话框中，设置分组依据选项，然后单击【确定】按钮，即可添加相应的视图，如下图所示。

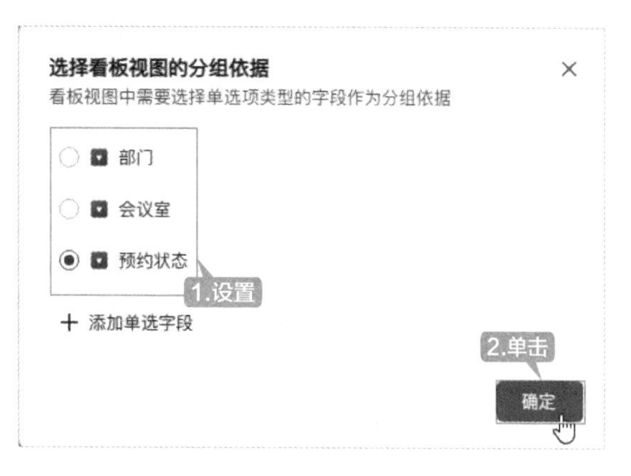

第3步 使用同样的方法，可以添加其他视图，如添加【查询视图】，在【姓名】文本框中输入要查询的信息，单击【查询】按钮，如下图所示。

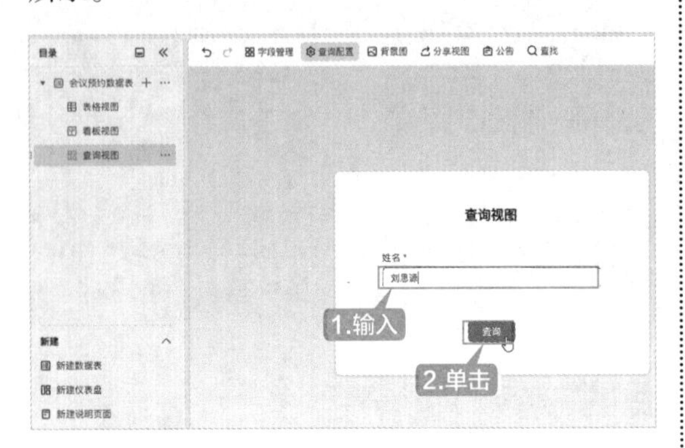

第4步 此时即可查询到相关的信息，如下图所示。

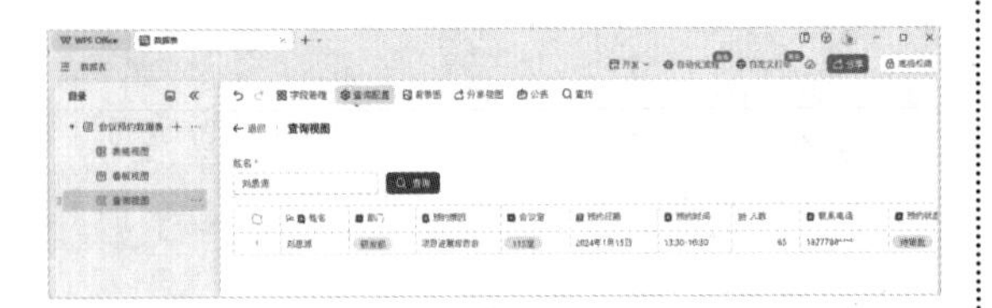

第5步 单击【文件操作】按钮 ≡，在弹出的列表中选择【另存】→【另存为智能表格】选项，如下图所示。

第6步 弹出【另存为】对话框，选择保存位置，并设置文件名称，单击【另存并打开】按钮，如下图所示。此时即可保存并自动打开文件。

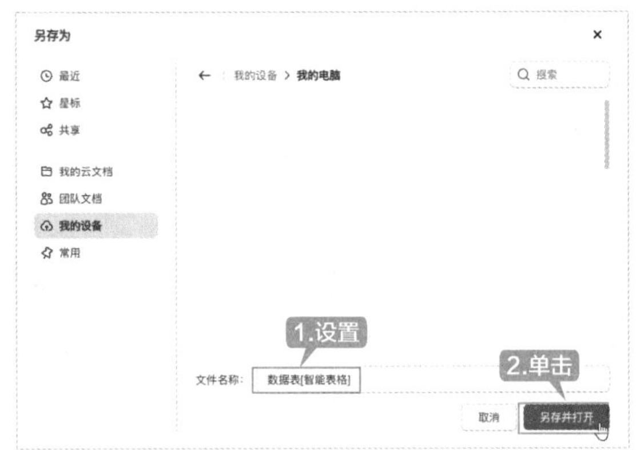

12.5 使用表单，让你的数据采集整理快数倍

表单是数据采集中较为常用的形式，可用于企事业单位及个人的营销、服务、管理和决策，如收集统计订单、日报、周报、问卷、投票等，并将它们汇总至表格中。本节主要介绍如何使用WPS Office制作表单。

12.5.1 制作表单

在采集数据之前，制作表单是第一步。用户可根据采集的问题或数据的需要，整理符合的表单。本小节以制作一个销售业绩统计表单为例，介绍其操作方法。

第1步 单击【新建】→【智能表单】按钮，打开【新建智能表单】窗口，窗口左侧显示了模板的类型，右侧为模板缩略图列表。用户可以新建空白表单，也可以应用表单模板。这里搜索

"销售统计"，在结果列表中选择要应用的模板，单击【立即使用】按钮，如下图所示。

第 2 步 此时即可新建所选模板，如下图所示。

第 3 步 双击标题区域，即可输入标题，并填写表单描述，如下图所示。

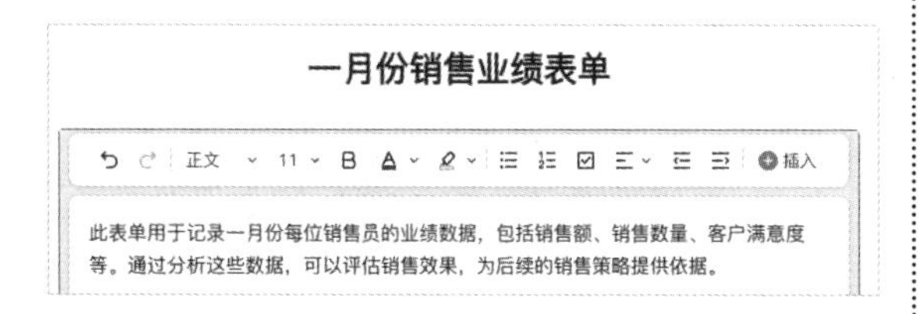

第 4 步 单击【下拉题】按钮，在弹出的下拉列表中选择【常用题型】→【填空题】选项，如下图所示。

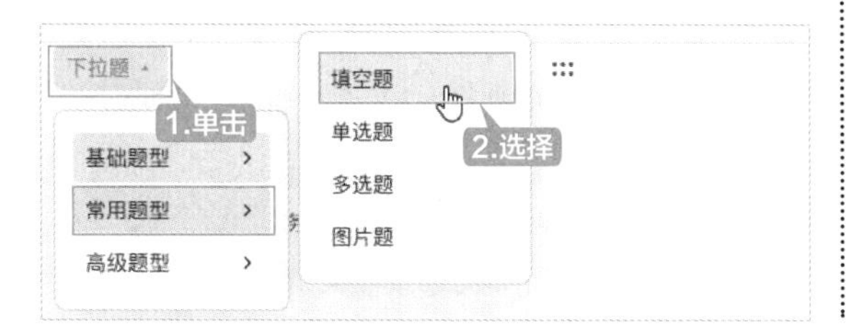

第 5 步 弹出【题型切换提示】对话框，单击【确认】按钮，如下图所示。

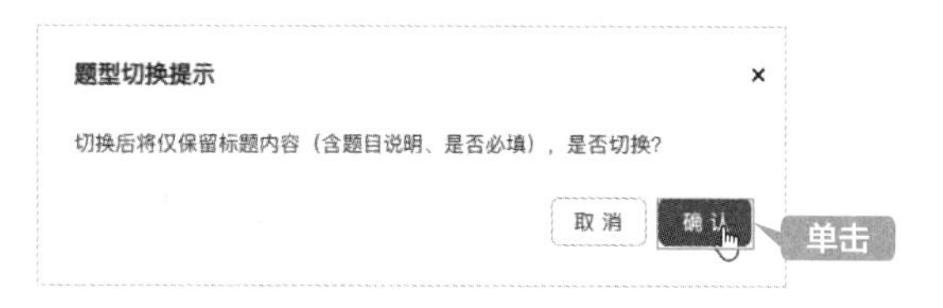

第 6 步 填写说明后，效果如下图所示。

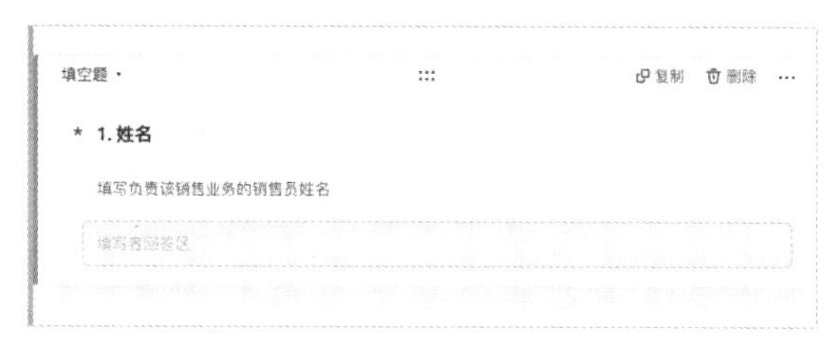

第 7 步 使用同样的方法修改其他问题，完成后单击右上角的【发布并分享】按钮，如下图所示。

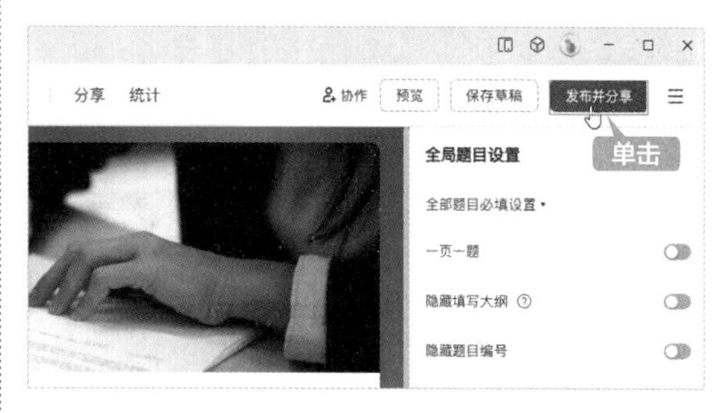

第 8 步 此时即可进入下图所示的页面，其中显示了分享二维码和分享链接，用户可以将其分享给填写人。

12.5.2 填写表单

下面以前面创建后分享的表单为例，介绍填写表单的具体操作步骤。

第1步 被邀请人通过收到的链接或二维码，即可进入金山表单页面，其中显示了表单标题，如下图所示。

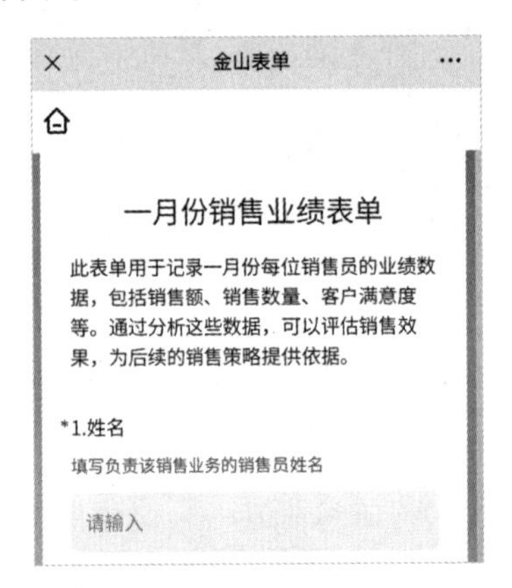

第2步 在表单中填写信息，然后点击【提交】按钮，如下图所示。

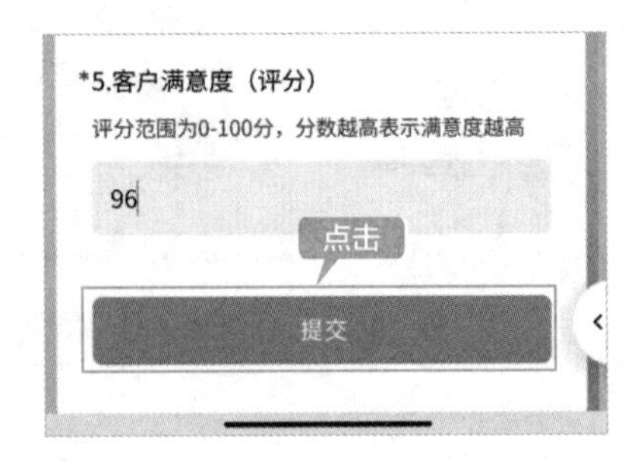

第3步 此时弹出【温馨提示】对话框，点击【确定】按钮，即可完成表单的填写，如下图所示。

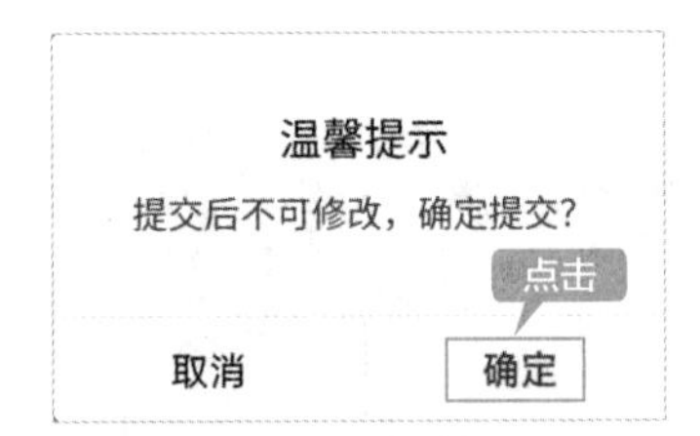

12.5.3 查看和汇总表单数据

数据收集完成后，可以查看和汇总表单中的数据，具体操作步骤如下。

第1步 打开WPS Office，单击【右侧面板】按钮，在弹出的面板中单击【统计表单】按钮，如下图所示。

第2步 打开【WPS表单】窗口，在【我创建的】列表中，可以看到表单的状态，单击该表单，如下图所示。

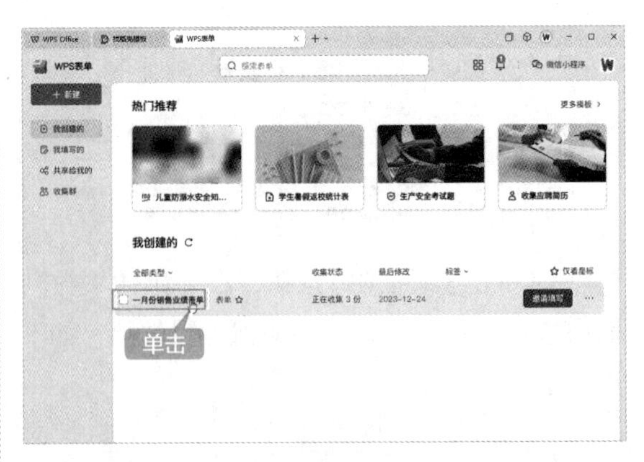

第3步 此时即可打开该表单，在【数据统计】选项卡下显示了表单收集的汇总数据，如下图所示。

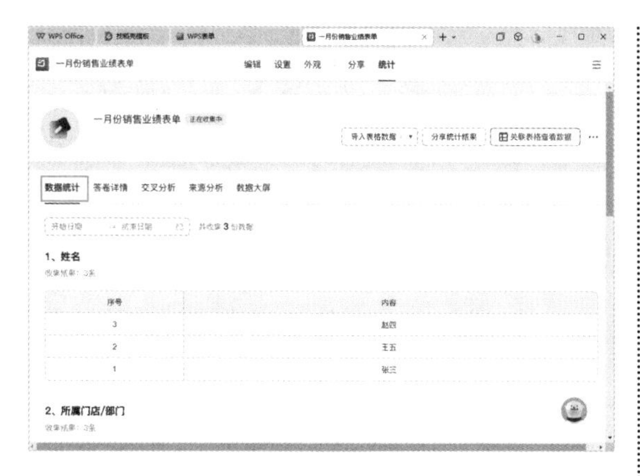

第4步 选择【来源分析】选项卡，可以查看数据的填写时间、地理位置及渠道等信息。选择【数据大屏】选项卡，会以“仪表盘”的样式展示表单统计的情况，如下图所示。

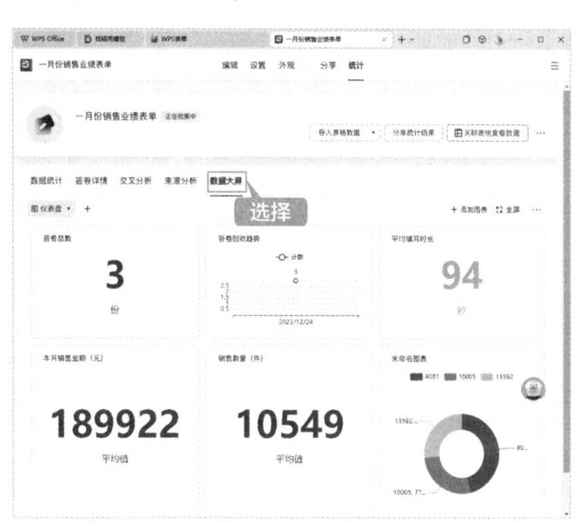

第 13 章

WPS Office 实用功能让办公更高效

本章导读

WPS Office除了可以满足用户日常基本的办公需求，还针对一些常用的、复杂的工作开发了相应的特色功能，以解决用户在工作中遇到的棘手问题，使用户可以更高效地完成工作。本章将对WPS Office中一些常用的特色功能进行介绍，其中部分功能需要付费会员方可使用。非付费会员可以通过本章内容对WPS Office有更深一步的了解。

思维导图

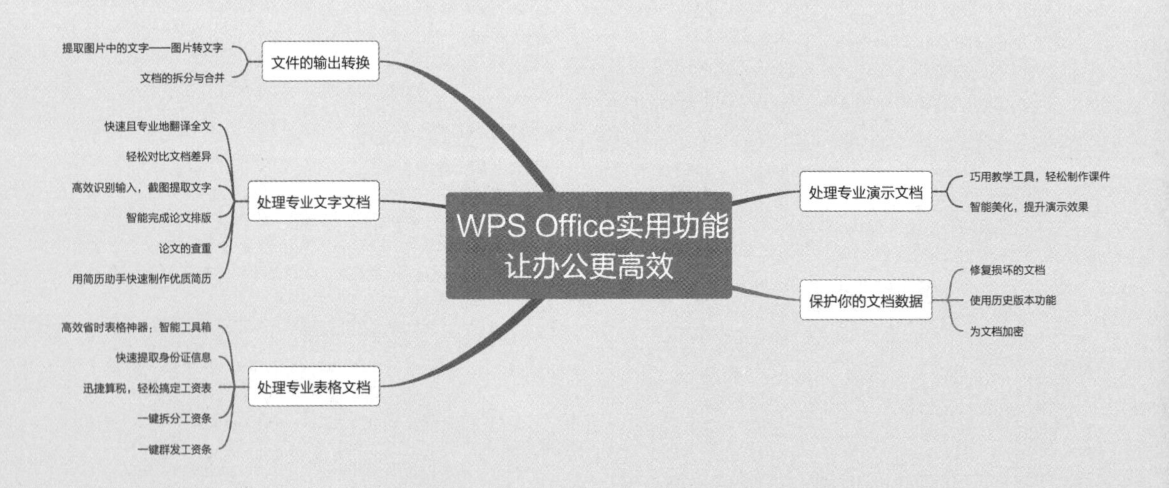

13.1 文件的输出转换

文件的输出转换是工作中常用的操作，用户可以根据需求将文件转换为其他常用格式，如将文字、表格及演示文档转换为PDF、输出为图片等。本节主要介绍将图片转为文字的方法，以及文档的拆分与合并。

13.1.1 提取图片中的文字——图片转文字

通过【图片转文字】功能，可以大大节省输入文本的时间，如将手机拍摄的文字图片或扫描的文字图片转为可复制的文字，具体操作步骤如下。

第1步 在【文字文稿1】窗口中，单击【会员专享】选项卡下的【图片转文字】按钮，如下图所示。

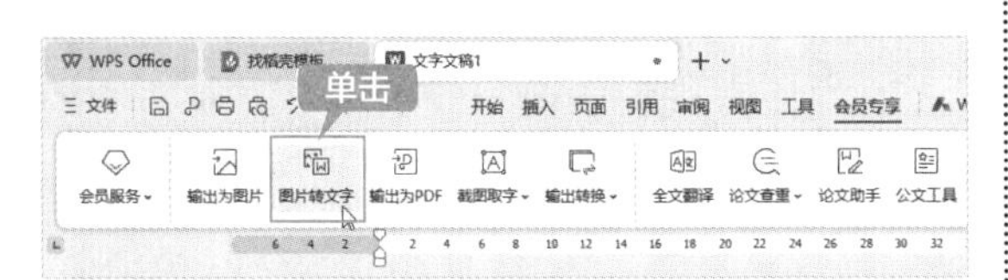

第2步 弹出【图片转文字】对话框，单击【从文件夹添加】按钮，如下图所示。

提示

用户也可以将要转文字的图片拖曳至对话框中间区域进行文件添加。

第3步 弹出【打开】对话框，选择要转换的图片，然后单击【打开】按钮，如下图所示。

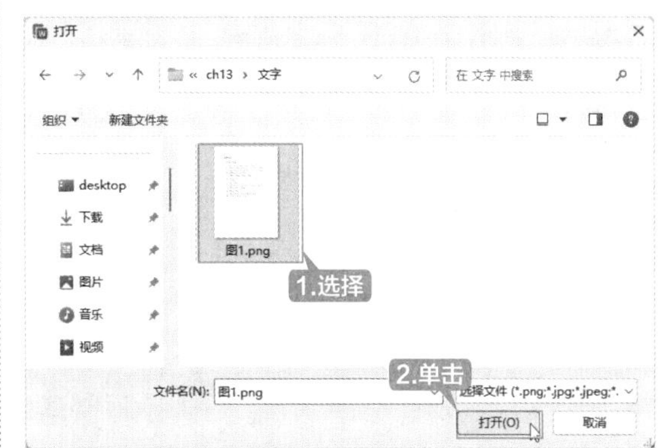

第4步 返回【图片转文字】对话框，默认选中【纯文字】单选按钮，用户可以设置【转换类型】为【带格式文档】【表格】【PPT】。这里选中【纯文字】单选按钮，然后单击【导出】按钮，如下图所示。

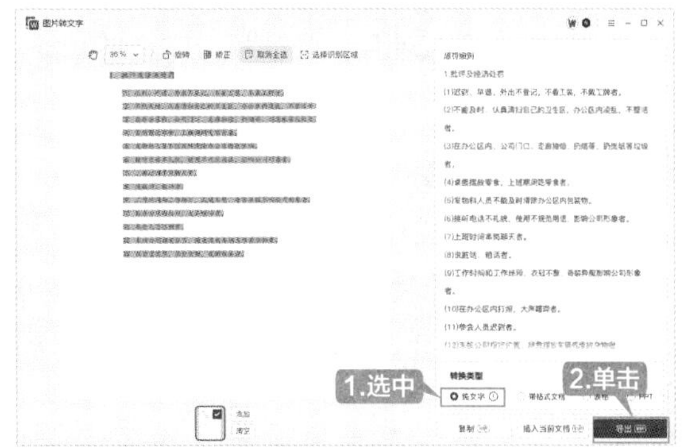

提示

如果仅需要提取图片中的文字，则可以在窗口右侧区域中进行复制；如果希望完整保留文字样式及排版，则可以选中【带格式文档】单选按钮；如果希望保留版式，将其转换为表格，则可以选中【表格】单选按钮；如果希望导出为演示文档，则可以选中【PPT】单选按钮。

第5步 弹出【另存文件】对话框，选择要保存的位置，并设置【文件名】及【保存类型】，然后单击【保存】按钮，如下图所示。

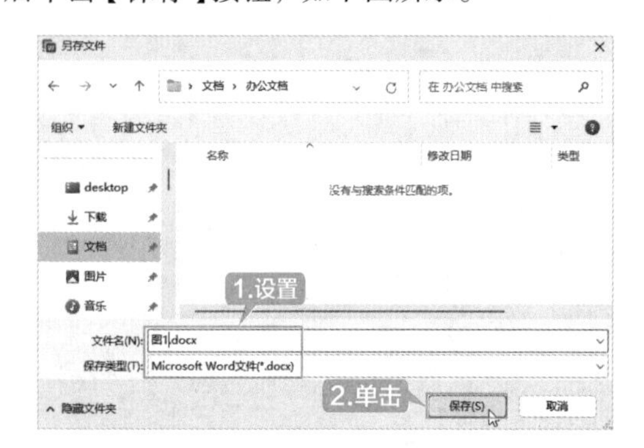

第6步 此时即可进行转换，完成后弹出下图所示的对话框，单击【打开文件】按钮。

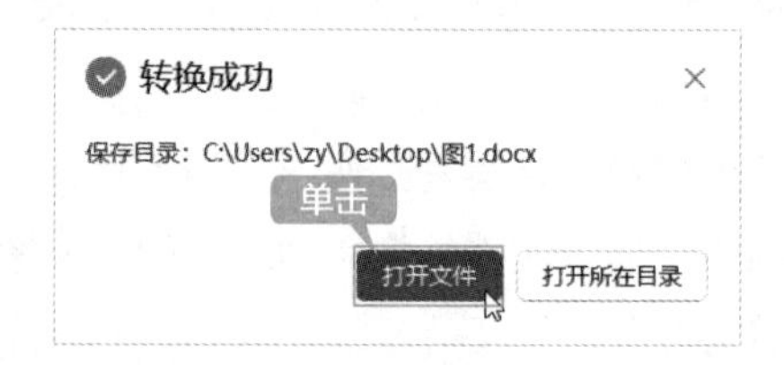

第7步 此时即可打开转换的文档，如下图所示。与原图片进行文字核对，避免因为原图清晰度不够、字迹不清等问题导致识别错误。

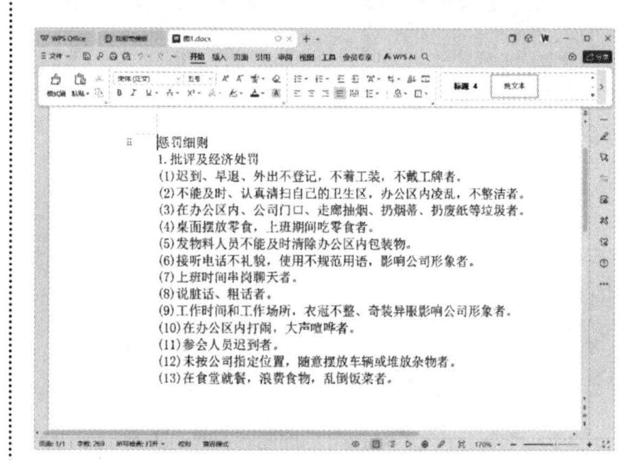

13.1.2 文档的拆分与合并

在处理文档时，经常需要将文档内容拆分为多个文档，或将多个文档合并成一个文档，以方便对文档进行归类和分析。如果文档的内容不多，可以通过复制和粘贴实现；如果文档的内容较多，可以使用文档的拆分与合并功能，具体操作步骤如下。

1. 拆分文档

第1步 在【文字文稿1】窗口中，单击【会员专享】选项卡下的【输出转换】按钮，在弹出的下拉列表中选择“文档拆分”选项，如下图所示。

第2步 弹出【拆分合并器】对话框，单击对话框中的【添加文件】按钮，如下图所示。

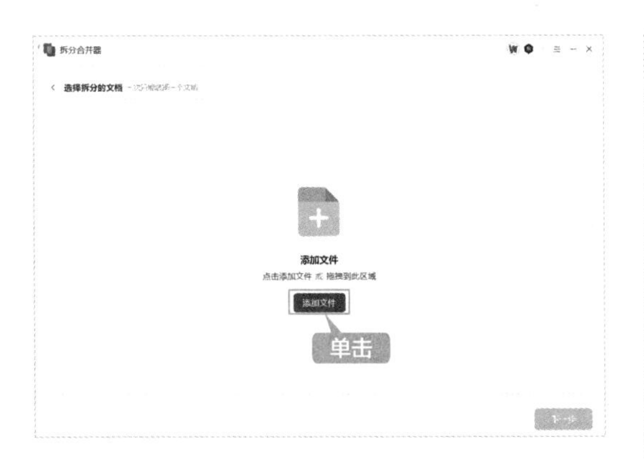

第 3 步 弹出【选择文件】对话框，选择需要拆分的文档。这里选择“素材\ch13\文字\公司奖惩制度.docx”文档，单击【打开】按钮，如下图所示。

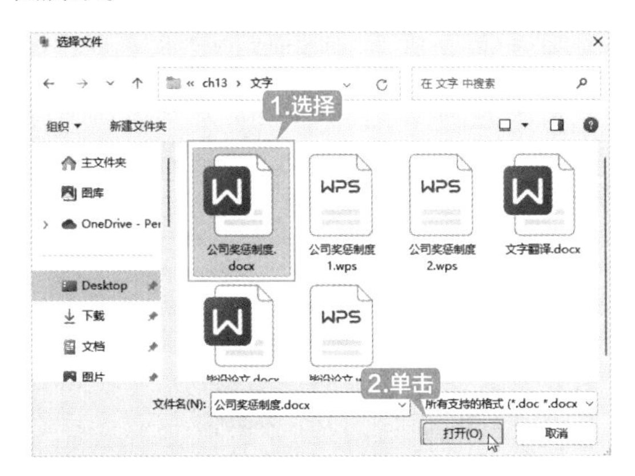

第 4 步 返回【拆分合并器】对话框，单击【下一步】按钮，如下图所示。

第 5 步 此时可选择拆分方式，【平均拆分】用于设置每多少页保存为一份文档，【标题拆分】用于按不同级别标题进行拆分，【选择范围】用于设置页码划分范围。这里在【选择范围】文本框中输入页码划分范围，以“,”分隔，然后设置【输出目录】，并单击【开始拆分】按钮。

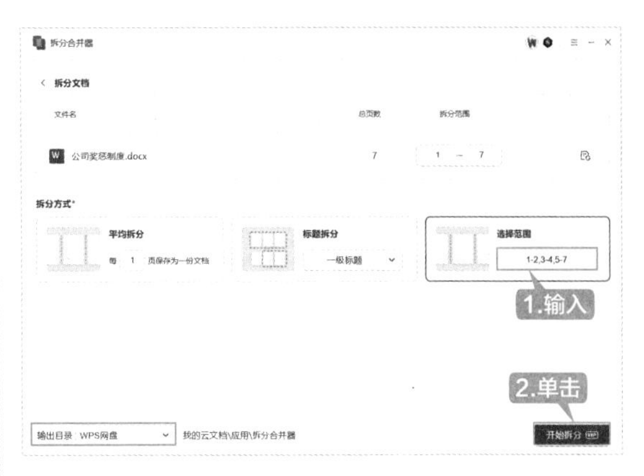

第 6 步 此时即可对文档进行检查，然后进行拆分。对话框中会显示拆分状态，如下图所示。

第 7 步 拆分完成后，弹出下图所示的对话框，单击【打开文件夹】按钮。

第 8 步 此时即可打开以文档名称命名的文件夹，并显示拆分的文档，如下图所示。

2. 合并文档

第1步 在【文字文稿1】窗口中，单击【会员专享】选项卡下的【输出转换】按钮，在弹出的下拉列表中选择“文档合并”选项，如下图所示。

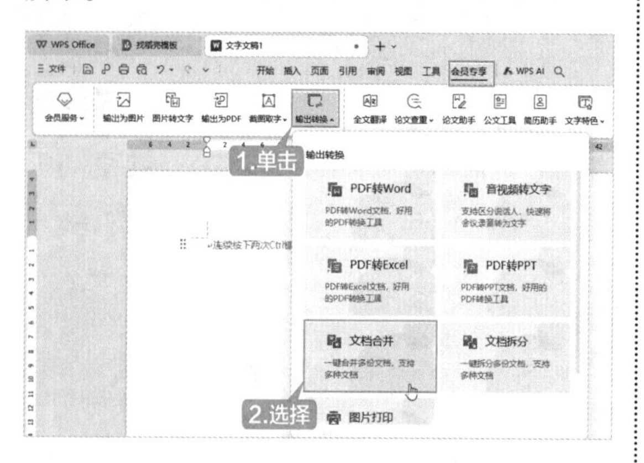

第2步 选择要合并的文档，单击【下一步】按钮，如下图所示。

第3步 进入下图所示的界面，设置【合并范围】【输出名称】及【输出目录】，然后单击【开始合并】按钮。

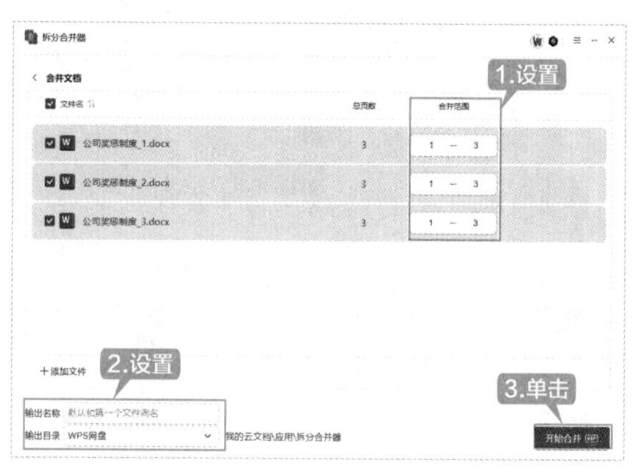

第4步 合并完成后，显示下图所示的信息。用户可以选择打开合并文件、文件夹或继续合并。

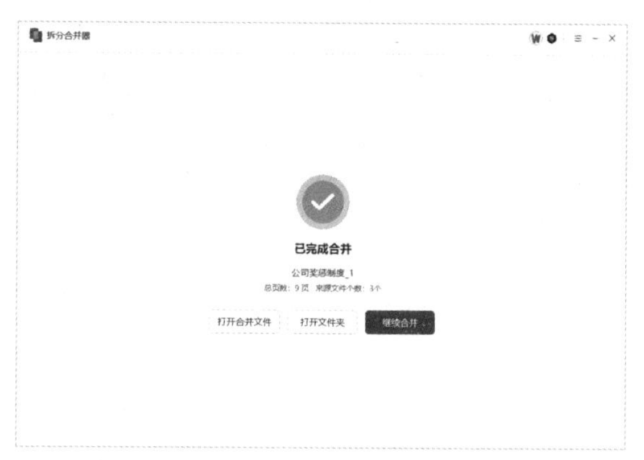

13.2 处理专业文字文档

对于一些专业的文字文档，如论文、简历等复杂且专业的文档，编辑时往往会给用户造成不小的困扰，而WPS Office的文档助手可以帮助用户准确且高效地处理专业文档。

13.2.1 快速且专业地翻译全文

当文档内容是外语时，可以使用WPS Office的全文翻译功能，将文档翻译为指定语言。目前WPS Office支持多种语言的翻译，准确率较高，且能够保留原文样式和排版格式，可以满足用户的日常工作需求。

第1步 打开要翻译的文档，单击【会员专享】选项卡下的【全文翻译】按钮，如下图所示。

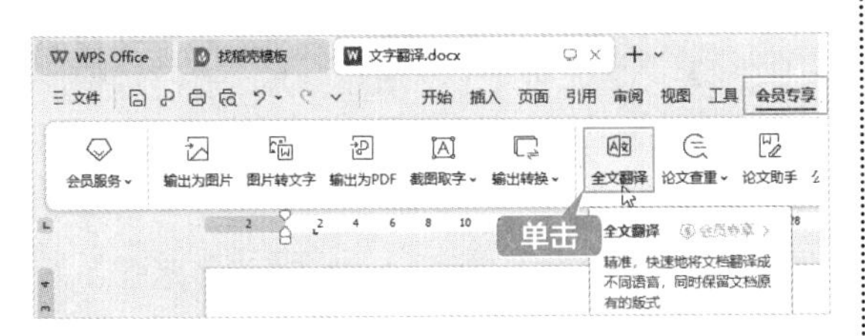

第2步 右侧即会弹出【全文翻译】窗格，可以设置翻译语言和翻译页码。在【模式】区域，若选中【普通翻译】单选按钮，则直接进行翻译；若选中【AI翻译】单选按钮，则会在直译的基础上对文字进行润色。这里选中【普通翻译】单选按钮后，单击【开始翻译】按钮，如下图所示。

第3步 翻译完成即可进入下图所示的界面，其中显示了翻译结果，单击【保存译文】按钮。

虚拟机管理信息系统的设计与实现

摘要

信息管理是公司管理的一个重要分支，员工数量众多，部门的数量，岗位数量的增加，对劳动分工的不断完善，部门的不断关闭，信息管理的不断增加，信息管理自动化的实现，没有意义将带来企业的高效管理。

员工和部门是公司生存的主要因素，增加或减少人员，部门，直接影响公司的正常经营，公司每天涉及的信息管理问题。公司员工、部门、定位越多，统计数据越密集，工作就越多，公司信息管理就越困难，公司信息管理系统采用传统的人工方式，大量记录，容易出错，信息管理系统是使用计算机代替人工记录，完成大量信息处理，方便，准确，可以存储时间长，计算机信息管理作为计算机应用的一部分，具有手工无法比较的特点，即实现信息管理系统，标准化、自动化，它将成为现代企业管理信息的第一个选择。

该系统结合公司信息的基本情况，使实际需求分析、静态页面、或数据库服务器、PLSQL客户端和日食等一系列软件程序，实现了信息管理系统快速搜索、查找方便，可靠性高，存储容量大的功能。

关键词：Oracle数据库；PLSQL客户端；计算机

第4步 用户可根据提示下载文档，下载后即可查看翻译后的文档。其中保留了原文样式和排版格式，用户可以对文字进行润色或修改，如下图所示。

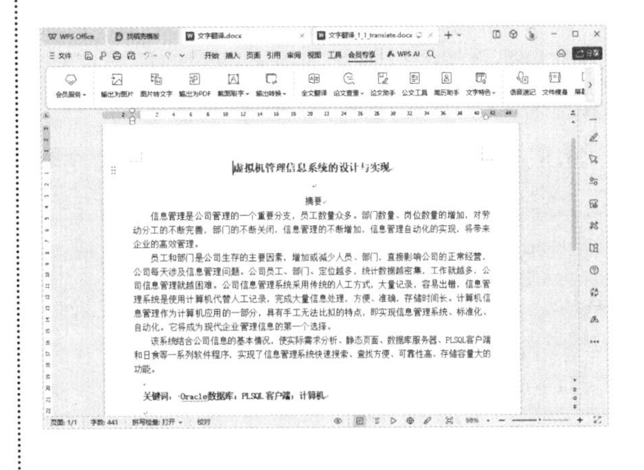

13.2.2 轻松对比文档差异

在工作中，用户经常需要对比两个文档，核对其内容的变动及差异。如果通过肉眼对比，既低效又无法保证正确率。下面介绍如何使用WPS Office中的【比较】功能进行文档对比。

第1步 在【文字文稿1】窗口中，单击【审阅】选项卡下的【比较】按钮，在弹出的下拉列表中选择“比较”选项，如下图所示。

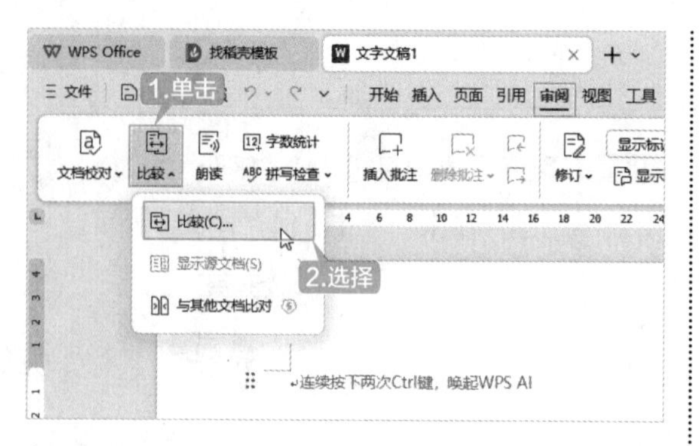

第2步 弹出【比较文档】对话框，分别单击按钮，选择原文档和修订的文档，然后单击【确定】按钮，如下图所示。

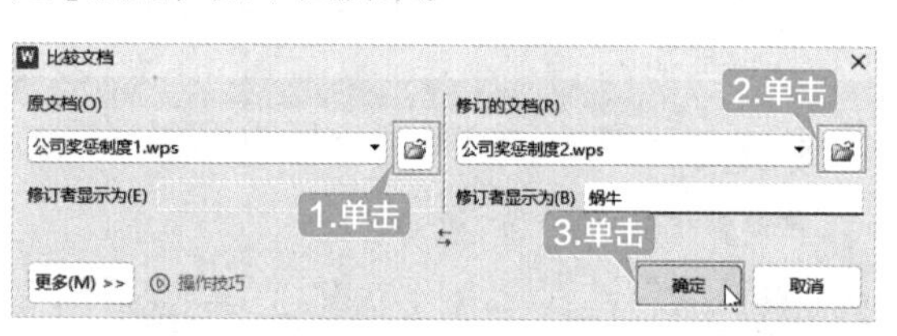

提示

单击对话框中的【更多】按钮，可以设置【比较设置】和【显示修订】。

第3步 此时窗口中会显示3个文档，分别为比较结果文档、原文档和修订的文档。其中左侧的比较结果文档中会显示修订记录，如下图所示。

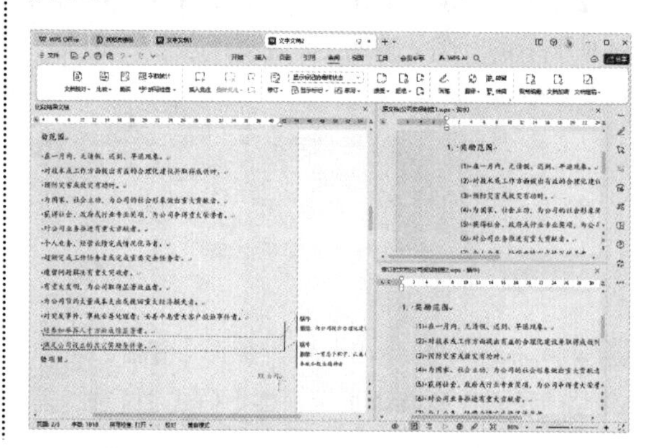

13.2.3 高效识别输入，截图提取文字

如果希望提取图片、不可编辑的PDF文档或网页上的文字，可以通过13.1.1小节的方法，将其转为文字文档，这种方法适合将全部文字转换为指定格式的文档。如果要提取部分文字，可以使用【截图取字】功能，这样会更直接、高效，具体操作步骤如下。

第1步 打开要提取文字的文件或网页，这里打开一张图片，然后按【Alt+Tab】组合键切换至WPS Office的【文字文稿1】窗口，单击【会员专享】选项卡下的【截图取字】下拉按钮，在弹出的下拉列表中选择“截屏时隐藏当前窗口”选项，如下图所示。

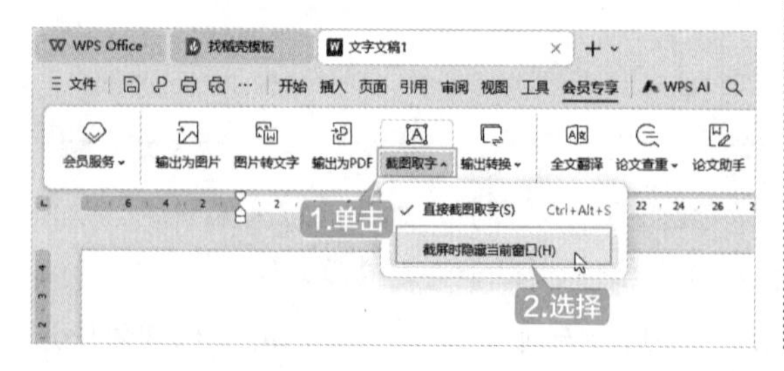

提示

“直接截图取字”选项适合截取本文档中的文字；而“截屏时隐藏当前窗口”选项适合截取其他文件上的文字。

第2步 按【Alt+Tab】组合键切换至目标窗口，此时会显示一个蓝色区域框，顶部显示区域框可选择的形状，如矩形区域截图、椭圆区域截图、圆角矩形截图及自定义截图，默认选择“矩形区域截图”选项，如下图所示。

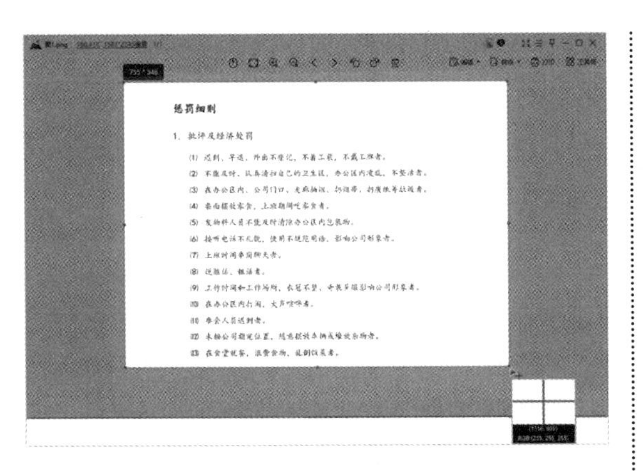

第3步 拖曳鼠标即可选择截取区域，选择完成后单击【提取文字】按钮，如下图所示。

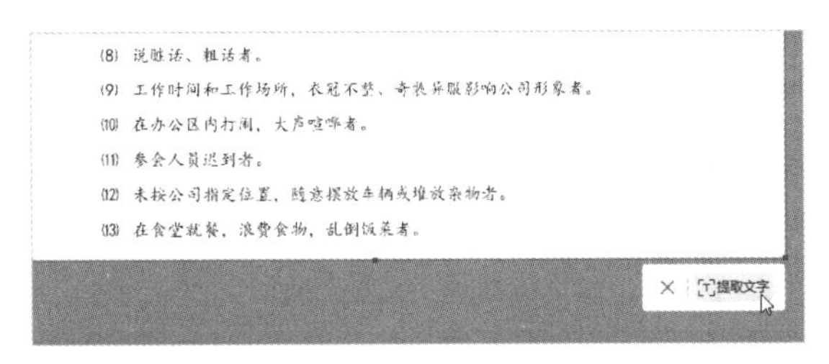

提示

按【Esc】键或单击✕按钮，则退出截屏。

第4步 自动识别后，弹出【图片转文字】对话框，其中显示了识别的文字。单击【复制】按钮，可以复制提取的文字，如下图所示。然后将光标移至目标位置，按【Ctrl+V】组合键，即可将复制的内容进行粘贴。

提示

【截图取字】功能可以大大提高文字输入的效率，不过需要与原文字进行核对，修正识别的错误或未识别的内容。

13.2.4 智能完成论文排版

论文是常见的文档，对其进行排版是较为繁杂的，排版过程中涉及格式设置、插入页码、脚注尾注、提取目录等多种排版操作，对于排版新手而言，更是无从下手。WPS Office的论文排版功能可以根据指定样式范围，一键进行排版，帮助用户省去大部分繁杂的操作，轻松应对各类论文排版。

第1步 打开要排版的论文文档，单击【会员专享】选项卡下的【论文助手】按钮，如下图所示。

第2步 在【论文助手】选项卡下单击【论文智能排版】按钮，如下图所示。

第3步 弹出【论文排版】对话框，用户可以在文本框中输入学校名称进行排版格式搜索。搜索到目标学校后，单击【开始排版】按钮，如下图所示。

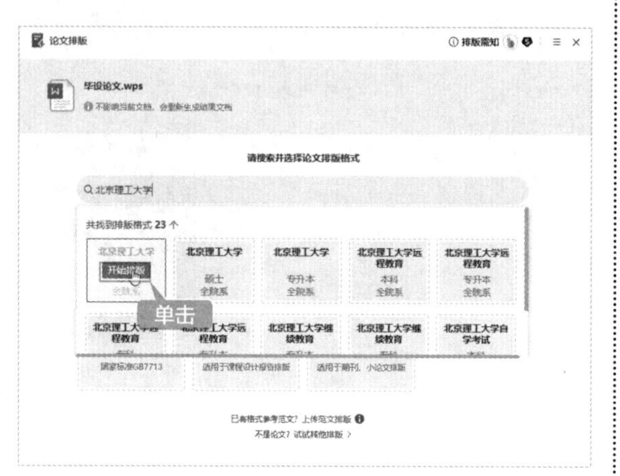

提示

也可以选择对话框下方的“上传范文排版”，上传范文文档。

第4步 此时WPS Office会自动搜索模板并对论文文档进行排版，排版完成后，弹出下图所示的对话框，单击【预览结果】按钮。

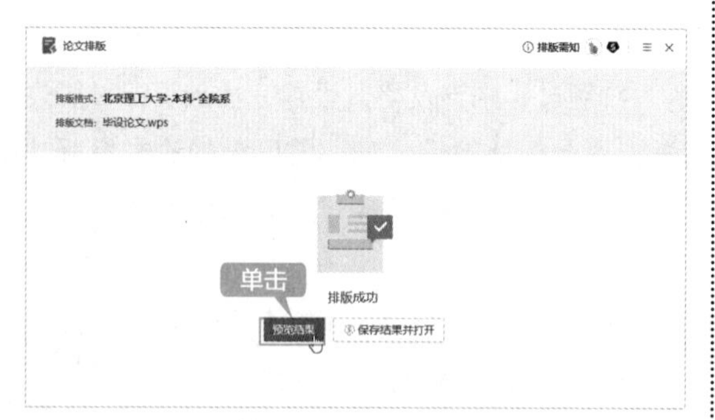

第5步 此时即可对比原文档及结果文档。确认无误后，单击【保存结果并打开】按钮，如下图所示。

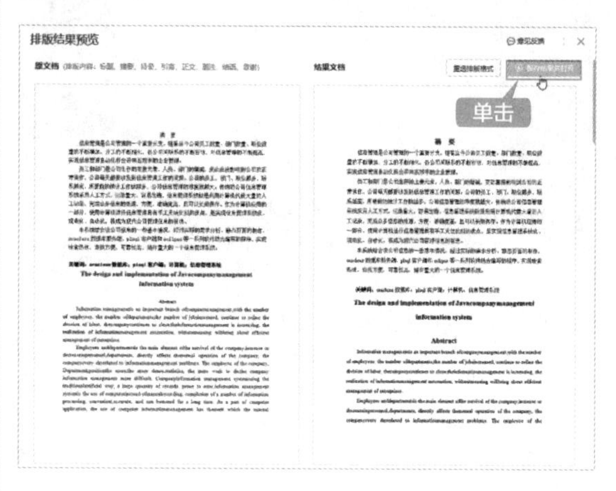

第6步 选择保存的位置后，即可打开排版后的文档，如下图所示。用户可以根据需求添加封面、插入页眉页脚、插入目录等。

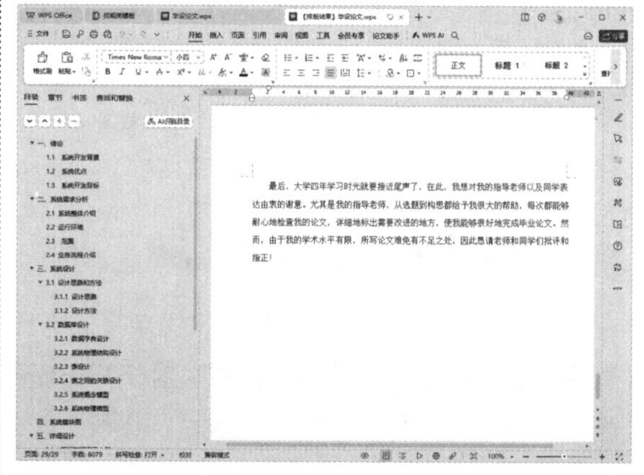

13.2.5 论文的查重

论文查重是对论文进行原创性核查的一个重要环节，主要检查论文的重复率。在撰写论文时，一般都需要对初稿进行查重检测。有很多用户会使用非正规的查重系统，不仅浪费时间、金钱，而且有可能导致论文外泄，因此，一定要选择正规的途径。WPS Office提供了论文查重功能，与多家查重品牌合作，依附于大数据实时检测，可以轻松对论文进行查重。

第1步 打开要查重的论文，删除其中的非正文部分，如封面、摘要、参考文献及致谢等，单击【会员专享】选项卡下的【论文查重】下拉按钮，在下拉列表中选择需要的选项，此处选择“普通论文查重”选项，如下图所示。

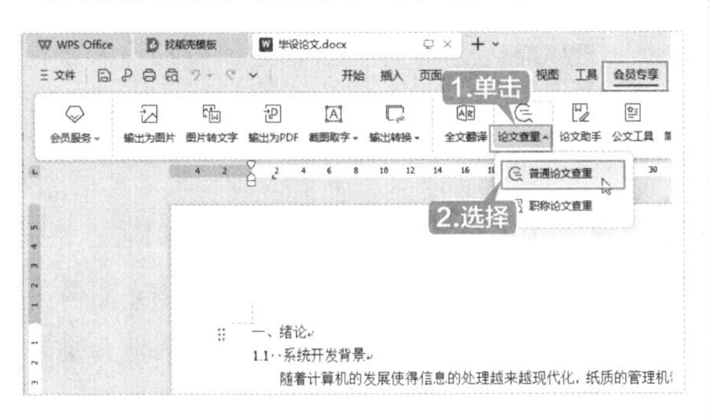

提示

查重一般仅检查正文部分，而且查重按字数收费，因此可以将非正文部分删除。

第2步 弹出【论文查重】对话框，默认选择【普通论文检测】选项卡，它适用于学生毕业论文及未发表的论文查重。选择查重引擎后，单击【开始查重】按钮，如下图所示。然后支付费用，等待查重完成即可。

13.2.6 用简历助手快速制作优质简历

WPS Office中的简历助手不仅可以帮助用户快速找到合适的模板，还提供了大量的工作经历、自我评价及项目经历等模块的范文，用户可以快速制作出优质的简历。

第1步 启动WPS Office，新建一个空白文档，单击【会员专享】选项卡下的【简历助手】按钮，如下图所示。

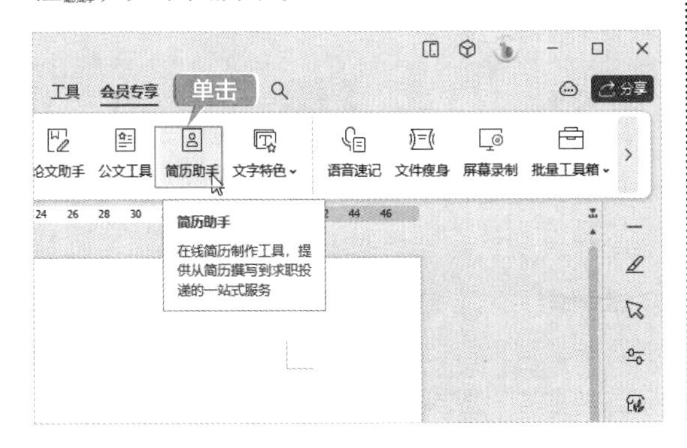

第2步 弹出【稻壳资源】窗格，其中展示了众多在线简历模板，如下图所示。

第3步 选择一个模板，则会打开【简历助手】窗口，如下图所示。用户可以在模板中编辑内容，还可以在【切换模板】区域中选择并应用其他简历模板。

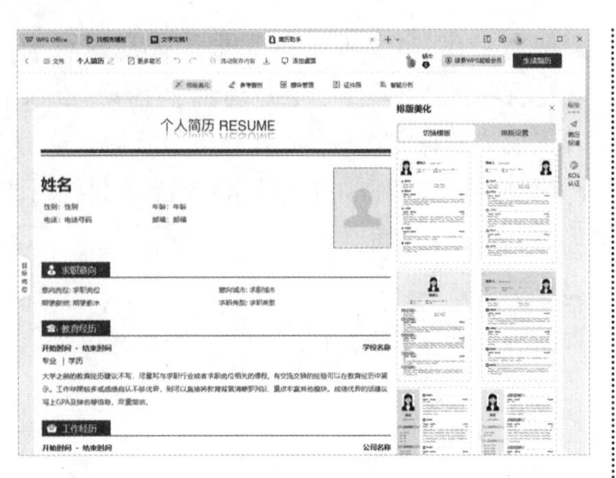

第4步 单击姓名信息，弹出【基本信息】对话框，编辑好基本信息后单击【保存】按钮，如下图所示。

基本信息

姓名：	张晓明	出生日期：	1998.02.01
性别：	男	头像：	显示
邮箱：	******@126.com	电话：	13000000000

选填信息

单击

保存

第5步 此时即可看到编辑好的基本信息，如下图所示。

个人简历 RESUME

张晓明

性别：男　　年龄：25

电话：13000000000　　邮箱：******@126.com

目标岗位

求职意向

第6步 使用同样的方法编辑其他内容。要增加某个模块的信息，如增加“工作经历”的信息，可以单击其右侧的⊞按钮，如下图所示。

第7步 此时即可在“工作经历”中新增一栏。另外，选择顶端的【参考案例】选项卡，打开右侧的【案例参考】区域，可以选择相关的行业及职位，参考相关的案例；也可以在输入框中通过AI智能给出参考案例，如下图所示。

第8步 选择顶端的【模块管理】选项卡，可以根据需求对模块进行添加或删除，如下图所示。另外，也可以在线制作证件照、对简历进行智能分析、投递简历等。

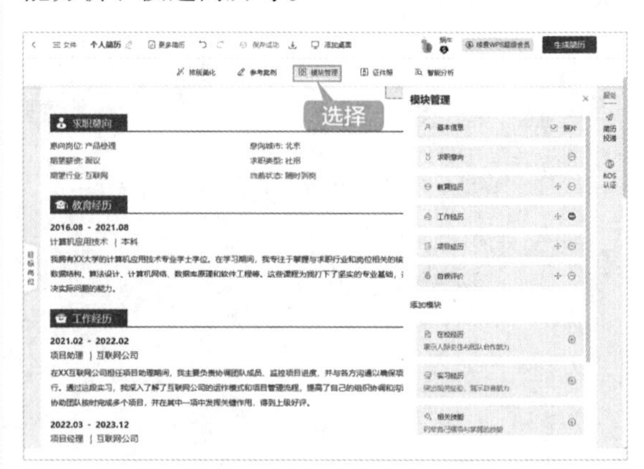

第9步 简历制作完成后，单击右上角的【生成简历】按钮，在弹出的设置框中设置【文档类型】【文档名称】及【保存路径】，然后单击【生成为文档】按钮，即可保存文档，如下图所示。

13.3 处理专业表格文档

学习了如何处理专业文字文档后，用户对WPS Office强大的特色功能会有更深一层的了解，对于本节介绍的处理专业表格文档的特色功能的学习，会更加轻松。

13.3.1 高效省时表格神器：智能工具箱

WPS Office的智能工具箱是针对用户在表格制作、数据输入、数据处理及数据分析等方面的需求开发的功能模块，可以帮助用户将烦琐或难以实现的操作变得更加简单。

单击【会员专享】选项卡下的【智能工具箱】按钮，如下图所示。

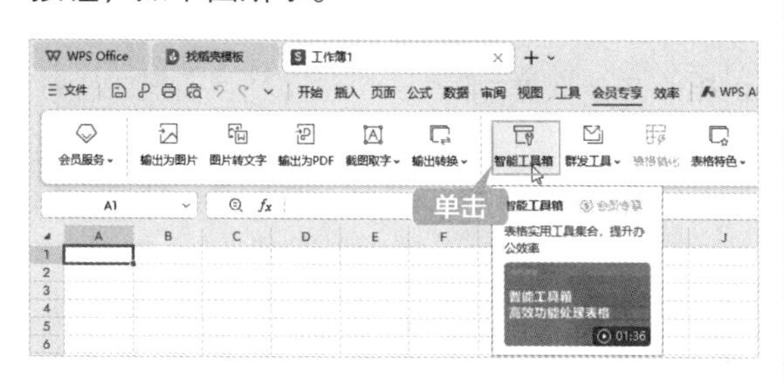

此时即可打开【智能工具箱】选项卡，在该选项卡下可以看到集成的功能按钮，包括【插入】【填充】【删除】【格式】【计算】【文本】【目录】【AI写公式】【数据对比】【高级分列】【合并表格】【拆分表格】【财务工具箱】和【金蝶云会计】等。单击任意一个按钮，即可弹出相应的下拉列表，如下图所示。

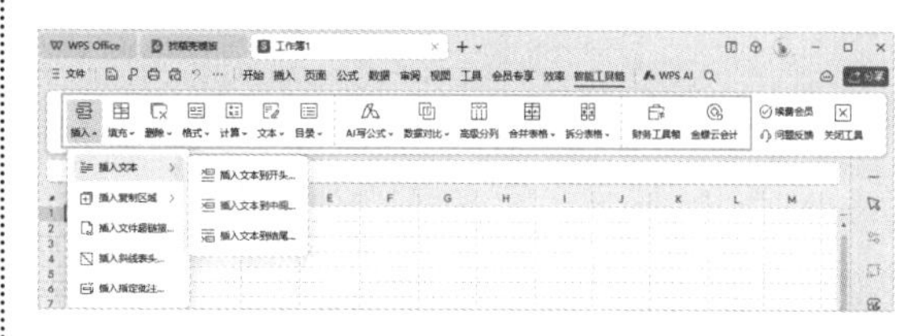

下面简单介绍智能工具箱中的两项功能，向读者展示其强大、高效之处。

1. 快速生成序列

如果要在单元格区域中输入数字1～20，

常用的方法是使用快速填充功能，而通过智能工具箱可以一键生成序列。

第1步 选择要输入数据的单元格区域，单击【智能工具箱】选项卡下的【填充】按钮，在弹出的下拉列表中选择“录入123序列”选项，如下图所示。

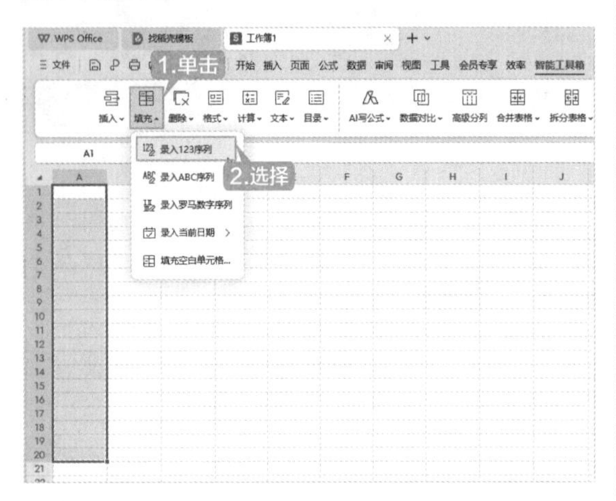

第2步 此时即可快速录入数字1～20。使用同样的方法也可以在B列和C列分别一键快速录入ABC序列和罗马数字序列，如下图所示。

	A	B	C	D	E	F	G	H
1	1	A	I					
2	2	B	II					
3	3	C	III					
4	4	D	IV					
5	5	E	V					
6	6	F	VI					
7	7	G	VII					
8	8	H	VIII					
9	9	I	IX					
10	10	J	X					
11	11	K	XI					
12	12	L	XII					
13	13	M	XIII					
14	14	N	XIV					
15	15	O	XV					
16	16	P	XVI					
17	17	Q	XVII					
18	18	R	XVIII					
19	19	S	XIX					
20	20	T	XX					

2. 高级分列

根据指定条件对数据进行分列是处理表格数据时常见的操作。常用的方法是通过智能填充或函数进行分列，而通过智能工具箱中的【高级分列】功能，可以设置条件一键分列表格数据。

第1步 在表格中输入数据后，单击【智能工具箱】选项卡下的【高级分列】按钮，弹出【高级分列】对话框，选中【按字符类型分割（空格，数字，符号，英文，中文）】单选按钮，单击【确定】按钮，如下图所示。

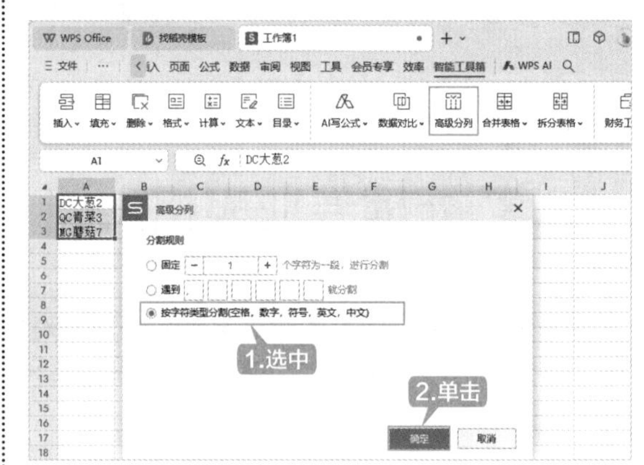

第2步 此时即可快速分割数据，如下图所示。

	A	B	C	D
1	DC	大葱	2	
2	QC	青菜	3	
3	MG	蘑菇	7	
4				
5				
6				

除了上述两个通过【智能工具箱】快速制表的方法，用户还可以根据需求使用其他功能，这里不再一一举例。

13.3.2 快速提取身份证信息

提取身份信息是人力资源管理工作中的常见操作，运用WPS Office提供的提取身份信息功能，可以快速根据身份证信息提取相关的信息，以提高工作效率。

第1步 打开WPS Office，单击【会员专享】选项卡下的【表格特色】按钮，在弹出的下拉列表中选择“财务工具箱”选项，如下图所示。

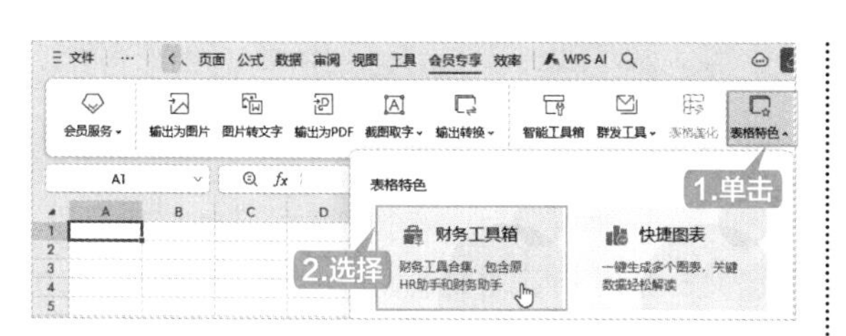

第2步 在弹出的【财务工具箱】选项卡下，选中身份证数据，然后单击【身份信息提取】按钮，如下图所示。

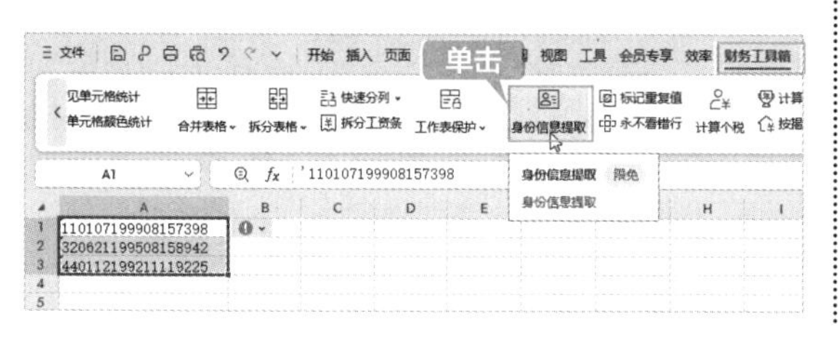

提示

示例中的身份证号码为虚拟数据，仅供学习本例使用。

第3步 此时即可将信息提取到后面单元格区域，如下图所示。

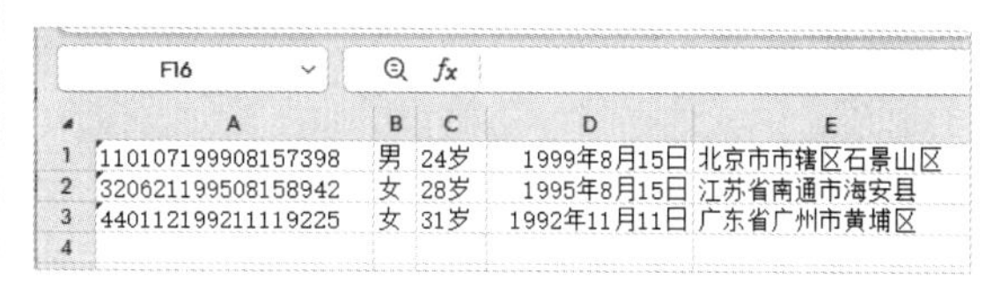

	A	B	C	D	E
1	110107199908157398	男	24岁	1999年8月15日	北京市市辖区石景山区
2	320621199508158942	女	28岁	1995年8月15日	江苏省南通市海安县
3	440112199211119225	女	31岁	1992年11月11日	广东省广州市黄埔区

13.3.3 迅捷算税，轻松搞定工资表

如果对函数的使用不够熟练，计算员工的个人所得税确实会变得复杂、烦琐。不过，有了WPS的财务集成功能，只需简单操作，即可快速准确地完成计算，让工作更加轻松自如。

第1步 打开“素材\ch13\工资计算表.xlsx”文件，单击【财务工具箱】选项卡下的【计算个税】按钮，如下图所示。

	工龄工资	五险一金	奖金	应发工资	工资个税	年终奖个税
2	¥900.0	¥715.0	¥4,800.0	¥11,485.0		
3	¥700.0	¥638.0	¥2,660.0	¥8,522.0		
4	¥700.0	¥638.0	¥830.0	¥6,692.0		
5	¥0.0	¥385.0	¥0.0	¥3,115.0		

第2步 弹出【个税计算器】对话框，单击【选择】，如下图所示。

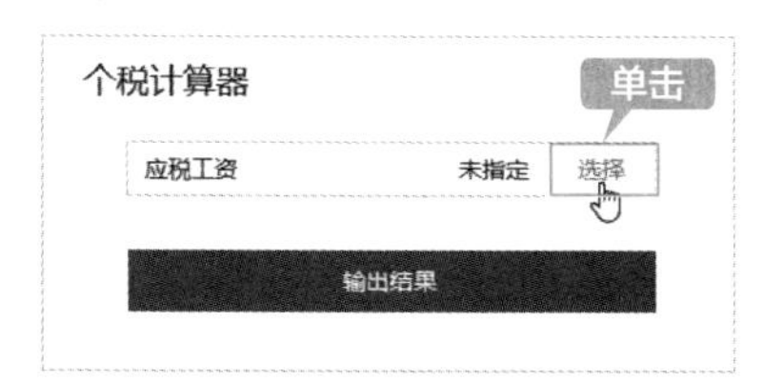

第3步 选择要计算的工资单元格区域，然后单击【选择区域】对话框中的【确定】按钮，如下图所示。

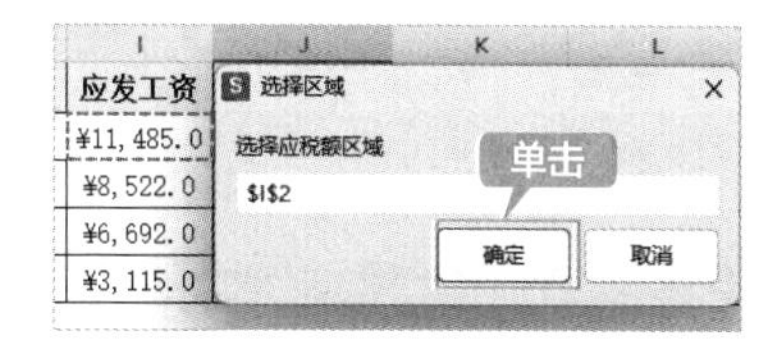

第4步 弹出【个税计算器】对话框，单击【输出结果】按钮，如下图所示。

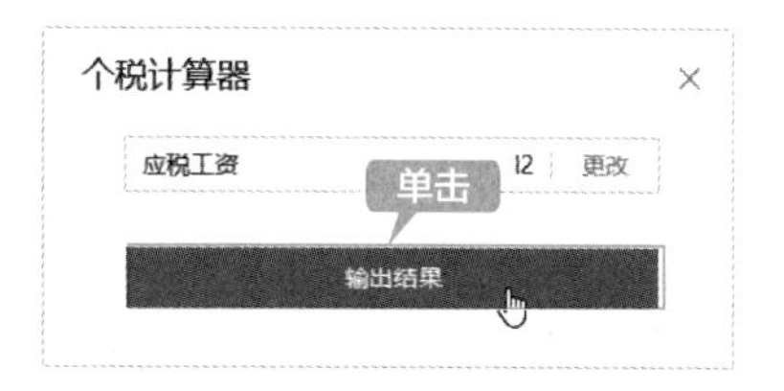

第5步 在工作表中选择输出区域，然后单击【选择区域】对话框中的【确定】按钮，如下图所示。

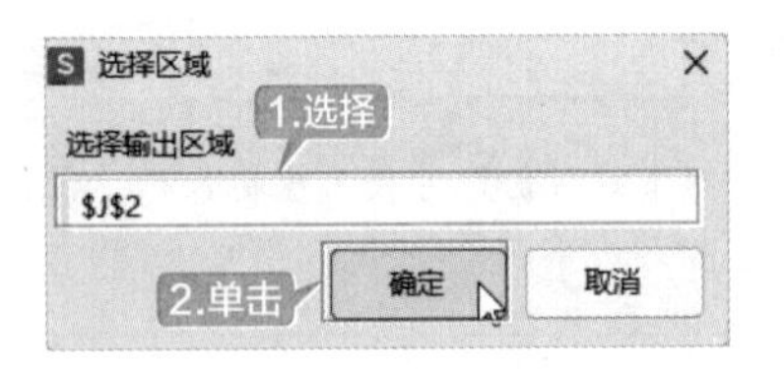

第6步 此时即可在J2单元格中输出个税金额，如下图所示。

J2 =ROUND(MAX(($I$2-5000)*{0.03, 0.1, 0.2, 0.25, 0.3, 0.35, 0.45}-{0, 210, 1410, 2660, 4410, 7160, 15160}, 0), 2)

工龄工资	五险一金	奖金	应发工资	工资个税	年终奖个税	工资合计
¥900.0	¥715.0	¥4, 800.0	¥11, 485.0	¥438.5		
¥700.0	¥638.0	¥2, 660.0	¥8, 522.0			
¥700.0	¥638.0	¥830.0	¥6, 692.0			
¥0.0	¥385.0	¥0.0	¥3, 115.0			

第7步 单击【财务工具箱】选项卡下的【计算年终奖】按钮，如下图所示。

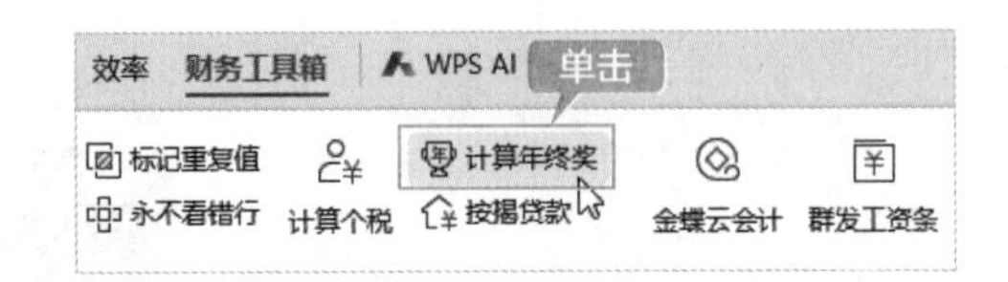

第8步 弹出【年终奖税计算器】对话框，如下图所示。其操作方法与计算个税相同，选择要计算和输出的单元格区域，输出结果即可。

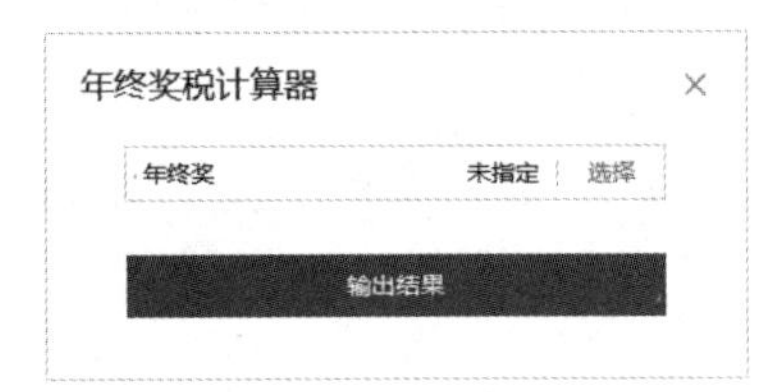

第9步 使用同样的方法计算其他员工的工资个税及年终奖个税，最后计算工资合计，如下图所示。

编号	员工编号	员工姓名	年终奖	当月工资	工龄工资	五险一金	奖金	应发工资	工资个税	年终奖个税	工资合计
1	101001	张××	¥20, 000.0	¥6, 500.0	¥900.0	¥715.0	¥4, 800.0	¥11, 485.0	¥438.5	¥600.0	¥30, 446.5
2	101002	王××	¥10, 000.0	¥5, 800.0	¥700.0	¥638.0	¥2, 660.0	¥8, 522.0	¥142.2	¥300.0	¥18, 079.8
3	101003	李××	¥9, 000.0	¥5, 800.0	¥700.0	¥638.0	¥830.0	¥6, 692.0	¥50.8	¥270.0	¥15, 371.2
10	101010	刘××	¥5, 000.0	¥3, 500.0	¥0.0	¥385.0	¥0.0	¥3, 115.0	¥0.0	¥150.0	¥7, 965.0

13.3.4 一键拆分工资条

在7.4节中，我们介绍了如何使用函数来实现工资条的拆分。介绍这种方法的目的是帮助用户熟悉函数的应用，并了解如何使用它们来解决实际问题。然而，为了方便用户的使用，本小节将借助WPS表格的【拆分工资条】特色功能，实现一键拆分工资条，而无须输入任何函数。

第1步 打开要拆分的工资数据并选择标题区域，然后单击【财务工具箱】选项卡下的【拆分工资条】按钮，如下图所示。

编号	员工编号	员工姓名	工龄	工龄工资	应发工资	个人所得税	[illegible]
1	101001	张××	5	¥ 500.00	¥ 11,285.00	¥ 468.50	¥ 10,816.50
2	101002	王××	6	¥ 600.00	¥ 8,127.80	¥ 172.20	¥ 7,955.60
3	101003	李××	7	¥ 700.00	¥ 13,708.20	¥ 736.20	¥ 12,972.00
4	101004	赵××	6	¥ 600.00	¥ 9,090.00	¥ 255.00	¥ 8,835.00
5	101005	钱××	3	¥ 300.00	¥ 8,630.40	¥ 237.20	¥ 8,393.20
6	101006	孙××	5	¥ 500.00	¥ 13,651.60	¥ 693.80	¥ 12,957.80
7	101007	李××	5	¥ 500.00	¥ 5,792.00	¥ 34.80	¥ 5,757.20
8	101008	胡××	4	¥ 400.00	¥ 5,812.40	¥ 34.90	¥ 5,777.50
9	101009	马××	1	¥ 100.00	¥ 3,692.80	¥ -	¥ 3,692.80
10	101010	刘××	2	¥ 200.00	¥ 2,993.00	¥ -	¥ 2,993.00

第2步 此时即可生成一个新的工作簿，并显示拆分的工资条，效果如下图所示。

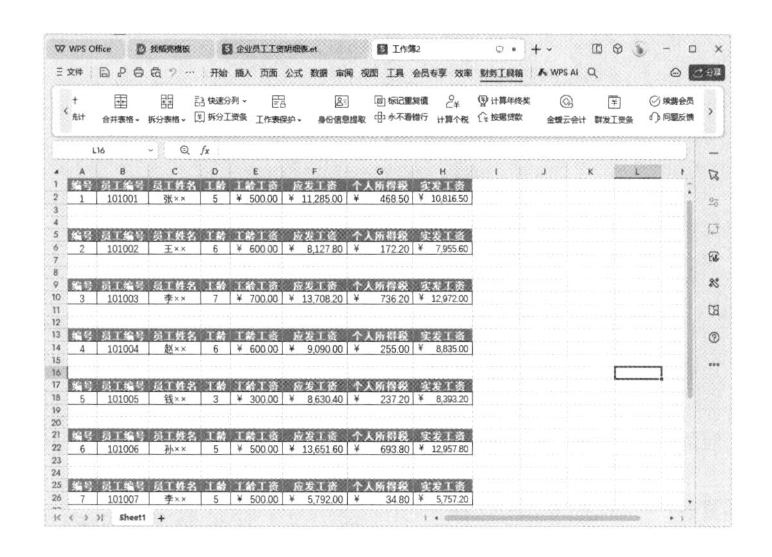

13.3.5 一键群发工资条

发放工资条是公司人力或财务人员每月必不可少的工作，不仅烦琐，而且工作量大。如果采用原始的打印、裁剪再发放的方法，就会很麻烦。而通过WPS表格的【群发工具】功能，可以直接将工资条分别发到每个员工的邮箱中。

在使用【群发工具】功能发放工资条之前，要确保工资表制作完成，且表内必须包含姓名和邮箱两个信息，如下图所示。

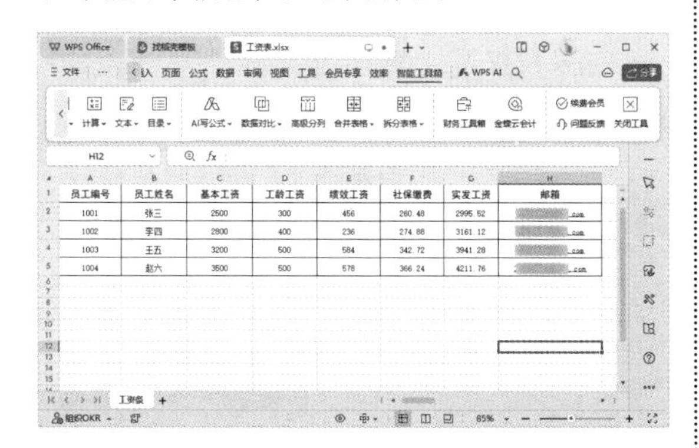

下面介绍使用【邮件群发】的具体操作步骤。

第1步 在WPS表格中单击【会员专享】→【群发工具】按钮，在弹出的下拉列表中选择“邮件群发”选项，如下图所示。

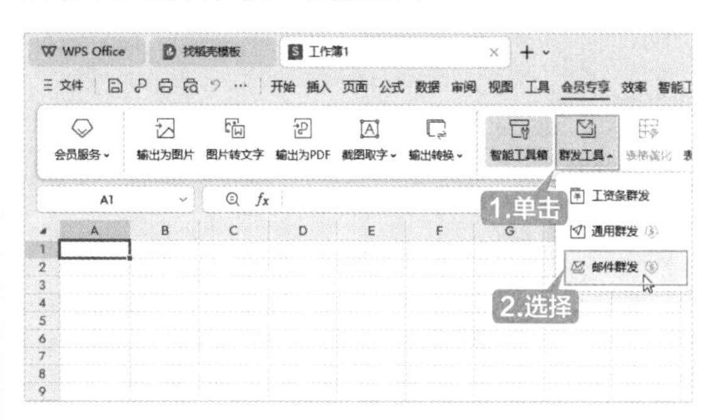

> **提示**
>
> WPS Office的【群发工具】包含工资条群发、通用群发和邮件群发。工资条群发适用于定期向员工发送工资条，通用群发适用于各种批量发送需求，而邮件群发则用于通过邮件批量发送信息。这些工具各具特点，用户可根据需求选择，从而提高工作效率和协作效果。

第2步 弹出【群发工资条】对话框，单击【导入工资表】按钮，如下图所示。

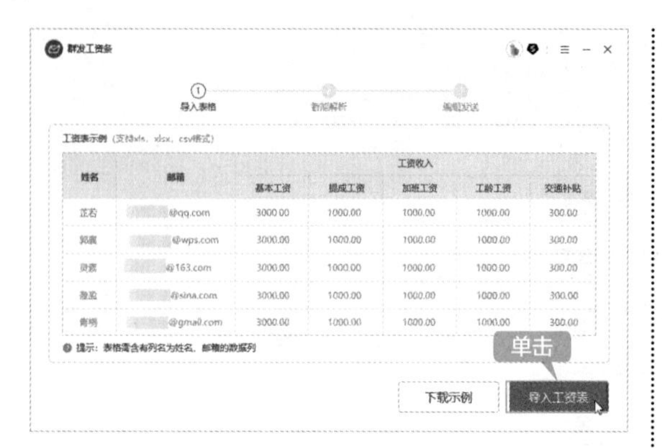

提示

导入的工资表目前仅支持XLS、XLSX和CSV格式。

第3步 弹出【打开工资表】对话框，选择要导入的工资表文件，单击【打开】按钮，如下图所示。

提示

读者可以使用“素材\ch13\工资表.xlsx”文件，并在表内的“邮箱”列输入相应的邮箱地址，用于练习。

第4步 返回【群发工资条】对话框，此时可以查看字段与数据是否正确，如有错误，可以修改原工资表后重新导入；如果正确，则单击【下一步】按钮，如下图所示。

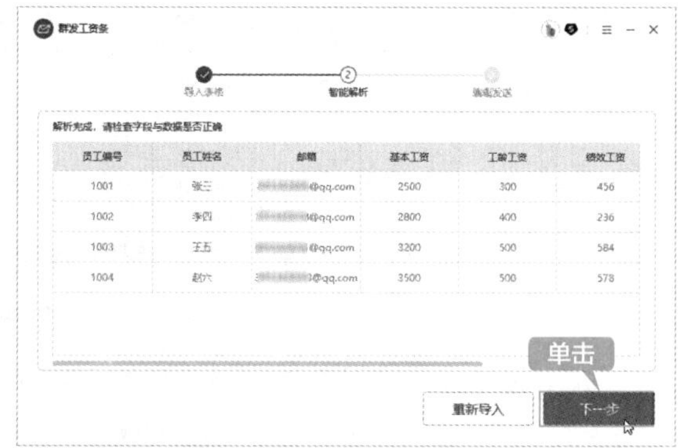

第5步 进入【群发工资条】对话框的编辑发送界面，用户可以设置字段、编辑正文及切换横竖版等。如果初次使用该功能，设置完成后，单击【发件人设置】按钮，如下图所示。

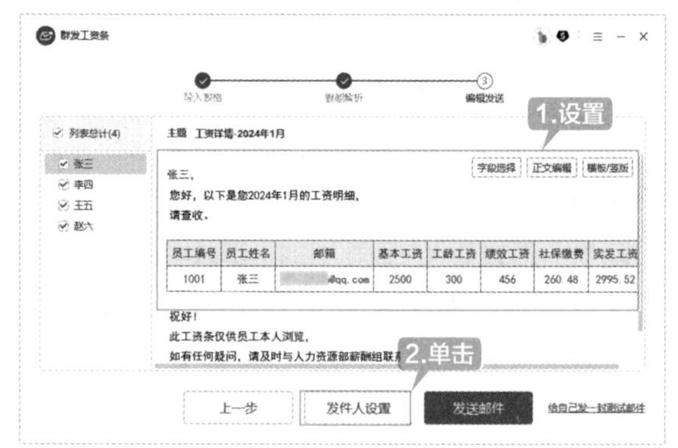

第6步 弹出【发件人设置】对话框，设置发件人邮箱及授权码，然后单击【确定】按钮，如下图所示。

提示

单击对话框中的【如何获取授权码】，可以查看不同邮箱授权码的获取方法。

第7步 返回编辑发送界面，单击【发送邮件】

按钮，如下图所示。

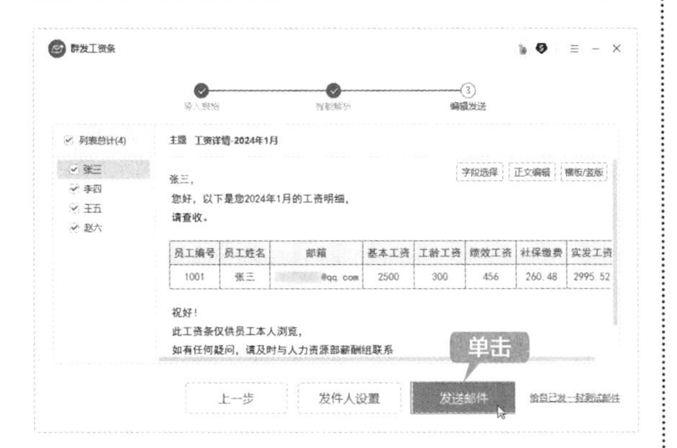

第8步 此时即可发送工资条，并显示发送状态，如下图所示。

第9步 发送完成后会显示发送结果，如下图所示。

第10步 发送成功后，被设置为收件人的员工即会收到邮件，打开邮件可以查看工资明细，如下图所示。

13.4 处理专业演示文档

在WPS演示中，用户可以借助WPS的独特功能，如教学工具、全文美化等，提升WPS演示的实用性和便捷性，满足不同用户的需求。

13.4.1 巧用教学工具，轻松制作课件

WPS Office中的【教学工具】功能，不仅可以满足常见教学题型的制作，还可以强化互动效果。下面一起了解【教学工具】的使用方法。

第1步 启动WPS Office，新建一个空白演示文稿，单击【工具】选项卡下的【教学工具】按钮，如下图所示。

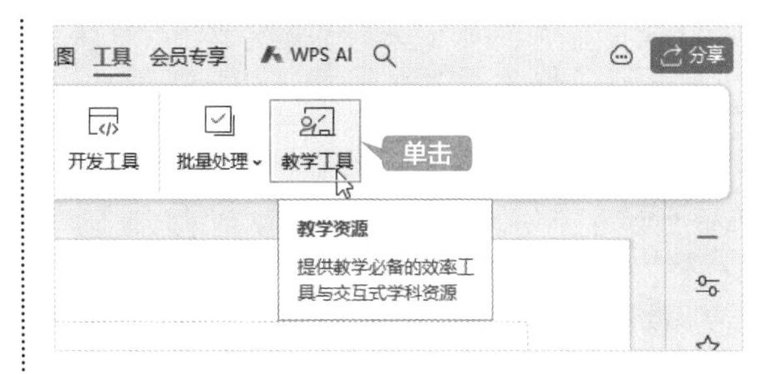

第2步 此时即会显示【教学工具】选项卡，在功能区包含了多种功能按钮，如下图所示。

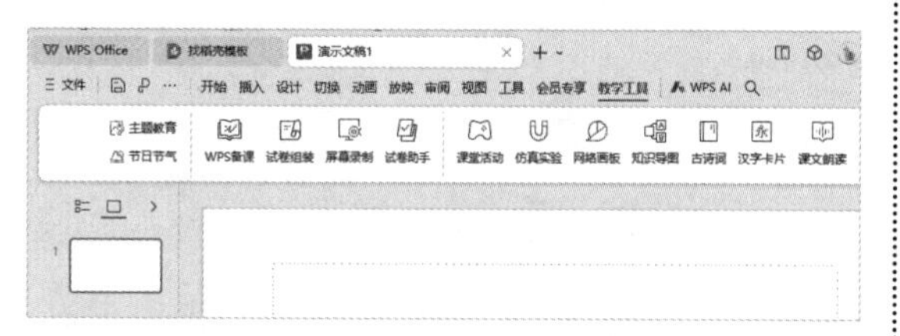

第3步 如果要使用某个功能，则直接单击对应按钮即可。如单击【知识导图】按钮，如下图所示。

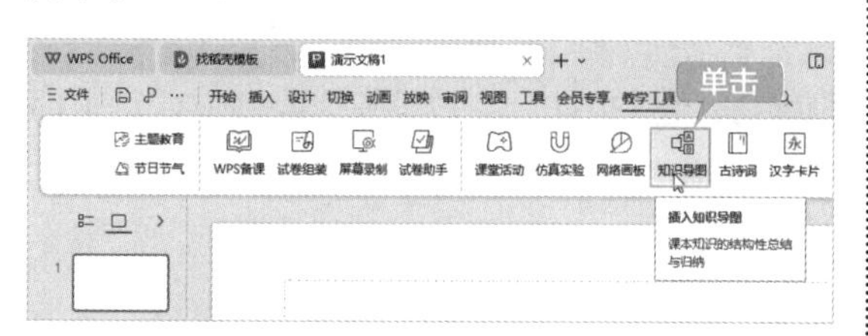

第4步 弹出【知识思维导图】对话框，用户可以设置学段、学科及版本等，如下图所示。选择要制作的思维导图，根据提示制作课件。

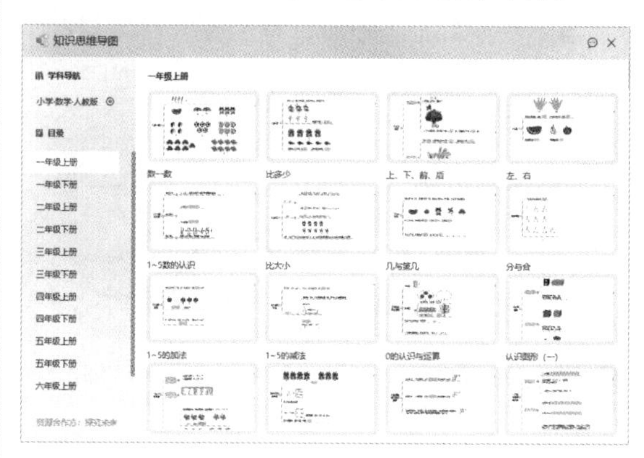

13.4.2 智能美化，提升演示效果

WPS演示的【全文美化】功能提供了一键美化、全文换肤、统一版式和统一字体等子功能，简化了美化PPT的过程。用户只需简单操作，即可对整个PPT进行美化，轻松打造专业且富有创意的演示文稿，提升演示效果。

第1步 打开要美化的演示文稿，单击【会员专享】选项卡下的【全文美化】按钮，如下图所示。

第2步 弹出【全文美化】对话框，单击【一键美化】按钮，可以根据需求设置风格、场景、专区及颜色等，然后在下方区域浏览符合条件的模板。将鼠标指针移动到模板缩略图上，会显示【预览详情】和【立即应用】按钮，如下图所示。

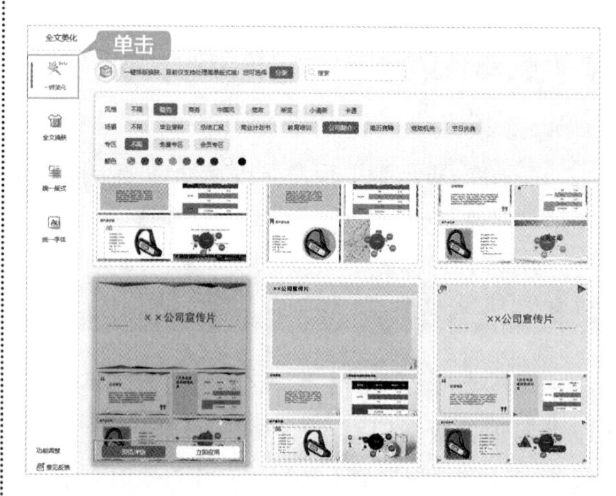

第3步 单击【预览详情】按钮，会进入【美化预览】页面，用户可以查看效果。如果要应用该模板，可以单击下方的【应用美化】按钮，如下图所示。

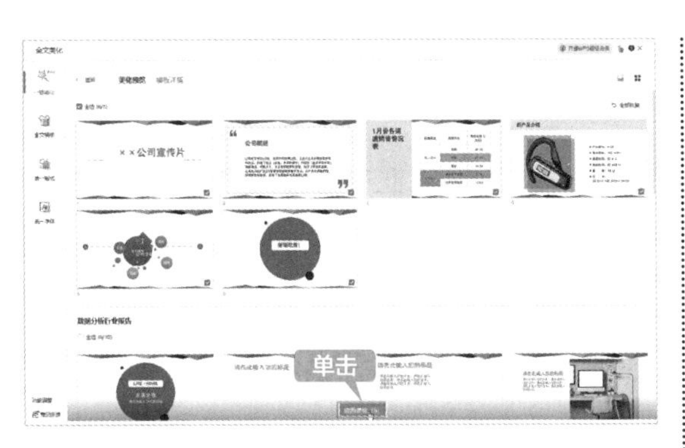

第4步 单击【全文换肤】按钮，设置不同的条件，选择合适的模板后，单击【应用美化】按钮，如下图所示。

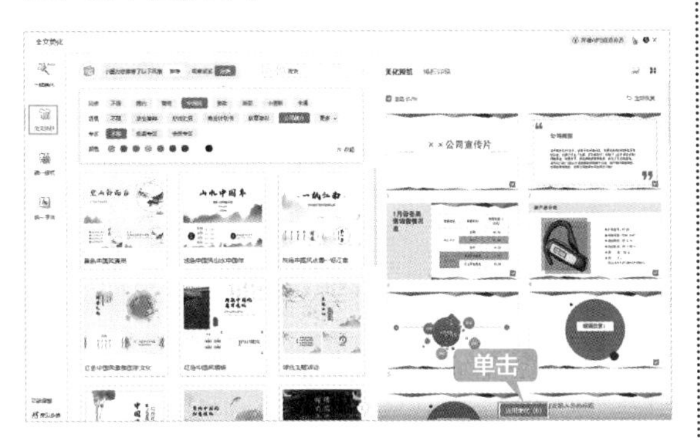

提示

【一键美化】功能可以根据预设的模板和样式对演示文稿进行快速美化，省去了手动调整格式和布局的烦琐操作，但适用于简单的版式。而【全文换肤】功能则是在整个演示文稿中更换主题、颜色、字体等外观样式，让文档呈现更加统一、专业的外观。

第5步 【统一版式】界面包含了多种版式布局，用户可以根据需求尝试预览不同版式的效果并进行应用，从而使整个演示文稿保持风格一致，如下图所示。

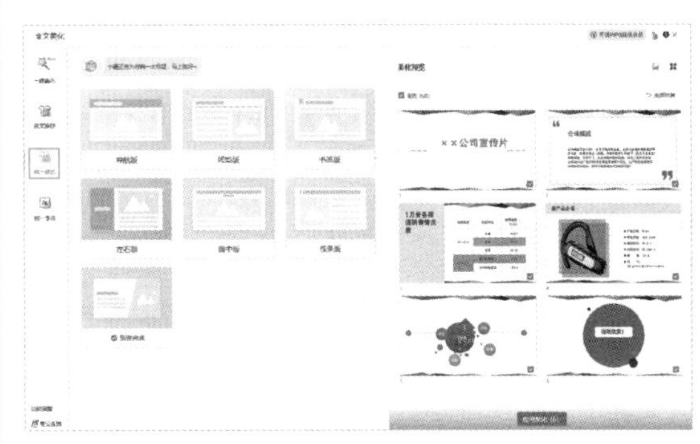

第6步 【统一字体】界面提供了众多的字体供用户选择，用户单击即可预览，并根据需求进行应用，如下图所示。

13.5 保护你的文档数据

文档数据的安全一直是用户非常关注和备受困扰的问题之一。WPS Office针对文档的安全防护做了很多改善和升级，对文档的修复、保存、加密等提供了安全解决方案，为用户提供了更加安全的办公环境。

13.5.1 修复损坏的文档

使用WPS Office时，如果出现某个文档无法打开或打开后出现乱码的情况，可以尝试使用WPS Office的【文档修复】功能对其进行修复，具体操作步骤如下。

第1步 在文档窗口中选择【文件】→【备份与恢复】→【文档修复】命令，如下图所示。

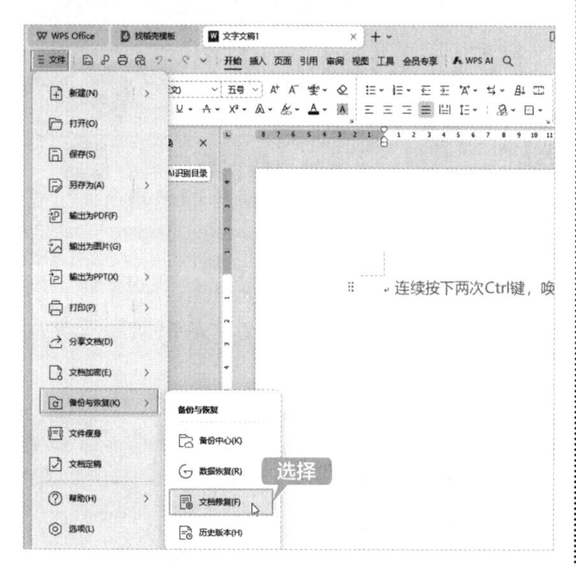

第2步 加载该模块后，弹出【文档修复】对话框，单击框内的【添加文档】按钮，或将受损的文档拖入方框区域内。这里单击【添加文档】按钮，如下图所示。

第3步 弹出【请选择一个文档文件】对话框，选择要修复的文档，然后单击【打开】按钮，如下图所示。

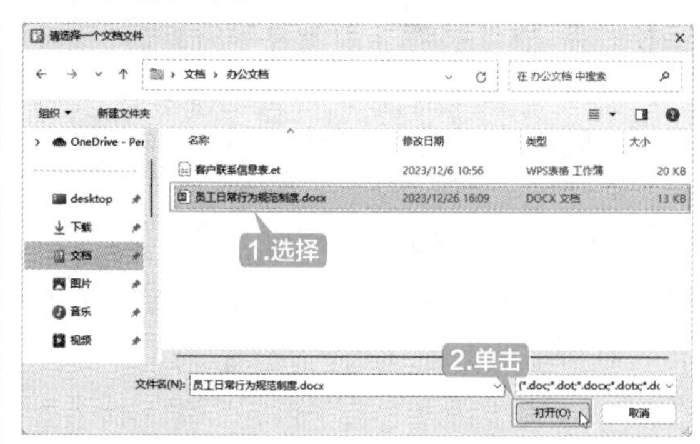

第4步 此时即会对文档进行分析，并弹出下图所示的界面。

第5步 分析完成后，即会进入【文档修复】对话框。该对话框左侧显示了待修复文档，右侧为文件预览内容。设置文件的导出位置后，单击【立即修复】按钮，如下图所示。

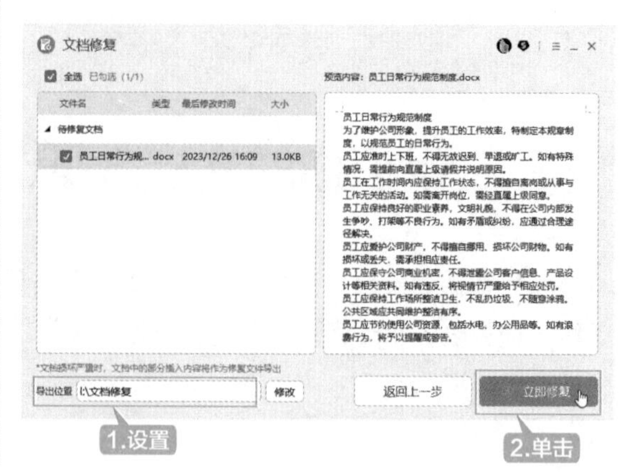

第6步 修复完成后，即会提示“文档修复成功!”信息。如果要查看修复的文档，可单击【打开文档】按钮，如下图所示。

13.5.2 使用历史版本功能

在工作中，一个文档经常会被多次修改，如果希望返回上一次修改的版本，且没有保存，可以运用WPS Office的历史版本功能，轻松找到之前每次修改的版本，了解文档的修改记录。

如果要使用历史版本功能，必须先将文件上传至WPS云空间中，此后再对文件进行任何修改，都会保存其历史记录。

第1步 在打开的文档中单击右上角的 按钮，如下图所示。

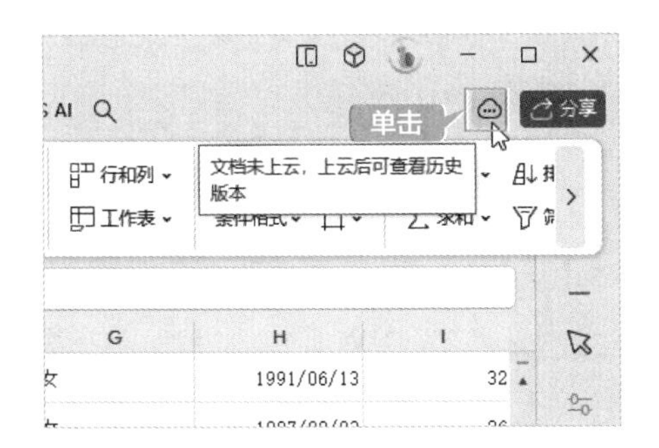

第2步 弹出【上传至云空间】对话框，默认上传至【我的云文档】目录下，用户可单击【修改】，自定义存储目录，然后单击【立即上传】按钮，如下图所示。

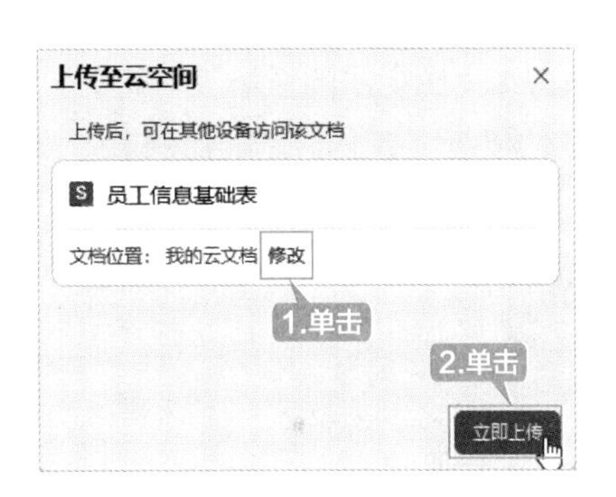

第3步 将文档上传至云空间后，WPS Office将自动关闭本地文档并打开云端版本。当对文档进行修改时，界面右上角的同步图标会显示为“有修改”状态，如下图所示。同步完成后，将文档保存即可。

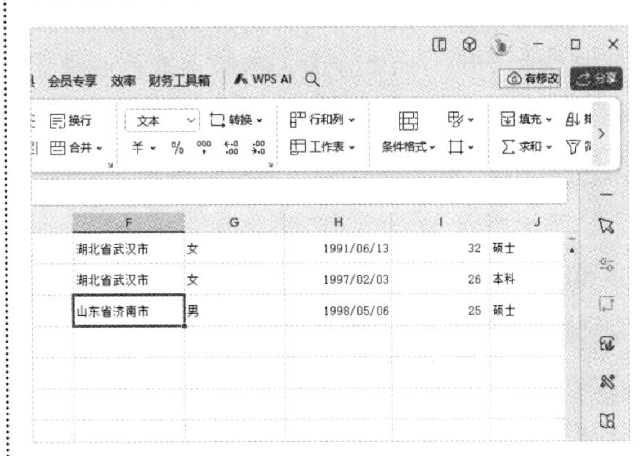

第4步 单击界面右上角的按钮，可以看到历史版本信息，如下图所示。如果要查看完整的信息，可选择【查看全部历史版本】。

第5步 弹出下图所示的对话框，其中显示了文档的基本信息，单击【展开】按钮▸，如下图所示。

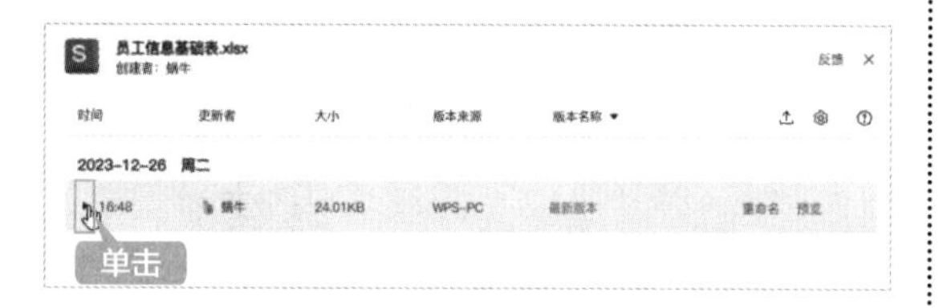

第6步 此时即可看到各版本的修改时间、更新者、大小等。用户可以单击不同版本右侧的【预览】，查看对应版本的文档，如下图所示。

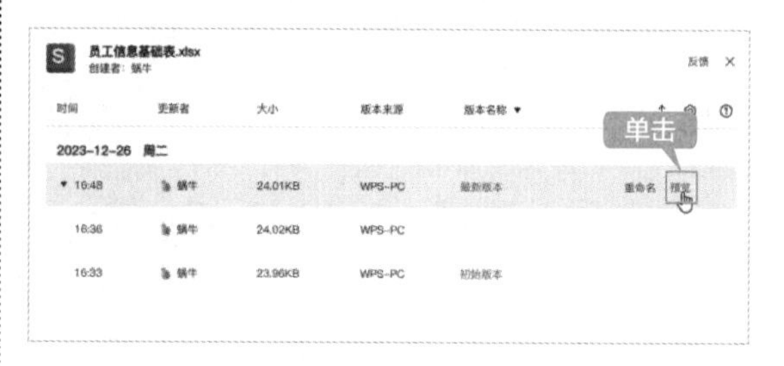

第7步 单击···按钮，在弹出的列表中选择“恢复到该版本”选项，可以将文档恢复至该版本；选择“另存为”选项，可以将该版本的文档导出到指定位置，如下图所示。

13.5.3 为文档加密

为了保障文档的安全，WPS Office提供了文档加密和密码加密等保护方式。其中文档加密是以当前登录账号作为加密方式，仅支持该账号访问文档，如果其他人需要查看或编辑文档，则需要被授予权限。密码加密是为文档添加密码保护，输入密码即可查看或编辑该文档。

本小节以WPS表格为例，介绍对表格文档加密的方法，其他类型文档的加密方法与之相同。

1. 设置文档加密

第1步 打开表格文档，选择【文件】→【文档加密】→【文档加密】命令，如下图所示。

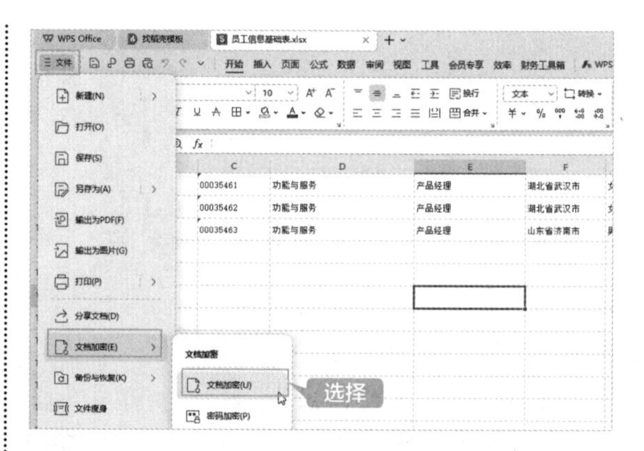

第2步 弹出【文档加密】对话框，单击【文档加密保护】右侧的按钮，如下图所示。

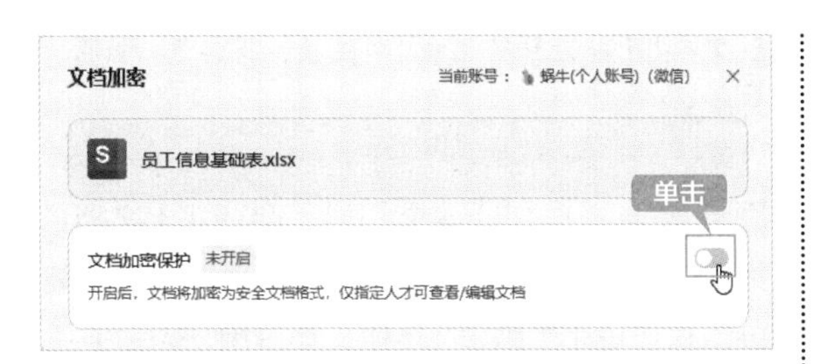

第3步 弹出【账号确认】对话框，确认当前登录账号是否为本人账号，此处建议使用个人常用账号登录并保护文档。选中【确认为本人账号，并了解该功能使用】复选框，然后单击【开启保护】按钮，如下图所示。若当前账号非本人账号或非常用账号，则可以单击【重新登录】按钮，退出当前账号并重新登录。

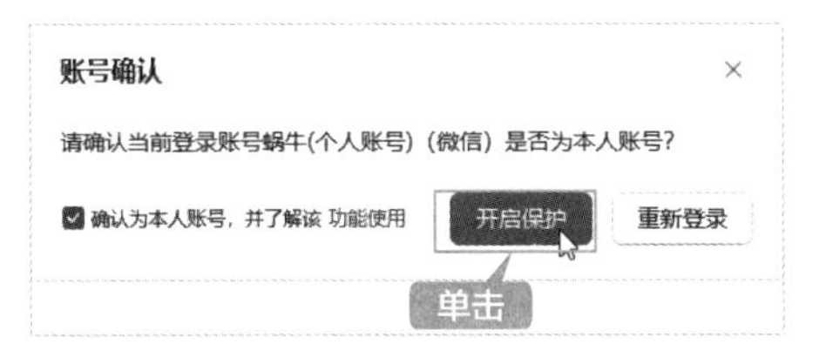

第4步 返回【文档加密】对话框，【文档加密保护】右侧显示为“已保护”状态，表示已开启保护。如果要指定其他人查看或编辑文档，则单击【添加指定人】按钮，如下图所示。

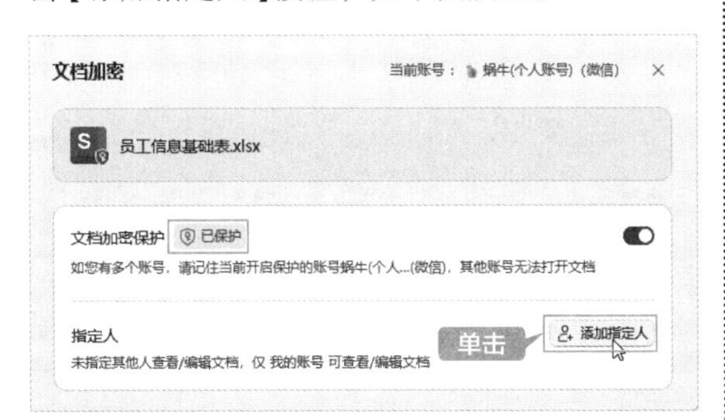

第5步 弹出【添加指定人】对话框，可以通过WPS账号的个人或用户组添加指定人，并设置权限。设置完成后，单击【确定】按钮，如下图所示。

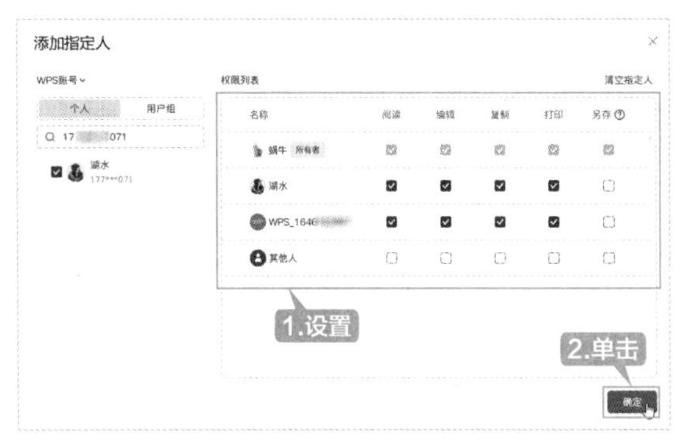

第6步 弹出下图所示的对话框，单击【确认】按钮。

第7步 返回【文档加密】对话框，可以看到指定人的信息。如果要修改和删除指定人，可以单击【修改指定人】按钮，如下图所示。

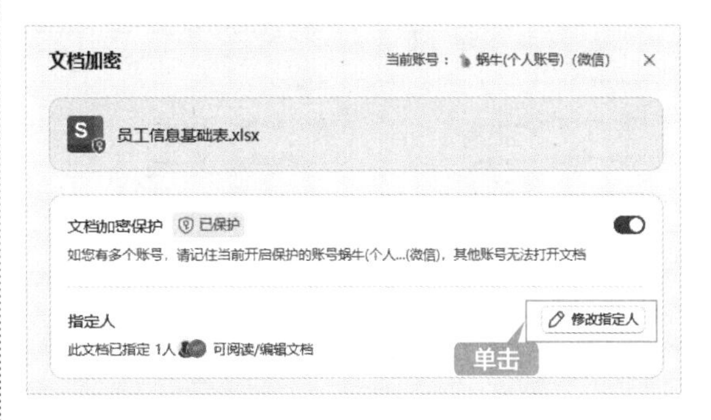

第8步 设置保护后，文档的标签上会显示加密标识，如下图所示。

2. 设置密码加密

第1步 打开要加密的文档，选择【文件】→【文档加密】→【密码加密】命令，如下图所示。

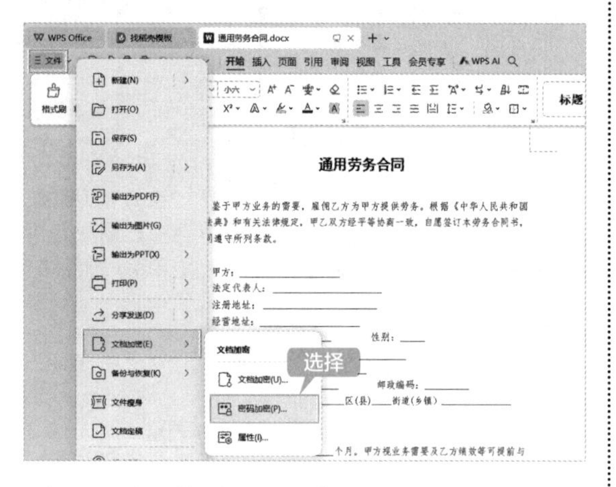

第2步 弹出【密码加密】对话框，为文档分别设置【打开权限】和【编辑权限】，然后单击【应用】按钮。

密码加密
1.设置
点击 高级 可选择不同的加密类型，设置不同级别的密码保护。
打开权限
打开文件密码(O)：
再次输入密码(P)：
密码提示(H)：1
编辑权限
修改文件密码(M)：
再次输入密码(R)：
请妥善保管密码，一旦遗忘，则无法恢复。担心忘记密码？转为私密文档，登录指定账号即可打开。
2.单击
应用

提示

用户可以单击【高级】超链接，选择不同的加密类型，设置不同级别的密码保护。另外，采用密码加密方式时，密码一旦忘记，就无法恢复，所以请妥善保管密码。若担心忘记密码，可以单击【转为私密文档】超链接，将其进行账号加密。

第3步 当再次打开该文档时，会弹出【文档已加密】对话框，需要先输入文档的打开文件密码，然后单击【确定】按钮，如下图所示。

第4步 输入修改文件的密码，单击【解锁编辑】按钮，如下图所示。如果没有设置修改文件密码，可以单击【只读打开】按钮。

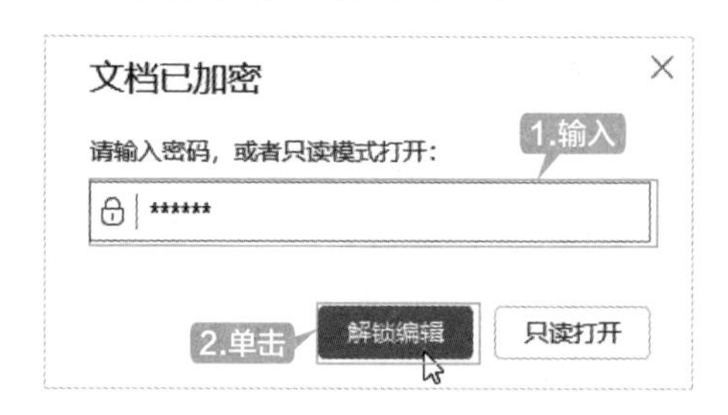

第5步 密码输入正确后即可打开文档，如下图所示。

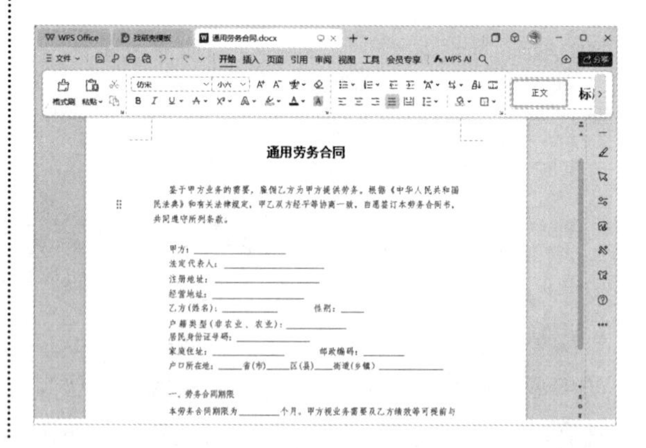

第5篇

WPS AI应用篇

第 14 章

WPS AI——智能助理，办公从此“开挂”

本章导读

WPS Office将人工智能技术深度融入办公软件，推出了WPS AI版本。无论是处理各类文本、复杂的表格数据还是制作烦琐的PPT，WPS AI都能为用户提供个性化的解决方案，让工作变得更加简单、高效。它不仅是用户的得力助手，更是贴心的办公伙伴，助力用户更好地应对各种工作任务。

思维导图

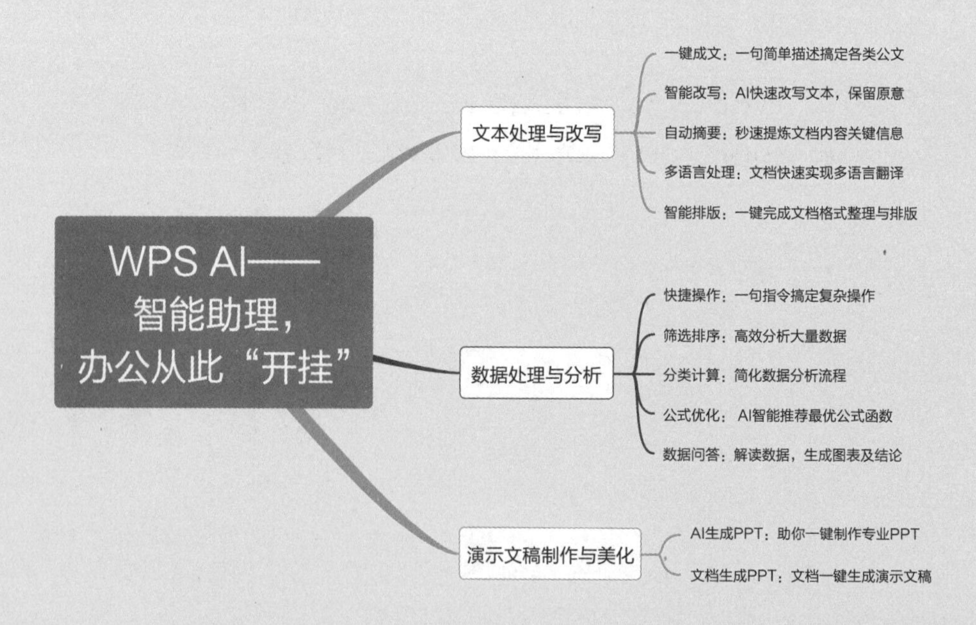

14.1 文本处理与改写

WPS AI是一款强大的文档处理工具，能够自动识别和分析文本，快速理解文档的核心内容，提取关键信息，为用户提供便捷的文本处理方案。无论是撰写报告、编辑文章还是整理资料，WPS AI都能帮助用户节省时间和精力，提高工作效率。

14.1.1 一键成文：一句简单描述搞定各类公文

WPS AI可以根据用户提供的关键信息和要求，自动选择合适的公文结构和格式，并生成相应的内容。用户只需简单描述所需公文的主题、目的和要点，WPS AI就能快速生成一份符合要求的公文。

本小节以生成一份团建报名通知为例，介绍WPS AI的使用方法。

第1步 连续两次按【Ctrl】键，打开WPS AI指令框，选择【通知】→【通用通知】指令，如下图所示。

> **提示**
>
> 用户也可以在【新建文档】窗口中单击【AI帮我写】缩略图，打开WPS AI指令框。

第2步 在【通用通知】指令框中输入通知的主要内容及通知时间，单击 ➤ 按钮，如下图所示。

第3步 AI进行创作，并根据指令开始生成内容，用户只需等待即可，如下图所示。

第4步 AI创作完成后，即会在下方弹出指令框，供用户进行操作，如下图所示。

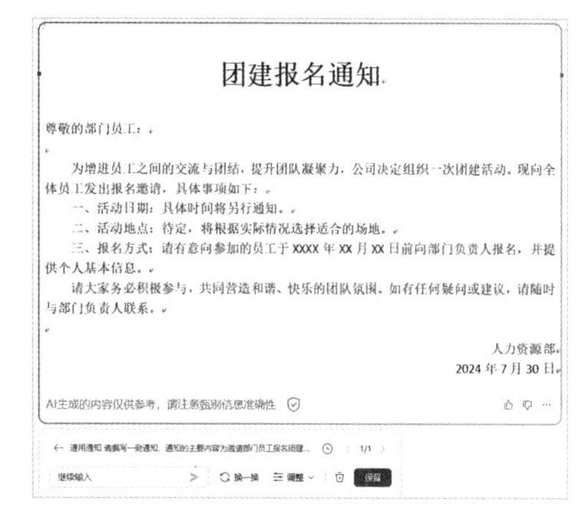

团建报名通知

尊敬的部门员工：

为增进员工之间的交流与团结，提升团队凝聚力，公司决定组织一次团建活动。现向全体员工发出报名邀请，具体事项如下：

一、活动日期：具体时间将另行通知。

二、活动地点：待定，将根据实际情况选择适合的场地。

三、报名方式：请有意向参加的员工于XXXX年XX月XX日前向部门负责人报名，并提供个人基本信息。

请大家务必积极参与，共同营造和谐、快乐的团队氛围。如有任何疑问或建议，请随时与部门负责人联系。

人力资源部

2024年7月30日

第5步 如果需要对通知内容进行补充提问，可以在指令框中输入提问的内容，然后单击 ➤ 按钮，如下图所示。

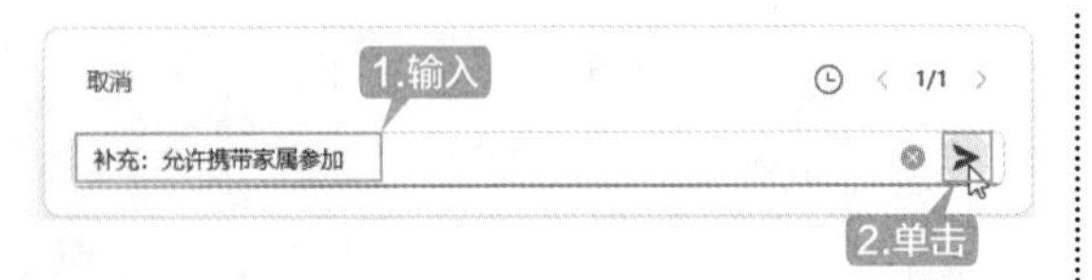

第6步 AI会根据提问内容进行补充，效果如下图所示。

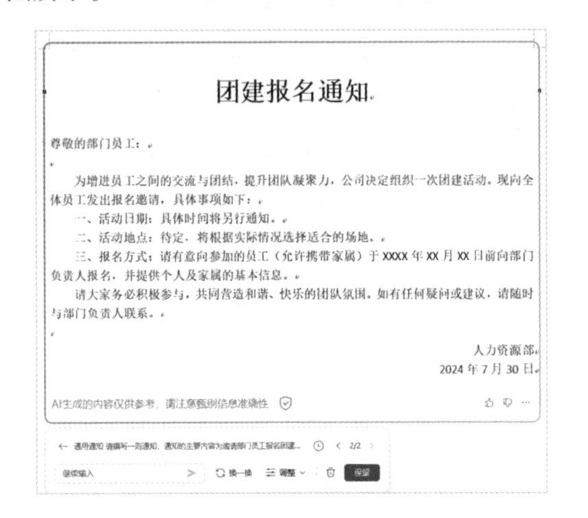

团建报名通知

尊敬的部门员工：

为增进员工之间的交流与团结，提升团队凝聚力，公司决定组织一次团建活动。现向全体员工发出报名邀请，具体事项如下：

一、活动日期：具体时间将另行通知。

二、活动地点：待定，将根据实际情况选择适合的场地。

三、报名方式：请有意向参加的员工（允许携带家属）于 XXXX 年 XX 月 XX 日前向部门负责人报名，并提供个人及家属的基本信息。

请大家务必积极参与，共同营造和谐、快乐的团队氛围。如有任何疑问或建议，请随时与部门负责人联系。

人力资源部

2024 年 7 月 30 日

AI生成的内容仅供参考，请注意甄别信息准确性

第7步 单击【调整】按钮，在弹出的列表中可以选择“缩写”“扩写”“润色”“转换风格”选项。这里选择【转换风格】→【更活泼】选项，如下图所示，即可生成更活泼的通知。

第8步 如果对生成的内容不满意，还可以单击【换一换】按钮重新生成，如下图所示。用户也可以单击【弃用】按钮，则会删除生成的内容。

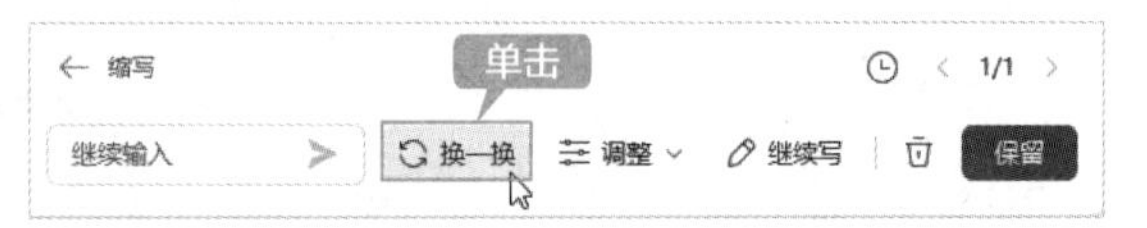

第9步 如果要使用生成的内容，则单击【保留】按钮，如下图所示。

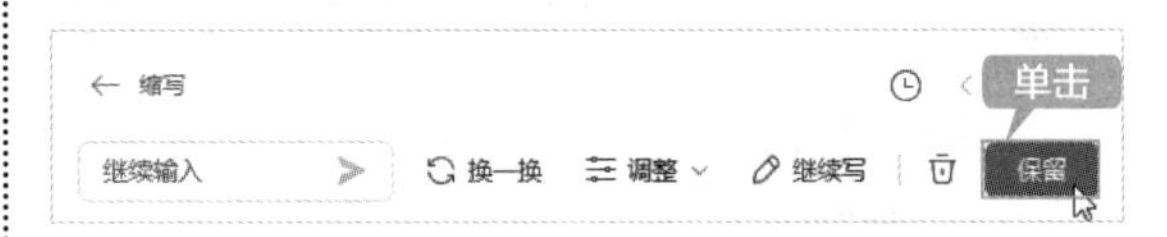

第10步 此时即可完成内容的生成操作，用户可根据具体情况适当修改。至此便完成了一篇通知类的公文内容，如下图所示。

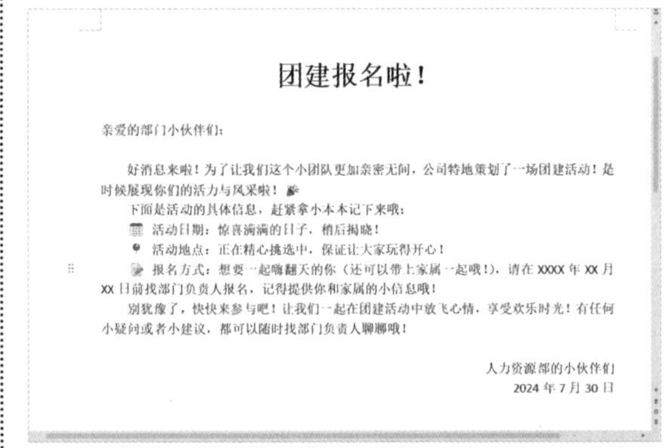

团建报名啦！

亲爱的部门小伙伴们：

好消息来啦！为了让我们这个小团队更加亲密无间，公司特地策划了一场团建活动！是时候展现你们的活力与风采啦！

下面是活动的具体信息，赶紧拿小本本记下来哦：

活动日期：惊喜满满的日子，稍后揭晓！

活动地点：正在精心挑选中，保证让大家玩得开心！

报名方式：想要一起嗨翻天的你（还可以带上家属一起哦！），请在 XXXX 年 XX 月 XX 日前找部门负责人报名，记得提供你和家属的小信息哦！

别犹豫了，快快来参与吧！让我们一起在团建活动中放飞心情，享受欢乐时光！有任何小疑问或者小建议，都可以随时找部门负责人聊聊哦！

人力资源部的小伙伴们

2024 年 7 月 30 日

14.1.2 智能改写：AI快速改写文本，保留原意

WPS AI可以根据用户的需求，快速、准确地改写文本、调整篇幅，润色文字，确保原意得到保留的同时，让文本处理变得更加智能、高效。

第1步 打开要改写的文档，选择相应的文字。唤起WPS AI指令框，在指令框中输入改写要求，单击 ➤ 按钮，如下图所示。

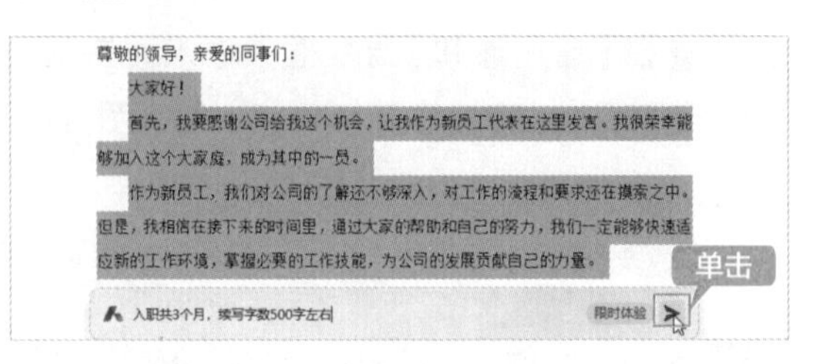

尊敬的领导，亲爱的同事们：

大家好！

首先，我要感谢公司给我这个机会，让我作为新员工代表在这里发言。我很荣幸能够加入这个大家庭，成为其中的一员。

作为新员工，我们对公司的了解还不够深入，对工作的流程和要求还在摸索之中。但是，我相信在接下来的时间里，通过大家的帮助和自己的努力，我们一定能够快速适应新的工作环境，掌握必要的工作技能，为公司的发展贡献自己的力量。

第2步 此时即可对文本内容进行续写，如果续写的文本没有问题，则单击【保留】按钮，然后删除原始文本，如下图所示。

第3步 选择全部文本，在WPS AI指令框中输入润色要求，单击➤按钮，如下图所示。

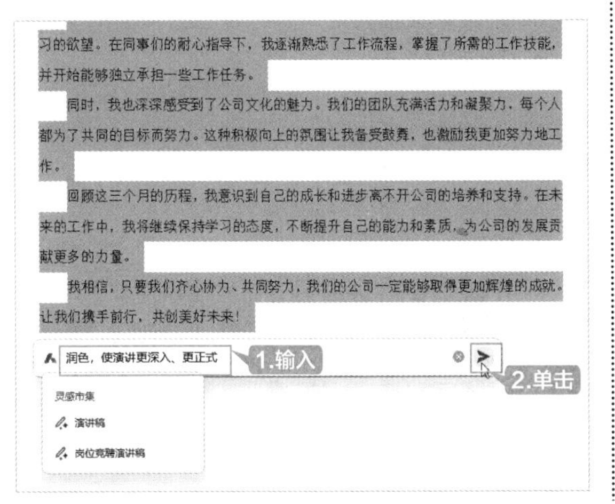

第4步 此时即会根据新要求，在原文本后面生成新文本，如下图所示。

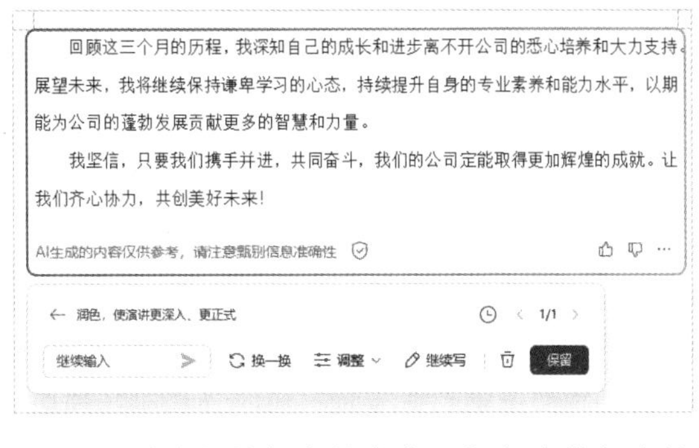

第5步 删除之前版本的内容，保留当前版本的内容，如下图所示。

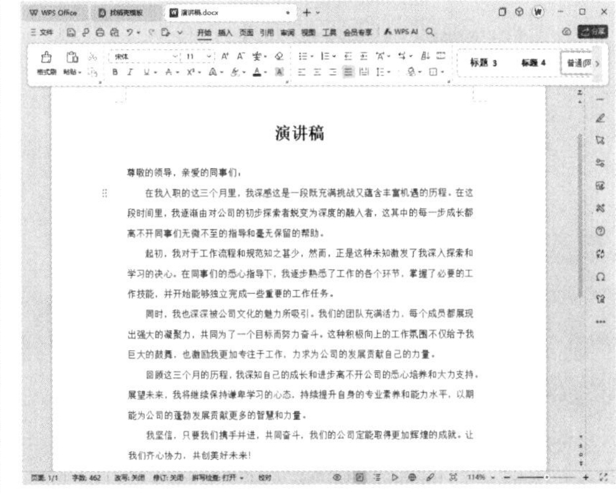

14.1.3 自动摘要：秒速提炼文档内容关键信息

WPS AI的文档阅读功能可以秒速提炼长篇文档的关键信息，让用户快速把握核心内容。无论是阅读还是提问，WPS AI都能帮助用户更快地理解文档内容，进而提升工作效率。

第1步 打开要分析的文档，单击菜单栏中的【WPS AI】按钮，在弹出的列表中选择“AI文档问答”选项，如下图所示。

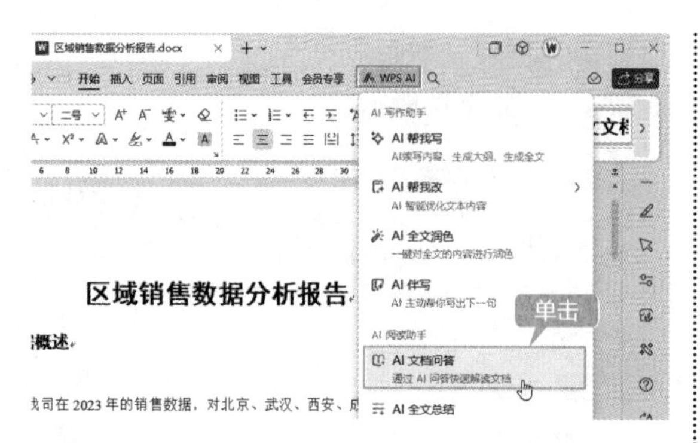

第2步 打开【AI文档问答】窗格，在指令框中输入指令，单击【发送】按钮>，如下图所示。

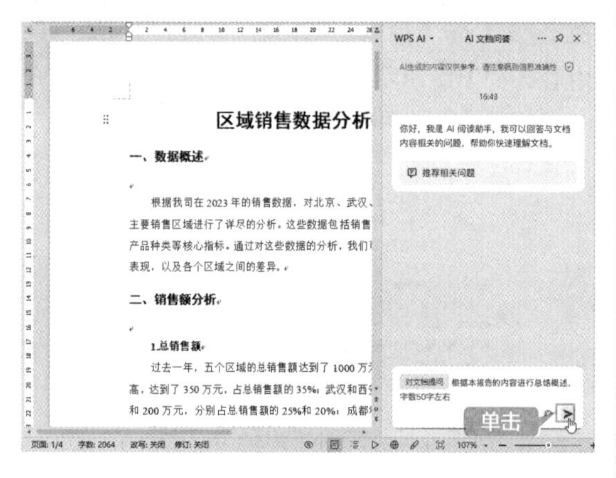

第3步 AI即会对报告进行总结，如下图所示。

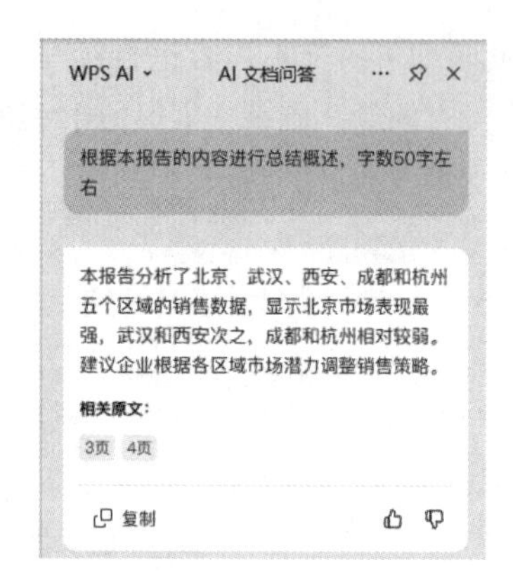

第4步 对文档进行提问，输入问题后，AI即会根据内容进行回复，如下图所示。

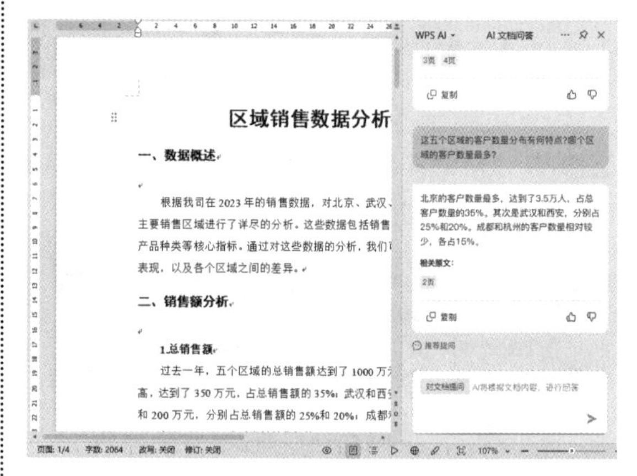

14.1.4 多语言处理：文档快速实现多语言翻译

WPS AI的强大多语言处理能力，可以轻松实现文档的多语言翻译。无论是中文、英文还是其他语言，WPS AI都能快速、准确地翻译文档内容，同时对文字进行润色，并保留原意。助力用户跨越语言障碍，与全球用户顺畅沟通。

第1步 选择要翻译的文本，然后唤起WPS AI指令框，选择【更多AI功能】→【翻译】指令，如下图所示。

第2步 此时即可完成翻译，如下图所示。用户可以对翻译后的内容通过单击【复制】按钮，复制到剪贴板上，然后粘贴至目标文件；也可以单击【生成批注】按钮，以批注的形式插入文档中。

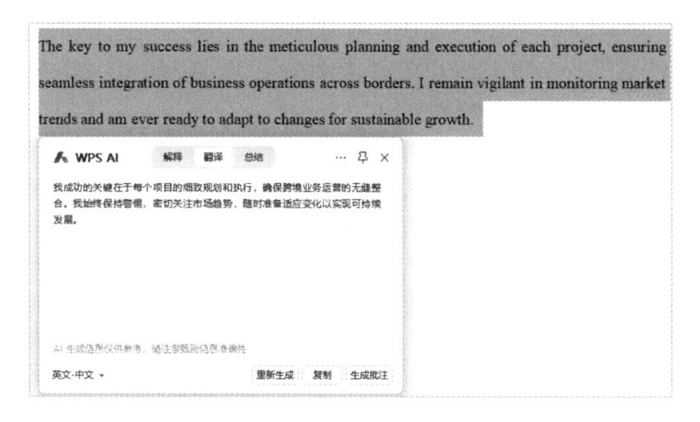

14.1.5 智能排版：一键完成文档格式整理与排版

WPS AI的文档排版功能强大，支持多种通用格式，能够快速对文档进行排版。无论是文字格式、段落样式还是页面布局，WPS AI都能精准掌控，让文档格式整洁、有序。用户只需简单操作，即可实现高效排版，大大提升工作效率。

第1步 打开要排版的文档，单击菜单栏中的【WPS AI】按钮，在弹出的列表中选择“AI排版”选项，如下图所示。

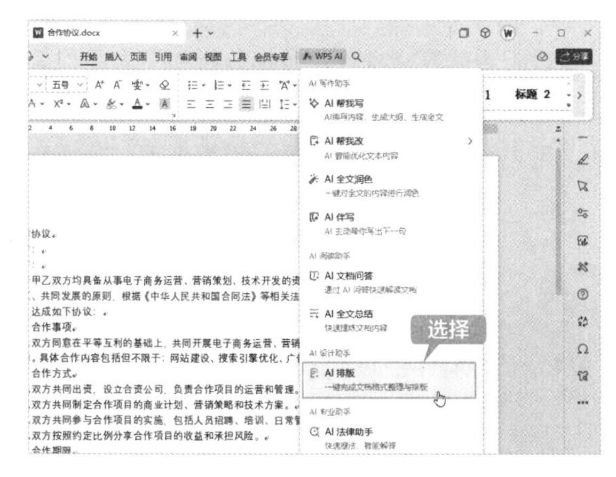

第2步 根据文档类型，单击相应的分类项上的【开始排版】按钮，如下图所示。

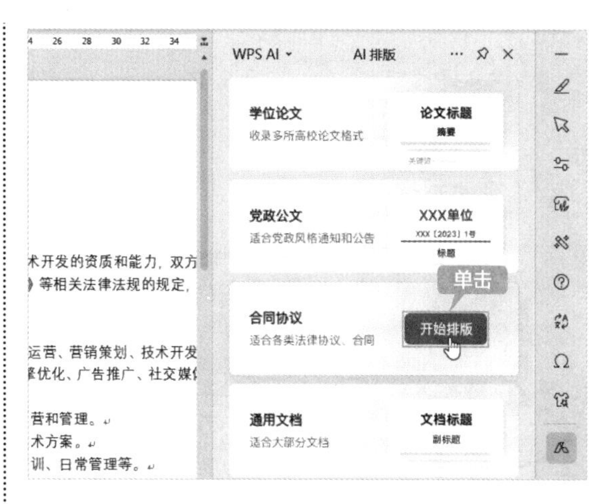

第3步 此时即可快速完成排版，如下图所示。

第4步 单击任意段落，即会弹出段落样式列表，用户可以根据需要更改段落样式。这里设置好标题1段落样式，如下图所示。

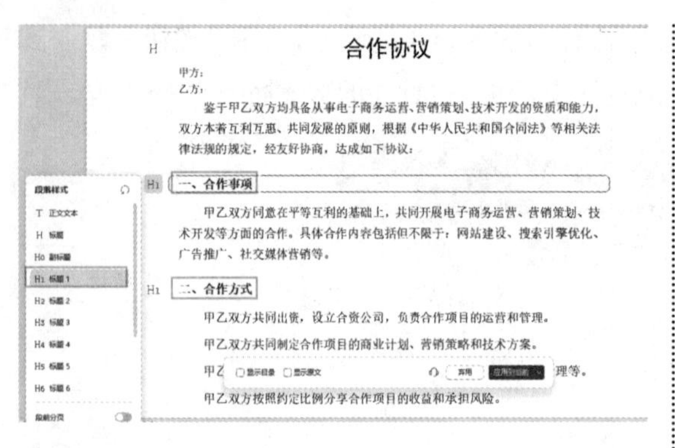

第5步 选中【显示目录】复选框，可以查看目录结构，如下图所示。

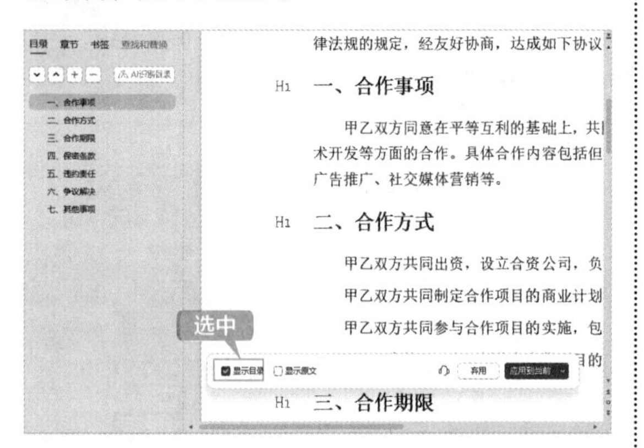

第6步 如果确认使用此版式，则单击【应用到当前】按钮结束AI排版，如下图所示。根据需求对文档进行适当调整，完成排版。

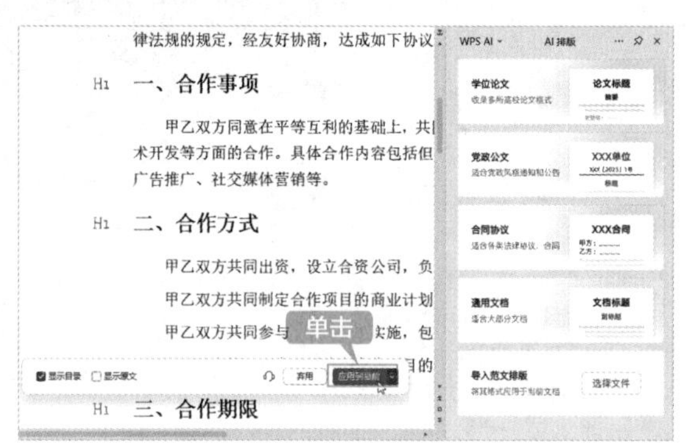

14.2 数据处理与分析

WPS AI在表格数据处理与分析方面表现出色，其功能涵盖表格操作、数据分析和图表制作等多个方面。值得一提的是，它还具备智能编写公式函数的能力，这极大地降低了数据分析的难度，有助于用户提高工作效率。通过WPS AI的智能辅助，用户可以更加便捷地进行数据处理、分析和可视化展示，从而更好地挖掘数据背后的价值。

14.2.1 快捷操作：一句指令搞定复杂操作

在数据处理和表格操作中，准确性和效率至关重要。借助WPS AI的【快捷操作】功能，用户可以轻松应对各种表格挑战，提升工作效率。

第1步 打开素材文件，单击菜单栏中的【WPS AI】按钮，在弹出的列表中选择“AI操作表格”选项，如下图所示。

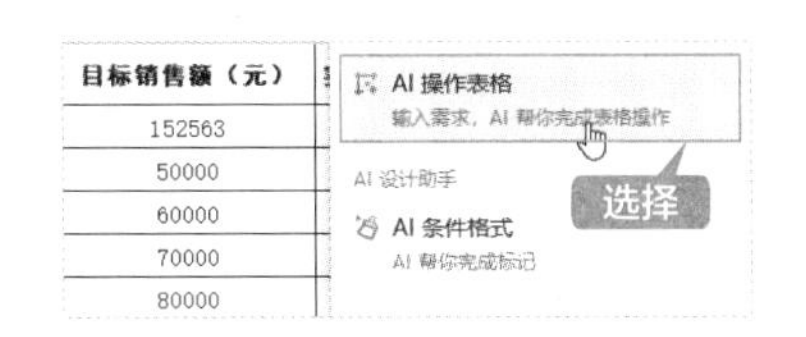

第2步 弹出【AI操作表格】窗格，选择指令框中的“快捷操作”选项，如下图所示。

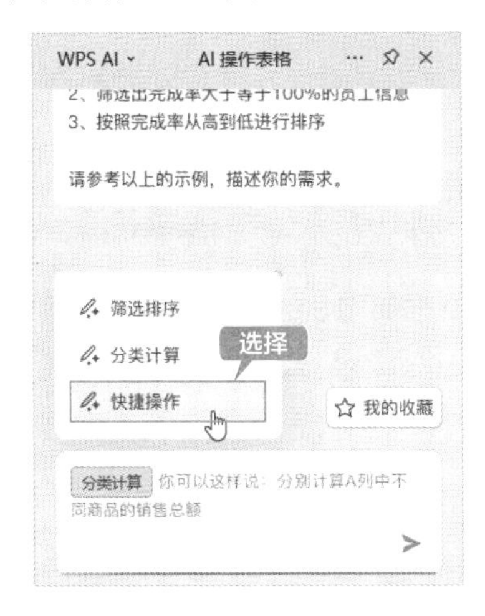

第3步 如果需要将实际销售额低于目标销售额的单元格设置为红色背景，则可输入下图所示的提示词，单击 **>** 按钮。

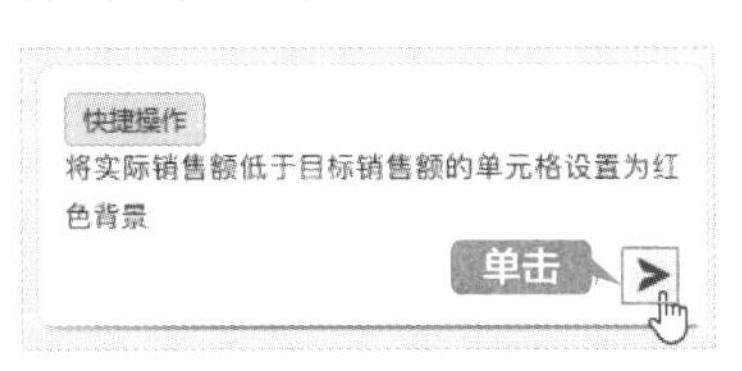

第4步 AI即会自动进行操作，弹出【AI条件格式】对话框，单击【完成】按钮，如下图所示。

第5步 此时即可将相应的单元格设置为红色背景，如下图所示。

第6步 如果需要将第3行和第11行进行位置交换，输入提示词后单击 **>** 按钮，即可完成操作，效果如下图所示。

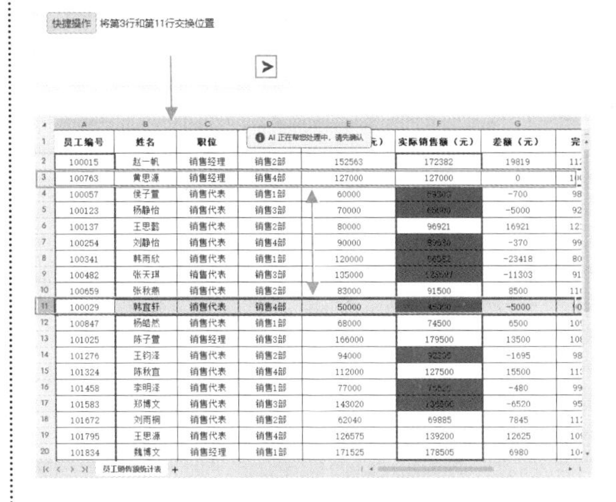

第7步 如果要更改工作表的标签颜色，输入指令后单击 **>** 按钮，即可完成操作，效果如下图所示。

17	101583	郑博文	销售代表	销售3部	143020
18	101672	刘雨桐	销售代表	销售2部	62040
19	101795	王思源	销售代表	销售4部	126575
20	101834	魏博文	销售经理	销售1部	171525

快捷操作 将工作表标签颜色设置为红色

当然，AI的快捷操作潜力无穷。除了上述示例，用户还可以根据个人需求进行自定义操作，探索更多可能性。通过不断尝试与创新，可以让WPS AI成为你高效办公的得力助手。

14.2.2 筛选排序：高效分析大量数据

WPS AI的智能化【筛选排序】功能能够帮助用户轻松应对大量数据的分析工作。

第1步 接上一小节的操作，单击指令框中的【快捷操作】按钮，在弹出的列表中选择“筛选排序”选项，如下图所示。

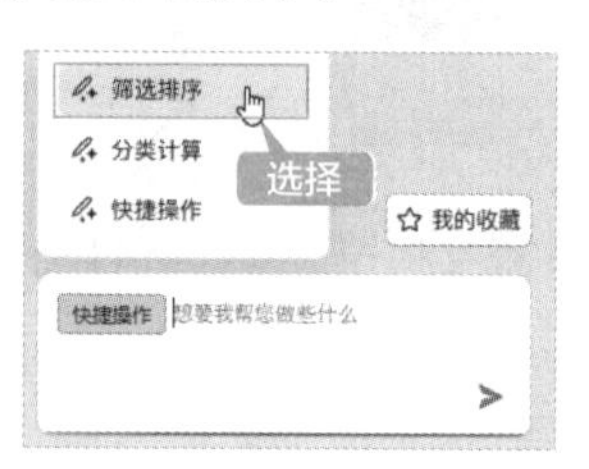

第2步 要筛选F列中大于100000且小于150000的数据，在指令框中输入相应的筛选指令并执行，即可完成筛选操作，如下图所示。

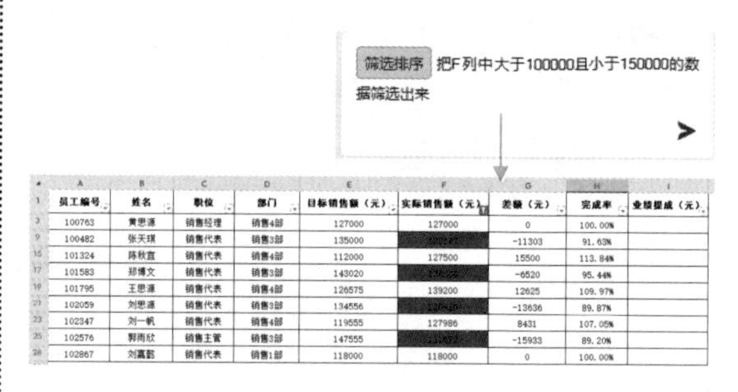

员工编号	姓名	职位	部门	目标销售额（元）	实际销售额（元）	差额（元）	完成率	业绩提成（元）
100763	黄思源	销售经理	销售4部	127000	127000	0	100.00%	
100482	张天琪	销售代表	销售3部	135000	[illegible]	-11303	91.63%	
101324	陈秋宜	销售代表	销售4部	112000	127500	15500	113.84%	
101583	郑博文	销售代表	销售3部	143020	[illegible]	-6520	95.44%	
101795	王思源	销售代表	销售4部	126575	139200	12625	109.97%	
102059	刘思源	销售代表	销售3部	134556	[illegible]	-13636	89.87%	
102347	刘一帆	销售代表	销售4部	119555	127986	8431	107.05%	
102576	郭雨欣	销售主管	销售3部	147555	[illegible]	-15933	89.20%	
102867	刘嘉懿	销售代表	销售1部	118000	118000	0	100.00%	

第3步 要按部门、完成率（由高到低）进行排序，输入并执行指令后，效果如下图所示。

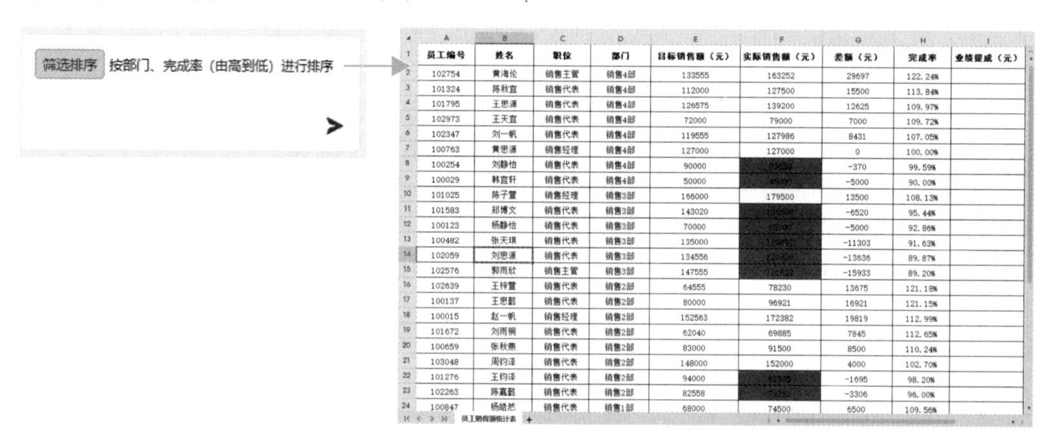

员工编号	姓名	职位	部门	目标销售额（元）	实际销售额（元）	差额（元）	完成率	业绩提成（元）
102754	黄海伦	销售主管	销售4部	133555	163252	29697	122.24%	
101324	陈秋宜	销售代表	销售4部	112000	127500	15500	113.84%	
101795	王思源	销售代表	销售4部	126575	139200	12625	109.97%	
102973	王天宜	销售代表	销售4部	72000	79000	7000	109.72%	
102347	刘一帆	销售代表	销售4部	119555	127986	8431	107.05%	
100763	黄思源	销售经理	销售4部	127000	127000	0	100.00%	
100254	刘静怡	销售代表	销售4部	90000	[illegible]	-370	99.59%	
100029	韩宜轩	销售代表	销售4部	50000	[illegible]	-5000	90.00%	
101025	陈子萱	销售经理	销售3部	166000	179500	13500	108.13%	
101583	郑博文	销售代表	销售3部	143020	[illegible]	-6520	95.44%	
100123	杨静怡	销售代表	销售3部	70000	[illegible]	-5000	92.86%	
100482	张天琪	销售代表	销售3部	135000	[illegible]	-11303	91.63%	
102059	刘思源	销售代表	销售3部	134556	[illegible]	-13636	89.87%	
102576	郭雨欣	销售主管	销售3部	147555	[illegible]	-15933	89.20%	
102639	王梓萱	销售代表	销售2部	64555	78230	13675	121.18%	
100137	王思懿	销售代表	销售2部	80000	96921	16921	121.15%	
100015	赵一帆	销售经理	销售2部	152563	172382	19819	112.99%	
101672	刘雨桐	销售代表	销售2部	62040	69885	7845	112.65%	
100659	张秋燕	销售代表	销售2部	83000	91500	8500	110.24%	
103048	周钧泽	销售代表	销售2部	148000	152000	4000	102.70%	
101276	王钧泽	销售代表	销售2部	94000	[illegible]	-1695	98.20%	
102263	陈嘉懿	销售代表	销售2部	82558	[illegible]	-3306	96.00%	
100847	杨皓然	销售代表	销售1部	68000	74500	6500	109.56%	

14.2.3 分类计算：简化数据分析流程

在数据分析中，分类计算作为核心环节，具有不可忽视的重要性。通过运用WPS AI，我们能够显著优化数据处理流程，并直接获得精确的分析结果。

第1步 接上一小节的操作，将指令框选项设置为【分类计算】，然后输入提示词，单击 > 按钮，如下图所示。

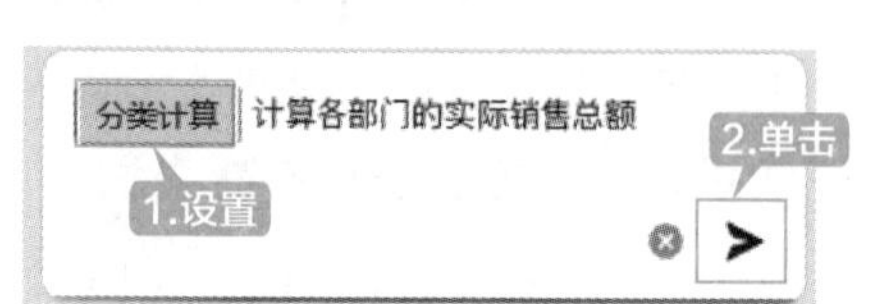

第2步 此时即可创建相关的数据透视表，如下图所示。

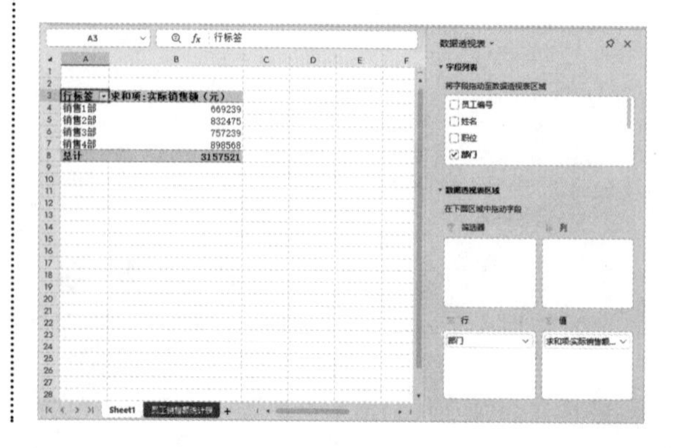

行标签	求和项:实际销售额（元）
销售1部	669239
销售2部	832475
销售3部	757239
销售4部	898568
总计	3157521

第3步 用户还可以根据需求调整字段列表，如下图所示。

14.2.4 公式优化：AI智能推荐最优公式函数

WPS AI不仅能够根据用户的需求生成相应的公式，还具备对公式的解读能力，能够帮助用户深入理解公式的含义。

第1步 在打开的素材中，单击I2单元格，输入“=”，然后单击右侧的 按钮或按【Enter】键，如下图所示。

> **提示**
>
> 用户还可以单击【公式】选项卡下的【AI写公式】按钮 或通过【WPS AI】窗格中的“AI写公式”选项启用该功能。

第2步 弹出AI指令框，输入想要的计算结果，单击 > 按钮，如下图所示。

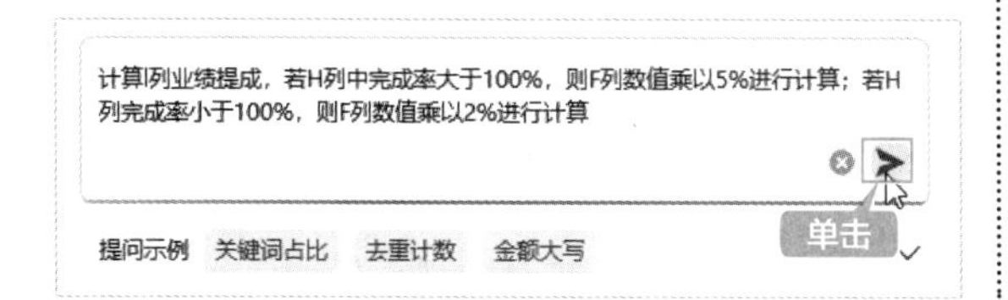

第3步 此时即可得出计算结果，编辑栏中显示了编写的公式，单击【完成】按钮，即可应用该公式，如下图所示。

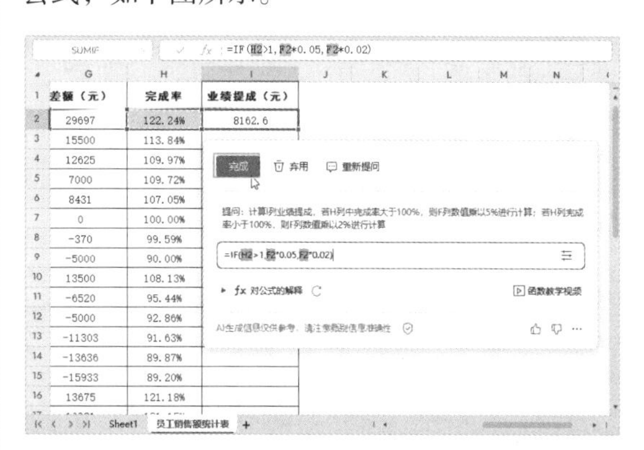

第4步 双击I2单元格，单击右侧的 按钮，如下图所示。

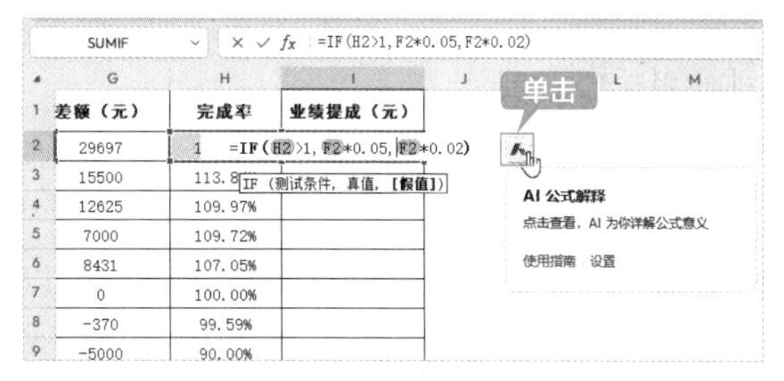

第5步 此时即可弹出下图所示的对话框，从中可以看到对公式的解释。

第6步 使用快速填充功能填充其他单元格，即可完成对业绩提成的计算，如下图所示。

	B	C	D	E	F	G	H	I
7	黄思源	销售经理	销售4部	127000	127000	0	100.00%	2540
8	刘静怡	销售代表	销售4部	90000	[illegible]	-370	99.59%	1792.6
9	韩宜轩	销售代表	销售4部	50000	[illegible]	-5000	90.00%	900
10	陈子萱	销售经理	销售3部	166000	179500	13500	108.13%	8975
11	郑博文	销售代表	销售3部	143020	[illegible]	-6520	95.44%	2730
12	杨静怡	销售代表	销售3部	70000	[illegible]	-5000	92.86%	1300
13	张天琪	销售代表	销售3部	135000	[illegible]	-11303	91.63%	2473.94
14	刘思源	销售代表	销售3部	134556	[illegible]	-13636	89.87%	2418.4
15	郭雨欣	销售主管	销售3部	147555	[illegible]	-15933	89.20%	2632.44
16	王梓萱	销售代表	销售2部	64555	78230	13675	121.18%	3911.5
17	王思懿	销售代表	销售2部	80000	96921	16921	121.15%	4846.05
18	赵一帆	销售经理	销售2部	152563	172382	19819	112.99%	8619.1
19	刘雨桐	销售代表	销售2部	62040	69885	7845	112.65%	3494.25
20	张秋燕	销售代表	销售2部	83000	91500	8500	110.24%	4575
21	周钧泽	销售代表	销售2部	148000	152000	4000	102.70%	7600
22	王钧泽	销售代表	销售2部	94000	[illegible]	-1695	98.20%	1846.1
23	陈嘉懿	销售代表	销售2部	82558	[illegible]	-3306	96.00%	1585.04
24	杨皓然	销售代表	销售1部	68000	74500	6500	109.56%	3725
25	魏博文	销售经理	销售1部	171525	178505	6980	104.07%	8925.25
26	刘嘉懿	销售代表	销售1部	118000	118000	0	100.00%	2360
27	李明泽	销售代表	销售1部	77000	[illegible]	-480	99.38%	1530.4
28	侯子萱	销售代表	销售1部	60000	[illegible]	-700	98.83%	1186
29	徐海伦	销售代表	销售1部	74555	[illegible]	-8723	88.30%	1316.64
30	韩雨欣	销售代表	销售1部	120000	[illegible]	-23418	80.49%	1931.64

Sheet1　员工销售额统计表

14.2.5 数据问答：解读数据，生成图表及结论

在数据分析中，如何快速解读数据、生成直观的图表及提炼有价值的结论是关键。WPS AI的【AI数据问答】功能可以轻松地将杂乱的数据转化为清晰明了的图表，并为用户揭示数据背后的含义。

第1步 接上一小节的操作，单击菜单栏中的【WPS AI】按钮，在弹出的列表中选择“AI数据问答”选项，如下图所示。

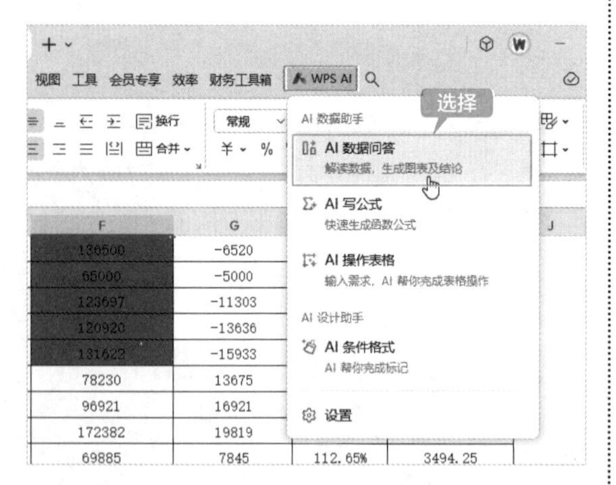

第2步 弹出【AI数据问答】窗格，用户可以选择显示的推荐问题，也可以在指令框中输入其他问题。这里选择显示的推荐问题，如下图所示。

第3步 此时WPS AI即可根据问题进行回复，如下图所示。

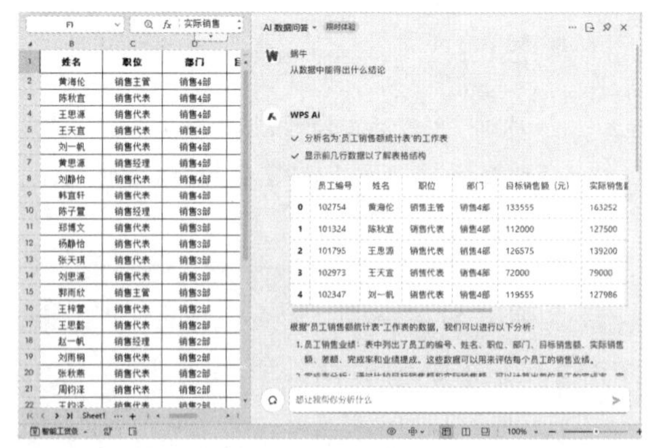

第4步 在WPS AI生成的内容中，用户可以将其中的表格、图表插入或复制到目标位置。例如，单击表格数据左上角的【新建工作表并插

入】按钮⊕，如下图所示。

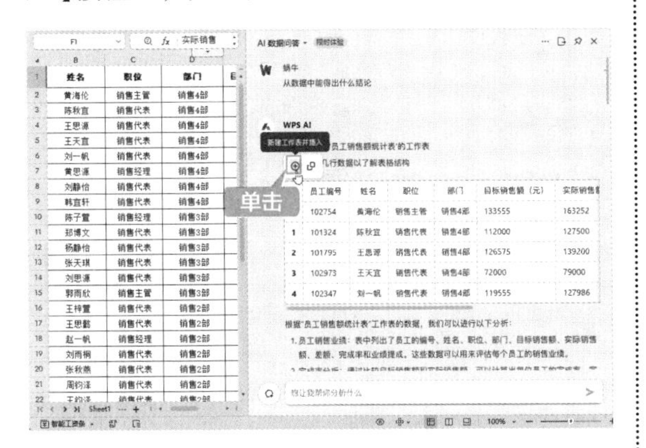

第5步 此时即可将该表格插入工作簿中，如下图所示。

	A	B	C	D	E	F	G	H	I	J
1		员工编号	姓名	职位	部门	目标销售额（元）	实际销售额（元）	差额（元）	完成率	业绩提成（元）
2	0	102754	黄海伦	销售主管	销售4部	133555	163252	29697	1.222358	8162.6
3	1	101324	陈秋宜	销售代表	销售4部	112000	127500	15500	1.138393	6375
4	2	101795	王思源	销售代表	销售4部	126575	139200	12625	1.099743	6960
5	3	102973	王天宜	销售代表	销售4部	72000	79000	7000	1.097222	3950
6	4	102347	刘一帆	销售代表	销售4部	119555	127986	8431	1.07052	6399.3
7										

第6步 用户还可以在指令框中输入生成图表的提示词，如下图所示。根据需求，同样可以将图表插入工作簿中。

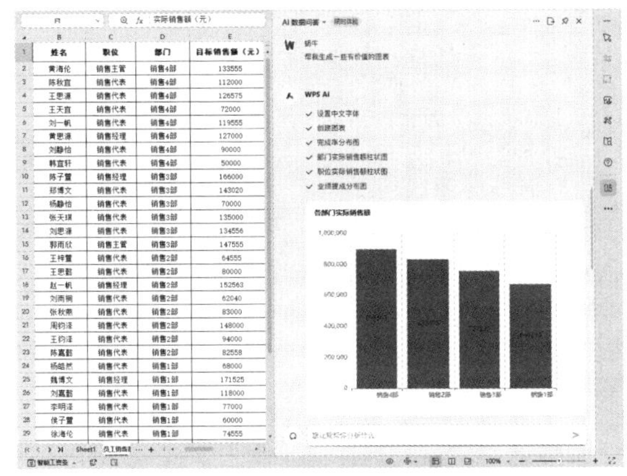

14.3 演示文稿制作与美化

使用WPS AI制作演示文稿时，可以一键生成PPT，也可以将文档生成PPT。这样不仅可以提高制作效率，还可以为演示文稿增添个性化元素。通过AI的智能推荐，用户可以快速选择适合主题的模板和素材，让演示文稿更加专业且吸引人。借助AI的力量，用户可以将更多的时间和精力投入内容的创作和呈现上，让演示文稿成为展示想法和观点的有力工具。

14.3.1 AI生成PPT：助你一键制作专业PPT

WPS AI可以根据用户提供的主题，智能生成演示文稿，助力用户展现更好的创意与表达效果。

第1步 在【新建演示文稿】窗口中，单击【AI生成PPT】缩略图，如下图所示。

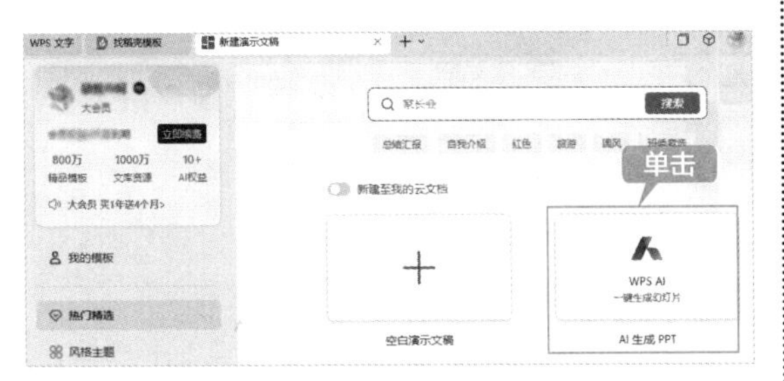

第2步 此时即可创建“演示文稿1”，并自动弹出【AI生成PPT】指令框，如下图所示。

第3步 在指令框中输入幻灯片的主题，然后单击【开始生成】按钮，如下图所示。

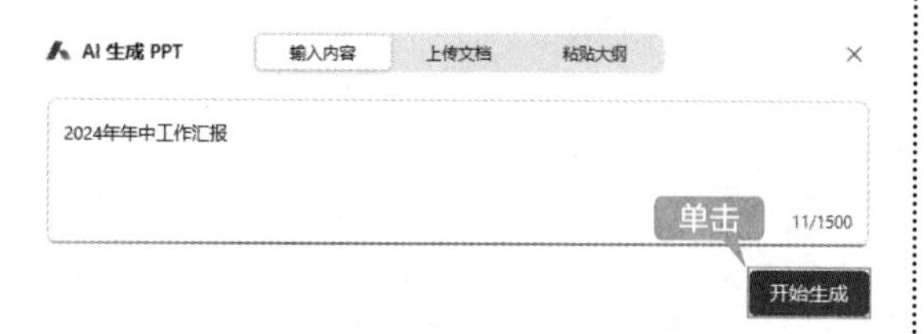

第4步 AI即可根据主题生成大纲内容，确定无误后，单击【挑选模板】按钮，如下图所示。

第5步 进入【选择幻灯片模板】窗格，选择一个幻灯片模板，然后单击【创建幻灯片】按钮，如下图所示。

第6步 此时即可逐页生成幻灯片，如下图所示。按【Esc】键可停止生成。

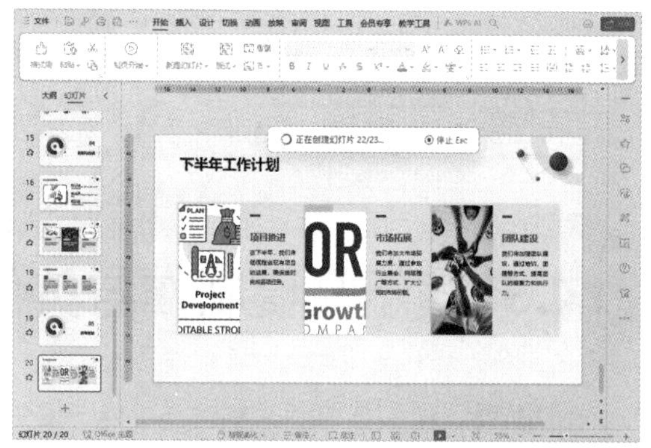

第7步 幻灯片生成好后，用户可以根据需求进行修改，如下图所示。

14.3.2 文档生成PPT：文档一键生成演示文稿

WPS AI的【文档生成PPT】功能简化了演示文稿的制作流程，一键即可将Word文档和思维导图转换成精致的PPT，大大提高了工作效率。

第1步 在演示文稿窗口中，单击【WPS AI】按钮，在弹出的列表中选择【AI生成PPT】→【文档生成PPT】选项，如下图所示。

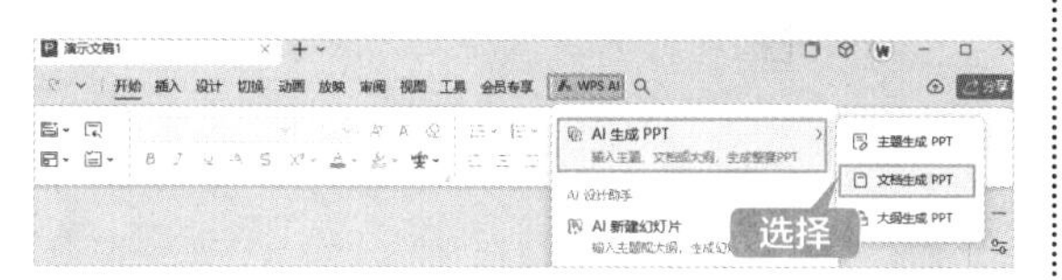

第2步 弹出【AI生成PPT】指令框，在【上传文档】选项卡下单击【选择文档】按钮，如下图所示。

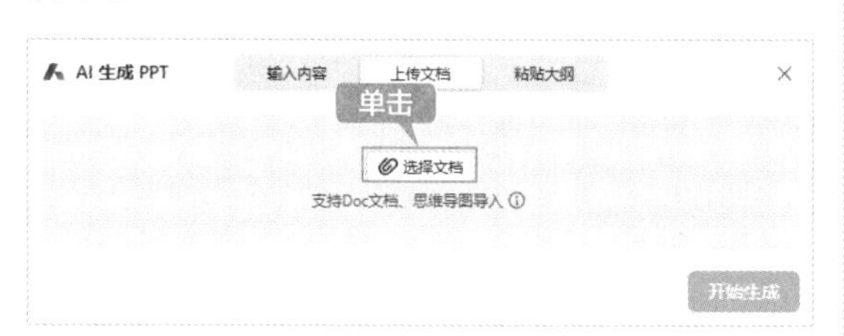

第3步 此时即可打开【打开文档】对话框，选择所需文档后，单击【打开】按钮，如下图所示。

第4步 弹出【选择大纲生成方式】窗格，选择一种方式，这里选择【智能改写】方式，然后单击【生成大纲】按钮，如下图所示。

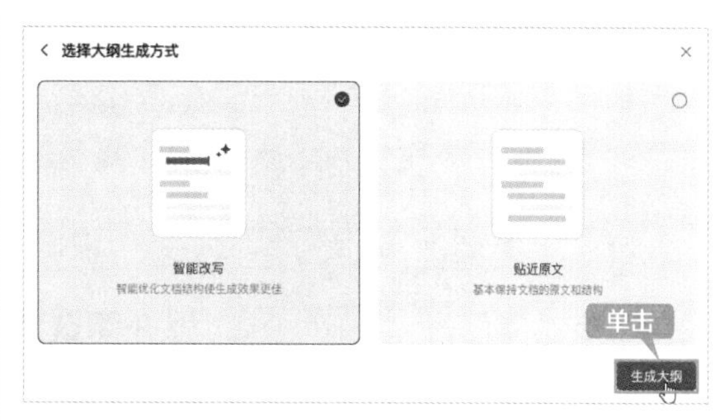

第5步 此时即可根据文档内容生成幻灯片大纲内容，确定无误后，单击【挑选模板】按钮，如下图所示。

第6步 进入【选择幻灯片模板】窗格，选择一个幻灯片模板，然后单击【创建幻灯片】按钮，如下图所示。

第 7 步 此时即会生成幻灯片，用户可根据需求进行修改，如下图所示。

第15章

WPS 云办公——让工作无缝协同更高效

本章导读

在移动办公时代，WPS云办公不仅支持PC端高效协作，还拥有移动版WPS AI功能，让用户在手机上也能轻松完成文档处理和智能创作。通过AI技术，WPS云办公能够智能识别文档内容，提供智能排版、语言翻译、智能纠错等便捷服务，大幅提升用户手机办公的效率和便捷性。无论是在工作还是生活中，WPS云办公都为用户提供了一个全方位的办公解决方案，让用户的工作更加顺畅。

思维导图

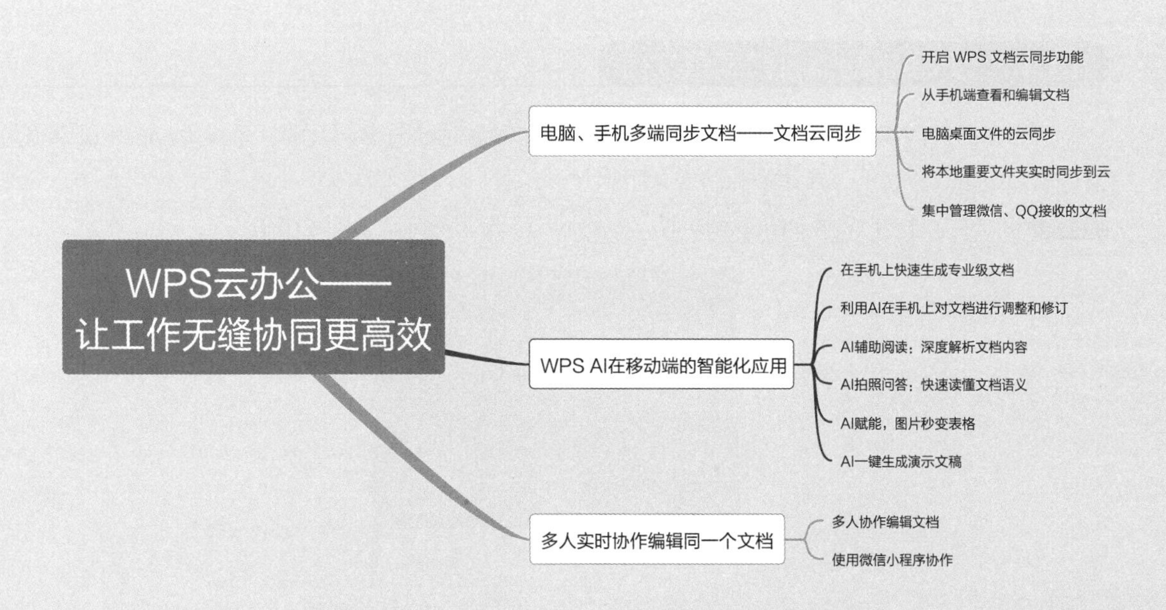

 15.1 电脑、手机多端同步文档——文档云同步

WPS Office支持云同步功能，可以使同一账号在任何适用的终端查看、编辑、同步该账号中的文档。这不仅确保了文件不会丢失，能够实时同步，而且可以让用户在任何地方通过手机、平板电脑或笔记本电脑等第一时间处理紧急文件，实现多端办公，提高办公效率。

15.1.1 开启WPS文档云同步功能

实现文档云同步主要通过账号进行数据同步，使用该功能仅需注册并登录WPS Office账号，开启文档云同步功能即可，具体操作步骤如下。

第1步 打开WPS Office，最近文件列表的右上角如果显示【未开启文档云同步】，则可单击该按钮来开启，如下图所示。

第2步 弹出下图所示的对话框，然后单击【立即开启】按钮。

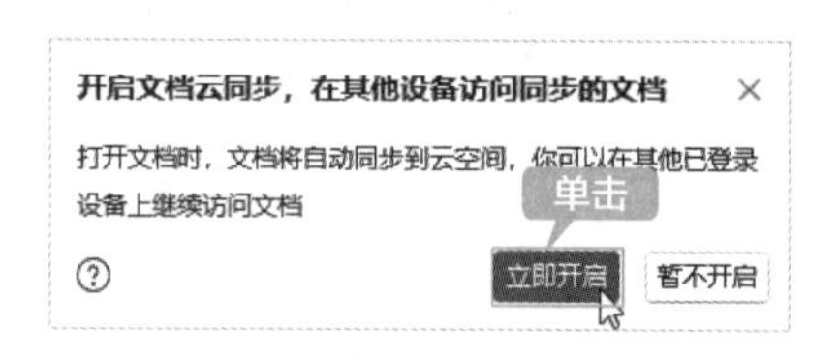

第3步 此时最近文件列表右上角会显示【已开启文档云同步】，如下图所示。

15.1.2 从手机端查看和编辑文档

开启文档云同步功能后，文件被保存到电脑本地磁盘时会同步到云端，这样用户在手机端也可以查看和编辑同一文档，具体操作步骤如下。

第1步 在手机端打开WPS Office移动版，并使用同一账号登录，如下图所示。

第2步 在【首页】界面的【最近】列表中即会同步电脑中保存的文档。如果列表中没有同步的文档，下拉刷新即可显示。点击需要查看和编辑的文档，如下图所示。

第3步 此时即可进入阅读界面。如果要对文档进行编辑，点击左上角的【编辑】按钮，如下图所示。

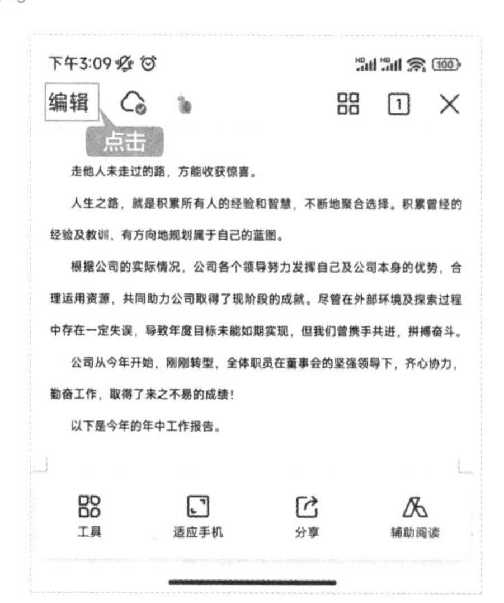

第4步 进入编辑模式后，可以对文档内容进行编辑。这里输入一个标题，并设置标题的字体和段落格式，点击【保存】按钮，即可完成编辑并保存该文档，如下图所示。

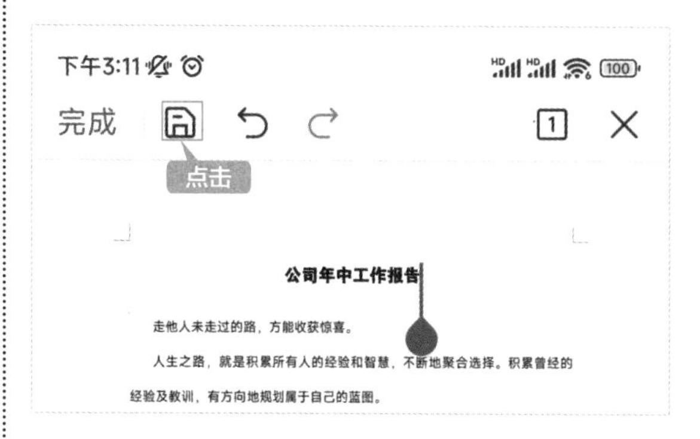

第5步 从电脑端打开该文档时，右上角会显示【有更新】按钮，单击该按钮，然后在弹出的面板中单击【立即更新】按钮，如下图所示。

第6步 WPS Office会自动更新并打开当前文档的最新版本，如下图所示。

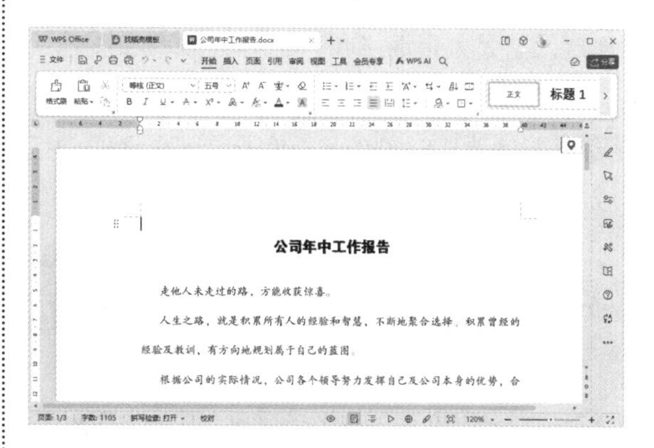

另外，用户单击界面右侧的按钮，在弹出的版本信息列表的【历史版本】区域中，可以查看文档修改的版本信息，还可以自由选择时间预览或直接恢复所需的版本，如下图所示。

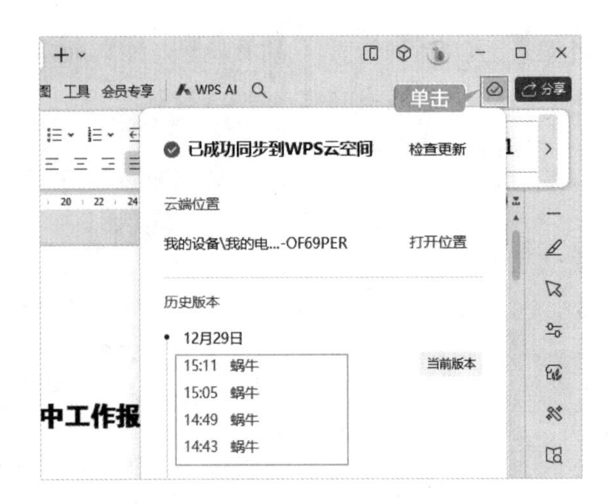

15.1.3 电脑桌面文件的云同步

在日常办公中，我们经常会将常用文档或当前工作文档保存在电脑桌面上，以便随时使用。但是如果电脑操作系统出现问题，就有可能无法保证文档的安全。

WPS Office的桌面云同步功能可以智能同步桌面文件，不限于办公文档。这样不仅可以在操作系统损坏的情况下找回原桌面文档，还可以实时同步桌面最新状态，使关联设备能随时访问同步的文件。该功能支持在多台设备中开启，这大大提高了用户的办公效率和文档的安全性。

第1步 启动WPS Office，单击电脑桌面通知区域中的 图标，如下图所示。

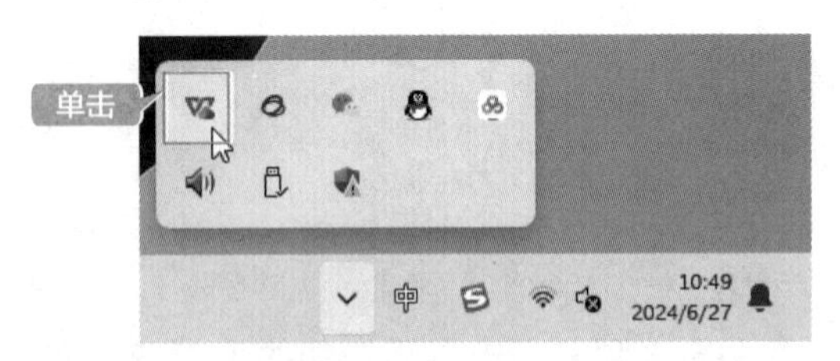

第2步 在弹出的界面中单击【工具箱】按钮，如下图所示。

第3步 弹出【WPS-工具箱】窗口，选择【效率云办公】区域中的【桌面云同步】，如下图所示。

第4步 弹出【WPS-桌面云同步】对话框，其中显示了整理的桌面文件数量，单击【WPS云盘】对话框中的【开启云同步】按钮，如下图所示。

提示

开启云同步后，桌面文件会被存储在WPS云空间中，普通会员拥有1GB容量，且同步的单个文件大小不能超过10M；超级会员拥有更多容量。如果用户是普通会员，建议提前将一些较占空间的文件移至电脑的其他磁盘中。

第5步 此时，WPS Office即会同步桌面的文件，同步所需的时间与桌面文件的数量及大小有关，用户只需等待完成即可。单击【同步设置】按钮，可以查看同步进度，也可以进行暂停操作，如下图所示。

第6步 同步完成后，打开关联设备，如启动手机中的WPS Office，点击界面底部的【云文档】按钮，进入【云文档】界面，即可看到新增了一个以“桌面”命名的文件夹，如下图所示。

第7步 点击进入该文件夹，即可看到其中显示了与电脑桌面一致的各类文件及文件夹，点击任意一个文件或文件夹均可查看。如果对文档进行了修改，电脑桌面上的相应文件也会同步更新。另外，用户也可以将手机中的文件上传至电脑桌面，点击【上传】按钮，如下图所示。

第8步 界面底部即会弹出【上传文件】界面，

可以上传相册中的图片、微信中的文件、手机中的文件、最近打开的文档及云端文件。这里点击【手机文件】按钮，如下图所示。

第9步 进入【手机存储】界面，浏览手机本地文件夹，选择要上传的文件，点击【确定】按钮，如下图所示。

第10步 此时即可将文件上传至【桌面】文件夹，电脑端的WPS Office会自动同步下载该文件，并显示在电脑桌面上，如下图所示。

15.1.4 将本地重要文件夹实时同步到云

除了将桌面文件同步到云空间，WPS Office还支持将指定文件夹同步到云空间，方便用户随时访问。WPS普通会员可以添加1个文件夹，WPS超级会员可以添加5个文件夹，具体操作步骤如下。

第1步 单击电脑桌面通知区域中的图标，在弹出的界面中单击【同步】按钮，如下图所示。

第2步 弹出【创建同步文件夹】对话框，单击【选择文件夹】按钮，如下图所示。

第3步 弹出【选择文件夹】对话框，选择要添加的文件夹，然后单击【选择文件夹】按钮，如下图所示。

第4步 返回下图所示的对话框，单击【立即同步】按钮。

第5步 弹出【同步文件夹设置成功】对话框，表示已经同步成功，如下图所示。

第6步 另外，还可以从【WPS云盘】中添加同步文件夹。打开【此电脑】窗口，双击【WPS云盘】，如下图所示。

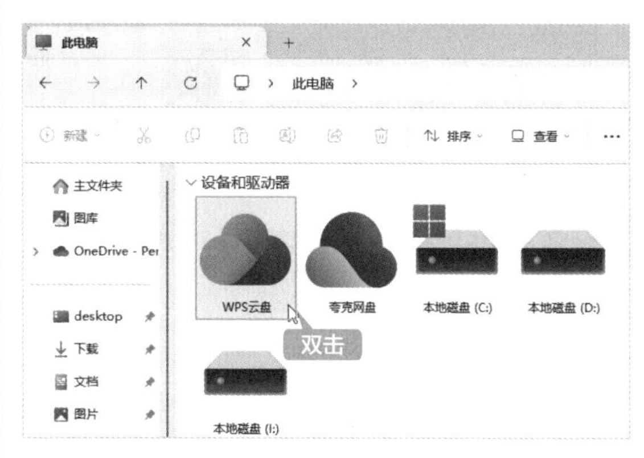

第7步 打开【WPS云盘】，可以看到云盘中的同步文件或文件夹，用户可以向【WPS云盘】中直接拖曳目标文件或文件夹进行上传，如下图所示。

15.1.5 集中管理微信、QQ接收的文档

微信和QQ是工作中常用的沟通工具，常用于发送和接收各类文档。WPS Office强化了办公助手功能，可以帮助用户集中管理微信、QQ接收的文档，操作非常方便。

第1步 启动WPS Office，单击电脑桌面通知区域中的 图标，在弹出的界面中单击【工具箱】按钮，在弹出的【WPS-工具箱】对话框中选择“微信文件”选项，如下图所示。

第2步 弹出【WPS-文档雷达】对话框，单击【开启云备份】按钮，如下图所示。

第3步 在弹出的对话框中，可以开启或关闭【微信文件】【QQ文件】及【下载文件】的自动备份功能，设置完成后，单击【确定】按钮，如下图所示。此时即可自动备份微信文件和QQ文件。

15.2 WPS AI 在移动端的智能化应用

WPS Office移动端也融入了WPS AI，给用户带来了更智能的文档处理体验。无论是快速生成专业级文档、调整和修订文档、AI辅助阅读，还是AI拍照问答等，WPS AI都能让文档处理流程更加高效。下面以安卓操作系统设备为例进行介绍。

15.2.1 在手机上快速生成专业级文档

利用WPS AI，我们不仅可以在手机上快速生成文档，还能享受其智能润色功能，从而轻松提升文本质量，展现出专业级的写作水平。

第1步 启动手机中的WPS Office，点击【首页】界面右下方的⊕按钮，如下图所示。

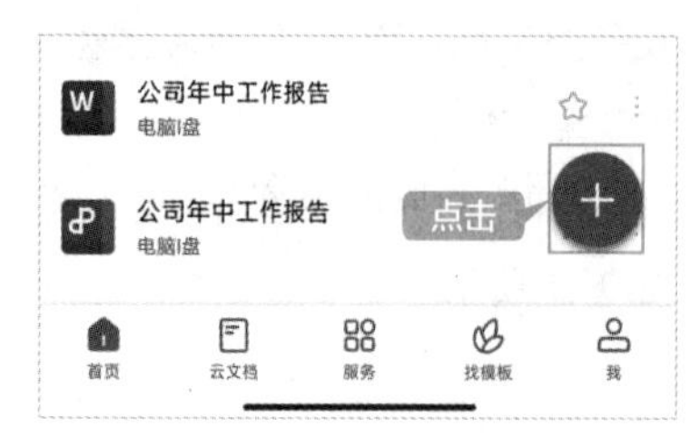

第2步 在弹出的界面中点击【文字】按钮，如下图所示。

第3步 在弹出的界面中点击【智能创建】按钮，如下图所示。

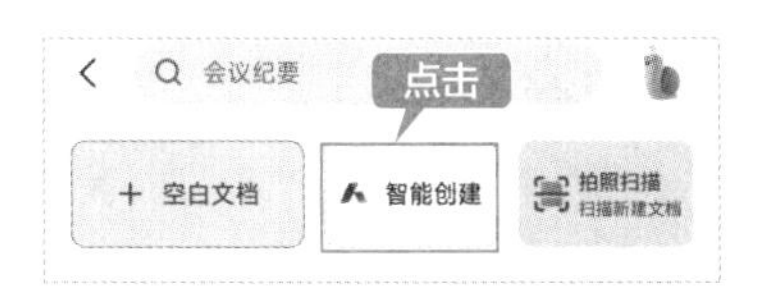

第4步 进入【智能创建】界面，选择要生成文档的类型，这里选择“会议纪要”选项，如下图所示。

第5步 进入下图所示的界面，设置纪要类型及会议内容，然后点击【开始生成】按钮，如下图所示。

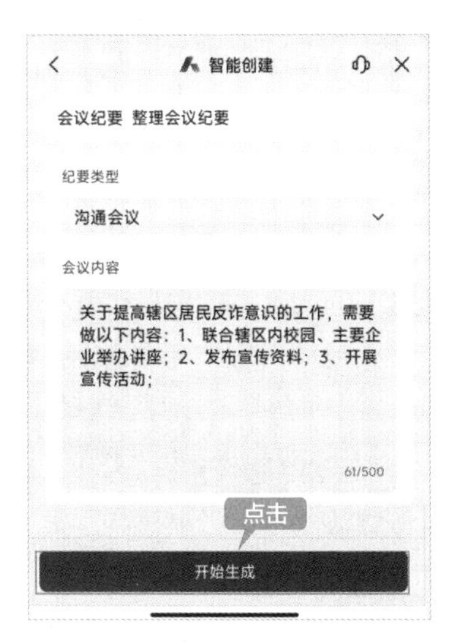

第6步 生成内容后，用户可以预览内容。如果内容不合适，可以点击【重写】按钮，重新生成。如果确认内容无误，则点击【立即创建】按钮，如下图所示。

第7步 进入编辑界面，可以对文档进行编辑，然后点击【保存】按钮，如下图所示。

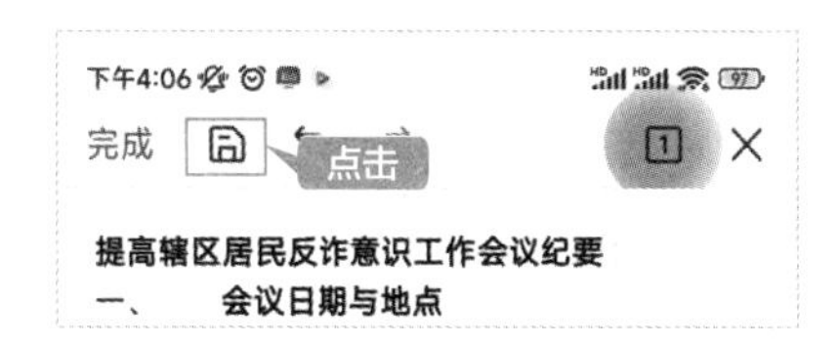

第8步 进入【保存】界面，选择要保存的位置，如下图所示。

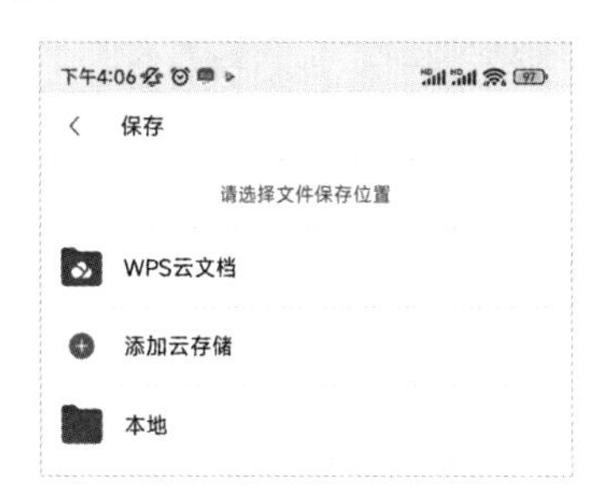

15.2.2 利用AI在手机上对文档进行调整和修订

在手机上，我们也可以轻松利用AI工具对文档进行润色、调整篇幅、修订拼写和语法等操作，从而提高文本的质量和可读性。本小节将介绍在手机上利用AI对文档进行调整和修订的方法，具体的操作步骤如下。

第1步 打开要编辑的文档，进入编辑界面，选择要修改的内容，点击 按钮，在弹出的列表中选择要使用的AI功能，这里选择“扩充篇幅”选项，如下图所示。

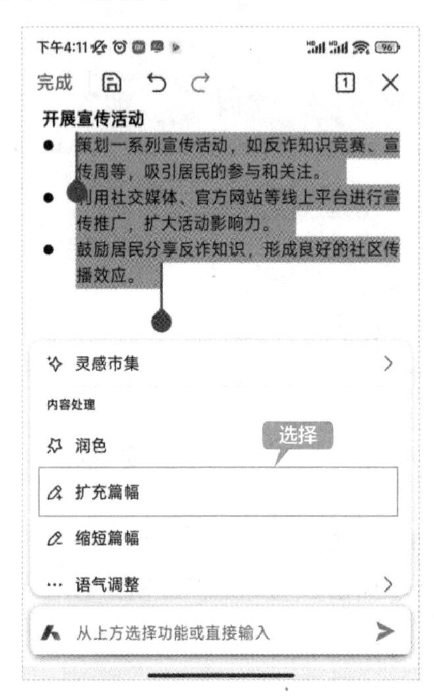

第2步 此时即可对所选文本的篇幅进行扩充，如下图所示。如果要重新生成，则点击 按钮。

第3步 点击 按钮，在弹出的列表中选择对应选项，可以在生成的文档的基础上进行调整，然后点击【替换】按钮，即可替换所选文本，如下图所示。

第4步 选择要修订拼写的文本，然后点击 按钮，在弹出的列表中选择“修订拼写＆语法”选项，如下图所示。

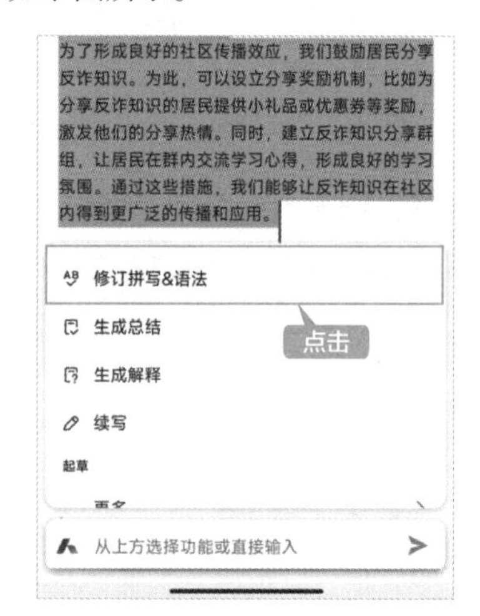

第5步 此时即可对文本的拼写和语法进行修订，如果确认好生成的内容，则点击【替换】按钮，如下图所示。

15.2.3 AI辅助阅读：深度解析文档内容

在手机上利用AI辅助阅读，不仅能够提升阅读体验，而且能够深度解析文档内容，帮助用户更高效地理解和处理信息。

第1步 打开文档，点击下方的【辅助阅读】按钮，如下图所示。

发布宣传资料

设计并印制一系列关于反诈骗的宣传资料，这些资料包括海报、传单和手册。在制作过程中，要注重内容的可读性和吸引力，使用简洁易懂的语言，以便各年龄层的居民都能理解。海报的设计要醒目，突出诈骗的危害性和防范方法，引起人们的关注。传单和手

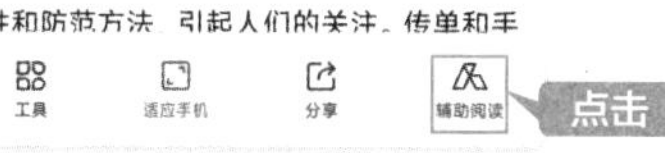

第2步 在文本框中输入此文档的问题或点击指令框上方的示例。这里点击指令框上方的示例，如下图所示。

会议内容纪要：

1. 联合辖区内校园、主要企业举办讲座

● 确定与辖区内各学校和主要企业进行合作，定期举办反诈意识讲座。

● 讲座内容将包括常见的诈骗手法、如何识

分析全文
如何提高辖区居民反诈意识？
请输入关于此文档的问题
点击

第3步 此时即会自动分析文档内容，如下图所示。

第4步 在指令框中输入要提问的问题，AI即可对所提问题进行回复，如下图所示。

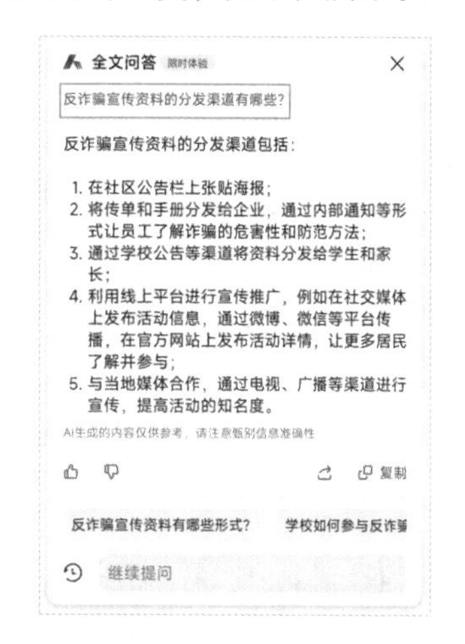

15.2.4 AI拍照问答：快速读懂文档语义

运用【AI拍照问答】功能，我们只需简单拍摄文档，系统即可利用AI技术快速分析并解读文档的语义。这样不仅可以极大地提高工作效率，还可以为我们提供更加便捷的信息获取方式。

第1步 启用WPS Office，在【首页】界面点击搜索框右侧的☰按钮，如下图所示。

第2步 进入拍摄页面，选择“AI拍照问答”选项，点击【拍摄】按钮，如下图所示。

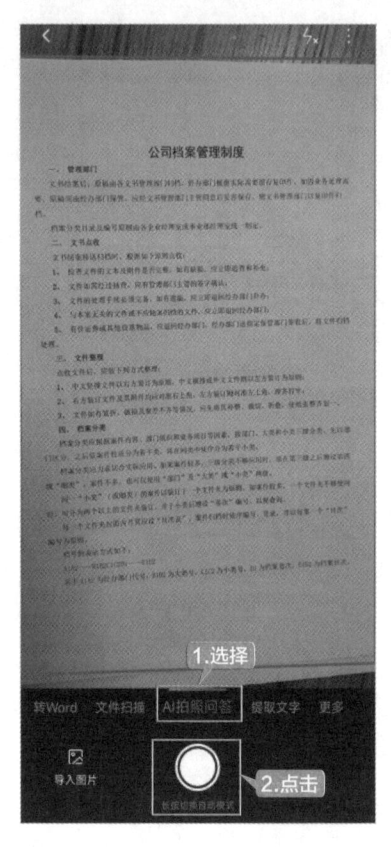

第3步 如果有多张纸稿，则连续拍照，然后点击【下一步】按钮，如下图所示。

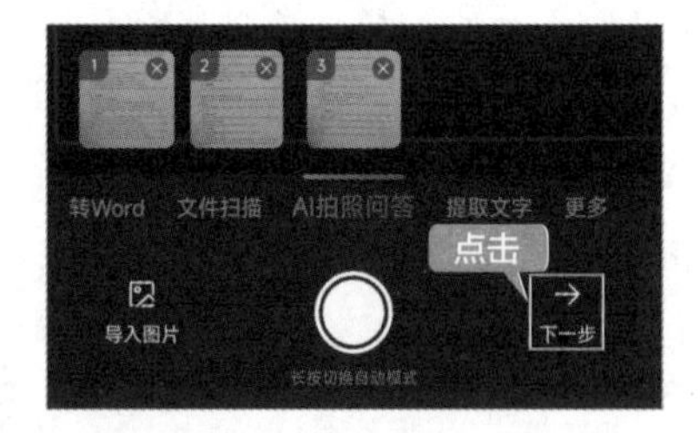

第4步 进入下图所示的界面，点击【AI问答】按钮。

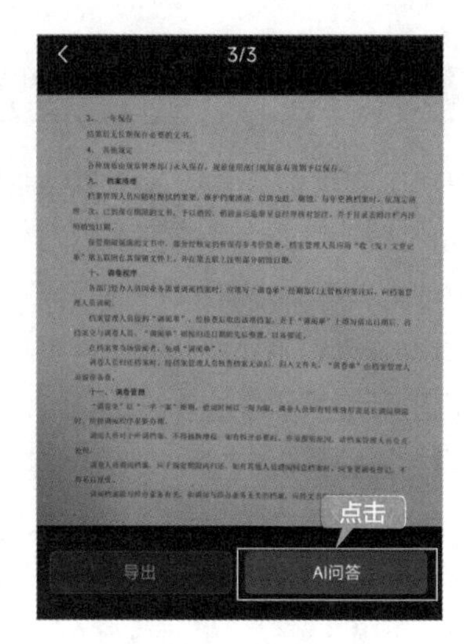

第5步 进入下图所示的界面，可以对文档进行提问，然后点击 **>** 按钮。如果要分析全文，则点击【分析全文】按钮。

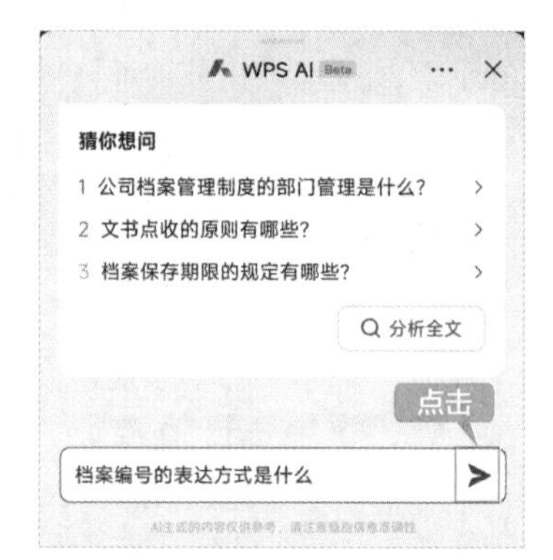

第6步 此时即可对提问进行回复，如下图所示。

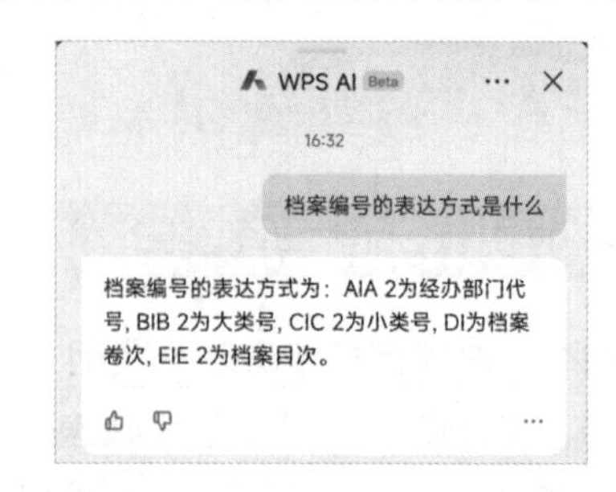

15.2.5 AI赋能，图片秒变表格

AI在图像识别和处理方面的能力已经达到了令人惊叹的水平。用户只需简单地上传有表格的图片，AI功能就可以快速、准确地将其转换为表格。

第1步 启用WPS Office，点击界面底部的【服务】按钮，选择【拍照扫描】区域中的“图片转表格”选项，如下图所示。根据提示使用该功能。

第2步 这里选择【拍摄】形式，进入拍摄页面，将摄像头对准纸质表格，然后点击【拍摄】按钮，如下图所示。另外，用户也可以点击【导入图片】按钮，将手机相册中的图片导入软件中进行识别。

第3步 进入下图所示的界面，点击【开始识别】按钮。

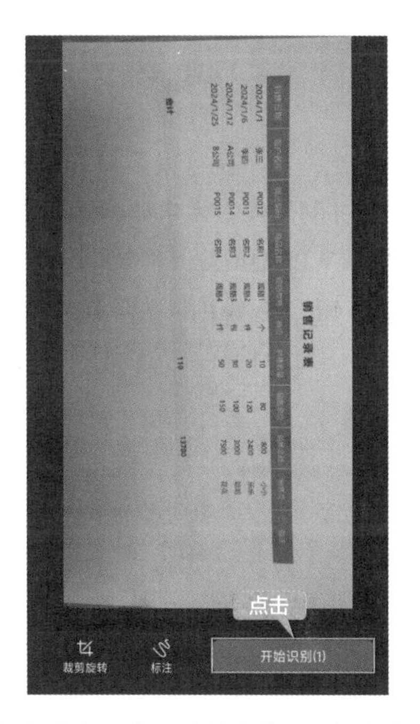

第4步 在弹出的【图片转表】对话框中点击【插入】按钮，如下图所示。

商品名称	规格型号	单位	销售数
名称1	规格1	个	10
名称2	规格2	件	20
名称3	规格3	包	30
名称4	规格4	件	50

第5步 此时即可将识别的表格以一个新工作表的形式插入工作簿中，如下图所示。

	A	B	C
1	销售日期	客户名称	商品编码
2	2024/1/1	张三	P0012
3	2024/1/6	李四	P0013
4	2024/1/12	A公司	P0014
5	2024/1/25	B公司	P0015
6		合计	

15.2.6 AI一键生成演示文稿

在手机上，用户还可以用AI轻松一键生成演示文稿，并利用AI技术自动美化设计。

第1步 启动WPS Office，点击【首页】界面右下方的⊕按钮，在弹出的界面点击【演示】按钮，进入下图所示的界面，然后点击【一键生成】按钮。

第2步 进入【一键生成】界面，在指令框中输入主题或大纲，点击【演示篇幅】下的【适中】按钮，然后点击【立即生成】按钮，如下图所示。

第3步 此时即可生成标题及大纲，确认后点击【立即创建】按钮，如下图所示。

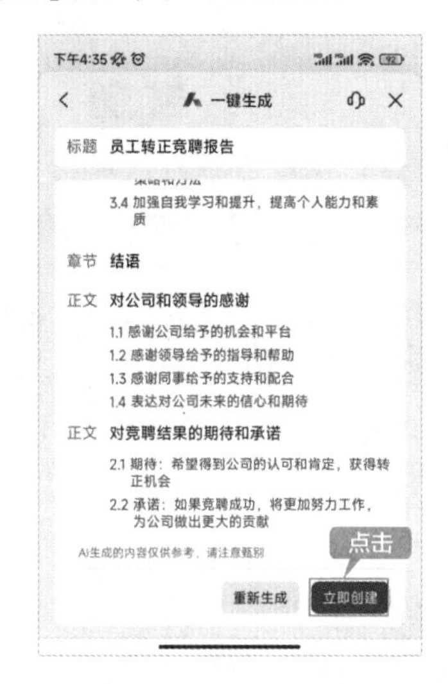

第4步 此时即可生成演示文稿，用户可以点击【一键美化】，对演示文稿进行美化，如下图所示。

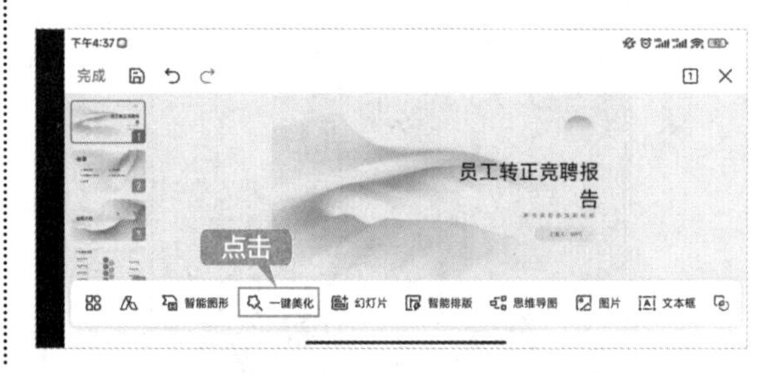

15.3 多人实时协作编辑同一个文档

在日常办公中，需要多人处理同一个文档时，常用的方法是通过文档传输的形式，将文档传输给不同的人进行编辑。这样一来，文档会产生多个版本，不仅不易保存，而且容易出错。WPS Office支持多人实时协作编辑同一个文档，不用反复传输文档，就可以进行协同编辑，这大大提高了办公效率。

15.3.1 多人协作编辑文档

多人协作编辑文档的具体操作步骤如下。

第1步 打开“素材\ch15\各公司销售目标达成分析图表.xlsx”文件，单击【分享】按钮 分享，在弹出的列表中单击【和他人一起编辑】右侧的 按钮，如下图所示。

第2步 此时即可切换至协作模式，并显示右侧的【协作】窗格。用户可以通过复制链接、分享至微信或QQ及生成二维码的方式进行分享，也可以在【链接权限】下拉列表中设置协作者的编辑权限，如下图所示。

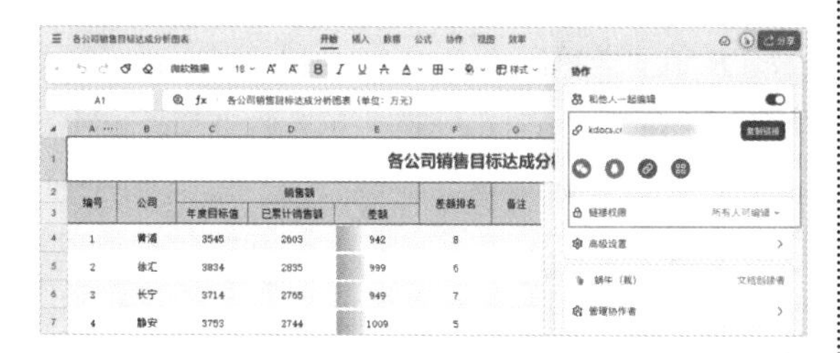

第3步 协作者可以将链接复制并粘贴到浏览器地址栏中，按【Enter】键进入下图所示的页面，单击【登录并加入编辑】按钮。

第4步 协作者即可在文档中进行编辑，该文档也会实时保存并更新，如下图所示。

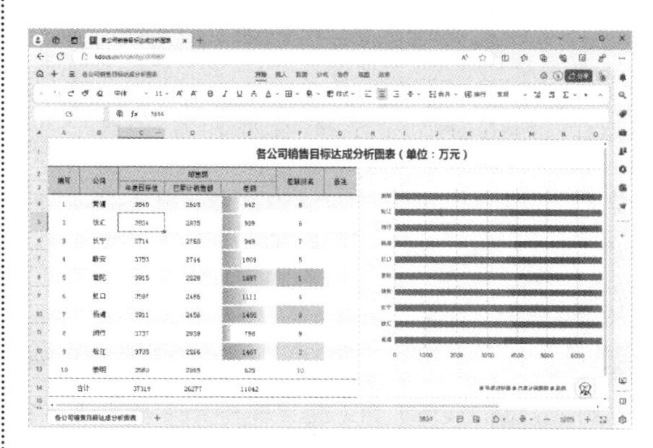

第5步 协作者修改后，如果要查看协作记录，可以单击 按钮，在弹出的【协作记录】窗格中选择要查看的协作记录选项，如下图所示。

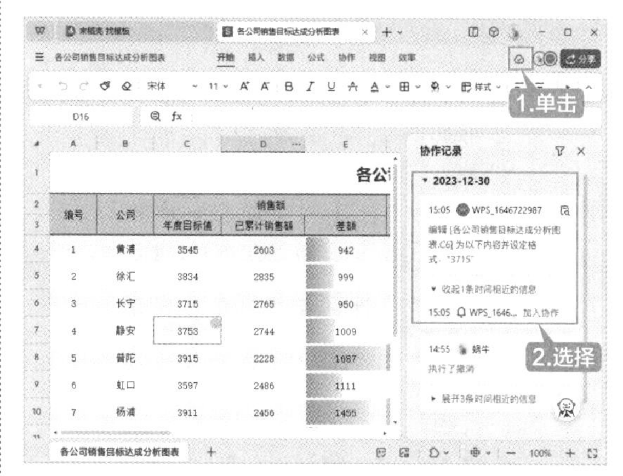

第6步 此时改动的位置会高亮显示，如下图所示。

编号	公司	销售额		
		年度目标值	已累计销售额	差额
1	黄浦	3545	2603	942
2	徐汇	3834	2835	999
3	长宁	3715	2765	950
4	静安	3753	2744	1009
5	普陀	3915	2228	1687
6	虹口	3597	2486	1111
7	杨浦	3911	2456	1455

15.3.2 使用微信小程序协作

金山软件公司的WPS Office除了电脑版、手机版，还开发了“金山文档”微信小程序。它集成了手机版WPS Office的功能，用户无须下载App就可以在微信中使用WPS Office的基本功能。

第1步 打开手机版WPS Office，打开要分享的文件，点击下方的分享按钮，如下图所示。

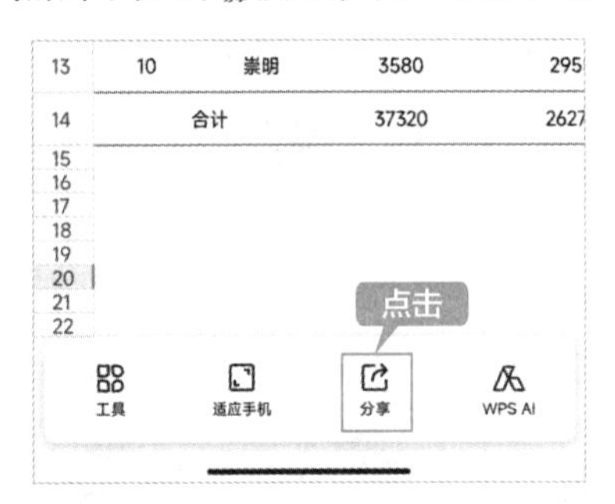

第2步 手机界面下方立即弹出【分享与发送】界面，点击【在线协作】区域下【和他人一起查看/编辑】右侧的按钮，如下图所示。

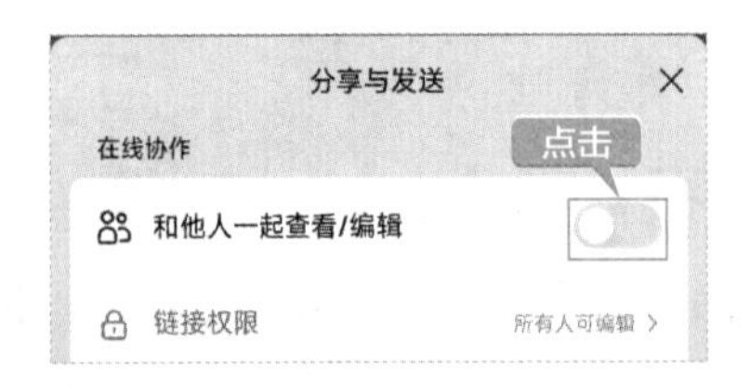

第3步 此时可设置链接权限、高级设置及协作者等，然后点击微信图标，如下图所示。

第4步 在微信联系人名单中选中一个联系人后发送文件，即可看到文档以小程序的形式发送给所选择的联系人，如下图所示。

第5步 收到文件的联系人打开文件即可查看或编辑文档，如下图所示。

编号	公司	年度目标值	已累计销售额
1	黄浦	3545	2603
2	徐汇	3834	2835
3	长宁	3715	2765
4	静安	3753	2744
5	普陀	3915	2228
6	虹口	3597	2486
7	杨浦	3911	2456
8	闵行	3737	2939
9	松江	3733	2266
10	崇明	3580	2955
合计		37320	26277

附录
快速上手——WPS Office的安装与设置

WPS Office的安装与卸载

使用WPS Office之前，首先要将软件安装到电脑中。如果不再需要使用此软件，则可以将软件从电脑中删除，即卸载WPS Office。

1. 安装WPS Office

下面以安装WPS AI版本为例，介绍安装的操作步骤。

第1步 打开浏览器，在地址栏中输入“ai.wps.cn”，进入WPS AI官方网站，将鼠标指针指向【下载WPS体验更多AI】按钮，在弹出的列表中选择要下载的软件版本，这里选择“Windows版”选项，如下图所示。

提示

如果要使用普通版本，则可以在浏览器地址栏中输入“www.wps.cn”，进入金山办公官网，选择相应的版本，然后执行后续下载和安装操作。

第2步 此时即可自动下载安装文件，并显示下载进度，如下图所示。

第3步 下载完成后，运行WPS Office安装文件，弹出软件安装界面。选中【已阅读并同意金山办公软件许可协议和隐私政策】复选框，然后单击【立即安装】按钮，如下图所示。

第4步 此时开始安装软件，并显示安装进度，直至安装完成，如下图所示。

2. 卸载 WPS Office

如果用户希望卸载WPS Office或进行重装时，可以按照以下步骤卸载软件。

第1步 单击电脑桌面左下角的【开始】按钮，打开【所有应用】列表，展开【WPS Office】文件夹，右击“WPS Office”选项，在弹出的快捷菜单中选择“卸载”命令，如下图所示。

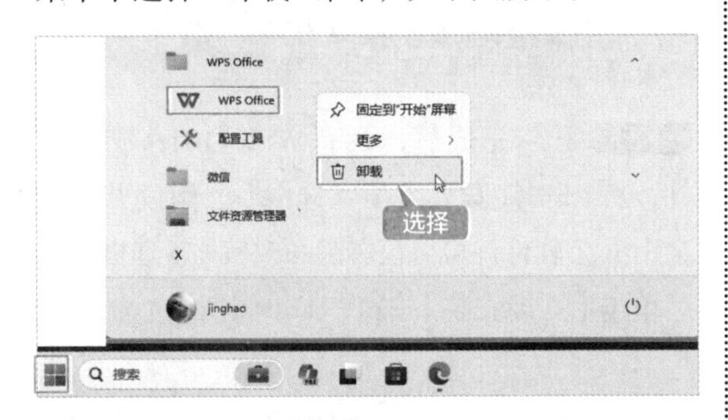

第2步 打开【安装的应用】界面，在应用列表中单击【WPS Office】右侧的···按钮，在弹出的列表中选择“卸载”选项，如下图所示。

第3步 弹出下图所示提示框，然后单击【卸载】按钮。

第4步 弹出【卸载向导】对话框，单击【直接卸载】按钮，即可进行卸载，如下图所示。

附录 2 WPS Office的启动与退出

使用WPS Office编辑文档之前，需要先启动软件，使用完毕后还需要退出软件。

1. 启动

启动WPS Office的具体操作步骤如下。

第1步 双击电脑桌面上的“WPS Office”图标，如下图所示。

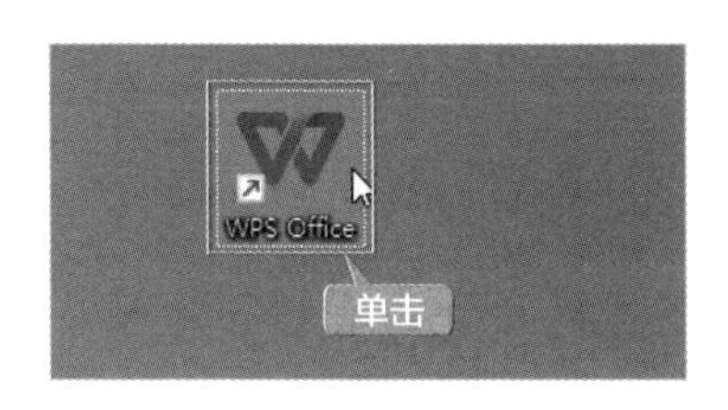

第2步 此时即可启动软件，进入WPS Office界面。接下来可在该界面中进行新建、打开等操作，如下图所示。

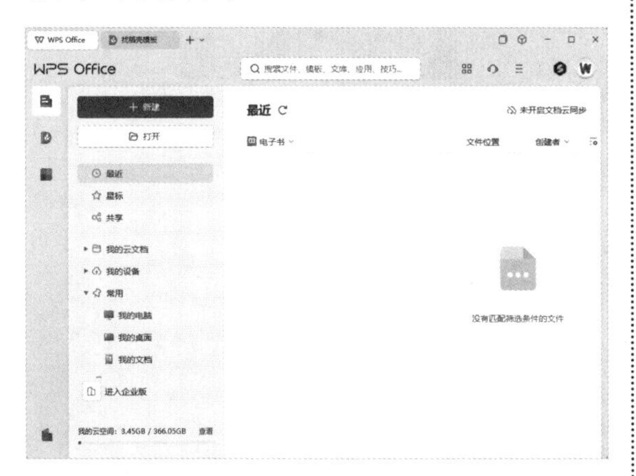

提示

打开WPS Office支持和关联格式的文档，也可以快速启动软件，并进入相应的文档页面。

2. 退出

在不使用WPS Office时，可以将其退出，方法和退出其他软件一样，即单击窗口右上角的【关闭】按钮×，如下图所示。

提示

直接按【Alt+F4】组合键，可以快速关闭软件窗口。

如果希望仅关闭某个文档，则建议先保存该文档，然后单击文档名称右侧的【关闭】按钮×，如下图所示。

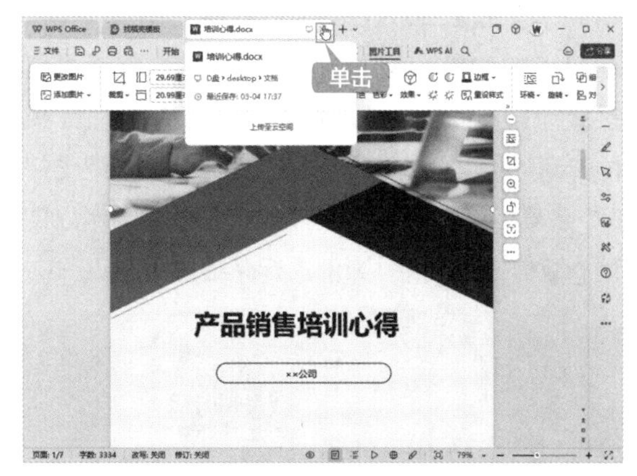

附录 3 随时随地办公的秘诀——WPS 账号

在使用WPS Office时，注册并登录WPS账号，可以获得更多的权益和软件功能。尤其是强大的云文档及特色应用，可以让你随时随地实现远程办公。

1. 登录 WPS 账号

下面简单介绍如何登录WPS账号。

第1步 打开WPS Office软件，单击界面右上角的【立即登录】按钮，如下图所示。

第2步 弹出下图所示界面，其中包含【微信扫码登录】【手机】【App扫码】【专属账号】及【更多】登录项。【微信扫码登录】是通过微信账号登录WPS，使用微信扫码即可完成注册和登录；【手机】是通过手机号注册并登录；【App扫码】适用于WPS Office手机版已登录账号，运用WPS Office App扫描界面中的二维码可直接登录；【专属账号】是通过公司或组织提供的专属账号来登录WPS Office；【更多】则支持QQ账号、钉钉账号等多种方式登录。本例以使用【微信扫码登录】为例进行介绍。

第3步 使用手机微信扫描界面中的二维码，进入下图所示的登录界面，选中其中的复选框，点击【确认】按钮。

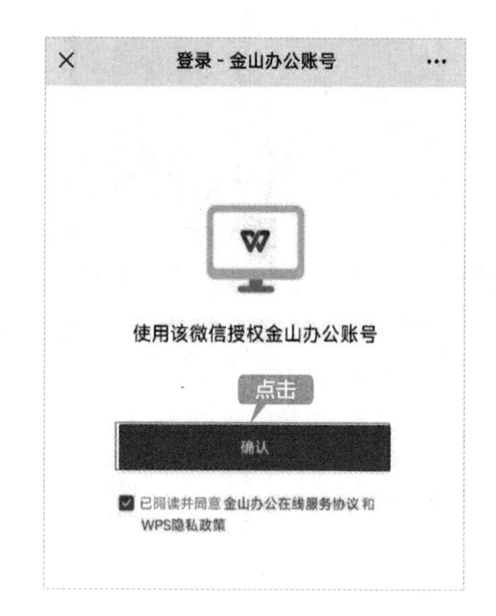

第4步 弹出【WPS办公助手 申请】对话框，点击【允许】按钮，如下图所示。

第5步 此时电脑端会弹出【设置受信任设备】对话框，这里选择【受信任设备】，然后单击【确定】按钮，如下图所示。

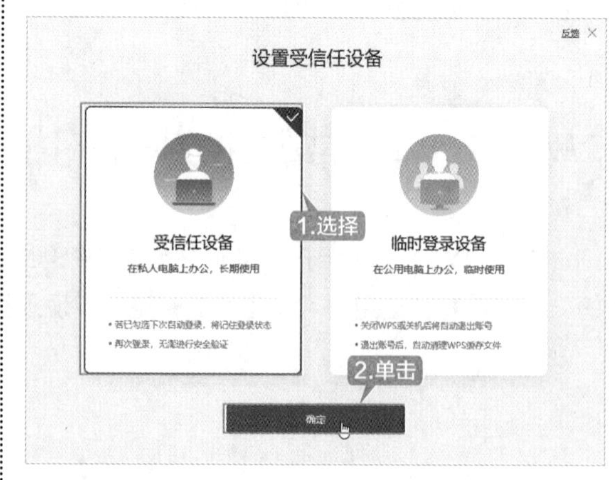

第6步 此时提示“设置受信任设备成功”信息，然后单击【确定】按钮，如下图所示。

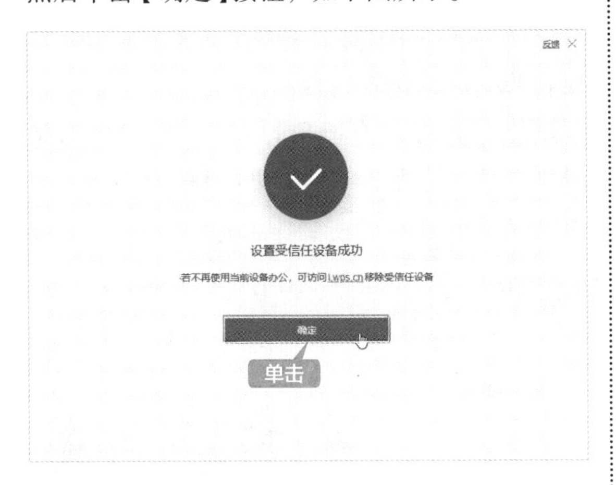

第7步 此时界面右上角会显示登录的账号头像，将鼠标指针移至该头像处，会显示账号信息，如下图所示。

2. 关联手机或平板电脑

若要同步多设备的文档，则需将账号关联到手机或平板电脑等终端设备。本节以关联手机为例进行介绍，具体操作步骤如下。

第1步 单击软件主界面右上角的 按钮，在弹出的【WPS随行】面板中单击 按钮，然后在弹出的列表中选择“设备管理”选项，如下图所示。

第2步 弹出【设备管理】对话框，单击【添加关联设备】按钮，即会弹出二维码，如下图所示。

第3步 打开WPS Office手机版，点击【首页】搜索框右侧的 按钮，如下图所示。调用“扫一扫”功能，扫描电脑端软件中的二维码。

第4步 扫码完成后，进入【扫码登录】界面，点击【确认登录】按钮，如下图所示。

第5步 返回WPS Office手机版界面，即可看到登录的账号信息，如下图所示。

第6步 此时WPS Office电脑端【设备管理】对话框的【在线】列表中即会显示关联的设备，如下图所示。

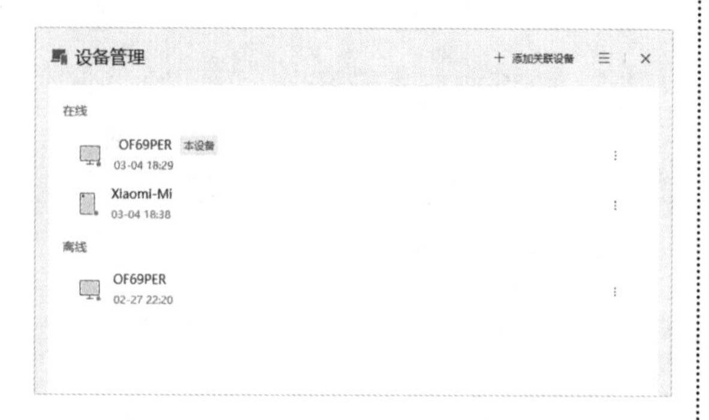

提示

使用同一账号直接登录WPS Office手机版，也可以关联设备。

3. 退出WPS账号登录

如果在公共电脑上登录了WPS账号，使用完毕后，应退出登录，避免个人文档外泄。退出登录的具体操作步骤如下。

第1步 单击界面右上角的头像，在弹出的账号信息面板中单击【退出账号】按钮，如下图所示。

第2步 此时弹出【即将退出账号】对话框。如果不希望保留数据，则选中【清除数据并删除登录记录】单选按钮；如果要保留数据，则选中【保留数据以供下次使用】单选按钮。这里选择前者，然后单击【退出登录】按钮，如下图所示。

正确初始化，让 WPS 更好用

WPS Office界面设计简洁、布局清晰，用户如果能够清晰地掌握各功能的分布，并根据需求进行适当的设置，则使用起来更方便，会大大提高工作效率。

1. 认识“WPS Office”窗口

WPS Office经过多次版本更迭，已经成为一个超级工作平台，其“WPS Office”窗口中集成了文档、搜索、应用等，并整合了多端交互操作流，大大提升了用户的操作体验。在设置软件之前，了解软件的界面及布局，在一定程度上可以提高操作软件的效率。

启动WPS Office后，首先进入“WPS Office”窗口，如下图所示。

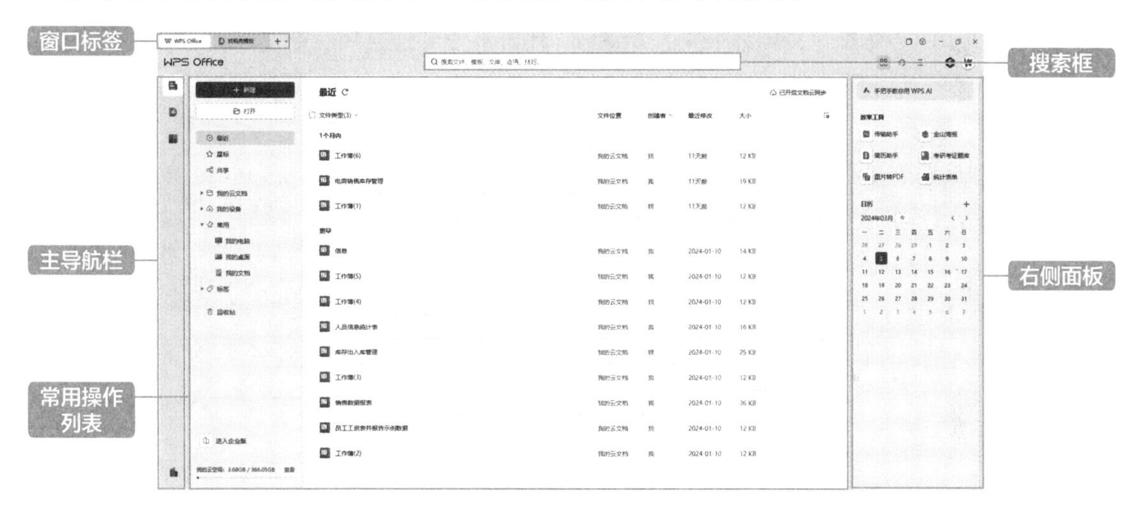

(1)窗口标签

窗口标签位于WPS Office界面顶部，包含了【WPS Office】【找稻壳模板】和【新建】按钮，默认选择【WPS Office】标签。单击【新建】按钮，可以新建文字、表格及演示等文档。另外，打开的文档、在线文档、网页等都会显示在窗口标签中，单击可以进行窗口切换，如下图所示。

(2)搜索框

搜索框位于窗口标签下方，用于搜索文件、模板、文库、应用、技巧等，如下图所示。

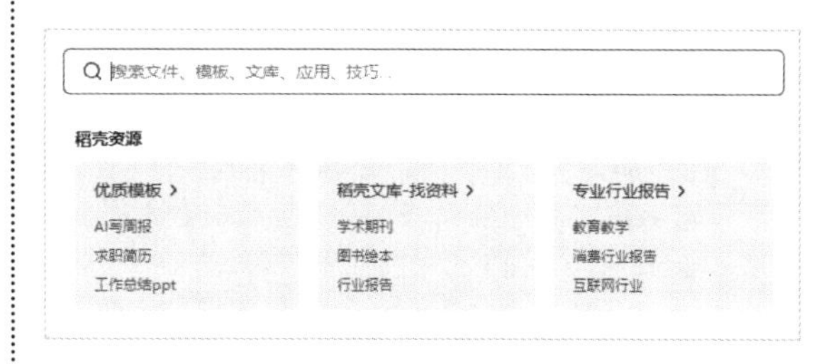

(3)主导航栏

主导航栏中显示了主要功能按钮和固定的应用图标。

①【文档】按钮

WPS Office默认选择【文档】按钮，展开的界面中显示了常用操作列表。

②【稻壳】按钮

单击该按钮，可进入【来稻壳 找模板】页面，与【找稻壳模板】标签页功能一致，可以搜索或查看在线模板。

③【应用】按钮

单击该按钮，可进入【应用市场】页面，其中包含了众多个人应用和团队服务，如全文翻译、WPS PDF 转换及图片转 PDF 等。

（4）常用操作列表

在选择【文档】按钮时，其右侧将显示常用操作列表，包括【最近】【星标】【共享】【我的云文档】及【常用】等选项，可以方便用户快速打开文档。

① “最近”选项

第1步 选择“最近”选项，显示最近文档列表，单击列表上方的【全部类型】按钮，可以对文件类型进行筛选，如下图所示。

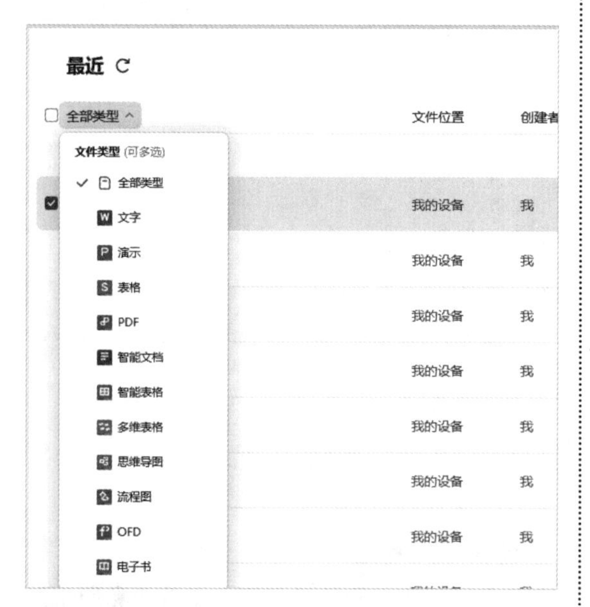

第2步 单击列表中的文档，右侧会显示【分享】按钮和【菜单】按钮 。单击【菜单】按钮，在弹出的列表中选择相应的选项，即可进行相关操作，如下图所示。

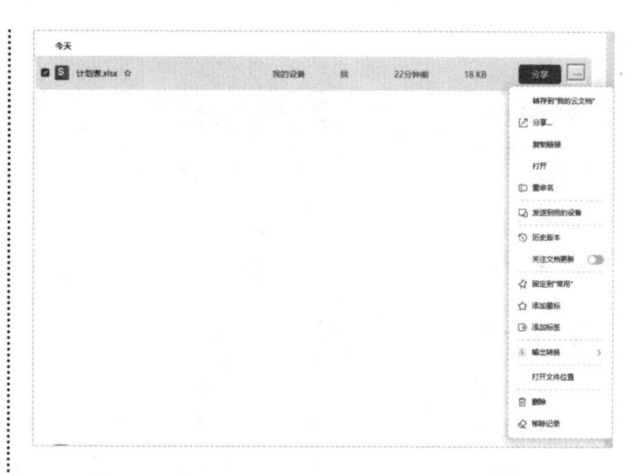

② “星标”选项

选择“星标”选项，可以查看添加星标的文档，也就是常说的收藏文档。用户可以将常用或重要的文档添加星标，以便在该列表中快速查找常用或重要的文档，如下图所示。

③ “共享”选项

选择“共享”选项，可以创建共享文件夹，如下图所示。

④ “我的云文档” 选项

选择 “我的云文档” 选项，可以查看云文档列表。该列表和WPS Office移动版中的【云文档】列表是对应的，主要用于查看保存在云空间的文档，如下图所示。

⑤ “回收站” 选项

选择 “回收站” 选项，可以将删除的文档保留90天，之后将被永久删除，主要用于防止用户误删文档，如下图所示。用户可以在回收站中对文档进行还原操作，也可以将文档从回收站中彻底删除。

（5）右侧面板

右侧面板主要包含【效率工具】和【日历】，用户可以通过搜索框右侧的 按钮，显示或关闭右侧面板。

① 效率工具

【效率工具】区域包含了传输助手、金山海报、简历助手等工具，用户单击所需工具即可打开对应工具操作界面。单击【换一换】按钮，可以更换工具列表，如下图所示。

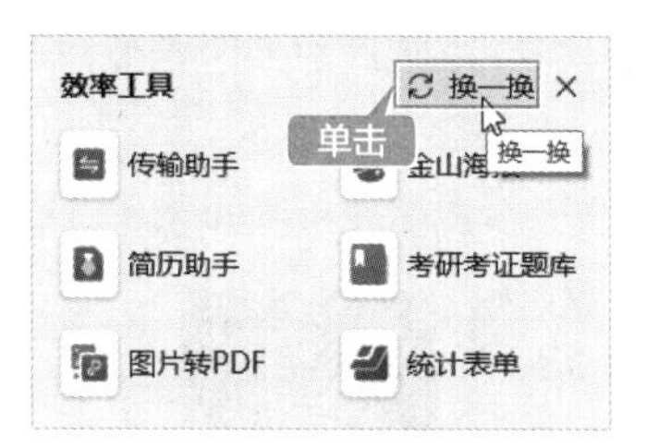

② 日历

【日历】区域显示当前的日期情况，单击【日历】按钮（见下图），可打开【日历】窗口，查看日历和添加日程；单击＋按钮，可以添加日程。

2. 外观的设置

用户可以根据自己的喜好，对WPS Office的外观进行设置。

第1步 启动WPS Office，单击搜索框右侧的【全局设置】按钮 ，在弹出的列表中选择 “外观设置” 选项，如下图所示。

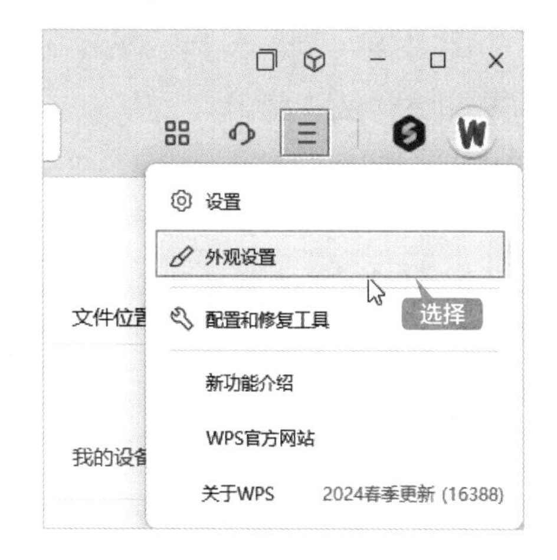

第2步 弹出【外观设置】对话框，在【皮肤】区域下显示了皮肤列表，在合适的皮肤缩略图上单击即可应用该皮肤，如下图所示。

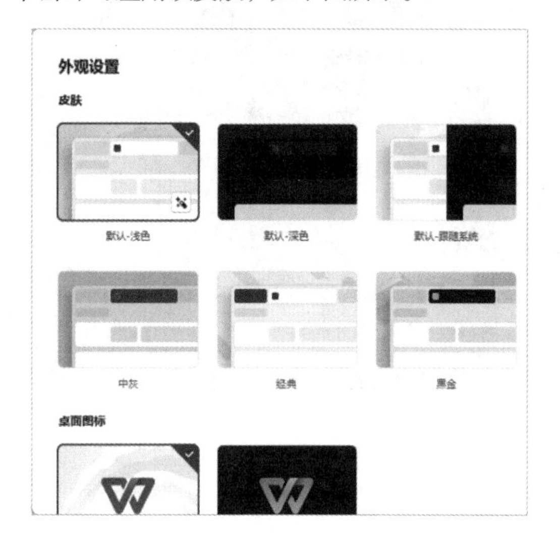

第3步 在【文件图标】区域下，将鼠标指针移到图标方案上并单击显示的【点击装载图标】，即可进行装载并应用，如下图所示。

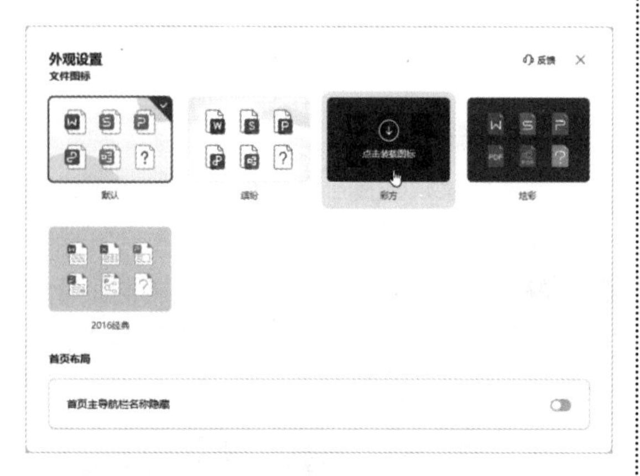

3. 添加常用文件夹

用户可以将常用文档或常用文件夹固定到【常用】区域，以便快速访问。这里以添加常用文件夹为例进行介绍。

第1步 启动WPS Office，单击【常用】选项右侧的 ··· 按钮，弹出的列表中显示了当前选中的文件夹，如果需要添加其他文件夹，则选择“其他位置”选项，如下图所示。

第2步 弹出【添加位置】对话框，选择要添加的文件夹，然后单击【确定】按钮，如下图所示。

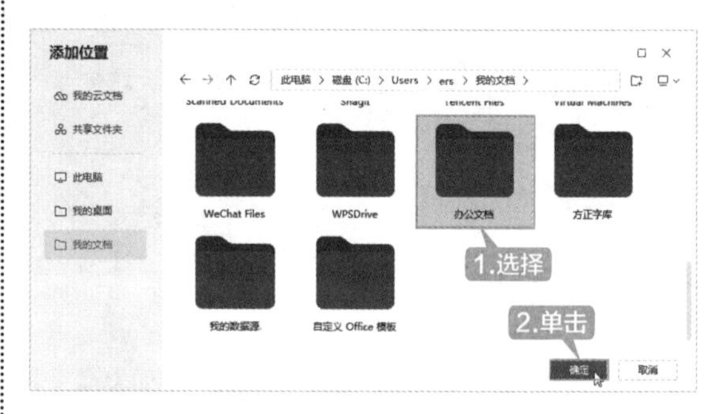

第3步 此时即可将选择的文件夹添加至【常用】区域。单击该文件夹图标，可显示文件夹下的文件和文件夹列表，如下图所示。

第4步 使用同样的方法，可以添加文档或文件夹至该区域。如果要将某个文档或文件夹移除，则右击该文档或文件夹，在弹出的快捷菜单中选择“取消常用”命令即可，如下图所示。

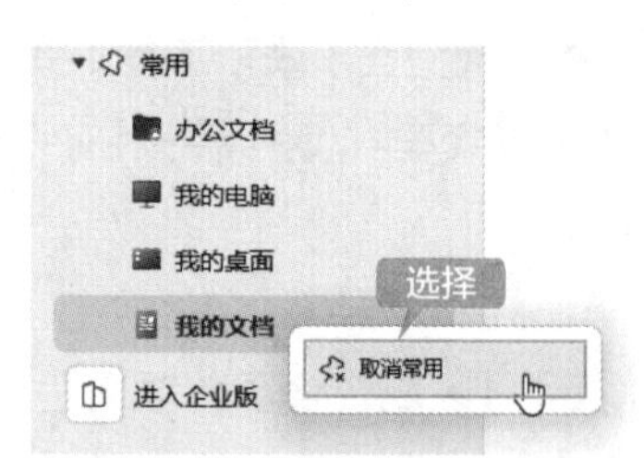

4. 退出时保存工作状态

退出时保存工作状态是指WPS Office可以记录当前打开的标签和编辑状态，下次启动软件时会自动进入之前打开和编辑状态，这样可以加强用户工作的连续性。WPS Office在默认设置下，该功能处于关闭状态，用户可以通过设置将该功能打开。

第1步 启动WPS Office，单击搜索框右侧的【全局设置】按钮☰，在弹出的列表中选择“设置”选项，如下图所示。

第2步 进入【设置中心】窗口，在【工作环境】区域下，将【退出时保存工作状态】右侧的开关设置为开启状态 即可，如下图所示。

5. 切换窗口管理模式

WPS Office在默认设置下，文字、表格、演示及PDF等文档被打开后，它们的标签都集中在一个工作区中，可以直接单击标签进行窗口切换。如果用户习惯按文件类型进行分窗口显示，则需要对窗口管理模式进行设置，具体操作步骤如下。

第1步 在【设置中心】窗口选择【其他】区域中的“切换窗口管理模式”选项，如下图所示。

第2步 弹出【切换窗口管理模式】对话框，选中【多组件模式】单选按钮，然后单击【确定】按钮，如下图所示。

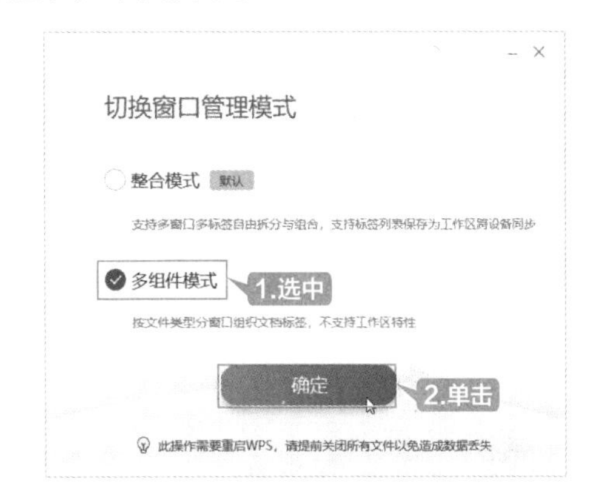

第3步 弹出【重启WPS使设置生效】对话框，单击【确定】按钮，如下图所示。

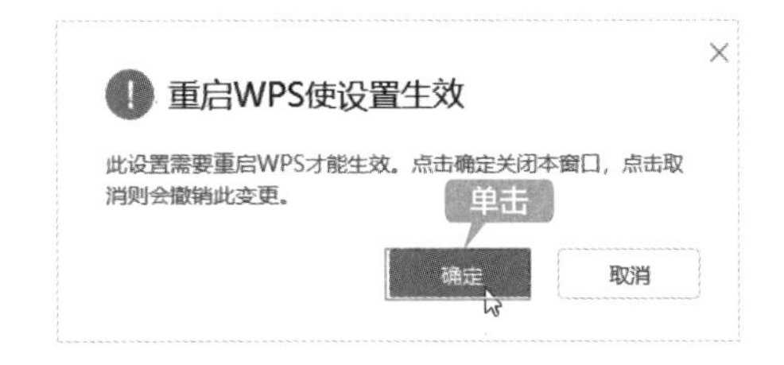

第4步 当前窗口即会关闭，此时桌面上的WPS Office快捷方式图标会变为WPS文字、WPS表格、WPS演示和WPS PDF 4个图标，如下图所示。双击图标即可进入相应组件界面。

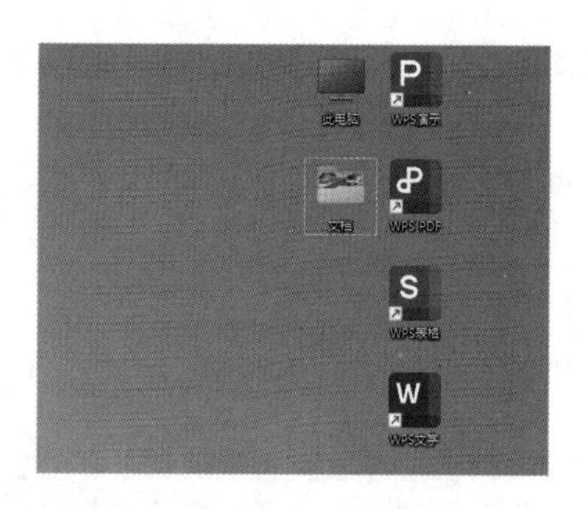

6. 添加命令到快速访问工具栏

快速访问工具栏是一个可以自定义命令按钮的工具栏，位于各组件功能区的左上角，默认情况下包含【保存】【输出为PDF】【打印】及【打印预览】常用命令按钮。用户可以根据需要将其他命令按钮添加至快速访问工具栏，具体操作步骤如下。

第1步 启动WPS Office，单击【新建】按钮，在弹出的【新建】窗格中单击【文字】按钮，如下图所示。

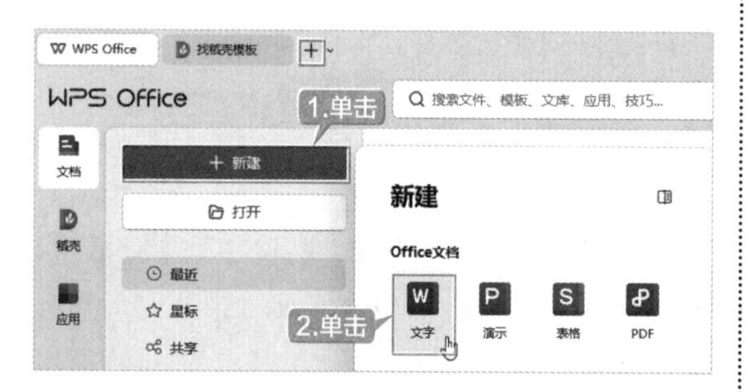

第2步 在【新建文档】窗口下单击【空白文档】缩略图，如下图所示。

第3步 打开【文字文稿1】窗口，可以看到功能区左上角的快速访问工具栏中的命令按钮，单击工具栏右侧的【自定义快速访问工具栏】按钮，在弹出的列表中选择【自定义命令】→【其他命令...】选项，如下图所示。

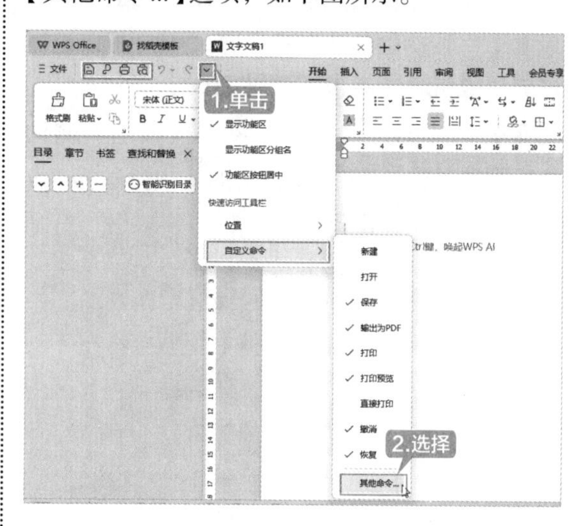

第4步 弹出【选项】对话框，选择“快速访问工具栏”选项，其右侧【从下列位置选择命令】列表框中默认显示“常用命令”选项对应的命令列表，用户可以选择要添加的命令，然后单击【添加】按钮，如下图所示。

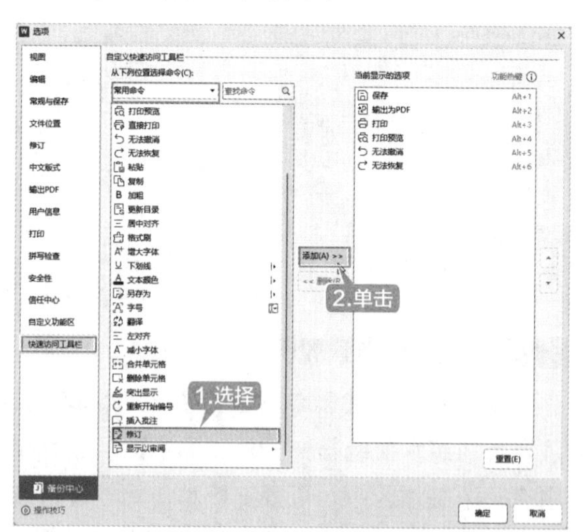

第5步 此时即可将该命令添加至【当前显示的选项】列表框的末尾位置。用户可以单击右侧

的按钮将其上移，也可以单击【删除】按钮，将其从列表框中删除。设置完成后，单击【确定】按钮，如下图所示。

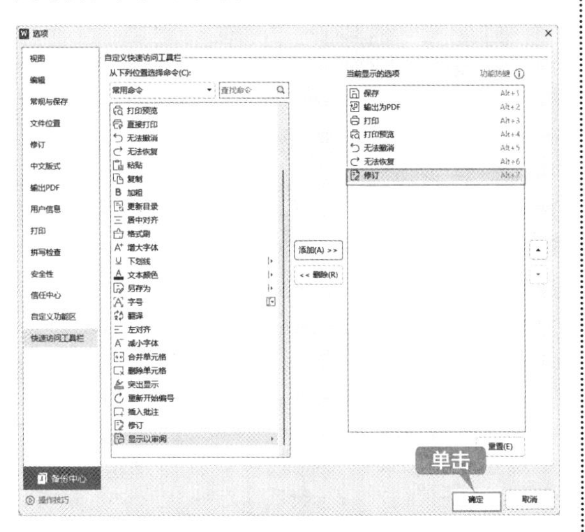

第6步 返回【文字文稿1】窗口，即可看到快捷访问工具栏中显示了添加的命令按钮，如下图所示。

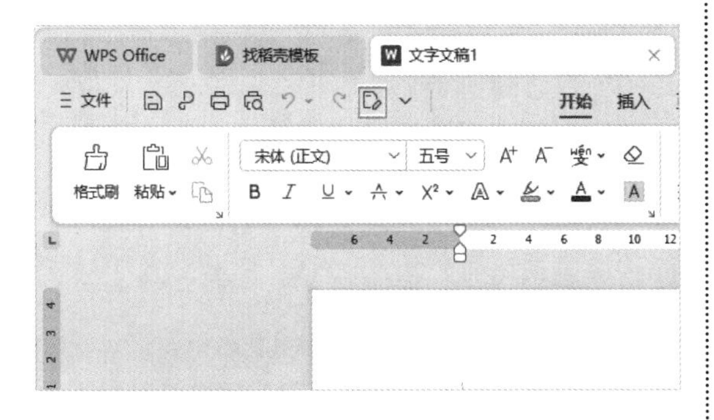

7. 自定义 WPS 任务窗格

任务窗格是WPS Office中的一个特色功能，位于界面右侧边栏，WPS文字、WPS表格、WPS演示和WPS PDF各组件都包含该窗格。它为用户提供了应用入口，方便用户快速完成一些操作，可以提高用户的操作效率。

用户可以根据需求自定义任务窗格，添加和删除其中的应用入口图标，也可以取消显示任务窗格。这里以WPS文字组件为例进行介绍，其他组件操作方法与此相同。

第1步 在WPS文字界面中，单击任务窗格下方的【管理任务窗格】按钮，如下图所示。

第2步 弹出【任务窗格设置中心】对话框，其中包含“基础功能”“在线素材”“应用服务”“便捷助手”4个类别，用户可以选择所需的类别进行查看和添加。选择“基础功能”，可以看到【基础功能入口管理】区域中的【样式】【选择】【属性】和【帮助】为“开启”状态，其他为“关闭”状态，如下图所示。

第3步 如果要将【符号】应用添加到任务窗格，单击【在线素材入口管理】区域中【符号】右侧的开关即可，如下图所示。

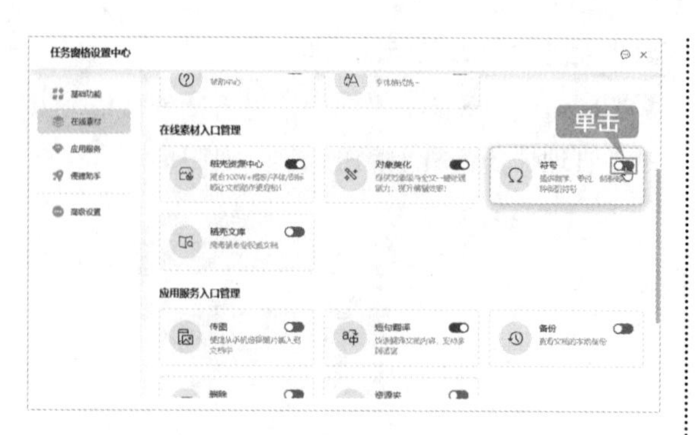

第4步 此时该开关变为开启状态，并提示【应用入口添加成功】，如下图所示。

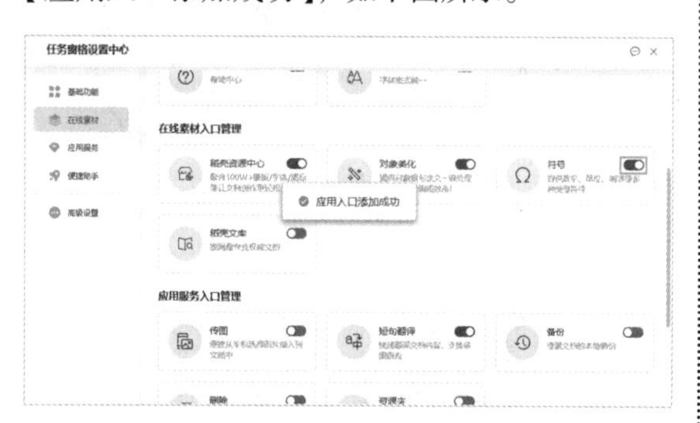

提示

如果要将应用图标从任务窗格中移除，再次单击该开关，使其变为关闭状态即可。

第5步 单击【任务窗格设置中心】对话框右上角的【关闭】按钮，如下图所示。

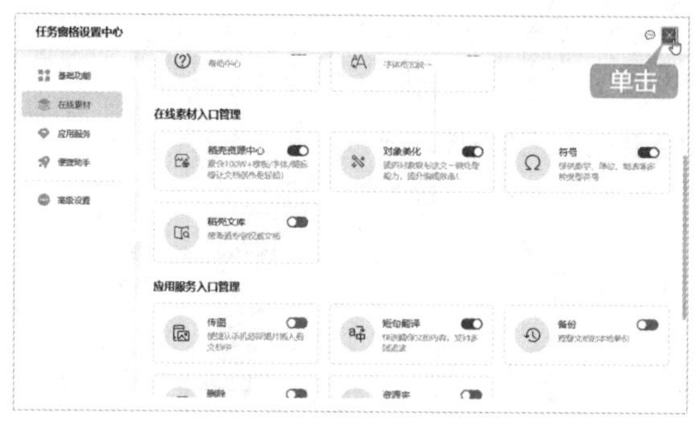

第6步 返回WPS文字界面，即可看到任务窗格中添加的应用图标，如下图所示。

提示

如果要取消显示任务窗格，则单击【视图】选项卡，取消选中【任务窗格】复选框。